普通高等教育“十三五”规划教材

无机非金属材料实验

罗永勤　高云琴　主编

北　京
冶　金　工　业　出　版　社
2019

内 容 提 要

本书为高等学校无机非金属材料专业实验教材。全书分为概论、实验和附录三部分。概论包括无机非金属材料实验的目的和要求、实验的误差问题、实验结果的表达方式和实验室的安全防护；实验部分精选实验项目59个，涵盖了无机非金属材料专业基础教学所涉及的演示性、验证性和综合性的经典实验，同时选编了高温材料、胶凝材料方向的专业实验及其生产过程控制、产品性能检验和工程测试等方面的实验项目，在内容上引用新标准、新规范，详细讲述了实验原理和实验设备的构造，理论与实际应用有机结合，满足设计性、创新性和拓展性实验要求；附录部分编录了实验所需的相关数据表，以供读者查阅。

本书系统性强，具有材料类专业的普适性，可作为材料类专业本科生实验教材，亦可供材料专业研究生、科研人员及生产技术人员参考。

图书在版编目(CIP)数据

无机非金属材料实验/罗永勤，高云琴主编. —北京：冶金工业出版社，2018.6（2019.5 重印）
普通高等教育“十三五”规划教材
ISBN 978-7-5024-7796-7

Ⅰ.①无… Ⅱ.①罗… ②高… Ⅲ.①无机非金属材料—实验—高等学校—教材 Ⅳ.①TB321-33

中国版本图书馆 CIP 数据核字（2018）第 120930 号

出 版 人　谭学余
地　　址　北京市东城区嵩祝院北巷 39 号　邮编　100009　电话　(010)64027926
网　　址　www.cnmip.com.cn　电子信箱　yjcbs@cnmip.com.cn
责任编辑　高　娜　美术编辑　吕欣童　版式设计　禹　蕊
责任校对　郭惠兰　责任印制　李玉山
ISBN 978-7-5024-7796-7
冶金工业出版社出版发行；各地新华书店经销；北京虎彩文化传播有限公司印刷
2018 年 6 月第 1 版，2019 年 5 月第 2 次印刷
787mm×1092mm　1/16；23.25 印张；560 千字；361 页
59.00 元

冶金工业出版社　投稿电话　(010)64027932　投稿信箱　tougao@cnmip.com.cn
冶金工业出版社营销中心　电话　(010)64044283　传真　(010)64027893
冶金工业出版社天猫旗舰店　yjgycbs.tmall.com
（本书如有印装质量问题，本社营销中心负责退换）

前　言

2016年6月，中国科学技术协会代表我国正式加入《华盛顿协议》，成为第18个会员国。加入《华盛顿协议》是提高中国工程教育质量、促进中国工程师按照国际标准培养和提高中国工程技术人才培养质量的重要举措。工程教育专业认证对学生实践和创新能力特别是解决复杂工程问题的能力提出了较高的要求。专业实验课程是材料类专业本科生进行实践和创新能力培养的重要途径之一。为了满足无机非金属材料专业的实验教学需要，我们组织从事多年实验教学的教师，按照教育部无机非金属材料专业教学指导委员会对无机非金属材料专业本科人才培养目标的要求编写了本教材。

在本教材的编写过程中，查阅了大量材料学科国内外的最新资料和成果，结合我国现阶段实验室装备情况，征求了相关专家和实验教学一线教师的意见，旨在使之能够满足新时代对人才培养的需要。本教材分为概论、实验和附录三部分，精选了无机非金属材料专业本科教学的专业基础课程——“材料科学基础”“材料工程基础”和“材料研究方法”，以及“高温材料”“胶凝材料”专业方向的经典实验项目，在内容上引用新标准、新规范，详细讲述实验原理和设备原理，理论与实际应用有机结合，满足实验教学独立成课以及拓展性实验和实验室开放的需要，具有材料类专业的普遍适用性。

本书由罗永勤、高云琴主编，参编人员有吴华霞、胡亚茹、周媛、侯星。编写分工如下：罗永勤编写概论、实验8、实验9、实验22~实验25、附录；高云琴编写实验2、实验3、实验5、实验11、实验39~实验45、实验48、实验55~实验59；吴华霞编写实验6、实验7、实验13、实验14、实验16、实验20、实验21、实验26、实验27、实验52；胡亚茹编写实验10、实验12、实验18、实验19、实验28、实验29、实验53、实验54；周媛编写实验17、实验30~实验37；侯星编写实验1、实验4、实验38、实验46、实验47、实验49、实验50、实验51；实验15由周媛和侯星共同编写。全书由罗永勤和高云琴统稿。

本书由西安建筑科技大学肖国庆教授主审，西安建筑科技大学刘民生老师也参加了部分实验项目的审稿。在本书编写过程中，参考了国内出版的相关教材和一些专家的论著，得到了西安建筑科技大学相关部门的大力支持和帮助，在此一并致以衷心感谢。

由于编者水平有限，书中疏漏和不当之处在所难免，恳请广大读者提出宝贵意见。

编　者

2018年1月

目　录

第1部分　概　论

第2部分　实　验

第3部分　附　录

第1部分

概　　论

材料是可以直接用来制造有用成品的物质，是人类生存和发展、征服自然和改造自然的物质基础。材料的使用和发展是人类不断进步和文明的标志。随着科学技术的发展，材料的研究和制造显得越来越重要，而新材料的发现和使用，必将推动科学的发展和技术的革命。

现代无机非金属材料包括除金属材料、有机高分子材料以外几乎所有材料，种类繁多、用途广泛。所有材料的研发和使用必须以科学实验为基础，而这些实验活动综合体现了化学和物理相结合、微观和宏观研究相结合、理论和技术相结合的特点，因此，科学实验能力是成为材料科学家和工程师所必须具备的基本素质。

一、无机非金属材料实验课的目的和要求

（一）实验课的目的

无机非金属材料实验课不仅仅是传统意义上的验证型实验，更多的是进行大量的综合型、设计型和创新型实验，通过大量的实验训练，应达到如下目的：

（1）巩固和深化对理论教学所涉及的理论知识的认识和理解，学习在无机非金属材料领域内如何通过实验获得新的知识和信息。

（2）进一步了解和理解一些比较典型的已被行业广泛使用的实验装置的结构、性能，并通过实验操作和对实验现象的观察，掌握无机非金属材料实验的基本方法和技能，从而能够根据所学原理设计实验，正确选择和使用实验仪器设备。

（3）增强工程观点，培养科学实验能力。培养学生进行实验设计，组织实验，并从中获取可靠的结论，提供基础数据，提高工程设计的初步能力；利用所学习的工学知识，结合无机非金属材料的基本方法和检测技术，培养从事无机非金属材料领域科学研究的能力；同时，培养发现问题、分析问题和解决问题的能力，以及清楚、正确地表达实验结果和进行技术交流的能力。

（4）培养学生观察现象、正确记录数据、处理数据、分析实验结果的能力。通过对实验数据的分析和处理，以数学方式或图表科学地表达实验结果，并进行必要的分析讨论、整理，撰写完整的实验报告。

（5）培养学生严肃认真、实事求是的科学态度和作风；增强学生的探索精神、创新精神和团队协作精神。

（二）实验课的要求

为了切实达到教学效果，必须对学生进行正确而严格的基本训练，并提出明确的要

求。在进行一个具体实验时，必须做到以下几点。

1. 实验前的预习

（1）实验前必须充分预习。明确实验内容和目的，掌握实验的基本原理，了解所用仪器、设备的构造和操作规程，明确实验所需进行测量和记录的数据，对整个实验过程要求做到心中有数。

（2）编写预习报告。预习报告要求简明扼要地写出实验目的及实验原理，列出原始数据记录表格。若有不懂之处，应提出问题。

（3）进行实验前，指导老师应检查学生的预习报告，进行必要的提问，并解答疑难问题，在学生达到预习要求后方能进行实验。

2. 实验过程

（1）进入实验室，不得大声喧哗和随意走动，严格遵守实验室安全守则，以保证实验顺利进行。

（2）不了解仪器使用方法时，不得擅自使用和拆卸仪器。仪器装置安装好后，必须经过指导老师检查无误后，方能进行实验。

（3）遇到仪器损坏，应立即报告，检查原因，并登记损坏情况。

（4）严格按实验操作规程进行，不得随意改动。若确有改动的必要，应事先取得指导老师的同意。

（5）实验数据的记录要求完全、准确、整齐清楚，所有实验数据必须记录在记录纸上，不要忘记某些实验条件的记录，如室温、大气压等。实验数据尽量采用表格形式记录，在记录实验数据过程中，应实事求是，严禁涂改。

（6）充分利用实验时间，观察现象，记录数据，分析和思考问题，提高学习效率。

（7）实验结束后，应将实验数据交指导老师签名后，方能拆卸实验装置。如不合格，须重做或补做。

（8）实验过程中应爱护实验仪器，节约实验材料和药品。实验完毕后，仔细清洗和整理实验仪器，打扫实验室卫生。

3. 实验报告的编写

（1）实验报告应包括实验的目的、要求、简明原理、实验仪器及主要操作步骤、实验数据记录及处理、结果讨论和问题解答等内容。

（2）实验目的应简单明了，并说明实验方法及研究对象；简要阐明实验步骤。

（3）实验数据尽可能以表格形式记录。数据处理和结果讨论是实验报告的重要部分，要求叙述清楚数据处理的原理、方法、步骤及数据应用的单位，并对实验结果进行讨论。讨论内容包括：实验时的心得体会，做好实验的关键，实验结果的可靠程度，实验现象的分析和解释，解答实验思考题，对实验提出进一步的改进意见等。

（4）实验报告的编写应独立进行，不得多人合写一份报告。

（5）书写实验报告，要求开动脑筋，钻研问题，认真计算，仔细写作，反对粗枝大叶，字迹潦草。

(6) 书写实验报告必须清楚而简要。

二、无机非金属材料实验中的误差问题

(一) 引言

在无机非金属材料的科学研究和生产制造中，经常需要对材料的某些物理量（如密度、比表面积、强度等）或生产工艺的某些参数（如温度、压力、流量等）进行测量，根据所得的测量值，可以直接（或间接）地获得科学的结论或控制产品的质量和产量。测量数据是否准确、数据处理方法是否科学，直接影响材料的研究与生产。因此，对测量误差与数据处理方法进行研究是十分必要的。

对材料进行测量，就是用一定的测量工具或设备确立材料的未知物理量。测量的分类方法也很多。按被测量的获取方式，通常将测量方法分为直接测量和间接测量两种；按被测量的状态，可以将测量方法分为动态测量和静态测量等。

1. 直接测量

测量结果可以直接用实验数据表示的称为直接测量，如用直尺测量物体的长度，用天平称量物质的质量，用温度计测量液体温度等均属于直接测量。

2. 间接测量

测量结果要由若干个直接测量的数据，运用某公式计算而得的测量叫间接测量。无机非金属材料实验的测量，大部分是间接测量。

3. 静态测量

静态测量是指在测量过程中被测量是不变的测量。无机非金属材料实验的测量通常属于这种测量。

4. 动态测量

动态测量也称瞬态测量，是指在测量过程中被测量是变化的测量。

在实际测量中，由于测量仪器的误差，测量方法不完善以及各种因素的影响，都会使测量值与真值之间存在着一个差值，称为测量误差。大量实践证明，一切实验测量的结果都具有这种误差。由于这里偏重于误差理论在无机非金属材料实验中的应用，因此，关于误差理论中的一些基本名词，只就本书中引用到的加以解释。一些基本公式，一般直接应用，不另作证明。

(二) 测量误差的分类、来源及其对测量结果的影响和消除方法

根据误差的性质，可把测量误差分为系统误差、偶然误差和过失误差。

1. 系统误差

在相同条件下多次测量同一物理量时，测量误差的绝对值和符号保持恒定，或在条件改变时，按某一确定的规律而变化的测量误差称为系统误差。

系统误差的来源有：

(1) 仪器刻度不准或零点发生变动，样品的纯度不符合要求等。

(2) 实验条件控制不严格，由于外界的环境（如温度、湿度等）的影响而造成的

误差。

(3) 实验者感官上的最小分辨力和某些固有习惯等引起的误差。例如，读数恒偏高或恒偏低；在光学测量中用视觉确定终点和电学测量中用听觉确定终点时，实验者本身所引进的系统误差。

(4) 实验方法有缺点或采用了近似的计算公式。

2. 偶然误差

在相同条件下多次重复测量同一物理量，每次测量结果都有些不同（在末位数字或末两位数字上不同），它们围绕着某一数字上下无规则变动，其误差符号时正时负，其误差绝对值时大时小，这种测量误差称为偶然误差。

造成偶然误差的原因大致有：

(1) 实验者对仪器最小分度值以下的估读，很难每次严格相同。

(2) 测量仪器的某些活动部件所指示的测量结果，在重复测量时很难每次完全相同，这种现象在使用年久、质量较差的电子仪器时最为明显。

暂时无法控制的某些实验条件的变化，也会引起测量结果的不规则变化。如许多材料的物理化学性质都与温度有关，实验测量过程中，必须控制实验温度，但实验温度恒定总是有一定限度的，在这个限度内温度仍然有不规则变动，导致测量结果的不规则变化。

3. 过失误差

由于实验者的粗心、不正确的操作或测量条件的突变而引起的误差称为过失误差。例如，用了有问题的仪器，实验者选错、记错或算错数据等都会引起过失误差。

上述三类误差都会影响测量结果。显然，过失误差在实验工作中是不允许发生的，如果认真仔细地从事实验，也是完全可以避免的。因此这里着重讨论系统误差和偶然误差对测量结果的影响。为此，需要给出系统误差和偶然误差的严格定义：

设在相同的实验条件下，对某一物理量 X 进行等精度的独立的 n 次测量，得值

$$x_1,\ x_2,\ x_3,\ \cdots,\ x_i,\ \cdots,\ x_n$$

则测定值的算术平均值为

$$\bar{x} = \frac{1}{n}\sum_{i=1}^{n} x_i \tag{1}$$

当测量次数 n 趋于无穷（$n \to \infty$）时，算术平均值的极限称为测定值的数学期望 x_∞，

$$x_\infty = \lim_{n\to\infty}\bar{x} = \lim_{n\to\infty}\frac{1}{n}\sum_{i=1}^{n} x_i \tag{2}$$

测定值的数学期望 x_∞ 与测定值的真值 $x_{真}$ 之差被定义为系统误差 ε，即

$$\varepsilon = x_\infty - x_{真} \tag{3}$$

n 次测量中各次测定值 x_i 与测量值的数学期望 x_∞ 之差，被定义为偶然误差 δ，即

$$\delta_i = x_i - x_\infty (i = 1,\ 2,\ 3,\ \cdots,\ n) \tag{4}$$

故有

$$\varepsilon + \delta_i = x_i - x = \Delta x_i \tag{5}$$

式中　Δx_i ——测量次数从1到 n 的各次测量误差，它等于系统误差和各次测量的偶然误差的代数和。

从上述定义不难看出，系统误差越小，则测量结果越准确。因此，系统误差可以作为衡量测定值与其数学期望真值偏离程度的尺度。偶然误差 δ_i 说明了各次测定值与其数学期望的离散程度。测量结果越离散，则测量的精度越低，反之越高。Δx_i 反映了系统误差和偶然误差的综合影响，故它可作为衡量测量精确度的尺度。所以，一个精密测量结果可能不正确（未消除系统误差），也可能正确（消除了系统误差）。只有消除了系统误差的精密测量才能获得准确的测量结果。

消除系统误差，通常采用下列方法：

（1）用标准样品校正实验者本身引进的系统误差。

（2）用标准样品或标准仪器校正测量仪器引进的系统误差。

（3）纯化样品，校正样品引进的系统误差。

（4）实验条件、实验方法、计算公式等引起的系统误差，则比较难于发觉，须仔细探索是哪些方面不符合要求，才能采取相应措施设法消除。

此外，还可以用不同的仪器，不同的测量方法，不同的实验者进行测量和对比，以检出和消除这些系统误差。

（三）偶然误差的统计规律和处理方法

1. 偶然误差的统计规律

偶然误差是一种不规则变动的微小差别，其绝对值时大时小，符号时正时负。但是，在相同的实验条件下，对同一物理量进行重复测量，则发现偶然误差的大小和符号完全受某种误差分布（一般指正态分布）的概率规律所支配，这种规律称为误差规律。偶然误差的正态分布曲线如图1所示。图中，$y(x)$ 代表测定值的概率密度；σ 代表标准误差，在相同条件的测量中其值恒定，它可作为偶然误差大小的量度。

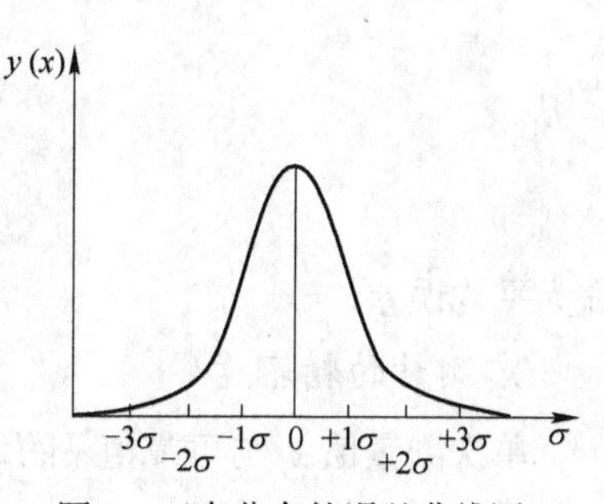

图1　正态分布的误差曲线图

根据误差定律，偶然误差具有下述特点：

（1）在一定的测量条件下，偶然误差的绝对值不会超过一定的界限。

（2）绝对值相同的正负误差出现的机会相同。

（3）绝对值大的误差出现的机会比绝对值小的误差出现的机会少。

（4）以相同精度测量某一物理量时，其偶然误差的算术平均值，随着测量次数 n 的无限增加而趋近于零，即

$$\lim_{n\to\infty}\bar{\delta} = \lim_{n\to\infty}\frac{1}{n}\sum_{i=1}^{n}\delta_i = 0 \tag{6}$$

因此，为了减小偶然误差的影响，在实际测量中常常对被测的物理量进行多次重复的测量，以提高测量的精密度或重复性。

2. 可靠值及可靠程度

在等精度的多次重复测量中，由于每次测定值的大小不等，那么，如何从一系列的测量数据 x_1，x_2，x_3，…，x_i，…，x_n 中来确定被测物理量的可靠值呢？

在只有偶然误差的测量中，假设系统误差已被消除，即

$$\varepsilon = x_{\infty} - x_{真} = 0$$

于是得到

$$x_{\infty} = x_{真} = \lim_{n\to\infty}\bar{x} \tag{7}$$

上式说明在消除系统误差之后，测定值的数学期望 x_{∞} 等于被测物理量的真值 $x_{真}$，这时测量结果不受偶然误差的影响。

但是，在有限次的测量中，被测物理量的数学期望是无法求得的，然而在大多数情况下，则是以测定值的算术平均值 $\bar{x}$ 作为测量结果的可靠值。由于 $\bar{x}$ 远比 x_i 更逼近 $x_{真}$，而 $\bar{x}$ 并不完全等于 $x_{真}$，所以必须讨论 $\bar{x}$ 的可靠程度，即 $\bar{x}$ 与 $x_{真}$ 究竟相差多大。

按照误差定律，可以认为 $x_{真}$ 在绝大多数情况下（几率为99.79%）是落在 $\bar{x} \pm 3\sigma_{\bar{x}}$ 的范围内，$\sigma_{\bar{x}}$ 又称为平均值的标准误差。

$$\sigma_{\bar{x}} = \sqrt{\frac{\sum_{i=1}^{n}(x_i - x)^2}{n(n-1)}} \tag{8}$$

也就是说，我们以平均值标准误差的3倍作为有限次测量结果（可靠值 $\bar{x}$）的可靠程度。

在一般的实验数据处理中，常用下式表示测量结果的可靠程度。

$$x = \bar{x} \pm a \tag{9}$$

$$x = \bar{x} \pm 1.73a(n \geqslant 5) \tag{10}$$

式中

$$a = \frac{1}{n}\sum_{i=1}^{n}|x_i - \bar{x}| \tag{11}$$

称为平均误差。

3. 测量的精密度

单次测量值 x_i 与可靠值 $\bar{x}$ 的偏差程度称为测量的精密度。精密度一般常用下列三种方法表示：

（1）用平均误差 a 表示。

（2）用标准误差 σ 表示，

$$\sigma = \sqrt{\frac{\sum_{i=1}^{n}(x_i - \bar{x})^2}{n-1}} \tag{12}$$

σ 是单次测量值 x_i 与可靠值 $\bar{x}$ 的标准误差。它与式（8）的平均值标准误差 $\sigma_{\bar{x}}$ 的关系是

$$\sigma_{\bar{x}} = \frac{\sigma}{\sqrt{n}}$$

即 $\sigma_{\bar{x}}$ 的大小与测量次数 n 的平方根成反比。

（3）用或然误差 p 表示，

$$p = 0.6745\sigma \tag{13}$$

上面三种方法可用来表示测量的精密度，但在数值上略有不同，它们的关系是

$$p : a : \sigma = 0.675 : 0.794 : 1.00$$

一般情况下，用平均误差或标准误差表示测量的精密度。由于不能肯定 x_i 离 $\bar{x}$ 是偏高还是偏低，所以测量结果常用 $\bar{x} \pm \sigma$（或 $\bar{x} \pm a$）来表示。σ（或 a）越小，表示测量结果的精密度越好。有时也用相对精密度 $\sigma_{相对}$ 来表示测量的精密度。

$$\sigma_{相对} = \left(\frac{\sigma}{\bar{x}}\right) \times 100\% \tag{14}$$

例：对某种产品重复进行10次长度测量，分别测得其长度 x(mm) 列于表1，试计算它的平均误差和标准误差，正确表示长度的测量结果。

表1　测量记录与计算

n	x_i/mm	$\lvert x_i - \bar{x} \rvert$	$(x_i - \bar{x})^2$
1	142.1	4.5	20.25
2	147.0	0.4	0.16
3	146.2	0.4	1.96
4	145.2	1.4	1.96
5	143.8	2.8	7.84
6	146.2	0.4	0.16
7	147.3	0.7	0.49
8	150.3	3.7	13.69
9	145.9	0.7	0.49
10	151.8	5.2	27.04
Σ	1465.8	20.2	72.24

算术平均值（可靠值）　$\bar{x} = \frac{1465.8}{10} = 146.6(\text{mm})$

平均误差　$a = \frac{20.2}{10} = 2.0(\text{mm})$

标准误差　$\sigma = \sqrt{\frac{72.24}{10-1}} = 2.8(\text{mm})$

则长度测量结果为（146.6 ±2.8）mm。

相对精密度　$\sigma_{相对} = \frac{\sigma}{\bar{x}} \times 100\% = \frac{2.8}{146.6} \times 100\% = 1.9\%$

4. 测量的准确度

测量准确度定义如下：

$$b = \frac{1}{n}\sum_{i=1}^{n} \lvert x_i - x_{真} \rvert \tag{15}$$

由于大多数实验中 $x_{真}$ 是我们要求测出的结果，因此准确度 b 很难算出。但一般用 $x_{标}$（标准值）近似地代替 $x_{真}$，所谓标准值的含义是用其他更可靠的方法测出的值。此时测

量的准确度 b 可近似地表示为

$$b = \frac{1}{n}\sum_{i=1}^{n} |x_i - x_{标}| \tag{16}$$

准确度与精密度的区别：

（1）一个精密度很好的测量结果，其准确度不一定很好；但准确度好的结果其精密度一定很好。

（2）通常可用准确度来表示某一测量系统误差的大小，系统误差小的实验测量称为准确度高的测量；同样，可用精密度来表示某一测量的偶然误差的大小，偶然误差小的实验测量称为精密度高的测量。

（3）当 $x_{标}$ 落在 $x±a$ 的范围内时，表明测量的系统误差小，当 $x_{标}$ 落在 $x±a$ 的范围之外（若 $n \geqslant 15$），即 $|\bar{x} - x_{标}| > a$，此时测量的精密度可能符合要求，但测量的准确度差，说明测量的系统误差大。

5. 绝对误差与相对误差

绝对误差是测量值与真值间的差，相对误差是绝对误差与真值之比。

$$绝对误差 = 测量值 - 真值$$

$$相对误差 = \frac{绝对误差}{真值}$$

绝对误差的单位与被测量的单位相同，而相对误差则是无因次的。因此，不同物理量的相对误差可以互相比较。另外，绝对误差的大小与被测量的大小无关，相对误差与被测量的大小及绝对误差的数值都有关系。因此，不论是比较各种测量的精度或是评定测量结果的质量，采用相对误差都更为合适。

6. 可靠程度的估计

一般说来，在实验测量中，通常只测量一个 x_i，因此，不能得到测量值的可靠程度（因为 $n \geqslant 5$ 时才能得到测量值的可靠程度），但可按所用仪器的规格，估计测量值的可靠程度。下面是实验常用仪器的估计精密度。

（1）容量仪器（用平均误差表示）。

		一等	二等
移液管			
	50mL	±0.05mL	±0.12mL
	25mL	±0.04mL	±0.10mL
	10mL	±0.02mL	±0.04mL
	5mL	±0.01mL	±0.03mL
	2mL	±0.006mL	±0.015mL
容量瓶			
	1000mL	±0.30mL	±0.60mL
	500mL	±0.15mL	±0.30mL
	250mL	±0.10mL	±0.20mL
	100mL	±0.10mL	±0.20mL
	50mL	±0.05mL	±0.10mL
	25mL	±0.03mL	±0.06mL

（2）重量仪器（用平均误差表示）。

分析天平	一等	0.0001g
	二等	0.0004g
工业天平（或物理天平）		0.001g
台称	称量1kg	0.1g
	称量100g	0.01g

（3）温度计。一般取其最小分度值的1/10或1/5作为其精密度。例如，1℃刻度的温度计的精密度估读到±0.2℃，1/10℃刻度的温度计的精密度估读到±0.02℃。

（4）电表。新的电表，可按其说明书所述准确度来估计。例如，1.0级电表的准确度为其最大量程值的1.0%，0.5级电表的准确度为其最大量程值的0.5%。电表的精密度不可贸然认为就是其最小分度值的1/5或1/10。电表测量结果的精密度最好每次测定。

（四）怎样使测量结果达到足够的精确度

综上所述，已知测定某一物理量时，为使测量结果达到足够的精确度，应按下列次序进行：

（1）正确选择仪器。按实验要求，确定所用仪器的规格，仪器的精密度不能低于实验结果要求的精密度，但也不必过优于实验结果的精密度。

（2）校正实验仪器和药品的系统误差，即校正仪器、纯化药品，并选用标准样品测量。

（3）减小测量过程中的偶然误差。测定某种物理量时，要进行多次连续重复测量（必须在相同的实验条件下），直至测量结果围绕某一数值上下不规则变动，取这些测量数值的算术平均值。

（4）进一步校正系统误差。当测量结果达不到要求的精密度，且确认测量误差为系统误差时，应进一步探索，反复实验，以至可以否定原来的标准值。

（五）有效数字

实验中测量的物理量X值的结果应表示为$\bar{x}\pm a$，$\bar{x}$有一个不确定范围a，因此，在具体记录数据时，没有必要将$\bar{x}$的位数记录超过a所限定的范围。例如，称量某物体质量，测得结果为（1.2345±0.0004）g，其中1.234都是完全确定的，末位数字5则不确定，它只告诉出一个1到9的范围。通常，称所有确定的数字（不包括表示小数点位置的“0”）和这位有疑问的数字在一起为有效数字。记录和处理数据时，只需记下有效数字，多余数字没有必要记录。如果一个数据未注明不确定范围（即精密度范围），则严格来说这个数据的含义是不清楚的，一般可以认为最后一位数字的不确定范围为±3。

1. 有效数字位数的确定规则

由于间接测量结果需要进行计算，涉及运算过程中有效数字位数的确定问题。下面介绍有关规则：

(1) 误差（平均误差和标准误差）一般只有一个有效数字，至多不能超过两位。

(2) 任何一物理量的数据，其有效数字的最后一位，在位数上应和误差的最后一位划齐。例如，记成1.35±0.01是正确的，若记成1.351±0.01或1.3±0.01意义就不清楚。

（3）为了明确地表明有效数字，一般常用科学记数法，因为表示小数点位置的“0”不是有效数字。下列数据：1234，0.1234，0.0001234，都是4位有效数字，但遇到1234000时，就很难说出后面三个“0”是有效数字，还是表明小数点位置“0”。为了避免这种困难，上述数据常表示成指数形式：1.234×10^3，1.234×10^{-1}，1.234×10^{-4}，1.234×10^6，这就表明它们都是4位有效数字。

2. 有效数字的运算规则

（1）在舍弃多余的数字时应用四舍五入法。

（2）在加减运算时，各数值小数点后所取的位数应与其中最少者相同，如

$$\begin{array}{r} 0.12 \\ 12.232 \\ +)\quad 1.56833 \\ \hline 13.92033 \end{array} \qquad \begin{array}{r} 0.12 \\ 12.23 \\ +)\quad 1.57 \\ \hline 13.92 \end{array}$$

（3）当数字的首位大于8时，在运算时就可以多算一位有效数字，如9.12在运算时可看成四位有效数字。

（4）在乘除法运算中，保留各数的有效位数不大于其中有效位数最低者。例如，

$$\frac{1.578\times0.0182}{81}=?$$

其中81和0.0182的有效位数最低（均为3位），那么其他数字都保留到3位，这时上式变为

$$\frac{1.58\times0.0182}{81}=3.56\times10^{-4}$$

对于复杂计算，应先加减，后乘除。例如，

$$\left[\frac{0.552(82.52+4.4)}{662-642}\right]^{\frac{1}{2}}=\left[\frac{0.552\times86.9}{20}\right]^{\frac{1}{2}}=\left[\frac{0.55\times87}{20}\right]^{\frac{1}{2}}=0.46$$

在复杂运算未达到最后结果之前的中间各步，可保留各数值位数较上述规则多一位，以免多次四舍五入造成误差积累，对结果带来较大影响，但最后结果仍只保留其应有的位数。

（5）计算式中的常数如π、ρ及因子如$\sqrt{2}$、$\frac{1}{3}$和一些取自手册的常数，可以按需要取有效数字。例如，当计算式中有效数字位数最低是3位时，则上述常数取3位或4位即可。

（6）在对数计算中所取对数位数（对数首数除外）应与真数有效位数相同。

（7）计算平均值时，如参加平均的数值有四个以上，则平均值的有效数字可多取一位。

三、实验结果的表达方法

实验结果的表达不是简单地罗列原始测量数据，需要经误差分析和数据处理之后科学地表述，既要清晰，又要简洁。要推理合理，结论正确。实验结果的表达方法主要有三种：列表法、图解法和数学方程式（函数）法。

（一）列表法

列表法是指用表格的形式表达实验结果，将已知数据、直接测量数据或通过计算得出的（间接测量）数据，按主变量 X 与应变量 Y 的关系一个一个对应着排列起来。这种表达方法的优点是：数据一目了然，从表格上能清楚而迅速地看出二者的关系，便于阅读、理解和查询，也便于对不同条件下的实验数据进行比较和检核。做表格时，应注意以下几点：

（1）表格名称。每一表格应使用一个完整而又简洁的名称。

（2）单位与符号。在表格中，每一行的第一列（或每一列的第一行）是变量的名称及量纲。使用的物理量和符号要标准化、通用化。

（3）有效数字。每一行所记数据，应注意其有效数字位数，并将小数点对齐，如果用指数来表示数据中小数点位置，为了简明起见，可将指数项放在行名旁，但此时应注意指数上的正负号应异号。例如，材料的热膨胀系数 α 是 5.53×10^{-7}℃$^{-1}$，则该行行名可写成 $\alpha\times10^{7}$/℃$^{-1}$。

（4）主变量的选择。主变量的选择有时候有一定的伸缩性，通常选择较简单的，例如温度、时间、距离等。主变量最好是选择均匀的等间隔增加的。

（二）图解法

1. 图解法在实验结果表达中的作用

图解法可使实验测得各数据之间的相互关系表达得更为直观，尤其能清楚地显示出所研究变量间的变化规律，如极大、极小、转折点、周期性、数量的变化速率等特点，并能从图上找出所需数据，以确定经验方程中的常数，或利用图形外推或内插的方法进而求取实验难以直接获得的数据，同时便于数据分析比较和进一步求得函数关系的数学表达式。

作图法的主要用途有以下几点：

（1）表达变量间的定量依赖关系。将主变量作横轴，应变量作纵轴画出一条曲线，表示二变量间的定值关系。在曲线的所示范围内，欲求对应于任何主变量值的应变量值，均可方便地从曲线上读出。

（2）求外推值。有时测定的直接对象不能或不易由实验直接测定，在适当的条件下，常可用作图外推的方法获得，即外推法。所谓外推法，就是将测量数据间的函数关系外推至测量范围以外，求测量范围外的函数值。显然，只能在有充分理由确信外推所得结果可靠时，外推法才有意义。因此，外推法常常只在下列情况下应用：

1）在外推的那段范围及其邻近，测量数据的函数关系是线性的或可以认为是线性的。

2）外推的那段范围不能离开测量的那段范围太远。

3）外推所得结果不能与已有正确经验有抵触。

（3）求函数的微商（图解微分法），作图法不仅可以表示出被测物理量之间的函数关系，而且还可以从图上求得每一个点的微商，而不必先求出函数关系的解析表达式，即图解微分法。具体做法是在所得曲线上选定的若干点处（有目的的选择）作切线，计算出切线的斜率，即得函数在该点的微商。

（4）求函数的极值或转折点。

（5）求导数函数的积分值（图解积分法）。设图形中的应变量是主变量的导数函数，则在不知道导数函数解析表达式的情况下，可利用图形求出定积分值，称图解积分法。通常是求取曲线下所包的面积。

（6）求测量数据间函数关系的解析表达式。如果需要建立测量数据间函数关系的解析表达式，通常也是从作图入手，作出测量结果的函数关系的图形表达；再根据图形形式和变换变量，使得图形线性化，即得新函数 y 和新主变量 x 间的线性关系式：$y = mx + b$。算出此直线的斜率 m 及截距 b 后，再换回原来的函数和主变量，即得原函数的解析表达式。

例如，反应速率常数 k 与活化能 E 的关系式为指数函数关系：

$$k = Z \cdot e^{-\frac{E}{RT}} \tag{17}$$

可将两边取对数令其直线化：

$$\ln k = \ln Z - \frac{E}{RT} \tag{18}$$

以 $\ln k$ 对 $1/T$ 作图，由曲线斜率和截距分别可以求出活化能 E 和碰撞频率 Z 的数值。

2. 作图术

图解法获得良好结果的关键是作图术，下面介绍作图要点。

（1）工具。作图工具主要有铅笔、直尺、曲线板、曲线尺、圆规（点圆规）等。

（2）坐标纸。直角坐标纸（常用），半对数坐标纸，对数—对数坐标纸，三角形坐标纸（绘制三元相图用）。

（3）坐标轴。用直角坐标作图时，以主变量为横轴，应变量（函数）为纵轴。坐标轴比例尺的选择一般遵循下列原则：

1）表示出全部的有效数字，使图上读出的各物理量的精密度与测量时的精密度一致。

2）方便易读，一般用1cm 表示数值1、2、5都是较为合适的。

3）在前两个条件满足的前提下，还应考虑到充分利用图纸，即若无必要，不必把坐标原点作为变量的零点。具体要依图形大致趋向和图纸情况而定。比例尺选定后，画上坐标轴，并在轴旁注明该轴变量的名称和单位；在纵轴左边和横轴下边每隔一定距离写上该处变量应有的“值”。

（4）代表点。代表点是指测出的数据在图上的点。代表点除了要表示数据的正确数值外，还要表示它的精密度。若纵、横轴上两测量的精密度一致或相近，可用点圆符号“⊙”表示代表点，圆心小点表示测得数据的正确值，圆的半径表示精密度值。若同一图纸有数组不同的测量数据，则可用不同的符号（如 ⊕、⊙、⊗ 等）来表示代表点。若纵、横两轴上变量的精密度相差较大，则代表点须用矩形符号⊡表示，此时矩形的心是数据的正确值。

（5）曲线。图纸上做好代表点后，按代表点的分布情况作一曲线，表示代表点的平均变动情况。因此，曲线不必全部通过各点，只要使各代表点均匀地分布在曲线两侧邻近即可，或者更确切地说是使所有代表点离开曲线的距离的平方和为最小，这就是“最小二乘法原理”。但是在作图过程中，如发现有个别点远离曲线，当没有根据判定两个变量在这一区间内有突变存在，则只能认为是过失误差，这样作图时就不必考虑这一点了。

曲线的具体画法：用淡铅笔轻轻地循各代表点的变动趋势，手描一条曲线，然后用曲线板逐段凑合于描线的曲率，作出光滑曲线。这里必须注意各段接合处应连续光滑，关键有两点：1）不要将曲线板上的曲边与手描线所有的重合部分一次描完，一段每次只描半段或 2/3 段；2）描线时用力要均匀，尤其在线段的起落点处，更应注意用力适当。

（6）图名和说明。曲线作好后，最后还要在图上注上图名，说明坐标轴代表的物理量及比例尺，以及主要的测量条件（如温度、压力等）。同一图中绘有多条曲线时，应注明不同符号所示曲线的意义。

随着计算机技术进步，计算机绘图技术已得到了日益广泛的应用，但是在具体应用时仍应遵循以上所述的基本绘图原则。

3. 图解术

图解术是指从已得图形与曲线的进一步计算与处理，获得所需结果的技术。大部分实验结果不能从图形或曲线上直接得出，因此图解术是很重要的。目前常用的图解术有：内插、外推、计算直线的斜率和截距、图解微分、图解积分、曲线的直线化等。内插和外推比较简单，前已述过，这里不再赘述。下面简单叙述一下后四种方法。

（1）计算直线的斜率和截距。设直线方程为

$$y = mx + b \tag{19}$$

由解析几何知，在直线上取两点（x_1，y_1）、（x_2，y_2），将它们代入上式即

$$\begin{cases} y_1 = mx_1 + b \\ y_2 = mx_2 + b \end{cases} \tag{20}$$

解此方程组得

$$\begin{cases} m = \dfrac{y_2 - y_1}{x_2 - x_1} \\ b = y_1 - mx_1 = y_2 - mx_2 \end{cases}$$

注意：两点不宜选得太近。求 m、b 的另一方法是延长直线使直线与 y 轴相交，则直线与 y 轴相交交点的 y 值即为 b，直线与 y 轴的交角的正切值 $\tan\theta$ 为 m 值。

（2）图解微分。图解微分的中心问题是如何准确地在曲线上作切线。作切线的方法很多，但以镜像法最简便可靠。下面简要介绍此法。

用一块平面镜垂直放在图纸上，并使镜和图纸的交线通过曲线上某点，以该点（所要求微商的点）为轴旋转平面镜，使曲线在镜中的像和图上的曲线连续，不形成折线。然后沿镜面作一直线，此直线可被认为是曲线在该点上的法线。作此条法线过该点的垂线，即为在该点曲线上的切线。求切线的斜率即得所需微商值。

（3）图解积分。如图 2 所示，设 $y = f(x)$ 为 x 的导数函数，则定积分值 $\int_{x_1}^{x_2} y\mathrm{d}x$ 即为图 2 中曲线下阴影之面积，故图解积分仍归为求此面积的问题，求面积可直接用求积仪量或数阴影部分小格子数目。

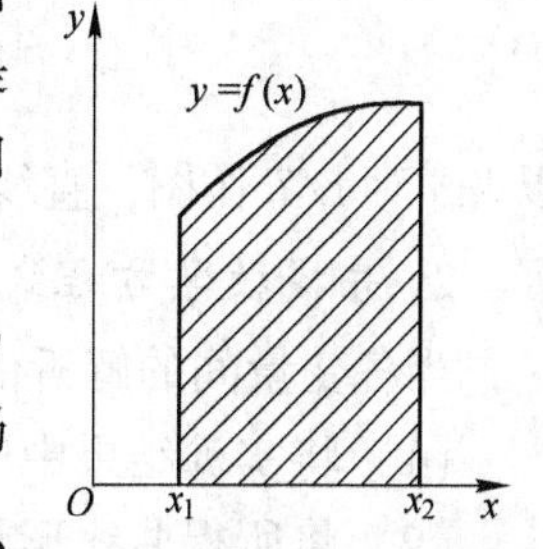

图 2　图解积分法示意图

（4）曲线的直线化。直线是曲线中最易作的线，用起来也方便。为了能使函数关系在图上表示成直线，常可将曲线进行直线化。例如所得曲线形状为一抛物线，如图3所示，其解析表达为

$$y = a + bx^2 \tag{21}$$

所以，如果以 y 对 x^2 作图就可得到直线。

若所得曲线近似为一指数曲线，如图4所示。这种指数曲线的解析表达式为

$$y = Ae^{-x^n} \tag{22}$$

式中　A，n——常数。

上式两边取对数，得

$$\ln y = \ln A - x^n \tag{23}$$

故以 $\ln y$ 对 x^n 作图得一直线，其截距即 $\ln A$ 。对于式（23）两边再取对数，得

$$\ln\ln y = -n \cdot \ln x \tag{24}$$

故以 $\ln\ln y$ 对 $\ln x$ 作图，亦得一直线，其斜率即为 $-n$ 。

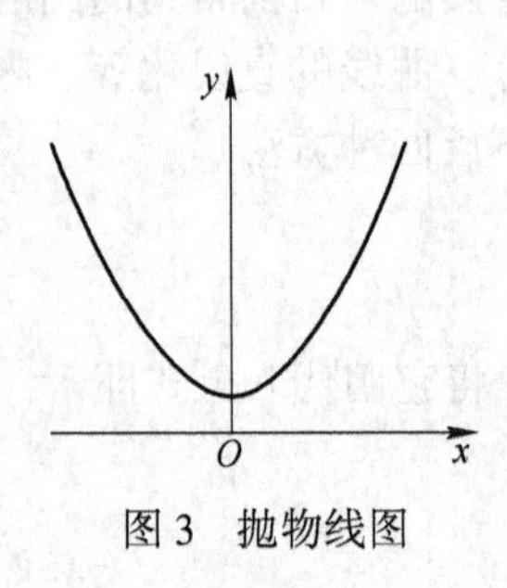

图3　抛物线图

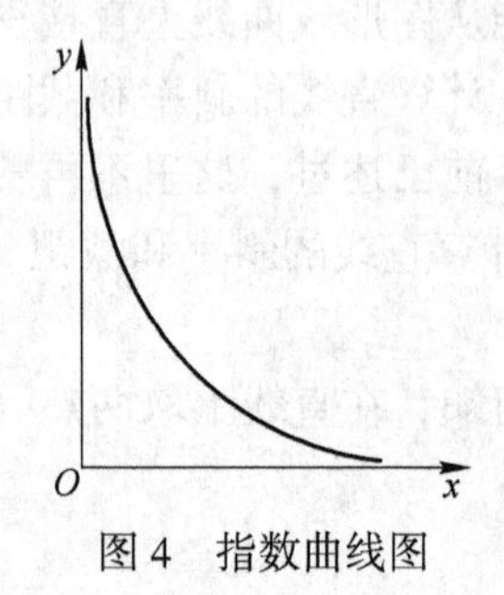

图4　指数曲线图

（三）数学方程式法

1. 数学方程式法的优点

数学方程式法就是将实验中各变量间的依赖关系用解析的形式表达出来。这种方法的主要优点：

（1）表达简单清晰，并便于求微分、积分和内插值。

（2）当各变量间的解析依赖关系是已知的情况下，用数学方程式表达可求取方程中的系数，系数常对应于一定的物理量。例如蒸气压方程，温度为 T 时液体或固体的饱和蒸气压为 p，有

$$\ln p = -\frac{\Delta H}{RT} + 常数$$

以 $\ln p$ 对 $1/T$ 作图，直线斜率即为系数 $-\Delta H/R$ ，其中 ΔH 即为汽化热。

2. 寻找数学方程式的方法

当各变量间的解析依赖关系不知道时，一般按下列步骤寻找：

（1）将实验结果中所得各变量选出主变量和应变量后作图，绘出曲线。

（2）将所得曲线形状与已知函数曲线的形状比较。

（3）依据比较结果，改换变量，重新作图，使原曲线线性化。

(4) 计算线性方程的常数。

(5) 若曲线无法线性化，可将原函数表达成主变量的多项式，即

$$y = a + bx + cx^2 + dx^3 + \cdots \tag{25}$$

多项式项数的多少以结果能表示的可靠程度在实验误差范围内为准。

3. 直线方程常数的确定

求直线方程常数的方法有三种，即图解法（作图法）、平均法、最小二乘法。图解法最简单，适用于数据较少且不十分精密的场合；平均法较麻烦，但当有六个以上比较精密的数据时，结果就较作图法好；最小二乘法最繁，但结果最好，它需要有六个以上较精密的实验数据。

以下列实验数据为例，对上述三种处理方法进行说明。

x:	1.00;	3.00;	5.00;	8.00;	10.00;	15.00;	20.00
y:	5.4;	10.5;	15.3;	23.2;	28.1;	40.4;	52.8

(1) 图解法。用上列数据作出图5，其函数关系用下列直线方程表示：

$$y = mx + b$$

从直线上取两点的坐标值用来计算直线的斜率和截距：

$$m = \frac{y_2 - y_1}{x_2 - x_1} = \frac{47.8 - 13.0}{18.0 - 4.0} = 2.49$$

$$b' = y_1 - mx_1 = 3.04$$

$$b'' = y_2 - mx_2 = 2.98$$

$$b = (b' + b'')/2 = 3.01$$

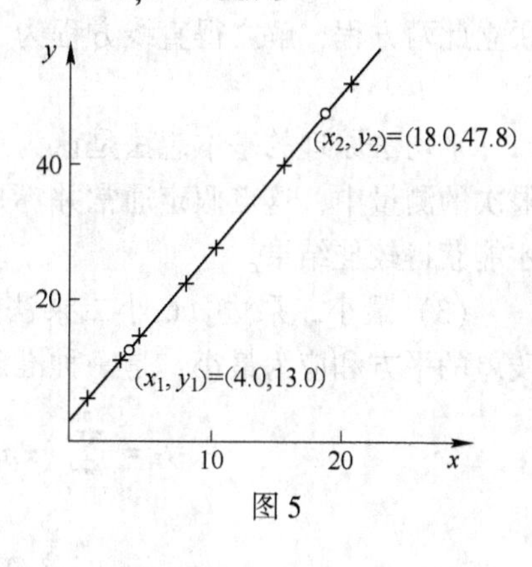

图5

当然 b 也可以从直线与纵轴的交点直接读出。将 m 和 b 代入直线方程即得

$$y = 2.49x + 3.01$$

(2) 平均法。对于线性方程 $y = mx + b$ 来说，只要将实验数据（x_1，y_1）、（x_2，y_2）代入联立即可求得 m、b，但实际上，通常有更多对的变量可以利用，而且用不同数据可得出不同数值的 m、b 值（因为每对数据的测量误差并不相同）。为了使 m、b 值真正地能表示实验的真实情况，可以采用平均法。平均法认为，正确的 m、b 值应该能使“残差”之和为零。“残差”的定义为

$$\mu_i = mx_i + b - y_i \tag{26}$$

式中，下标 i 表示第 i 次测量。但这样仅得一个方程，因此将测得的实验数据

$$(x_1, y_1);(x_2, y_2);(x_3, y_3);\cdots;(x_i, y_i);\cdots;(x_n, y_n)$$

平分成以下两组：

$$(x_1, y_1);(x_2, y_2);\cdots;(x_k, y_k)$$

和

$$(x_{k+1}, y_{k+1});(x_{k+2}, y_{k+2});\cdots;(x_n, y_n)$$

通常 k 大致为 n 的一半。对此两组数据，分别应用平均法原理，得

$$\sum_{i=1}^{k}\mu_i = m\sum_{i=1}^{k}x_i + kb - \sum_{i=1}^{k}y_i = 0 \tag{27}$$

$$\sum_{i=k+1}^{n} \mu_i = m \sum_{i=k+1}^{n} x_i + kb - \sum_{i=k+1}^{n} y_i = 0 \tag{28}$$

将式（27）、式（28）联立，即可解出 m、b。

下面将上述数据应用平均法进行计算。

将前四组与后三组数据组合为两套：

$$\begin{array}{rr}
 & 1.00m + b - 5.4 = 0 \\
 & 3.00m + b - 10.5 = 0 \\
 & 5.00m + b - 15.3 = 0 \\
+) & 8.00m + b - 23.2 = 0 \\
\hline
 & 17.00m + 4b - 54.4 = 0
\end{array}
\qquad
\begin{array}{rr}
 & 10.0m + b - 28.1 = 0 \\
 & 15.0m + b - 40.4 = 0 \\
 & 15.0m + b - 40.4 = 0 \\
+) & 20.00m + b - 52.8 = 0 \\
\hline
 & 45.0m + 3b - 121.3 = 0
\end{array}$$

联立此两方程，解之得直线方程为

$$y = 2.48x + 3.05$$

平均法原理的基本想法是认为正负残差大致相等，因此残差之和等于零。实际上在有限次的测量中，这点假定通常并不是严格成立的。因此应用平均法处理数据须有一定经验才能获得较佳结果。

（3）最小二乘法。最小二乘法的基本观点是：最佳结果应能使标准误差最小，所以残差的平方和应为最小，是一种准确的处理方法。设残差的平方和为 S，即

$$\begin{aligned} S &= \sum_{i=1}^{n} (x_i m + b - y_i)^2 \\ &= m^2 \sum_{i=1}^{n} x_1^2 + 2bm \sum_{i=1}^{n} x_i - 2m \sum_{i=1}^{n} x_i y_i + nb^2 - 2b \sum_{i=1}^{n} y_i + \sum_{i=1}^{n} y_i^2 \end{aligned}$$

使 S 为极小值的必要条件为

$$\begin{cases} \dfrac{\partial S}{\partial m} = 2m \displaystyle\sum_{i=1}^{n} x_i^2 + 2b \sum_{i=1}^{n} x_i - 2 \sum_{i=1}^{n} x_i y_i = 0 \\ \dfrac{\partial S}{\partial b} = 2m \displaystyle\sum_{i=1}^{n} x_i + 2b(n) - 2 \sum_{i=1}^{n} y_i = 0 \end{cases}$$

解上方程组得

$$\begin{cases} m = \dfrac{n \displaystyle\sum_{i=1}^{n} x_i y_i - \sum_{i=1}^{n} x_i \sum_{i=1}^{n} y_i}{n \displaystyle\sum_{i=1}^{n} x_i^2 - (\sum_{i=1}^{n} x_i)^2} \\ b = \dfrac{\displaystyle\sum_{i=1}^{n} x_i^2 \sum_{i=1}^{n} y_i - \sum_{i=1}^{n} x_i \sum_{i=1}^{n} x_i y_i}{n \displaystyle\sum_{i=1}^{n} x_i^2 - (\sum_{i=1}^{n} x_i)^2} \end{cases}$$

下面以前文所述数据用最小二乘法求直线方程的 m 和 b：

x	y	x^2	xy
1.0	5.4	1.0	5.4
3.0	10.5	9.0	31.5
5.0	15.3	25.0	76.5
8.0	23.2	64.0	185.6
10.0	28.1	100.0	281.0
15.0	40.4	225.0	606.0
20.0	52.8	400.0	1056.0
62.0	175.7	824.0	2245.0

$$\begin{cases} m = \dfrac{7 \times 2245.0 - 62.0 \times 175.7}{7 \times 824.0 - (62.0)^2} = 2.51 \\ b = \dfrac{175.7 \times 824.0 - 2245.0 \times 62.0}{7 \times 824.0 - (62.0)^2} = 2.90 \end{cases}$$

因而得直线方程式为

$$y = 2.51x + 2.90$$

比较上述三种方法，以最小二乘法最为准确，但计算较繁。

最后还要强调一下关于测量、计算和作图三者之间的精度配合问题。在进行测量时，应使各直接测量值的精度互相配合，不应使其中某些测量过分精密，而另一些则精度不够，致使最后结果仍达不到精度要求；计算时则根据测量精度保留一定的有效数字，不得任意提高计算精度；作图时则应适当选择坐标比例尺，使读数精度与前两者的精度吻合。

四、实验室的安全防护

实验室的安全防护是关系到培养良好的实验素质，保证实验顺利进行，确保实验者和国家财产安全的重大问题。实验室经常遇到高温、低温的实验条件，使用高气压（各种高压气瓶）、低气压（各种真空系统）、高电压、高频和带有辐射线（X射线、激光、γ射线）的仪器，因此实验者应具备必要的安全防护知识，以及一旦事故发生时应采取的应急处理方法。

在以前的各类实验课程中，已对化学药品使用的安全防护和实验室用电的安全防护，反复作了介绍。本书结合无机非金属材料实验的特点，重点介绍使用受压容器和使用辐射源的安全防护，同时对实验者的人身安全防护作必要的补充。

（一）使用受压容器的安全防护

实验室中受压容器主要指高压储气瓶、真空系统、供气稳压用的玻璃容器，以及盛放液氮的保温瓶等。

1. 高压储气瓶的安全防护

高压储气瓶是由无缝碳素钢或合金钢制成，按其所存储的气体及工作压力分类如表2所示。

表2 标准储气瓶的型号分类

气瓶型号	用 途	工作压力/MPa	实验压力/MPa	
			水压实验	气压实验
150	储存氢、氧、氮、氩、氦、甲烷、压缩空气	15.0	22.5	15.0
125	储存二氧化碳及纯净水煤气	12.5	19.0	12.5
30	装存氨、氯、光气等	3.0	6.0	3.0
6	储存二氧化硫	0.6	1.2	0.6

我国《气瓶安全监察规程》（质技监高锅发［1999］154号）中，规定了各类气瓶的色标（见表3），每个气瓶必须在其肩部刻上制造厂和检验单位的钢印标记。

表3 常用储气瓶的色标

气瓶名称	外表面颜色	字 样	字样颜色	横条颜色
氧气瓶	天蓝	氧	黑	
氢气瓶	淡绿	氢	大红	红
氮气瓶	黑	氮	淡黄	棕
氩气瓶	银灰	氩	深绿	
氦气瓶	银棕	氦	深	
空气	黑	空气	白	
氨气瓶	淡黄	液氨	黑	
二氧化碳气瓶	铝白	液化二氧化碳	黑	
氯气瓶	深绿	液氯	白	白
乙炔瓶	白	乙炔 不可近火	大红	

为了使用安全，各类储气瓶应定期送检验单位进行技术检查，一般气瓶至少每三年检验一次，充装腐蚀性气体的气瓶至少每两年检验一次。检验中若发现气瓶的质量损失率或容积增加率超过一定的标准，应降级使用或予以报废。

使用储气瓶必须按正确的操作规程进行，有关注意事项简述如下。

(1) 气瓶放置要求：气瓶应存放在阴凉、干燥、远离热源（如夏日避免日晒，冬天与暖气片隔开，平时不要靠近炉火等）的地方，并用固定环将气瓶固定在稳定的支架、实验桌或墙壁上，防止受外来撞击和意外跌倒。使用易燃、易爆和有毒气体时，气瓶应放置在具有通风和报警功能的气瓶柜内，防止安全事故的发生。存储易燃气体气瓶（如氢气瓶等）的放置房间，原则上不应有明火或电火花产生，确实难以做到时应该采取必要的防护措施。

(2) 安装减压器（阀）：气体使用时要通过减压器使气体压力降至实验所需范围。气瓶安装减压器前应确定其连接尺寸规格是否与气瓶接头相一致，接头处需用专用垫圈。一般可燃性气体气瓶接头的螺纹是反向的左牙纹，不燃性或助燃性气体气瓶接头的螺纹是正向的右牙纹。有些气瓶需使用专门减压器（如氨气瓶），各种减压器一般不得混用。减压器都装有安全阀，它是保护减压器安全使用的装置，也是减压器出现故障的信号装置。减压器的安全阀应调节到接受气体的系统或者容器的最大工作压力。

（3）气瓶操作要点：气瓶需要搬运或移动时，应拆除减压器，旋上瓶帽，并使用专门的搬移车。开启或关闭气瓶时，实验者应站在减压阀接管的侧面，不许将头或身体对准阀门出口。气瓶开启使用时，应首先检查接头连接处、管道是否漏气，直至确认无漏气现象方可继续使用。使用可燃性气瓶时，更要防止漏气或将用过的气体排放在室内，并保持实验室通风良好。使用氧气瓶时，严禁气瓶接触油脂，实验者的手上、衣服上或工具上也不得沾有油脂，因为高压氧气与油脂相遇会引起燃烧。氧气瓶使用时发现漏气，不得用麻、棉等物去堵漏，以防发生燃烧事故。使用氢气瓶，导管处应加防止回火装置。气瓶内气体不应全部用尽，应留有不少于0.1MPa的压力气体，并在气瓶上标示用完的记号。

2. 受压玻璃仪器的安全保护

实验中常用的受压玻璃仪器包括：供高压或真空实验用的玻璃仪器、盛装水银的容器、压力计，以及各种保温容器等。使用这类仪器时必须注意：

（1）受压玻璃仪器的器壁应足够坚固，不能用薄壁材料或平底烧瓶之类的器皿。

（2）供气稳压用的玻璃稳压瓶，其外壳应裹以布套或细网套。

（3）实验中常用液氮作为获得低温的手段，在将液氮注入真空容器时要注意真空容器可能发生破裂，不要把脸靠近容器的正上方。

（4）装载水银的U形压力计或容器，要防止使用的玻璃容器破裂，造成水银散溅到桌上或地上，因此装载水银的玻璃容器下部应放置搪瓷盘或适当的容器。使用U型水银压力计时，应防止系统压力变动过于剧烈而使压力计中的水银散溅到系统外。

（5）使用真空玻璃系统时，要注意任何一个活塞的开、闭均会影响系统的其他部分，因此，操作时应特别小心，防止在系统内形成高温爆鸣气混合物或让混合物进入高温爆鸣气混合物高温区。在开启或关闭活塞时，应两手操作，一手握活塞套，一手缓缓旋转内塞，务使玻璃系统各部分不产生力矩，以免扭裂。

（二）使用辐射源的安全防护

实验室的辐射源，主要指产生X射线、γ射线、中子流、带电粒子束的电离辐射和产生频率为10~100000MHz的电磁波辐射。电离辐射和电磁波辐射作用于人体，都会造成人体组织的损伤，引起一系列复杂的组织机能的变化，因此，必须重视使用辐射源的安全防护。

1. 电离辐射的安全防护

我国目前规定从事放射性工作的专业人员，电离辐射的最大容许量每日不得超过0.05R（伦琴），非放射性工作人员每日不得超过0.005R。

同位素源放射的γ射线较X射线波长短、能量大，但γ射线和X射线对机体的作用是相似的，所以防护措施也是一致的，需要采用屏蔽防护、缩短使用时间和远离辐射源等措施。前者是在辐射源与人体之间添加适当的物质作为屏蔽，以减弱射线的强度。作为屏蔽物质主要有铅、铅玻璃等。后者是根据受照射时间愈少，人体所接受的剂量愈少，以及射线的强度随机体与辐射源距离的平方而衰减的原理，尽量缩短工作时间和加大机体与辐射源的距离，从而达到安全防护的目的。在实验时由于 X 射线和 γ 射线有一定的出射方向，因此实验者应注意不要正对出射方向站立，而应站在侧边进行操作。对于暂时不用或者多余的同位素放射源，应及时采取有效的屏蔽措施，存储在适当的地方。

防止放射性物质进入人体是电离辐射安全的重要前提，一旦放射性物质进入人体，则上述的屏蔽防护和缩短时间、加大距离措施就失去意义。放射性物质要尽量在密闭容器内操作，操作时必须戴防护手套和口罩。严防放射性物质飞溅而污染空气，加强室内通风换气，操作结束后应全身淋浴，切实防止放射性物质从呼吸道或食道进入体内。

2. 电磁波辐射的安全防护

高频电磁波辐射源作为特殊情况下的加热热源，目前已在光谱用光源和高真空技术中得到愈来愈多的应用。电磁波辐射能对金属、非金属介质以感应方式加热，因此也对人体组织，如皮肤、肌肉、眼睛的晶状体以及血液循环、内分泌、神经系统造成损害。

防护电磁波辐射的最根本的有效措施是减少辐射源的泄漏，使辐射局限在限定的范围内。当设备本身不能有效地防止高频辐射时，可利用能反射或者能吸收电磁波的材料，如金属、多孔性生胶和炭黑等做罩、网以屏蔽辐射源。操作电磁波辐射源的实验者应穿特制防护服和戴防护眼睛，镜片上涂有一层导电的二氧化锡、金属铬的透明或者半透明的膜，同样也应加大工作处与辐射源之间的距离。

考虑到某些工作中不可避免地要经受一定强度的电磁波辐射，应按辐射时间长短不同，制定辐射强度的分级安全标准：每天辐射时间小于 15min 时，辐射强度小于 $1mW \cdot cm^2$；小于 2h 的情况下，辐射强度小于 $0.1mW \cdot cm^2$；在整个工作日内经常受辐射的情况下，辐射强度小于 $10\mu W \cdot cm^2$。

除上述电离辐射和电磁波辐射外，还应注意紫外线、红外线和激光对人体，特别是眼睛的损害。紫外线的短波部分（300~200nm）能引起角膜炎和结膜炎。红外线的短波部分（160~760nm）可通过眼球到达视网膜，引起视网膜灼烧症。激光对皮肤的灼烧情况与一般高温辐射性皮肤烧伤相似，不过它局限在较小的范围内。激光对眼睛的损伤是严重的，会引起角膜、虹膜和视网膜的烧伤，影响视力，甚至因晶状体混浊发展为白内障。防护紫外线、红外线以及激光的有效方法是戴防护眼镜，但应注意不同光源、不同强度时须选用不同的防护眼镜片，而且要切记不应使眼睛直接对准光束进行观察。对于大功率的二氧化碳气体激光，应该避免照射中枢神经系统引起伤害，实验者还需要戴上防护头盔。

（三）实验者人身安全防护要点

（1）实验者在实验室进行实验前，应该熟悉设备和各项急救设备的使用方法，了解实验楼的楼梯和出口，实验室内的电器总开关、灭火器具和急救药品存放地方，以便一旦发生事故能及时采取相应的防护措施。

（2）大多数化学药品都有不同程度的毒性，原则上应防止任何化学药品以任何方式进入人体。必须注意，有许多化学药品的毒性，是在相隔很长时间以后才会显现出来的；不要将使用小量、常量化学药品的经验，任意移用到大量化学药品的情况；更不能将常温常压下实验的经验，在高温、高压、低温、低压的实验条件时套用；当进行有危险性或在严酷条件下进行实验时，应使用防护装置，戴防护面罩和眼镜。

（3）许多气体和空气的混合物有爆炸组分界限，当混合物的组分介于爆炸高限和爆炸低限之间时，只要有一适当的灼热源（如一个火花、一根高热金属丝）诱发，全部气体混合物会瞬间爆炸。某些气体与空气混合的爆炸高限和低限，以其体积分数表示，如表4所示。

表4　与空气混合的某些气体的爆炸极限

气体	爆炸高限	爆炸低限	气体	爆炸高限	爆炸低限
氢	74.2	4.0	乙醇	19.0	3.2
一氧化碳	74.2	12.5	丙醇	12.8	2.6
煤气	74.2	12.5	乙醚	36.5	1.9
氨	27.0	15.5	乙烯	28.6	2.8
硫化氢	45.5	1.3	乙炔	80.0	2.5
甲醇	36.5	4.7	苯	6.8	1.4

因此实验时应尽量避免能与空气形成爆鸣混合气的气体散失到空气中，同时在实验室工作时应保持室内通风良好，不使某些气体在室内积聚而形成爆鸣混合气。实验需要使用某些与空气混合有可能形成爆鸣气的气体时，室内严禁明火和使用可能产生电火花的电器等，禁穿鞋底上有铁钉的鞋子。

（4）实验中，实验者要接触和使用各类电气设备，因此必须了解使用电器的安全知识：

1）实验室所使用的电源是频率为50Hz的交流电。人体感受到触电效应时电流强度约为1mA，此时会有发麻和针刺的感觉。通过人体的电流强度到了6~9mA，一触就会缩手。再高电流，就会肌肉强烈收缩，手抓住了带电体后便不能释放。电流强度达到50mA时，人就有生命危险。因此使用电气设备安全防护的原则，是不要使电流通过人体。

2）通过人体的电流强度大小，决定人体电阻和所加的电压。通常人体的电阻包括人体内部组织的电阻和皮肤电阻。人体内部组织电阻约为1000Ω，皮肤电阻约为1kΩ（潮湿流汗的皮肤）到数万欧姆（干燥的皮肤），因此我国规定36V、50Hz的交流电为安全电压，超过45V都是危险电压。

3）电击伤人的程度和通过人体电流大小、通电时间长短、通电的途径如何相关。电流若通过人体心脏或大脑，最易引起电击死亡。所以实验时不要用潮湿有汗的手去操作电器，不要用手紧握可能荷电的电器，不应以双手同时触及电器，电气设备外壳均应接地。万一不慎发生触电事故，应立即切断电源，对触电者采取急救措施。

第2部分

实　验

实验1　晶体模型观察与分析

人们最早对晶体的认识是从晶体的规则几何多面体外形开始的。例如，食盐具有规则的立方体外形。显然，仅从是否具有规则的几何外形来区分晶体是不严格的，它不能反映出晶体内部结构本质。事实上，晶体在形成过程中，由于受到外界条件的限制和干扰而不具有规则的几何外形。相反，一些非晶体在某些情况下而能呈现规则的多面体外形。比如，有的食盐晶粒就不具有规则的立方体外形。但是，如果把这种食盐颗粒放在饱和的NaCl溶液中继续生长，那么它也能长成规则的立方体外形。因此，规则的几何外形并不是晶体的本质，而是由其内部结构所决定的外部现象。

1912年，X射线晶体衍射实验证明了晶体内部质点在三维空间排列的规律性，从而揭示了晶体结构的本质。晶体是内部质点在三维空间按周期性重复排列的固体，或者说晶体是具有格子构造的固体。各种晶体由于其组分和结构不同，不仅是在外形上各不相同，而且在性质上也有很大的差异。尽管如此，在不同晶体之间，仍存在着某些共同的特征，主要表现在以下几个方面：

（1）结晶均一性。由于晶体内部结构的特征，因此晶体在其任一部位上均具有相同的性质。

（2）各向异性。晶体在不同方向上表现出性质的差异称为晶体的各向异性。因为同一晶体在不同方向上质点的排列一般是不一样的，因而晶体的性质也随方向的不同而有差异。

（3）自限性。晶体能自发地形成封闭的凸几何多面体外形的特征，称为晶体的自限性或自范性。结晶多面体上的平面称为晶面，晶面的交棱称为晶棱。这也是由晶体的本质所决定的，只要有充分的条件，晶体就能生成一定的规则几何外形。

（4）对称性。晶体中的相同部分（包括晶面、晶棱等）以及晶体的性质能够在不同的方向或位置上有规律地重复出现，称为晶体的对称性。这也是晶体内部质点按周期性重复排列的结果。

（5）最小内能性。在相同的热力学条件下，晶体与同组成的气体、液体及非晶质固体相比其内能最小。因此，晶体是最稳定的。

本实验通过观察晶体模型，学习和分析晶体的对称性、晶体定向和晶面符号及晶体的结构等。

I　晶体的对称性

实验目的

（1）通过晶体模型熟悉晶体对称的概念及对称操作。

（2）掌握在模型上寻找以下对称要素：对称面、对称中心、对称轴、对称反轴。

（3）掌握根据对称特征划分晶族、晶系。

实验原理

晶体的对称是由晶体内部的格子构造所决定的，因而晶体的对称有其自身的特点，并遵守“晶体对称定律”。在晶体中可能存在的对称要素有对称面 P、对称中心 C、对称轴 L^n、对称反轴 L_i^n。

晶体是一几何多面体，其棱、面、角有一定的排列规律，对称要素的位置与晶面、晶棱及角顶也相应地具有几何上的关系。利用这些关系就可以在晶体模型上寻找对称要素。

1. 用镜像反映的对称操作寻找对称面 P

晶体中一个假想的平面把晶体分为两个相等的部分，且这两部分互成镜像反映，这个假想的平面即为对称面、反映面或镜面，国际符号用 m 表示，习惯上用 P 表示。如图1-1（a）所示，A_1与A_2两点被平面 m（图中阴影面）垂直平分，m 称为反映面，经对称变换后A_1与A_2交换位置，整个图形不变。

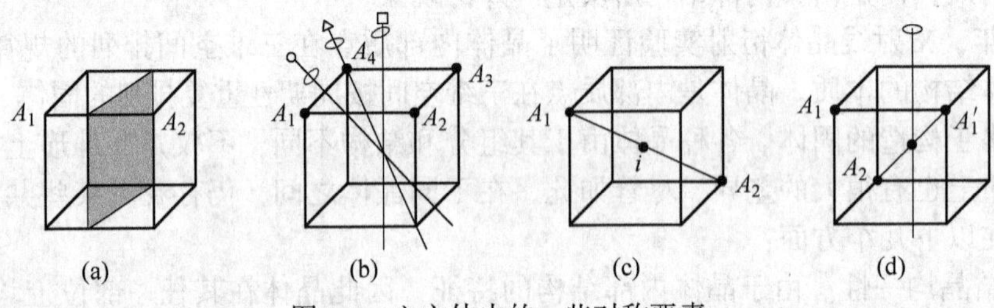

图 1-1　立方体中的一些对称要素

在一个晶体上，可以没有对称面，也可以有一个或几个对称面。在找对称面时，模型不要转动，以免同一对称面重复出现。

下面的平面可能是对称面：

（1）垂直平分晶棱的平面；

（2）通过晶棱的平面；

（3）垂直平分晶面的平面；

（4）穿过角顶的平面。

2. 用旋转的对称操作寻找对称轴 L^n

对称轴是通过晶体中心的一个假想直线，将晶体围绕其旋转，每隔一定的角度（基转角 α），相同的棱、面、角重复出现。旋转360°重复的次数是该对称轴的轴次 n，n 的计算公式见式（1-1）。轴次 n=1，2，3，4，6，国际符号分别用1、2、3、4、6数字及相应的图形符号表示，如图 1-2 所示，习惯上分别用 L^1、L^2、L^3、L^4、L^6表示。

$$n = \frac{360°}{\alpha} \tag{1-1}$$

式中　n——对称轴的轴次；

　　　α——基转角，(°)。

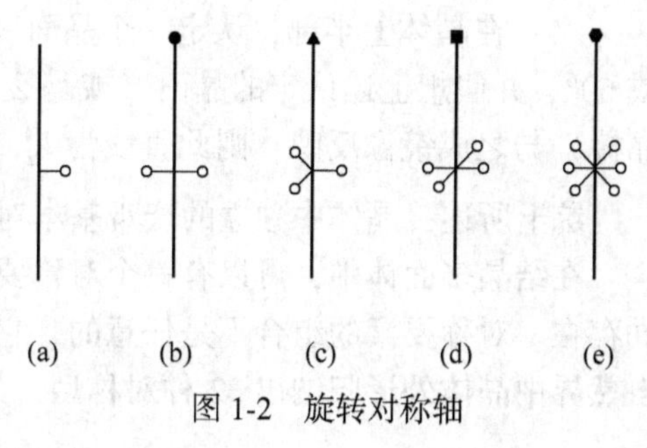

图 1-2　旋转对称轴

晶体中对称轴的数目可以为零，也可以为一个或数个。如图 1-1（b）所示，晶体中若存在对称轴，必定通过晶体的几何中心。

下面的直线可能是对称轴：

（1）通过晶棱中点的直线，可能是 L^2；

（2）通过晶面中点的直线，可能是 L^2、L^3、L^4、L^6；

（3）通过顶点的直线，可能是 L^2、L^3、L^4、L^6。

3. 用反伸的对称操作寻找对称中心 *C*

几何体所有的点沿着与某个点的连线等距离反向延伸到该点的另一端之后，该几何体与原来的自身重合，这种对称操作称为反演。这个点为对称要素，称为对称中心，国际符号用 i 表示，习惯上则用 C 表示。在一个晶体中，可能没有对称中心，也可能有一个对称中心，不可能存在几个对称中心。如图 1-1（c）所示，立方体的体心为对称中心，经对称变换后对顶角上的两点 A_1、A_2互换位置，整个图形不变，在晶体中如有对称中心存在，必定位于晶体的几何中心。

确定晶体是否有对称中心时，可将晶体放于桌面，看晶体上是否有一晶面与桌面相接触的晶面大小相等、形状相同，并且相互反向平行。把晶体如此重复数次，如果晶体上每一晶面都有这种情形，说明晶体有对称中心，否则无对称中心（即观察所有晶面是否为两两平行且同形等大，如果是，就有对称中心，否则无对称中心）。

4. 用“旋转+反伸”的对称操作寻找对称反轴 L_i^n

几何体绕一定的旋转轴转$\frac{360°}{n}$后，再经反伸操作，几何体与原来的自身重合，这种对称操作称为旋转反伸。它是一种复合的对称操作，轴次 n=1，2，3，4，6，国际符号分别用 $\bar{1}$、$\bar{2}$、$\bar{3}$、$\bar{4}$、$\bar{6}$ 表示，习惯上分别用 L_i^1、L_i^2、L_i^3、L_i^4、L_i^6 符号表示。

通过分析发现，一次对称反轴相当于对称中心，二次对称反轴相当于对称面，三次对称反轴相当于三次旋转轴加上对称中心，六次对称反轴相当于三次旋转轴加上对称面，即在以上对称反轴中，只有四次反轴是独立的对称要素。其中，$\bar{1}=i$，$\bar{2}=m$，$\bar{3}=3+i$，$\bar{6}=3+m$。

晶体上有 L_i^4 或 L_i^6 存在时，往往有 L^2(与 L_i^4 重合）与 L^3(与 L_i^6 重合）存在，同时在晶体上还会有晶棱、顶点上下交错分布的现象。因此确定 L_i^4、L_i^6 的步骤如下：

（1）找出晶体上的 L^2或 L^3，并放在直立位置；

（2）旋转晶体，观察其面、棱、点有无上下交错现象，如有并垂直此直线且没有对称面，则此直线可能是 L_i^4 或 L_i^6；

（3）通过晶体中心，垂直该直线作一假想平面；

（4）在晶体上半部，认定一个晶面（或晶棱），将晶体围绕该面（或直线）旋转90°或60°，并假想上述认定的晶面（或晶棱）仍留在原来的位置，则在其下部有一晶面（或晶棱）与之成镜像反映，则此直线为 L_i^4 或 L_i^6。

综上所述，晶体中独立的宏观基本对称要素有8种，即1、2、3、4、6、i、m、$\bar{4}$。

在结晶多面体中，可以有一个对称要素存在，也可以有若干个对称要素组合在一起共同存在。对称要素的组合不是任意的，它服从对称要素组合定理。按照对称要素组合，将自然界中晶体外形归纳出32种对称型，如表1-1所示。

表1-1　宏观晶体的32种对称型

名称	原始式	倒转原始式	中心式	轴式	面式	倒转面式	面轴式	晶系	晶族
$n=1$	L^1		C					三斜	低级
				L^2	P		L^2PC	单斜	
$n=2$	(L^2)		(L^2PC)						
				$3L^2$	L^22P		$3L^23PC$	正交	
$n=3$	L^3		L^3C	L^33L^2	L^33P		L^33L^23PC	三方	中级
$n=4$	L^4	L_i^4	L^4PC	L^44L^2	L^44P	$L_i^42L^22P$	L^44L^25PC	四方	
$n=6$	L^6	L_i^6	L^6PC	L^66L^2	L^66P	$L_i^63L^23P$	L^66L^27PC	六方	
	$3L^24L^3$		$3L^24L^33PC$	$3L^44L^36L^2$	$3L_i^44L^36P$		$3L^44L^36L^29PC$	等轴	高级

实验仪器设备与材料

各种理想晶体的模型若干。

实验步骤

（1）认真仔细观察每一种晶体模型。

（2）在晶体模型上找出全部对称要素。

（3）根据对称特点，确定其晶族、晶系。

实验数据记录与处理

（1）实验数据记录与处理参考格式见表1-2。

表1-2　晶体的对称性分析结果数据记录表

模型名称	对称要素				对称型	晶系	晶族
	P	L^n	C	L_i^n			

续表 1-2

模型名称	对称要素				对称型	晶系	晶族
	P	L^n	C	L_i^n			

（2）数据处理。对不同晶体模型进行观察分析，将分析结果填入表1-2中。

实验注意事项

（1）实验过程中，观察各晶体模型时应轻拿轻放。

（2）保护好模型，不要损坏。

思考题

（1）什么是晶体的对称？

（2）各晶族、晶系的晶体具有什么特点？

（3）比较各晶系的对称特点，判断下列对称型属于哪一晶系。

1）$L^3 3L^2 3PC$；　2）$4L^3 3L^2 3PC$；　3）$L^2 PC$；

4）$3L^2 3PC$；　5）$L^6 3L^2 3P$；　6）$L^2 2P$；

7）$3L^4 4L^3 6L^2$；　8）$L^4 4L^2 5PC$；　9）C

参考文献

[1] 高里存，任耘．无机非金属材料实验技术［M］．北京：冶金工业出版社，2007.

[2] 马爱琼，任耘，段峰．无机非金属材料科学基础［M］．北京：冶金工业出版社，2010.

Ⅱ　晶体定向和晶面符号

实验目的

（1）掌握七个晶系的晶体定向原则。

（2）了解晶面符号、晶向符号、单形符号所表示的意义。

实验原理

1. 晶体定向

晶体定向，是依据各晶系晶体的特点，在晶体中设立坐标轴，确定三轴夹角及轴单位，进而确定各晶面、晶棱在三维空间的位置，如图 1-3 所示。

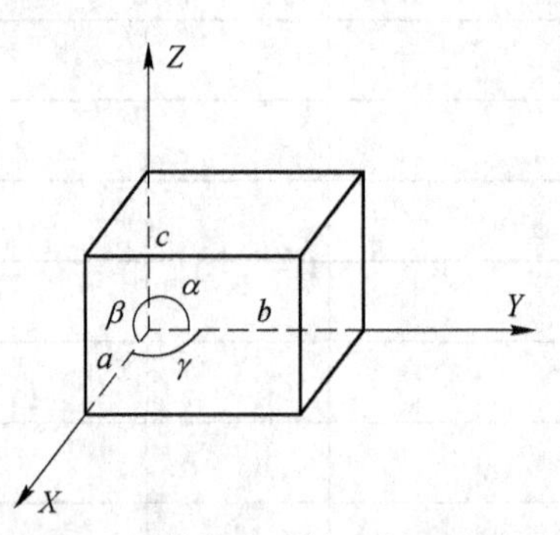

图 1-3　晶体定向三轴坐标系的建立

在解析几何中，一个空间平面可用平面方程 $Ax+By+Cz=D$ 来表示。其法矢量 {A B C} 表示了该平面方程在所设坐标系中的空间方向。对于晶体来说，因其生长环境的差异，各晶面的发育会有所不同，但各晶面之间的相对空间方向是不变的。因此，可用这个方向来表示晶面。晶面符号的实质就是该晶面在所设坐标下的平面方程的法矢量 {A B C} 组成的。具体定向时利用了截距式平面方程：

$$\frac{x}{a}+\frac{y}{b}+\frac{z}{c}=1 \tag{1-2}$$

首先测量各晶面，将各晶面延伸与三个坐标轴相交，获得截距 a、b、c，进而用截距系数的倒数来表示晶面。

2. 晶向符号

空间点阵中由结点连成的一维结点线和平行于结点线的方向在晶体中称为晶向。晶向可以用晶向符号来表示，晶向符号利用了经过原点的直线方程：

$$\frac{x}{u}=\frac{y}{v}=\frac{z}{w} \tag{1-3}$$

其法矢量 {u v w} 即用来作为晶向符号。

（1）晶向符号的求法如下：通过原点作一条直线与晶向平行，将这条直线上任一点的坐标化为没有公约数的整数 uvw，称为晶向指数，再加上方括号就是晶向符号 [uvw]。

（2）对于同一晶向，可有数字相同、符号相反的两个晶向符号，如 [321] 和 [$\bar{3}\,\bar{2}\,\bar{1}$] 表示同一条晶向。这是由于在定向时，需将晶向平移至原点，并在晶向上截取一点，获得该点的坐标。对于同一晶棱，可在坐标原点上方或下方的晶棱上任取一点，因此会得到数字相同、符号相反的两个晶向符号。

（3）晶体中原子排列情况相同但空间位向不同的一组晶向称为晶向族，用<uvw>表示。

3. 晶面符号

（1）晶面符号必须是整数，再加上小括号，用（hkl）来表示，如（3 $\bar{2}$ 1）等。

（2）若截距系数为负数，表示与相应坐标轴方向相反，则在该指数上也加上相应的负号。

（3）晶面平行于某一坐标轴，那么它与该轴交于∞，则该轴的晶面指数为 0，如（100）、（102）等。

（4）在三个轴上的截距系数相同时，用（111）表示该晶面。

（5）三方晶系和六方晶系用四轴定向，见图 1-4。其晶面符号用（$hkil$）来表示，如（$3\bar{2}\bar{1}0$）等。

对于三方和六方晶系的晶面指数，必有

$$h + k + i = 0 \tag{1-4}$$

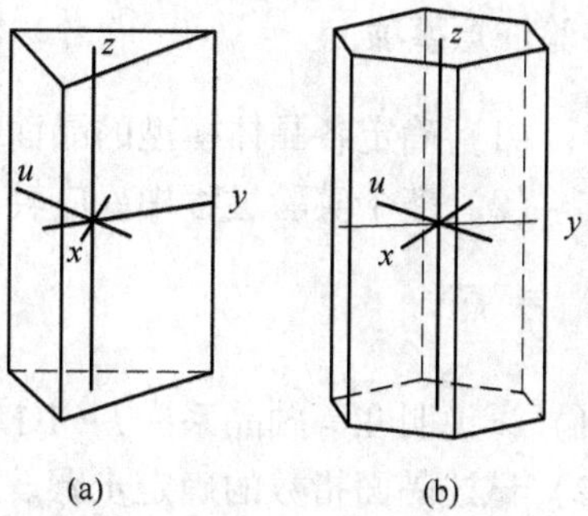

(a)　(b)

图 1-4　晶体定向四轴坐标系的建立
（a）三方晶系；（b）六方晶系

实验仪器设备与材料

各种理想晶体的模型若干。

实验步骤

（1）根据各晶系的定向原则选择坐标轴，估计出各轴间的夹角 α、β、γ。

（2）根据各晶系的晶体常数特点，选择单位面。

理论上，单位面在三个晶轴上所截得的截距之比应等于相应方向上格子构造中的结点距之比。实验时，应尽量选择在三个结晶轴上截距相近的晶面。另外，还必须考虑各晶系晶体的特点。例如，等轴晶系的单位面，在三个结晶轴上的截距必然相等；四方晶系的单位面，在三个结晶轴上的截距必有在 x 轴和 y 轴的截距相等，而在 z 轴的截距与 x 轴和 y 轴的截距不等；低级晶族晶体的单位面，在三个晶轴的截距必然不相等。

（3）根据单位面，估计轴率 $a:b:c$。

（4）延伸所有晶面，使其与三个晶轴相交，根据求得的轴率，计算出晶面指数，写出晶面符号。

实验数据记录与处理

（1）实验数据记录与处理参考格式见表 1-3。

表 1-3　晶体定向及晶面符号分析结果数据记录表

模型名称	对称型	定向原则	晶面符号	单形符号	晶向符号
单斜晶系					
正交晶系					
四方晶系					
立方晶系					
六方晶系					
一号模型					
二号模型					
三号模型					
⋮					

（2）数据处理。对单斜晶系、正交晶系、四方晶系、立方晶系、六方晶系和其他晶体模型进行观察分析，将其分析结果填入表 1-3 中。

实验注意事项

（1）确定各晶体模型的晶面符号和晶向符号时，应仔细认真观察。

（2）整个实验过程中，应轻拿轻放晶体模型，避免损坏。

思 考 题

（1）试说明在等轴晶系中，$(\bar{1}\bar{1}\bar{1})$、$(\bar{1}\bar{1}1)$、(222)、(110) 与 (111) 面之间的关系。

（2）试述晶面指数的确定步骤。

（3）写出立方面心格子的单位平行六方体上所有结点的坐标，并说明哪些属于基本结点。

参考文献

[1] 周永强，吴泽，孙国忠．无机非金属材料专业实验 [M]. 哈尔滨：哈尔滨工业大学出版社，2002.
[2] 马爱琼，任耘，段峰．无机非金属材料科学基础 [M]. 北京：冶金工业出版社，2010.

Ⅲ　晶体结构分析

实验目的

（1）掌握 14 种布拉维空间格子（点阵）形式。

（2）理解等大球体的紧密堆积原理。

（3）掌握配位多面体共顶或共面连接的情况。

（4）熟悉几种常见的无机化合物的晶体结构模型。

（5）通过晶体模型观察，理解同质多晶现象，熟悉晶体的结构与性质之间的关系。

实验原理

1. 14 种布拉维点阵

晶体是内部质点在三维空间作有规则重复排列的固体。对于每一种晶体结构，均可以抽象出一个相应的空间点阵，对于同一个空间点阵，如果所取的 3 组不共面的行列不同，就可以划分出不同的平行六面体。由于不同的晶体可以抽象出不同的空间点阵，为了更好地研究晶体结构的基本特征，使所划分出来的平行六面体具有充分的代表性，因此规定了选择平行六面体时所遵循的规则：

（1）所选平行六面体的对称性应符合整个空间点阵的对称性；

（2）在不违反对称性的条件下，应选择棱与棱之间直角关系最多的平行六面体；

（3）在遵循前两条的前提下，所选的平行六面体的体积应为最小；

（4）当对称性规定棱间交角不为直角时，应选择结点间距小的行列作为平行六面体的棱，且棱间交角接近于直角的平行六面体。

根据以上划分原则，对于 7 个晶系的晶体，共有 14 种不同形式的空间格子，如表 1-4 和图 1-5 所示。

表 1-4 7个晶系及其所属的14种布拉维点阵

晶系	点阵常数	点阵名称	点阵内结点数	结点坐标
三斜	$a \neq b \neq c$ $\alpha \neq \beta \neq \gamma \neq 90°$	简单	1	000
单斜	$a \neq b \neq c$ $\alpha = \gamma = 90°, \beta \neq 90°$	简单	1	000
		底心	2	000, $\frac{1}{2}\frac{1}{2}0$
正交	$a \neq b \neq c$ $\alpha = \beta = \gamma = 90°$	简单	1	000
		底心	2	000, $\frac{1}{2}\frac{1}{2}0$
		体心	2	000, $\frac{1}{2}\frac{1}{2}\frac{1}{2}$
		面心	4	000, $\frac{1}{2}\frac{1}{2}0$, $\frac{1}{2}0\frac{1}{2}$, $0\frac{1}{2}\frac{1}{2}$
三方	$a = b = c$ $\alpha = \beta = \gamma \neq 90°$	简单	1	000
四方	$a = b \neq c$ $\alpha = \beta = \gamma = 90°$	简单	1	000
		体心	2	000, $\frac{1}{2}\frac{1}{2}\frac{1}{2}$
六方	$a = b \neq c$ $\alpha = \beta = 90°, \gamma = 120°$	简单	1	000
立方	$a = b = c$ $\alpha = \beta = \gamma = 90°$	简单	1	000
		体心	2	000, $\frac{1}{2}\frac{1}{2}\frac{1}{2}$
		面心	4	000, $\frac{1}{2}\frac{1}{2}0$, $\frac{1}{2}0\frac{1}{2}$, $0\frac{1}{2}\frac{1}{2}$

2. 球体紧密堆积原理

由于原子和离子都具有一定的有效半径，因而可以看成是具有一定大小的球体。在金属晶体和离子晶体中，金属键和离子键没有方向性和饱和性。因此，从几何角度来看，金属原子之间或离子之间的相互结合，在形式上可看成是球体间的相互堆积。由于晶体具有最小内能性，原子或离子相互结合时，相互间的引力或斥力处于平衡状态，因此要求球体间作紧密堆积。按照晶体中质点的结合应遵循势能最低的原则（晶体的最小内能性），从球体堆积的几何角度来看，球体堆积的密度越大，系统的势能越低，晶体越稳定，这就是球体的紧密堆积原理。该原理是建立在质点的电子云分布呈球形对称以及无方向性的基础上的，故只有典型的离子晶体和金属晶体符合最紧密堆积原理，而不能用最紧密堆积原理来衡量原子晶体的稳定性。

根据质点的大小不同，球体最紧密堆积方式分为等径球体和不等径球体两种情况，如果晶体是由同一种质点构成，如金属铜、金等单质晶体，则为等径球体的最紧密堆积。等径球体有六方和面心立方两种最紧密堆积方式。

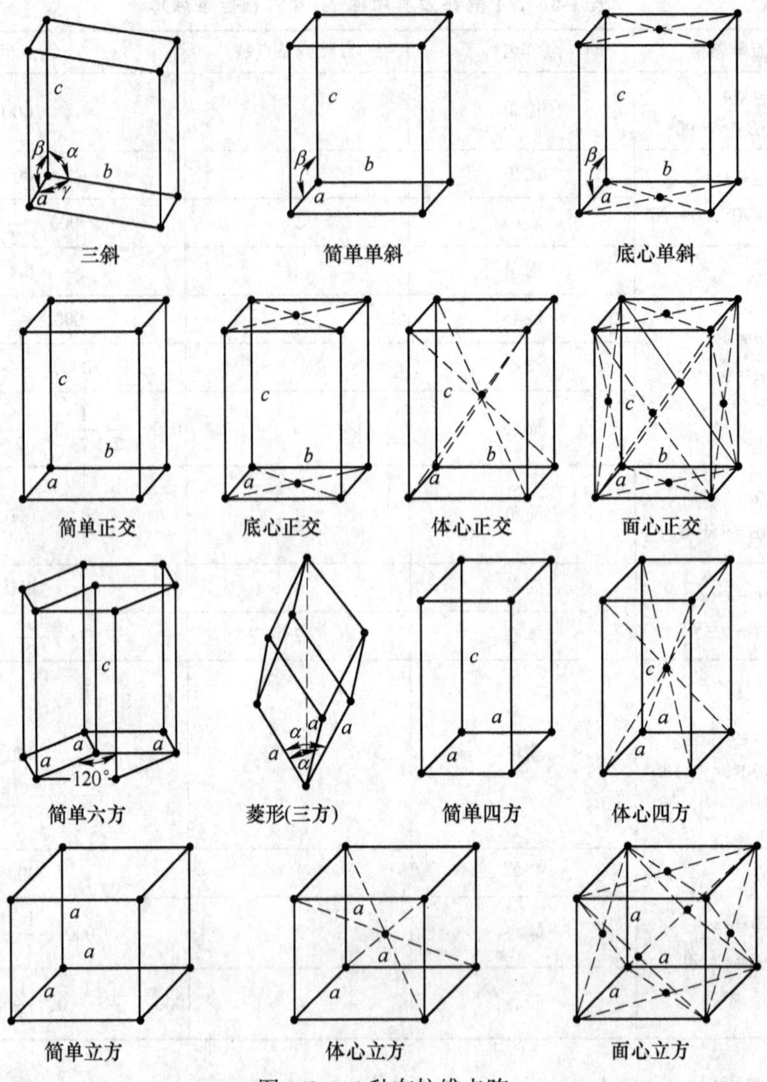

图 1-5 14 种布拉维点阵

对于尺寸相差不很大的带异性电荷的离子来说，如果离子的堆积仍遵循等径球体的紧密堆积原理，会导致同号离子之间的排斥力增大，造成结构不稳定。在实际的离子晶体中，正负离子的半径往往相差很大，在这种情况下，半径较大的负离子仍按六方或立方紧密堆积方式排列，半径较小的正离子则按其本身的大小，填充在四面体或八面体空隙中，形成不等大球体的紧密堆积。这种填隙方式可能使负离子之间的距离均匀地撑开一些，但不会使负离子的密堆结构产生畸变，空间利用率可以提高，而异号离子相间排列的要求也能满足。

3. 同质多晶现象

晶体的性质是由晶体的组成和结构决定的，而组成与结构之间又存在密切的内部联系。化学组成相同的物质，在不同的热力学条件下，结晶成结构不同的晶体的现象，称为同质多晶现象。

4. 配位数与配位多面体

一个原子或离子的配位数是指在晶体结构中，该原子或离子周围，与它直接相邻结合的同种原子个数或所有异号离子的个数。

（1）单质晶体：如果原子作最紧密堆积，则相当于等径球体的紧密堆积，每个原子的配位数均为12，CN＝12；若不是最紧密堆积，则配位数小于12。

（2）共价晶体：在共价键晶体结构中，配位数一般较低，一般小于4，即CN<4，这是由于共价键具有方向性与饱和性。

（3）离子晶体：在离子晶体结构中，阳离子一般处于阴离子紧密堆积的空隙中，配位数一般为4或6（CN＝4或6），若阴离子不作紧密堆积，阳离子还可能出现其他配位数。

配位多面体是指在晶体结构中，与一个阳离子（或原子）成配位关系而相邻结合的各个阴离子（或原子），它们的中心连线所构成的多面体。阳离子或中心原子位于配位多面体的中心，各个配位阴离子或原子的中心则位于配位多面体的顶角上。

在晶体结构中，常见的几种配位形式有三角形配位、四面体配位、八面体配位和立方体配位，如图1-6所示。

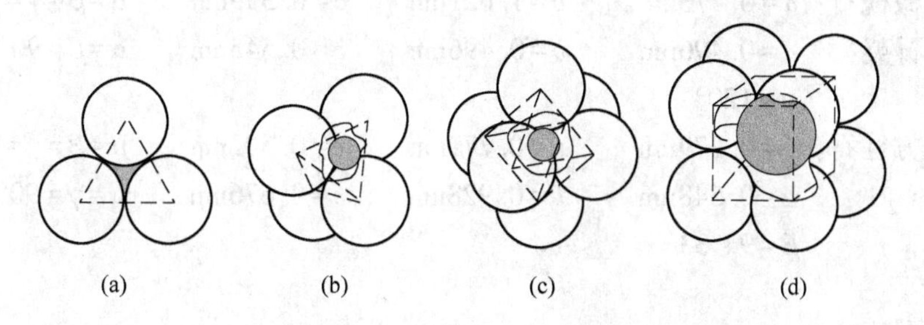

图1-6　晶体结构中常见的配位多面体形式
（a）三角形配位；（b）四面体配位；（c）八面体配位；（d）立方体配位

实验仪器设备与材料

各种理想晶体的模型若干。

实验步骤

（1）观察十四种布拉维点阵。
（2）观察等大球体的紧密堆积。
（3）观察不等大球体紧密堆积中，阳离子和阴离子的位置关系。
（4）分析配位四面体和配位八面体共顶、共面及共棱连接的情况。
（5）观察石墨和金刚石的晶体结构模型。
（6）观察氯化钠、氯化铯和金红石的晶体结构。
（7）观察硅酸盐晶体结构中硅氧四面体共顶连接的情况。

实验数据记录与处理

（1）绘出十四种布拉维格子，并用注明晶格常数的形式表示所有14种空间格子。

（2）叙述球体的紧密堆积原理。

（3）描述配位四面体和配位八面体共顶、共面及共棱连接的情况。

（4）描述氯化钠、氯化铯和金红石的晶体结构特点。

（5）分析金刚石和石墨的晶体结构与其性能的关系。

实验注意事项

（1）观察与分析晶体结构模型时，应轻拿轻放，不得随意扭曲。

（2）保护好模型，不要损坏。

思 考 题

（1）试用鲍林规则，分析氯化钠的晶体结构。

（2）为什么具有萤石型结构的晶体往往存在着负离子扩散机制？

（3）描述硅酸盐结构分类的原则和各类结构中硅氧四面体的形状。各类结构中硅与氧的比例是多少？硅氧比与结构之间的关系如何？

（4）根据晶体的晶格常数，判断晶体所属的晶系。

1）镁橄榄石：$a=0.476\text{nm}$　$b=1.021\text{nm}$　$c=0.599\text{nm}$　$\alpha=\beta=\gamma=90°$

2）α-石英：$a=0.496\text{nm}$　$b=0.496\text{nm}$　$c=0.545\text{nm}$　$\alpha=\beta=90°$　$\gamma=120°$

3）镁方柱石：$a=0.779\text{nm}$　$b=0.779\text{nm}$　$c=0.502\text{nm}$　$\alpha=\beta=\gamma=90°$

4）β-C_2S：$a=0.548\text{nm}$　$b=0.928\text{nm}$　$c=0.676\text{nm}$　$\alpha=\gamma=90°$　$\beta=94°33'$

参考文献

[1] 高里存，任耘．无机非金属材料实验技术［M］. 北京：冶金工业出版社，2007.
[2] 马爱琼，任耘，段峰．无机非金属材料科学基础［M］. 北京：冶金工业出版社，2010.
[3] 王涛，赵淑金．无机非金属材料实验［M］. 北京：化学工业出版社，2011.

实验 2　表面张力测定

实验目的

（1）掌握测定表面张力的原理和方法。

（2）熟悉自动界面张力仪（最大拉力法）的构造和工作原理。

（3）了解影响表面张力的主要因素。

实验原理

1. 表面张力测定的基本原理

表面张力是液体表面层由于分子引力不均衡而产生的作用于任一单位长度分界线上的张力。在液体内部每个分子受到周围其他分子的作用，质点力场对称，合力为零。但处于表面层（在液体的表面以下厚度约为分子半径作用的区间）的分子，由于只显著受到液体内侧分子的作用，受力不均，结果使得表面有向内收缩的趋势。由于液面的收缩倾向造成的沿着液面切向的收缩张力称为表面张力。设想在液面上有一条直线，表面张力就表现为直线两旁的液面以一定的拉力相互作用，表面张力的方向和液面相切，并和两部分的分界线垂直。如果液面是平面，表面张力就在这个平面上，如果液面是曲面，表面张力就在这个曲面的切面上。

表面张力的物理意义是扩张表面单位长度所需要的力，单位为 N/m。其大小与液体的成分、纯度及温度（液体性质）有关，与液面大小无关。

测定液体表面张力的方法通常有最大拉力法、滴重法和最大气泡压力法等。

（1）最大拉力法。将下部开口的薄壁铂圆筒或铂金环浸入熔体或液体中，当缓慢地向上拉起铂金环时，由于液体表面张力的作用，铂金环就会拉起一个与液体相连的膜。增大拉力，铂金环与被测液体之间的膜被拉长，当达到最大拉力值 F_{max} 时膜破裂。由于拉起的液体膜有内外两个液面，并且两个液面的半径与铂金环的内外半径相同，设液体的表面张力为 σ，铂金环内外半径分别为 r_1 和 r_2，则有如下计算公式：

$$\sigma = \frac{F_{max}}{2\pi(r_1 + r_2)}i = \frac{F_{max}}{4\pi r}i \tag{2-1}$$

式中　σ——熔体或液体的表面张力，N/m；

F_{max}——最大拉力，N；

r——铂圆筒或铂金环平均半径，$r=(r_1+r_2)/2$，m；

i——修正系数，修正测定方法对测定结果的影响，一般为 0.91~0.96。

（2）最大气泡压力法。在密度为 ρ 的液体中，插入一个半径为 r 的毛细管，插入深度为 h，经毛细管吹入一极小的气泡，其半径恰好与毛细管半径相等，此刻气泡内压力 p_m 最大，有如下计算公式：

$$p_{\mathrm{m}} = \rho g h + 2\sigma / r \tag{2-2}$$

计算出表面张力为

$$\sigma = (p_{\mathrm{m}} - \rho g h) r / 2 \tag{2-3}$$

(3) 滴重法。将测试材料加热到熔化状态，当熔滴自管口滴落时，熔滴的大小与熔体的密度和表面张力有关，这就是滴重法的基本原理。熔体顺漏斗孔悬挂在管口上，当熔滴的重量超过它的表面张力时就滴下，滴下的熔体通过炉管及下端开口孔落到金属容器中，待冷却后称量。然后根据熔滴重量、熔滴半径、熔滴体积等计算熔体的表面张力。

本实验采用最大拉力法测定待测液体的表面张力。

2. 自动界面张力仪（最大拉力法）的结构和工作原理

自动界面张力仪主要由扭力丝、传感器、铂金环及升降装置组成。

进行表面张力测定时，让铂金环浸入到被测液体中一定位置，通过升降装置带动盛有被测液体的玻璃器皿下降，这时铂金环与被测液体之间的膜被拉长，使铂金环受到一个向下的力。通过杠杆臂使扭力丝随之扭转，传感器测出杠杆臂另一端的位移，将被拉伸的薄膜变形量转变为电压量，经过电路处理转化为相应的张力值，并自动显示出来。随着薄膜被逐渐拉长，张力值逐渐增大，直到薄膜破裂，记下最大值就是该液体的实测表面张力值 P。

用圆环法测定表面张力时，有如下因素影响表面张力的测定：

(1) 在测量过程中，环相对是向上拉起的，使液体表面变形，随着环向上移动的距离增加，液体的变形量也增加，所以由中心到破裂点的半径小于环的平均半径，这个影响结果可由环的半径和铂金丝的半径比给出；

(2) 膜破裂后有少量的液体黏附在环下部，这种影响结果可以用一种函数形式表示。

从以上两种影响来看，待测液体的实际表面张力应由测定的表面张力值 P 乘以一个校正因子 F。自动界面张力仪按 ASTMD-971 标准计算校正因子的公式为

$$F = 0.7250 + \sqrt{\frac{0.01452P}{C^2(D-d)} + 0.04534 - \frac{1.679}{R/r}} \tag{2-4}$$

式中　P——实测表面张力值，即仪器显示屏读数，mN/m；

R——铂金环半径，0.955cm；

C——铂金环的周长，$0.955 \times 2 \times \pi = 6.00$cm；

D——下相的密度，$\mathrm{g/cm^3}$（25℃）；

d——上相的密度，$\mathrm{g/cm^3}$（25℃）；

r——铂金丝的半径，0.03cm。

在水和空气的情况下，D 是水的密度（$1.0\mathrm{g/cm^3}$），d 是空气的密度（$1.185 \times 10^{-3}\mathrm{g/cm^3}$）。

实际表面张力 V 等于测定值 P 乘以校正因子 F，即

$$V = P \times F \tag{2-5}$$

实验仪器设备与材料

JYW-200A 型自动界面张力仪，如图 2-1 所示。

实验步骤

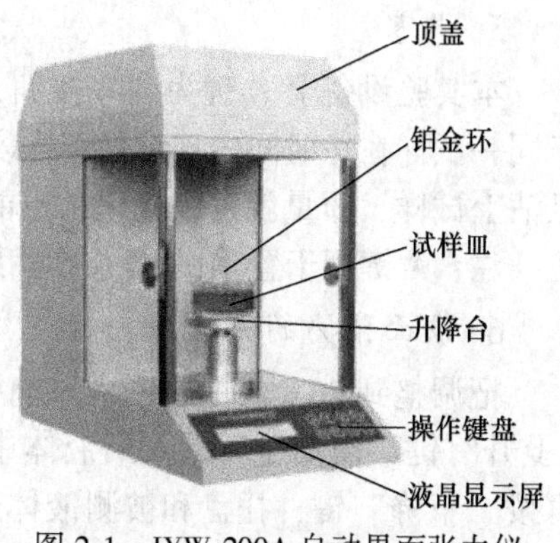

图 2-1　JYW-200A 自动界面张力仪

1. 试样制备

选取好要测试的液体试样，进行必要的混合装入量器内待用。

2. 仪器调水平

以仪器上的水准泡为准，调节基座上调平旋钮，使仪器水平。

3. 清洁

把铂金环和玻璃杯进行很好的冲洗。先在石油醚中清洗铂丝圆环，接着用丙酮漂洗，然后在煤气灯或酒精灯的氧化焰中加热、烘干铂丝圆环（用其他无污染的方法也可以）。在处理铂丝圆环时要特别小心，以免铂金环变形。然后将铂金环挂在杠杆臂的小钩上。

4. 仪器校验

将电源插头插在具有可靠接地的外部电源插座上，打开仪器电源开关，稳定 15min。将一纸片放于铂金环上使之形成平面，按下仪器后面复位按钮，在纸片上放一质量为 1000mg 的砝码，稳定后仪器显示值为 81. 7±0. 2 则说明仪器正常，可进行实验。否则应当用质量法进行校验。

显示值的读数应符合表面张力的计算值，计算值的计算公式为

$$P = \frac{mg}{2L} \tag{2-6}$$

式中　m——砝码质量，g；

g——本地重力加速度，9. 8017m/s^2；

L——铂金环的圆周长，0. 955×2×π = 6. 00cm。

则 1000 mg 砝码的计算值为 $P = \dfrac{1000 \times 10^{-3} \times 9.8017}{2 \times 6.00 \times 10^{-2}} = 81.7\text{mN/m}$。

若张力值在允许误差范围内可不进行调整。在仪器初次使用和放置长时间后再使用，或认为测试结果误差较大时要进行仪器的校验。

质量法校验步骤如下：仪器安装好后接通电源，在铂金环上放一小纸片，按下仪器后面板上圆形复位按键大于 1s，观察显示值（下排显示）是否在 0. 0~20. 0 之间，若超出此范围应调整仪器上盖内的机械（传感器位置）调整旋钮，再按面板上“A”键置零。调好零，在小纸片上放一定量的砝码，这时显示出一定的力值，这个值如果和计算值一致，说明仪器已调好。如果不一致，按下“S”键，下排显示 1230 时按“▼”键改成 1228，再按“S”键，通过“▲”键、“▼”键修改下排显示数字，加大显示标定值减小，反之增大，随后立即再按下“S”键确认。再次复位、清零、放砝码，观察显示值的大小，通过反复调整，使显示值与计算值一致。例如把零调好，在纸片上放 1000mg 的砝码，如果显示值为 81. 7±0. 2 则说明仪器校验好了。

仪器校验好后即可进行表面张力测定实验。

5. 调零

本实验设备上A键为调零按钮，当准备完毕开始实验前，应将显示调为“0.0”，对于同一试样在短时间内连续做多次实验，其间无须调零（实验前调一次）。因为铂金环一旦沾上试样，质量就发生变化，不能调出实际零点。

注：A键用于置零，“▼”键用于清除峰值（按下保持时间大于1s有效）。

6. 表面张力的测定

把调整到25℃的试样倒入玻璃杯中，20~25mm高，将玻璃杯放在托盘中间位置，按“上升”键，使铂金环深入到液体中5~7mm处，按停止键。上排显示为峰值自动保持，再按“下降”键，托盘和被测液体开始下降，显示值逐渐增大，当铂金环拉出液面，形成的膜破裂后下降自动停止，显示值保持在最大值（在上排显示出来），该最大值就是液体的实测表面张力值 P。

实验数据记录与处理

（1）实验数据记录与处理参考格式见表2-1。

表2-1　表面张力测定实验数据记录表

测定次数 / 测定值	Ⅰ	Ⅱ	Ⅲ
表面张力测定值 $P/mN \cdot m^{-1}$			
校正因子 F			
实际表面张力值 $V/mN \cdot m^{-1}$			

（2）数据处理。

1）校正因子的计算。按式（2-4），根据每个表面张力测定值 P 计算校正因子 F 的大小。

2）计算实际表面张力值。按式（2-5）分别计算三个实际表面张力值 V，结果保留小数点后一位，四舍五入。计算三个 V 值的平均值即为待测液体的表面张力值。

实验注意事项

（1）放置仪器的工作台应坚固可靠，不得有震动和强电、强磁场干扰。

（2）表面张力测定前一定要先对仪器进行校验。

（3）铂金环和玻璃杯要冲洗干净，否则结果不准确。

思考题

（1）表面张力的物理意义是什么?

（2）表面张力的测量方法有哪些?

（3）为什么仪器校验时1000mg砝码的计算值为 $P = \frac{mg}{2L}$?

参考文献

[1] 王涛，赵淑金．无机非金属材料实验［M］．北京：化学工业出版社，2011.

[2] 陈远道，陈贞干，左成钢．无机非金属材料综合实验［M］．湘潭：湘潭大学出版社，2014.

实验3　淬冷法研究相平衡

实验目的

（1）掌握淬冷法研究相平衡的一般原理。

（2）了解淬冷法相平衡仪的基本构造，熟悉淬冷法相平衡仪的使用方法。

（3）验证 Na_2O-SiO_2 系统相图，分析淬冷法研究相平衡实验方法的优缺点。

实验原理

相图是研制、开发、设计新材料的理论基础，也是各种材料制备、加工工艺制定和使用条件参考的重要理论依据。相图是相平衡的直观表现，它是在实验结果的基础上绘制的。凝聚系统（不含气相或气相可以忽略的系统）相平衡的研究方法有两种：动态法和静态法。动态法是通过实验，观察系统中的物质在加热或冷却过程所发生的热效应，从而确定系统状态，常用的有加热或冷却曲线法和差热分析法。静态法（淬冷法）是在室温下研究高温相平衡状态，即将不同组成的试样在一系列预定的温度下长时间加热、保温，使系统在一定温度及压力下达到确定平衡，然后将试样足够快地淬冷到室温，由于相变来不及进行，因而冷却后的试样就保存了高温下的平衡状态。把所得的淬冷试样进行显微镜或X射线物相分析，就可以确定相的数目及其性质随组成、淬冷温度而改变的关系，将测定结果记入图中对应的位置上，即可绘制出相图。

从热力学角度来看，任何物系都有其稳定存在的热力学条件，当外界条件发生变化时，物系的状态也随之发生变化。这种变化能否发生以及能否达到对应条件下的平衡状态，取决于物系的结构调整速率和加热或冷却速率以及保温时间的长短。

由于绝大多数硅酸盐熔融物黏度高，结晶慢，系统很难达到平衡，采用动态方法误差较大，因此，常采用静态法（淬冷法）来研究高黏度系统的相平衡。

当采用淬冷法研究同一组成的试样在不同温度下的相组成时，样品的均匀性对实验结果的准确性影响较大。将试样装入铂金装料斗中，在淬火炉内保持恒定的温度，当达到平衡后把试样以尽可能快的速度投入低温液体中（水浴，油浴或汞浴），以保持高温时的平衡结构状态，再在室温下用显微镜进行观察。若淬冷样品中全为各向同性的玻璃相，则可以断定物系原来所处的温度（T_1）在液相线以上。若在温度（T_2）时，淬冷样品中既有玻璃相又有晶相，则液相线温度就处于 T_1 和 T_2 之间。若淬冷样品全为晶相，则物系原来所处的温度（T_3）在固相线以下。

淬冷法测定相变温度的准确度相当高，但必须经过一系列的实验，先由温度间隔范围较宽做起，然后逐渐缩小温度间隔，从而得到精确的结果。除了同一组成的物质在不同温度下的实验外，还要以不同组成的物质在不同温度下反复进行实验，因此，测试工作量相当大。

本实验用 Na_2O：SiO_2 = 1：2（摩尔比）的样品，测定其在不同温度（700℃、874℃、950℃）下的相平衡状态，主要是证明 Na_2O-SiO_2系统相图，从而掌握淬冷法研究相平衡的实验方法。实验结果与分析可参考如图 3-1 所示的系统相图。

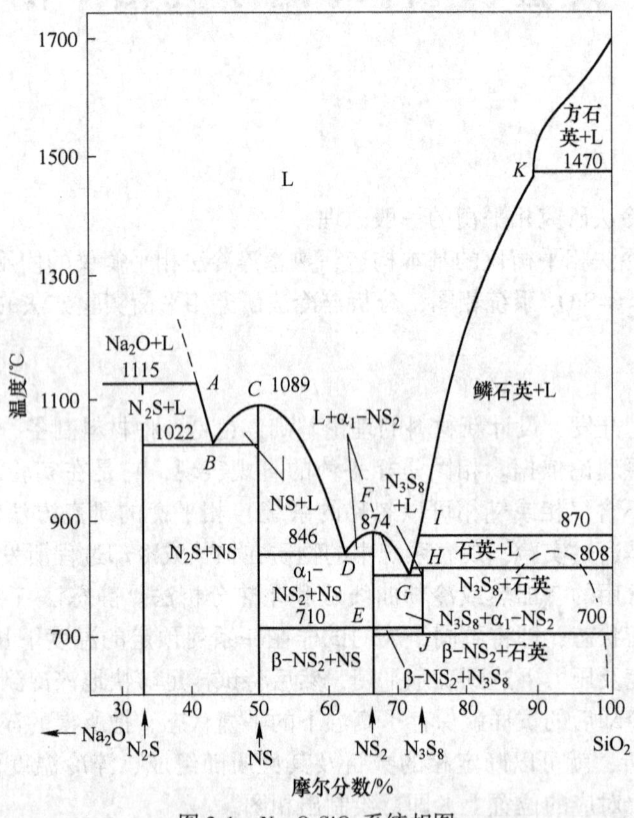

图 3-1　Na_2O-SiO_2系统相图

实验仪器设备与材料

（1）WZF 型淬冷法相平衡实验仪。淬冷法相平衡实验仪示意图如图 3-2 所示，主要由

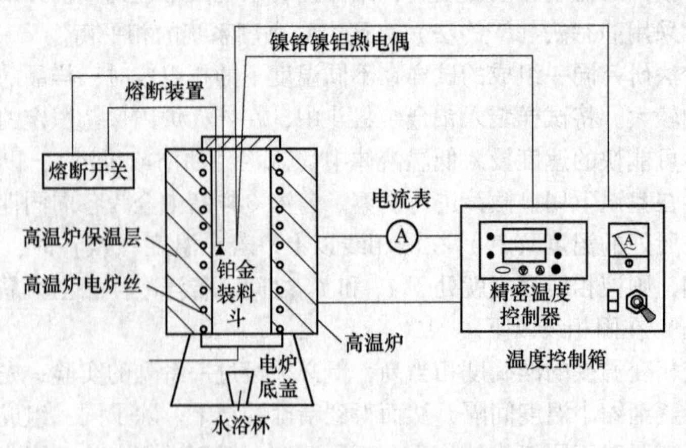

图 3-2　淬冷法相平衡实验仪示意图

控制箱及仪器主体两部分组成：1）控制箱用于控制炉温及料斗熔断操作。温度控制由数字控制仪表自动进行。熔断装置是把铂装料斗挂在一根细铜丝上，铜丝挂在连着电插头的两个铁钩之间，欲淬冷时，将电插头接触电源，使发生短路的铜丝熔断，样品掉入水浴杯中淬冷。2）仪器主体由升降台、电炉、样品、挂钩、热电偶等部分组成。

（2）LWT300LPT 型偏光显微镜。

实验步骤

（1）试样制备。

1）以 Na_2CO_3和 SiO_2进行配料（Na_2CO_3高温下分解生成 Na_2O），按 $Na_2O:2SiO_2$摩尔组成计算 Na_2CO_3和 SiO_2的质量分数，配料并混合均匀；

2）将配合料用坩埚加热到 1000℃左右（如果熔化不好，可以稍微高一些），保温 40min 左右，将坩埚取出，迅速将熔化的玻璃倒入冷水中急冷，把碎玻璃烘干即为制得的试样。

（2）把少量试样（0.01~0.02g）装入铂金坩埚内，再用细铜丝把铂金装料斗挂在熔断装置上（注意两挂钩不能相碰）。

（3）接通电源，设定好恒温温度，启动电炉升温，达到恒温温度后把试样放入高温炉内，盖好炉盖，保温 30min。

（4）将水浴杯放至炉底，打开高温炉下盖，按下温度控制箱上“淬冷”按钮（注意：稍一接触即可），使试样落入炉下水浴杯中淬冷。

（5）用其他坩埚重新装样，分别进行不同温度下的淬冷实验，淬冷完毕，手动调节控制旋钮至电流表读数为零，关机，关闭总电源。

（6）取出铂金坩埚，烘干，取出试样，在研钵内破碎成粉末（注意：不能研磨）。

（7）取出粉末，放到载玻片上，盖上盖玻片，盖玻片四周滴加浸油，使样品浸入油中，作成浸油试片。

（8）在偏光显微镜下观察不同温度淬冷后的样品，确定相的组成，并与相图（图3-1）相比较。

（9）实验完毕，整理实验仪器，记录观察结果。

实验数据记录与处理

记录偏光显微镜观察结果，验证 Na_2O-SiO_2 系统相图。如果有结晶相析出，结合 Na_2O-SiO_2系统相图确定其结晶晶型。

实验注意事项

（1）试样制备时原料要混合均匀，保证加热温度和保温时间，使其充分熔化以得到组成均匀的样品。

（2）熔断装置上的两挂钩不能相碰，否则熔断将不能正常进行。

（3）不能研磨淬冷后的试样，过细的试样不利于显微观察。

思 考 题

（1）用淬冷法如何确定相图中的液相线和固相线？

（2）用淬冷法研究相平衡有什么优缺点？

参考文献

[1] 马爱琼，任耘，段峰．无机非金属材料科学基础［M］．北京：冶金工业出版社，2010.

[2] 王涛，赵淑金．无机非金属材料实验［M］．北京：化学工业出版社，2011.

[3] 周永强，吴泽，孙国忠．无机非金属材料专业实验［M］．哈尔滨：哈尔滨工业大学出版社，2002.

实验4　固相反应实验

实验目的

（1）掌握热重分析法（TG法）的实验原理，熟悉采用TG法研究固相反应的方法。

（2）了解实验主要仪器设备的构造和工作原理。

（3）通过Na_2CO_3-SiO_2系统的反应验证固相反应动力学方程——杨德尔方程。

实验原理

1. 固相反应基本原理

固体反应物之间直接发生化学反应生成固态反应产物的过程称为纯固相反应。实际生产过程中所发生的固相反应，往往有液相和（或）气相参与，这就是所谓的广义固相反应，即由固体反应物出发，在高温下经过一系列物理化学变化而生成固体产物的过程。

通常的液相、气相反应是均相反应体系，研究所进行的化学反应时主要考虑热力学条件与反应动力学速度；而固相反应是一种非均相的反应过程，反应进行过程明显不同于均相反应。除了对其反应热力学和动力学理论研究外，结合固相反应在反应条件、反应机理、反应过程、反应速度和反应产物等方面的研究，固相反应有以下共同特点：

（1）固体质点（原子、离子或分子）间具有很大的作用键力，故固态物质的反应活性通常较低，速度较慢。并且，固相反应总是发生在两组分界面上的非均相反应。对于粒状物料，反应首先是通过颗粒之间的接触点和面进行，随后是反应物通过产物层进行扩散迁移，使反应得以继续。因此，固相反应一般包括相界面上的反应和物质迁移两个过程。

（2）在低温时，固体在化学上一般是不活泼的，因而固相反应通常需在高温下进行。而且，由于固相反应属于非均相反应体系，因而，传热与传质过程都对反应速度有重要影响。伴随反应的进行，反应物和产物的物理化学性质将会发生变化，导致固体内温度和反应物浓度分布及其物性变化，这都可能对传热、传质和化学反应过程产生重要影响。

固相反应是材料制备中一个重要的高温物理化学过程，固体之间能否进行反应、反应完成的程度、反应过程的控制等直接影响材料的显微结构，并最终决定材料的性质。因此，通过研究固相反应动力学与机理，提供有关反应体系随时间变化的规律性信息，将有助于从微观层面解释材料制备的本质，对于传统和新型无机非金属材料的生产有着重要的指导意义。

2. 热重分析法研究固相反应

固体材料在高温下加热时，因其中的某些组分分解逸出或固体与周围介质中的某些物质作用使固体物系的质量发生变化，如盐类的分解、含水矿物的脱水、有机质的燃烧等会使物系质量减轻，高温氧化、反应烧结等则会使物系质量增重。因此，可通过研究反应过程中反应物质量的变化来研究固相反应动力学。

根据国际热分析协会（International Confederation for Thermal Analysis，缩写ICTA）的定义，在程序控制温度下，测量物质质量与温度之间关系的技术，称为热重分析（TG法）。通过分析热重曲线（如图4-1所示），就可以知道被测物质在多少度时产生变化，并且根据失重量，可以计算失去了多少物质。因此，可通过热重分析法，测量物系质量随温度或时间的变化来揭示或间接揭示固相反应体系的反应机理和(或）反应动力学规律。

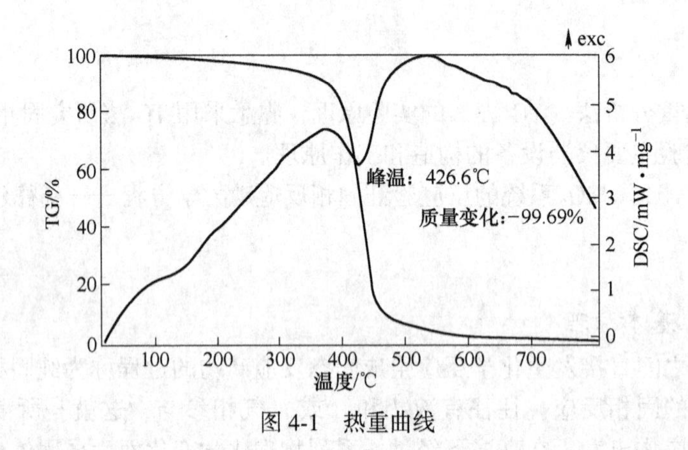

图4-1　热重曲线

3. 固相反应实验内容

由于固相反应属于非均相反应，描述其动力学规律的方程通常采用转化率 G（反应产物质量与反应物原始质量的比值）与反应时间 t 之间的积分或微分关系来表示。

测量固相反应速率，可以通过热重法（TG法，适用于反应中有质量变化的系统）、量气法（适用于有气体产物逸出的系统）等方法来实现。本实验通过TG法来考察 Na_2CO_3-SiO_2 系统的固相反应，并对杨德尔动力学方程进行验证。

Na_2CO_3-SiO_2 系统固相反应按下式进行：

$$Na_2CO_3 + SiO_2 \longrightarrow Na_2SiO_3 + CO_2\uparrow$$

恒温下通过测量不同时间 t 时失去的 CO_2 的质量，可计算出 Na_2CO_3 的反应量，进而计算出其对应的转化率 G，来验证杨德尔方程：

$$[1-(1-G)^{1/3}]^2 = K_y t \tag{4-1}$$

的正确性。式（4-1）中，$K_y = A\exp(-\Delta G_R/RT)$ 为杨德尔方程的速率常数，ΔG_R 为反应的表观活化能。改变反应温度，则可通过杨德尔方程计算出不同温度下的 K_y 和 ΔG_R。

反应活化能计算公式为

$$\Delta G_R = \frac{RT_1T_2}{T_2 - T_1}\ln\frac{K_y(T_2)}{K_y(T_1)} \tag{4-2}$$

式中　R——理想气体常数，8.314J/(mol · K)；

T——温度，K；

$K_y(T)$——在反应温度 T 时的速率常数。

实验仪器设备与材料

（1）HRC-1/2型热天平实验仪。热天平实验仪主要由热重测量系统、温度测量系统和热分析工具软件组成。

1）热重测量系统。热重测量系统采用上皿、不等臂、吊带式天平、光电传感器，带有微分、积分校正的测量放大器，电磁式平衡线圈以及电调零线圈等。当天平因试样质量变化而出现微小倾斜时，光电传感器就会产生一个相应极性的信号，送到测重放大器，测重放大器输出 0～5V 信号，经过 A/D 转换，送入计算机进行绘图处理。其测量精度为 0.1μg。

2）温度测量系统。测温热电偶输出的热电势，先经过热电偶冷端补偿器，补偿器的热敏电阻装在天平主机内。经过冷端补偿的测温电偶热电势由温度放大器进行放大，送入计算机。其测量温度范围为室温～1150℃。

3）热分析工具软件。使用微量样品一次采集即可同步得到温度和热重分析曲线，使采集曲线对应性更好，有助于分析辨别物质热效应机理。对 TG 曲线进行一次微分计算可得到热重微分曲线（DTG 曲线），能更清楚地区分相继发生的热重变化反应，精确提供起始反应温度、最大反应速率温度和反应终止温度，方便地为反应动力学计算提供反应速率数据，精确地进行定量分析。

（2）电热恒温干燥箱。

（3）电子天平，220g/0.1mg。

（4）玛瑙研钵，250 目筛子。

（5）中温电炉。

（6）实验原料：Na_2CO_3（化学纯）和 SiO_2（含量 99.9 %）。

实验步骤

（1）试样制备。

1）将实验原料 Na_2CO_3 和 SiO_2 分别在玛瑙研钵中研细，过 250 目筛；

2）SiO_2 的筛下料在中温炉中加热至 800℃，保温 5h；Na_2CO_3 的筛下料在鼓风干燥箱中加热至 200℃，保温 4h；

3）为保证反应按扩散机理进行，将处理好的 Na_2CO_3 粉末与过量的 SiO_2 粉体（摩尔比 1∶2）混合均匀，烘干，放入干燥器内备用。

（2）开启热天平实验仪电源，预热 20min。

（3）升起加热炉，露出支撑杆（热电偶组件），将称量好的实验样品装入刚玉坩埚中，平稳放置在热电偶板上，双手降下加热炉体。

（4）开启冷却循环水，检查仪器主机与计算机数据传输线连接情况。

（5）运行热分析系统软件，进入新采集设置界面并按需要与实验要求填写相关参数。

（6）点击采集按钮后，系统自动执行实验程序，并且采集数据。达到反应温度后开始保温，同时记录 CO_2 累计失重量，然后每隔 3min 记录时间及其相对应的 CO_2 累计失重量，共记录六次数据。

（7）反应温度设为 700℃、720℃、740℃、750℃和 760℃，每个反应温度下的实验结束后，需等到炉温降到室温，取出试样，用新坩埚重新装入新的实验样品进行下一个反应温度的实验。

（8）全部实验结束，整理试样及相关工具，关闭电源，清理仪器台面。

实验数据记录与处理

（1）实验数据记录与处理参考格式见表 4-1。

表 4-1　固相反应实验数据记录表

样品名称		样品质量 m_0/mg		天气	
室温 T_0/℃		实验员		实验日期	
反应温度 T/℃	反应时间 t/min	CO_2 累计失重量 m/mg	Na_2CO_3 转化率 G	$[1-(1-G)^{1/3}]^2$	K_y
700	0				
	3				
	6				
	9				
	12				
	15				
720	0				
	3				
	6				
	9				
	12				
	15				
740	0				
	3				
	6				
	9				
	12				
	15				
750	0				
	3				
	6				
	9				
	12				
	15				

续表 4-1

反应温度 T/℃	反应时间 t/min	CO_2 累计失重量 m/mg	Na_2CO_3 转化率 G	$[1-(1-G)^{1/3}]^2$	K_y
760	0				
	3				
	6				
	9				
	12				
	15				

（2）数据处理。

1）样品的质量为 m_0，反应温度保温不同时间 CO_2 累计失重量为 m，由 m_0 计算出在 Na_2CO_3 的初始质量，由 m 计算出的 Na_2CO_3 反应量，进而计算出反应转化率 G。由计算结果，绘制每个反应温度下的 $[1-(1-G)^{1/3}]^2 \sim t$ 图，通过直线斜率求出反应的速率常数 K_y。

2）通过不同温度下的杨德尔速率常数 K_y，根据公式（4-2）计算反应的表观活化能 ΔG_R。

3）根据计算结果验证杨德尔方程的正确性，并分析讨论温度对固相反应速率的影响。

实验注意事项

（1）热天平实验仪在加热前，必须确保冷却水工作正常，流量适宜；实验结束，需等炉温降到 100℃ 以下时方可关闭冷却循环水。

（2）实验过程中应避免带磁物质接近热天平实验仪，同时实验过程中防止仪器震动。

（3）热天平实验仪的炉体升降过程应注意动作缓和，使用双手进行升降动作，炉体应下降到位，避免产生间隙影响热重曲线。

（4）装卸样品时应注意动作标准、缓和。试样量一般不要超过坩埚容积的 4/5，对于加热时会发泡、溢出的试样不要超过坩埚容积 1/2 或更少，必要时可使用氧化铝粉末稀释，防止发泡时溢出坩埚，污染炉膛和热电偶。

（5）热天平实验仪的炉体在任何时候均禁止用手触摸，防止烫伤。

思 考 题

（1）Na_2CO_3 和 SiO_2 反应物失重规律是什么？解释其原因。

（2）影响本实验结果的主要因素有哪些？

参考文献

[1] 伍洪标．无机非金属材料实验［M］．北京：化学工业出版社，2011.
[2] 马爱琼，任耘，段峰．无机非金属材料科学基础［M］．北京：冶金工业出版社，2010.
[3] 周永强，吴泽，孙国忠．无机非金属材料专业实验［M］．哈尔滨：哈尔滨工业大学出版社，2002.
[4] 陈远道，陈贞干，左成钢．无机非金属材料综合实验［M］．湘潭：湘潭大学出版社，2014.

实验 5　材料烧结机理研究

实验目的

（1）掌握试样制备过程物料的配料、混合、成型、干燥及烧成方法。

（2）通过材料烧结实验，加深对烧结、液相烧结概念的理解。

（3）熟悉与烧结相关的实验现象。

（4）掌握材料显气孔率、吸水率、体积密度的测试方法。

（5）了解体系不同组分对烧结的影响。

实验原理

1. 烧结

一种或多种固体（金属、氧化物、氮化物、黏土等）粉末经过混合成型，在加热到一定温度后开始收缩，在低于熔点温度下变成致密、坚硬并具有相当强度的烧结体，这种在高温加热条件下发生的一系列变化称为烧结。

物料在高温烧结过程中所发生的主要变化有：颗粒间接触面积增大、颗粒聚集、颗粒中心距逼近、逐渐形成晶界、气孔逐渐排除等，这些物理过程随烧结温度的升高而逐步推进，同时，试样也随这些物理过程的推进而出现收缩，气孔率下降，致密度、强度增加等变化。

根据烧结过程中主要传质媒介分类，烧结可分为固相烧结和液相烧结两大类。一般将无液相参与的烧结即只在单纯固相颗粒之间进行的烧结称为固相烧结，而有部分液相参与的烧结过程称为液相烧结。由于粉末中总含有少量杂质，因而大多数材料在烧结中都会或多或少地出现液相，因而纯粹的固态烧结实际上不易实现。在无机非金属材料制造过程中，液相烧结的应用范围很广泛，如长石质瓷、水泥熟料、高温材料（如高铝质材料）等都采用液相烧结原理。

由于流动传质速率比扩散传质快，因而液相烧结比固相烧结的致密化速率高，可使坯体在比固相烧结温度低很多的情况下获得致密的烧结体。液相烧结过程的速率与液相数量、液相性质（如黏度和表面张力等）、液相与固相润湿情况、固相在液相中的溶解度等有密切关系。

在材料中加入合适的外加剂，烧结过程中外加剂与烧结体的某些成分生成液相，可明显降低烧结温度，促进材料烧结。在高铝质原料中加入钾长石作为外加剂，钾长石熔点低（1150±20℃），在烧成时可作为熔剂降低烧成温度，促使石英和高岭土熔融，并在液相中互相扩散渗透而加速莫来石的形成。

本实验改变钾长石加入量，研究液相生成量的不同对高铝质材料烧结的影响，从而加强对液相烧结机理的理解。

2. 性能检测

由于烧结体宏观上出现体积收缩、致密度提高和强度增加的现象，因此，可通过测量样品烧后线变化率、体积密度、显气孔率等性能来分析比较烧结程度的好坏，以及组分含量的变化对烧结的影响。

（1）烧后线变化率。材料烧结后，最直观、最明显的变化就是尺寸的变化。一般有体积变化率和线变化率两种，由于测试工具简便，准确度高，线变化率比较常用。测量试样烧前和烧后尺寸，计算烧前、烧后试样尺寸的变化量和试样烧前尺寸的百分比即为该试样的烧后线变化率。按下式计算烧后线变化率（L_c）：

$$L_c = \frac{L_1 - L_0}{L_0} \times 100\% \tag{5-1}$$

式中　L_c——试样烧后线变化率,%；

L_1——试样烧后尺寸，mm；

L_0——试样烧前尺寸，mm。

（2）体积密度、显气孔率和吸水率。试样中固体材料的质量与其总体积之比称为体积密度，体积密度表示制品的密实程度。试样中所有和大气相通的气孔即开口气孔的体积与其总体积之比称为显气孔率，显气孔率不仅反映材料的致密程度，而且反映其制造工艺是否合理，是评定高温陶瓷制品的一项重要指标。试样中所有开口气孔所吸收的水的质量与干燥试样的质量之比称为吸水率。如果试样的开口气孔越多，则吸取水的能力就越强，吸水率和显气孔率一起能更加准确地表示材料的致密程度。在材料烧结过程中，随着晶界的不断移动，伴随着液相和固相传质的进行，大多数气孔会逐渐缩小甚至消失，达到良好烧结的标准就是气孔率小、吸水率小、体积密度大（试样密度接近理论密度值）。

体积密度、显气孔率和吸水率的测定原理是：称量试样的质量，再用液体静力称量法测定其体积，计算出体积密度、显气孔率和吸水率。具体方法是测定干燥试样质量（m_1）、被浸液充分饱和的试样悬浮在液体中的质量（m_2）和饱和试样在空气中的质量（m_3），则体积密度、显气孔率和吸水率的计算公式为

体积密度（ρ_b）：

$$\rho_b(\mathrm{g/cm^3}) = \frac{m_1 \times \rho_L}{m_3 - m_2} \tag{5-2}$$

显气孔率（π_a）：

$$\pi_a = \frac{m_3 - m_1}{m_3 - m_2} \times 100\% \tag{5-3}$$

吸水率（W_a）：

$$W_a = \frac{m_3 - m_1}{m_1} \times 100\% \tag{5-4}$$

式中　m_1——干燥试样的质量，g；

m_2——饱和试样悬浮在液体中的质量，g；

m_3——饱和试样在空气中的质量，g；

ρ_L——实验温度下浸液体的密度，$\mathrm{g/cm^3}$。

实验仪器设备与材料

（1）高温箱式电阻炉，使用温度1650℃，温度均匀性±5℃。

（2）电子天平，2000g/0.01g。

（3）ϕ36mm 成型模具。

（4）压力试验机，试验级别1级。

（5）电热恒温干燥箱。

（6）水泥胶砂搅拌机。

（7）游标卡尺，精度0.02mm。

（8）比重计。

（9）显气孔体密测定仪。

实验步骤

1. 坯料制备

按二级配料进行配料，配料比为颗粒料：细粉＝65：35，共制备3组试样，每组试样制样3块，共制备9块试样。3组试样的钾长石加入量不同，具体配比见表5-1。

表5-1　实验配比

组号 \ 原料	一级高铝骨料/%（0~3mm）	一级高铝细粉/%（≤0.088mm）	钾长石细粉/%（≤0.088mm）	糊精/%（外加）
1组	65	35	0	2
2组	65	30	5	2
3组	65	25	10	2

物料量计算：根据试样的体积和密度估算每组试样所需物料量。高铝质试样坯体密度约为2.5g/cm^3，压制试样尺寸为ϕ36mm×36mm。

混料：根据计算结果称量好各种物料，将颗粒料放入水泥胶砂搅拌机搅拌锅中，加入5%水，搅拌至均匀，然后加入细粉及糊精继续搅拌，直至不再发现白颗粒为止，将搅拌好的物料装入塑料袋中备用。

2. 试样成型

用压力试验机压制成型试块，每块试样称料量100g，成型压力经验值120kN。成型前先将模具清理干净，把称量好的坯料倒入模具中，用铁钎将料插实，插入模芯置于压力机下垫板上。加压时应掌握先轻后重，以免产生层裂，达到最大压力时保压2min，然后将模具倒置加上脱模器脱模，将成型好的试样放入试样盘。每组试样成型3个，3组配比共成型9个试样。

3. 试样干燥及尺寸测量

将试样自然干燥24h，再放入烘箱110℃×24h烘干，干燥完毕，自然冷却至室温。用游标卡尺测量试样尺寸，并做好标记，以备烧成后测量烧结后尺寸。记录测量数据。

4. 试样烧结

试样烧结在高温电阻炉中进行，烧成温度1350℃，保温3h。升温过程中低温阶段升温速度要慢，以避免水分排出过快而引起开裂。在中高温阶段，为避免液相增长过快、坯体收缩过快、保证物料充分烧结，应注意缓慢升温。达到1350℃，为保证各种物理化学反应进行充分，保温3h，然后自然冷却，待冷却至低于100℃方可出炉。

升温制度为：常温~1000℃，5℃/min；1000~1200℃，3.5℃/min；1200~1350℃，2℃/min；1350℃，保温3h。

5. 烧后试样尺寸测量

待试样冷却至室温，在测量烧前尺寸的原标记处测量试样烧后尺寸，并进行记录。

6. 体积密度、显气孔率和吸水率数据测量

（1）用电子天平称量试样干燥后的质量（m_1），精确至0.01g。

（2）试样浸渍：把试样放入容器内，并置于抽真空装置中，抽真空至其剩余压力小于2500Pa。试样在此真空度下保持5min，然后在5min内缓慢地注入浸液（工业用水或工业纯有机液体），直至试样完全淹没。再保持抽真空5min，将容器取出在空气中静置30min，使试样充分饱和。

（3）饱和试样悬浮在液体中的质量（m_2）测定：将饱和试样迅速移至带溢流管容器的浸液中，当浸液完全淹没试样后，将试样吊在天平的挂钩上称量，精确至0.01g。

（4）饱和试样在空气中的质量（m_3）测定：从浸液中取出试样，用饱和液体的毛巾小心地擦去试样表面多余的液体（但不能把气孔中的液体吸出）。迅速称量饱和试样在空气中的质量，精确至0.01g。

（5）浸液密度测定：用比重计测定在实验温度下的浸液密度（ρ_L），精确至0.001g/cm^3。如果是自来水，在15~30℃之间可认为是1.0g/cm^3。

实验数据记录与处理

（1）实验数据记录与处理参考格式见表5-2和表5-3。

表5-2　试样烧后线变化率测定实验数据记录表

试样编号	试样烧前尺寸 L_0/mm	试样烧后尺寸 L_1/mm	烧后线变化率 L_c/%
1-1			
1-2			
1-3			
2-1			
2-2			
2-3			
3-1			
3-2			
3-3			

表5-3　试样体积密度、显气孔率、吸水率测定实验数据记录表

试样编号	干燥试样质量 m_1/g	饱和试样表观质量 m_2/g	饱和试样在空气中的质量 m_3/g	体积密度 ρ_b/g·cm^{-3}	显气孔率 π_a/%	吸水率 W_a/%
1-1						

续表 5-3

试样编号	干燥试样质量 m_1/g	饱和试样表观质量 m_2/g	饱和试样在空气中的质量 m_3/g	体积密度 ρ_b/g·cm^{-3}	显气孔率 π_a/%	吸水率 W_a/%
1-2						
1-3						
2-1						
2-2						
2-3						
3-1						
3-2						
3-3						

（2）数据处理。

1）按式（5-1）~式（5-4）计算每个试样的烧后线变化率、体积密度、显气孔率和吸水率。

2）计算每组三个试样的烧后线变化率的平均值，即为该组试样的烧后线变化率值。烧后收缩以“-”号表示，烧后膨胀以“+”号表示。烧后线变化结果计算至小数点后一位。

3）计算每组三个试样的体积密度、显气孔率和吸水率的平均值，即为该组试样的体积密度、显气孔率和吸水率值。显气孔率、吸水率计算至小数点后一位，体积密度计算至小数点后两位。

4）根据计算结果，描述随着钾长石加入量的增加试样烧后线变化率、体积密度、显气孔率和吸水率的变化规律。

5）分析钾长石加入量对高铝质材料烧结的影响。

实验注意事项

（1）坯料制备过程中要称量准确，混料均匀，如果制备的试样不均匀则影响实验结果。

（2）高温电阻炉加热空间要温度均匀，控温准确，严格按照升温制度进行加热升温。

（3）烧制好的试样不能有表面裂纹、表面凹陷或凸出等现象，出现这些现象的试样不能进行后续的检测，需找出原因，改进方案，重新进行实验。

思考题

（1）描述烧结概念与烧结相关现象。

（2）描述液相烧结与液相烧结致密化机理。

（3）本实验原料中不同组分对材料烧结性能有什么样的影响?

参考文献

[1] 马爱琼，任耘，段峰．无机非金属材料科学基础［M］．北京：冶金工业出版社，2010.
[2] 王涛，赵淑金．无机非金属材料实验［M］．北京：化学工业出版社，2011.
[3] 陈远道，陈贞干，左成钢．无机非金属材料综合实验［M］．湘潭：湘潭大学出版社，2014.
[4] 常钧，黄世峰，刘世权．无机非金属材料工艺与性能测试［M］．北京：化学工业出版社，2007.

实验6　流体平均流速及流量的测定

实验目的

(1) 熟悉毕托管、微压计的工作原理、结构和使用方法。

(2) 掌握圆形和矩形管道断面上平均流速及流量的测量方法。

实验原理

流体流动时的能量，包括压能、动能和位能。对于不可压缩的理想流体，这三种能量之和为一常数。当流体水平流动时，流体的位能保持不变，则其压能与动能之和为常数，称之为全压能，即

$$\frac{p}{\gamma}(\text{压能}) + \frac{u^2}{2g}(\text{动能}) = \frac{p_0}{\gamma}(\text{全压能})$$

因为 $\gamma = \rho \cdot g$，则上式可写成

$$u = \sqrt{\frac{2(p_0 - p)}{\rho}} \tag{6-1}$$

式中　p_0——全压，Pa；

p——静压，Pa；

ρ——流体密度，kg/m^3。

如果能够测得流体流经管道某一截面上的全压 p_0 和静压 p，则可根据式（6-1）求出流体的流动速度 u。

全压和静压通常用毕托管来测量，它是由两根同心管子套起来焊接而成，中心管头部敞开，接受全压；外套管头部封闭，侧面开有许多小孔，接受静压，其结构如图6-1所示。实际测量时，毕托管必须迎向流体流动方向，将接受到的真正的全压和静压通过管端接至 U 形压力计或倾斜微压计上，即可测出全压和静压的差值 Δp，从而可以求得流体在该测点的流速 u。由于毕托管开孔及制造精度上的误差，会影响到测出动压（Δp）的准确度，因此式（6-1）中的压力要乘以校正系数 ξ：

$$u = \sqrt{\frac{2}{\rho}\Delta p \xi} \tag{6-2}$$

式中　ξ——毕托管系数，对于标准的皮托管，$\xi = 1$，通常 $\xi = 0.98 \sim 1.0$。

为了测得管道截面上流体的平均流速 $u_{平均}$，一般采用多点测量法，即将管道截面分成 n 个等面积小区 $\mathrm{d}F$，测得每一小区中心点上流体的动压 $\Delta p_j (j = 1, 2, \cdots, n)$，则可求得管道截面上流体的平均流速，即

$$u_{平均} = \frac{1}{n} \cdot \sqrt{\frac{2\xi}{\rho}}\left(\sqrt{\Delta p_1} + \sqrt{\Delta p_2} + \cdots + \sqrt{\Delta p_n}\right) \tag{6-3}$$

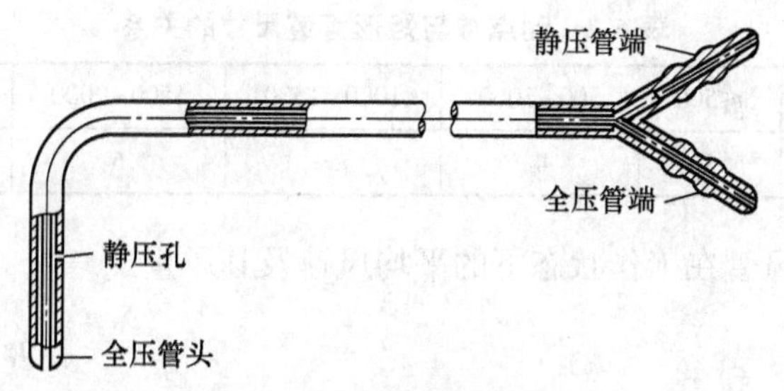

图 6-1　毕托管结构示意图

从而即可求得管道中流体的流量：

$$Q = u_{平均} \cdot F \tag{6-4}$$

式中　Q——管道中流体的流量，m^3/s；

F——管道的面积，m^2。

对于圆形管道，可依管道直径的大小把截面分成 m 个面积相等的同心圆环，再用直径分割这些等面积圆环为 n 个面积相等的小区，如图 6-2 所示。每一小区面积中心距离圆心 O 的距离（即半径）由下式求得

$$r_i = \frac{D}{2} \cdot \sqrt{\frac{2i-1}{2m}} \tag{6-5}$$

式中　r_i——管道圆心 O 与第 i 个圆环上各小区面积中心点的距离，即测点距离，mm；

D——管道内径，mm；

i——等面积圆环序号，由圆心向外算起；

m——等面积圆环数。

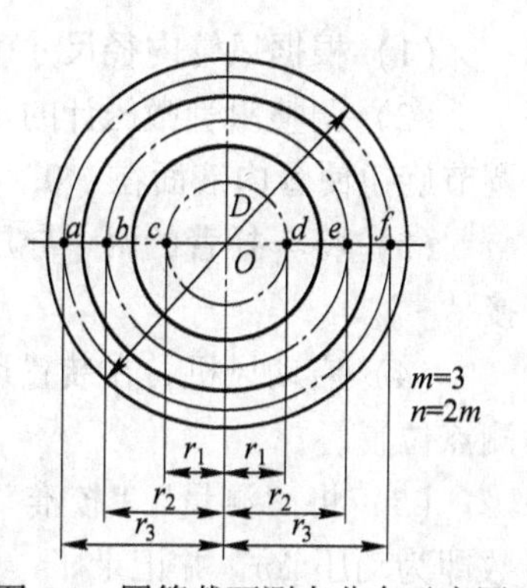

图 6-2　圆管截面测点分布示意图

圆环数 m 及等面积小区测点数 n 一般可按表 6-1 来决定。

表 6-1　测点数与圆形管道大小的关系

圆管内径 D/mm	300	400	600	800	1000	1200	1400	1600
圆环数 m	3	4	5	6	7	8	9	10
测量直径个数	1	1	2	2	2	2	2	2
测点数 n	6	8	20	24	28	32	36	40

对于矩形管道，则必须把其截面分成若干个面积相等的小矩形，各小矩形对角线的交点即是动压测量点，如图 6-3 所示。小矩形的数量取决于管道的边长，沿管道任一边长均匀分布的小矩形的数量（测点排数）一般不应少于表 6-2 所列数值。

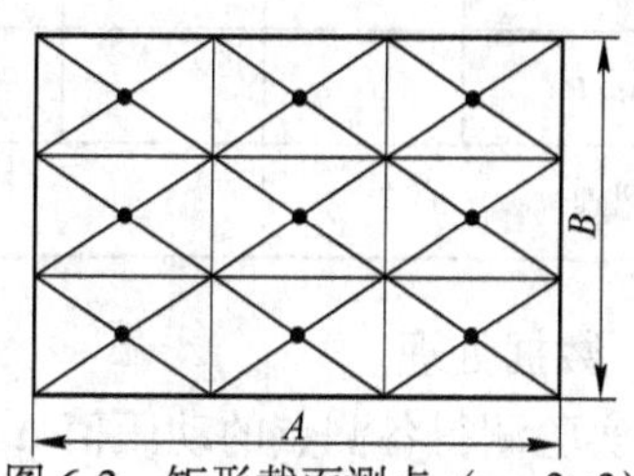

图 6-3　矩形截面测点（$n=3\times3$）

表 6-2　测点数与矩形管道尺寸的关系

矩形管道截面的边长/mm	≤500	500~1000	1000~1500	1500~2000	2000~2500	>2500
测点排数	3	4	5	6	7	8

本实验测量圆形风管在工作状态下的平均风速及其风量。

实验仪器设备与材料

(1) 风机及风管装置。实验装置如图 6-4 所示。

(2) 标准毕托管。

(3) 倾斜微压计。

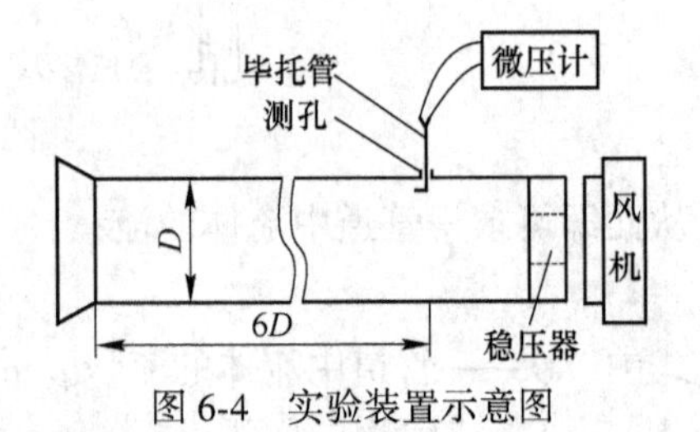

图 6-4　实验装置示意图

实验步骤

(1) 根据风管内径尺寸确定等面积圆环数 m 及各测点位置。

(2) 调整斜管微压计的水平，将“测量”“校准”阀门扳向“校准”方，旋转零位调节旋钮使管内液面在“0”刻度处。

(3) 将毕托管的两个导压接管分别接至斜管微压计上，全压导管接“+”，静压导管接“–”。

(4) 启动风机，在装置运行正常后将毕托管插入测孔调正并将其固定在预先算好的测点位置。

(5) 将“测量”“校准”阀门扳向“测量”端，观察斜管微压计的液面，稳定后读数即为动压 Δp，并记录。

(6) 移动毕托管至下一个测点进行动压测量，直到测完所有测点为止。

(7) 实验完毕，关风机并整理实验仪器。

实验数据记录与处理

(1) 实验数据记录与处理参数格式见表 6-3。

表 6-3　流体流速及流量测定实验数据记录表

<table>
<tr><td>管道内径 D/mm</td><td colspan="2">管道截面积 F/m^2</td><td colspan="2">空气密度 $\rho/kg \cdot m^{-3}$</td><td>毕托管系数 ξ</td><td>等面积环数 m</td><td>测点数 n</td></tr>
<tr><td></td><td colspan="2"></td><td colspan="2"></td><td></td><td></td><td></td></tr>
<tr><td>测点</td><td>1</td><td>2</td><td>3</td><td>4</td><td colspan="2">…</td><td>n</td></tr>
<tr><td>动压 Δp/Pa</td><td></td><td></td><td></td><td></td><td colspan="2"></td><td></td></tr>
<tr><td colspan="2">平均风速 $u_{平均}/m \cdot s^{-1}$</td><td colspan="3"></td><td>风量 $Q/m^3 \cdot s^{-1}$</td><td colspan="2"></td></tr>
</table>

(2) 数据处理。

1) 实验测得各测点的动压值 Δp 后，根据公式 (6-3) 求得管道截面上的平均风速；

2) 依公式 (6-4) 求得风量。

实验注意事项

（1）测量时毕托管的测头一定要正对气流方向。

（2）测量过程中斜管微压计的测量管及液柱下面的连接软管里不得有气泡，与毕托管、玻璃管连接的软管内不得有酒精或水泡，各连接处不得漏气。

（3）测量应根据动压的大小来调整斜管微压计测压管的斜度，以保证测量精度。

思 考 题

（1）实验测得工作状态下的风量后如何求标准状态下的风量？

（2）如果风管进口通大气，是否有更简便的方法来测平均风速和风量？其原理是什么？

参考文献

[1] 罗世辉，陈红军．水泥工业窑热工标定［M］．武汉：武汉工业大学出版社，1995.
[2] 肖明葵．水力学［M］．重庆：重庆大学出版社，2004.

实验 7　流体力学综合实验

流体力学综合实验台为多功能实验装置，其结构示意图如图 7-1 所示。

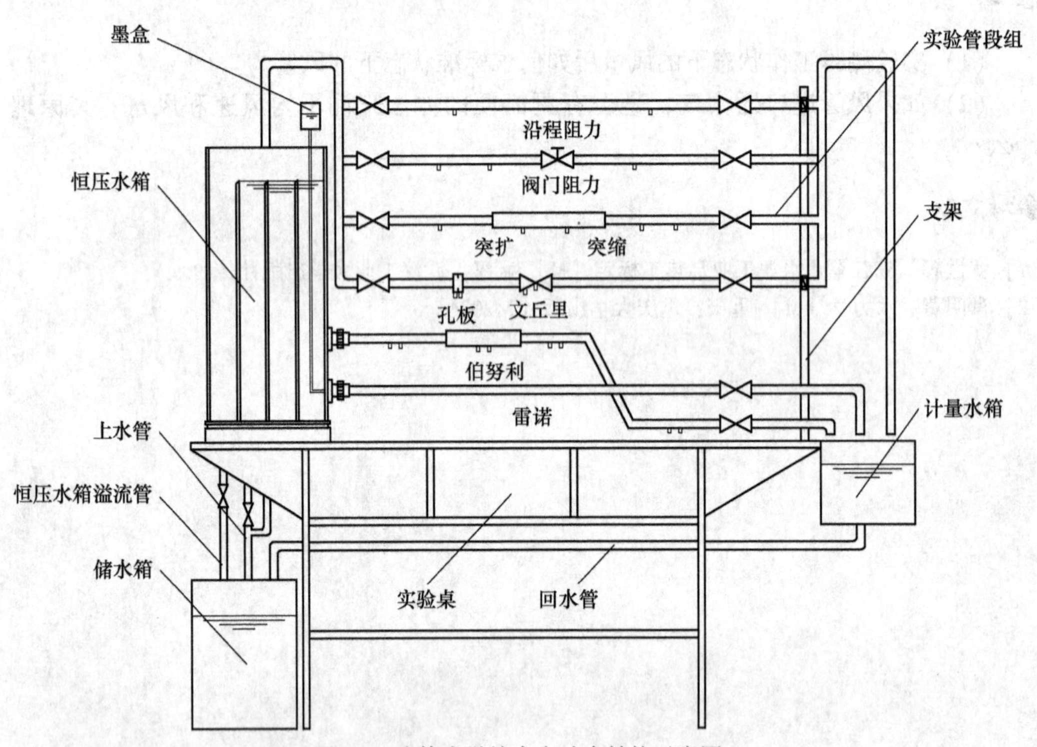

图 7-1　流体力学综合实验台结构示意图

利用上述流体力学综合实验台可进行下列实验。

（1）雷诺实验。

（2）能量方程实验。

（3）阻力损失实验：1）沿程阻力；2）局部阻力（含阀门、突扩和突缩）。

（4）孔板流量计流量系数和文丘里流量计流量系数的测定。

I　雷 诺 实 验

实验目的

（1）观察流体在管道中的流动状态及层流状态下的速度分布。

（2）测定不同流态下的雷诺数，了解流态与雷诺数的关系。

（3）测定下临界雷诺数。

实验原理

众所周知，流体在管道中具有不同的流态。在图7-2所示的实验装置中，可以看到两种流态的特征。容器A内装有清水，水从管G送入容器，从侧壁上的玻璃管B及靠近容器顶部的溢流管H流出。送入的水量应使总有一部分水经过溢流管流出，这样可使容器的液面维持一定。玻璃管的排水量可用阀C调节。容器上方有小瓶D，瓶内装入有色液体，有色液体可经过细管E注入玻璃管B内。

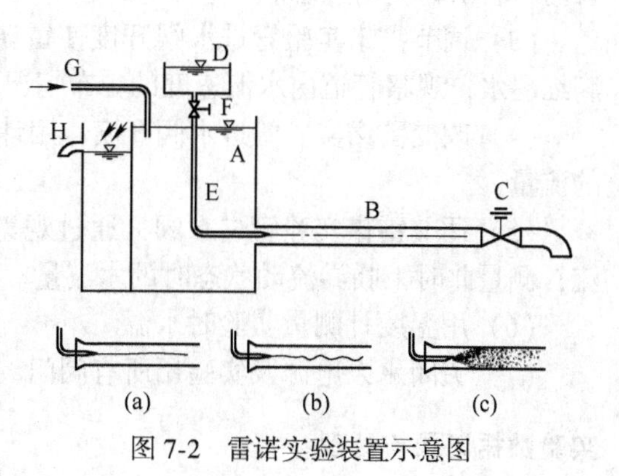

图7-2　雷诺实验装置示意图

当玻璃管内的流速较低时，从细管注入的有色液体能成为单独的一股细流前进，同玻璃管内的水不相混杂（见图7-2(a)）。当玻璃管内的流速较高时，从细管注入的那股有色的细流马上消失在水中，同水混杂起来（见图7-2（c））。前一种情况说明流体流动时，流体的质点成为互不干扰的细流前进，各股细流互相平行，层次分明，流体的这种状态叫层流，或叫滞流。后一种情况说明流体流动时，出现一种紊乱状态。流体各质点做不规则的运动，流体内各股细流互相更换位置，流体质点有轴向和横向运动，互相撞击，产生湍动和旋涡，这种流态叫湍流，或称紊流。这个实验称为雷诺实验。

实验证明，除了流速u对流态有影响外，管道直径d、流体密度ρ和流体动力黏性系数μ对流态也产生影响。若流体处于层流状态时，d、ρ愈大，μ愈小，流态就愈容易从层流转为紊流；相反，d、ρ愈小，μ愈大，流态就愈不易从层流转为紊流。总之，无因次数群$du\rho/\mu$的数值大小决定着流体的流态，是判断流态的准数，叫雷诺准数，用符号Re表示，即$Re=du\rho/\mu$，它表示惯性力与黏性摩擦力之比，说明黏性摩擦力对流动的影响。

流态转变时的雷诺准数称为临界雷诺数，由紊流转变为层流的临界雷诺数比由层流转变为紊流的临界雷诺数小，故前者称为下临界雷诺数，后者称为上临界雷诺数。

大量的实验测定表明：对于在平直的圆管中流动的流体，当$Re\leqslant2300$时，流态属层流；当$Re\geqslant4000$时，流态属紊流；而在$2300<Re<4000$这一范围内，流态是不稳定的，可能是层流，也可能是紊流，而且极易从一种流态转变为另一种流态，属过渡流。

实验仪器设备与材料

（1）流体力学综合实验装置。实验装置如图7-1所示。本实验涉及的部分有储水箱、恒压水箱溢流管、上水管、恒压水箱、雷诺实验管及其阀门、计量水箱及回水管。

（2）秒表。

（3）温度计。

实验步骤

（1）关闭所有管道的进水阀和出水阀，开启水泵电源和上水阀，给恒压水箱中注满水（即恒压水箱中有水溢出），在墨盒中注入红墨水。

（2）依次打开雷诺实验管的进水阀及墨盒开关。调节进水阀的大小，观察雷诺实验管内颜料水的流动形态。

（3）调节雷诺实验管进水阀开度使雷诺实验管内的流体呈层流状态时，快速挤下几滴红墨水，观察管道内水流速度的分布情况。

（4）改变雷诺实验管进水阀开度，用计量水箱（或量杯）和秒表测量不同流态时水的流量。

（5）调节雷诺实验管进水阀，通过观察颜料水的流动情况，使流态从紊流转变为层流，测量此时下临界流动状态时的水流量。

（6）用温度计测量实验时水温。

（7）关闭水泵电源及实验用所有阀门，结束实验。

实验数据记录与处理

（1）实验数据记录与处理参考格式见表7-1。

表7-1　雷诺实验数据记录表

雷诺管径 d/mm	水温 t/℃	流体密度 ρ/kg·m^{-3}	流体黏性系数 μ/Pa·s	实验者	实验日期

序号	总水量/L	时间/s	流量 Q/m^3·s^{-1}	平均流速 u/m·s^{-1}	Re	流态	备注
1							
2							
3							
⋮							

（2）数据处理。

1）简述实验所观察的层流与紊流现象。

2）查取实验水温下的ρ、μ值，计算不同流量时雷诺实验管的平均流速u及雷诺数Re，并判断其流态。

3）根据实验数据的计算结果，绘制实验流体温度下的Re-u曲线。

4）计算实验条件下的下临界雷诺数。

实验注意事项

（1）开关阀门时要缓慢，以免综合实验装置中测压管中的水因压差值过高而溢出。

（2）观察流态时，可停止水泵上水，以消除水泵上水的振动对流型观察的影响。

思考题

（1）判断所有流体在不同流动装置内流动状态是否为层流的依据为其雷诺数$Re \leqslant 2300$，该表述是否正确？为什么？

（2）采用毕托管对准管道轴心所测的速度，算出的雷诺数可否用于判断流态，为什么？

参考文献

[1] 艾翠玲．水力学实验教程［M］．北京：化学工业出版社，2011．
[2] 肖明葵．水力学［M］．重庆：重庆大学出版社，2004．

Ⅱ　能量方程实验

实验目的

了解流体流经能量方程实验管时的能量转化情况，并对实验中出现的现象进行分析，从而加深对能量方程的理解。

实验原理

根据运动微分方程式和功能原理均可推导出理想流体微细流作恒定流动时的单位能量方程或伯努利方程式为

$$Z_1 + \frac{p_1}{\gamma} + \frac{u_1^2}{2g} = Z_2 + \frac{p_2}{\gamma} + \frac{u_2^2}{2g} \tag{7-1}$$

或

$$Z + \frac{p}{\gamma} + \frac{u^2}{2g} = 常数 \tag{7-2}$$

式中第一项 Z 是断面对于选定基准面的高度，表示单位重量流体的位置势能，简称位能，水力学中称位置水头；式中第二项 $\frac{p}{\gamma}$ 是断面压强作用使流体沿测压管所能上升的高度，表示压力做功所能提供给单位重量流体的能量，简称压能，水力学中称压强水头；式中第三项 $\frac{u^2}{2g}$ 是以断面流速 u 为初速的铅直上升射流所能达到的理论高度，表示单位重量流体的动能，简称动能，水力学中称流速水头。前两项之和 $Z + \frac{p}{\gamma}$ 表示单位重量流体具有的势能，水力学中称测压管水头。三项之和 $Z + \frac{p}{\gamma} + \frac{u^2}{2g}$ 表示单位重量流体的总能量之和，水力学中称总水头。

实际上所遇到的流体都具有黏性，使流体流动时需消耗一部分机械能或压头，以克服由于黏性而产生的切向阻力。因此实际上不可压缩的黏性流体的微细流，作恒定流动时的伯努利方程式为

$$Z_1 + \frac{p_1}{\gamma} + \frac{u_1^2}{2g} = Z_2 + \frac{p_2}{\gamma} + \frac{u_2^2}{2g} + h_w \tag{7-3}$$

式（7-3）中的 h_w 是因克服截面 1—1 与 2—2 间的单位重量流体的阻力所消耗的能量（或压头），称为压头损失。这项损失的能量变为势能，部分为流体所吸收，提高流体的温度，部分则散失到周围的介质中。

某测点使用毕托管引出两根测压管，开口迎向流体流动方向引出的测压管测的是总水头，而垂直流体流动方向引出的测压管测的是测压管水头，测出各个相应断面的总水头和测压管水头，它们的连线即为总水头线及测压管水头线。再测出各个相应断面的位置水头，即得到各断面的流速水头和压强水头。本实验装置能量方程实验管的测点分布、总水头线及测压管水头线如图 7-3 所示。

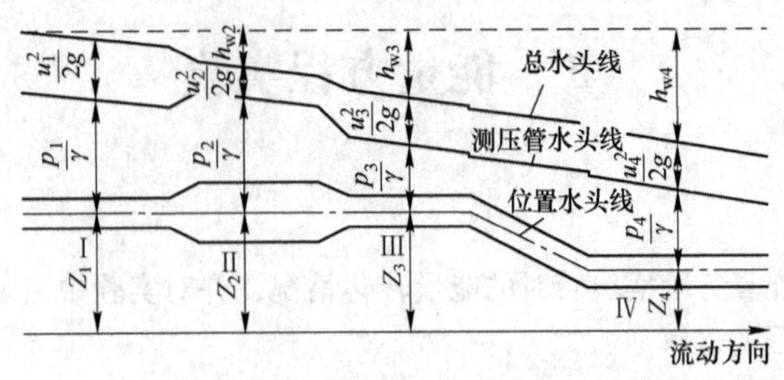

图7-3 能量方程实验管的测点分布、总水头线及测压管水头线示意图

由图7-3可见各种能量之间的相互转换。例如，测点Ⅰ到测点Ⅱ，管径变粗，速度减小，一部分流速水头转换为压强水头；测点Ⅱ到测点Ⅲ，管径变细，速度增加，一部分压强水头转换为流速水头；测点Ⅲ到测点Ⅳ，位置降低，一部分位置水头转换为压强水头。

实验仪器设备与材料

（1）流体力学综合实验装置。实验装置如图7-1所示。本实验涉及的部分有储水箱、恒压水箱溢流管、上水管、恒压水箱、能量方程实验管及其阀门、计量水箱、回水管及能量方程实验测压板（图中未画出）。

（2）秒表。

实验步骤

（1）先测量能量方程实验管4个测点的位置压头，并记录各测点相应的管径。

（2）关闭所有管道的进水阀和出水阀，开启水泵和上水阀，给实验装置注入足够循环用的水。

（3）依序开启能量方程实验管进水阀，调节进水阀至一定开度，记录能量方程实验测压板8个测压管的液柱高度，并利用计量水箱和秒表测定流量。

（4）改变能量方程实验管进水阀的开度，再重复上述测量。

（5）关闭水泵及所有阀门，结束实验。

实验数据记录与处理

（1）实验数据记录与处理参考格式见表7-2。

表7-2 能量方程实验数据记录表

测点编号 液柱高/mm	Ⅰ	Ⅱ	Ⅲ	Ⅳ	流量/$m^3 \cdot s^{-1}$
总水头（$Z+\frac{p}{\gamma}+\frac{u^2}{2g}$）					
测压管水头（$Z+\frac{p}{\gamma}$）					
位置水头（Z）					

续表 7-2

液柱高/mm \ 测点编号	Ⅰ	Ⅱ	Ⅲ	Ⅳ	流量/$m^3 \cdot s^{-1}$
流速水头（$\frac{u^2}{2g}$）					
压强水头（$\frac{p}{\gamma}$）					
与测点Ⅰ的水头损失（h_w）	—				
能量方程实验管内径/mm					—

（2）数据处理。

1）计算各个测点的流速水头、压强水头及与测点Ⅰ的水头损失，判断能量是否守恒。

2）根据实验结果绘制各种水头线，了解各种能量的转换关系。

实验注意事项

（1）开关阀门时要缓慢，以免测压管中的水因压头过高而溢出。

（2）读取测压管的液柱读数时要等稳定后再读数，如果有波动时取其平均值。

（3）实验过程中，恒压水箱中要始终保持有水溢流，以保证总能量不变。

思 考 题

（1）“毕托管垂直流体流动方向引出的测压管测的是压强水头，而迎向流体流动方向引出的测压管测的是总水头。”此说法是否正确，为什么？

（2）某学生做能量方程实验过程中发现，所有测压管中的液面连续下降，试帮助他解决这个问题。

参考文献

[1] 艾翠玲．水力学实验教程［M］．北京：化学工业出版社，2011.

[2] 武汉大学．化学工程基础［M］．北京：高等教育出版社，2001.

Ⅲ　管道阻力系数的测定

实验目的

（1）观察和测试流体稳定地在等直圆管中流动时，其沿程、通过阀门及断面突扩、突缩的阻力损失情况。

（2）掌握管道沿程阻力系数和局部阻力系数的测定方法。

（3）了解沿程阻力系数在不同雷诺数下的变化情况。

实验原理

阻力损失一般有两种表示方法：对于液体，通常用单位重量的流体阻力损失（或称水头损失）h_i来表示，它是用液柱高度来量度的；对于气体，则常用单位体积的流体能量损失（或称压强损失）p_i来表示，它们之间的关系是：

$$p_i = \gamma \cdot h_i \tag{7-4}$$

根据流体运动的边壁是否沿程变化，把阻力损失分为两类：沿程阻力损失 h_f和局部阻力损失 h_m。

在边壁沿程不变的管段上，流体的流速基本上是沿程不变的。流动阻力只有沿程不变的切应力，称为沿程阻力。克服沿程阻力引起的能量损失，称为沿程阻力损失。

在边壁急剧变化的区域（如突扩、突缩、弯头、三通、阀件、出入口等处），由于出现了旋涡区和速度分布的改组，流动阻力大大增加，形成了比较集中的能量损失，这种阻力称为局部阻力，其相应的能量损失称为局部阻力损失。

整个管路的阻力损失等于各管段的沿程阻力损失和所有局部阻力损失的总和，即

$$h_l = \sum h_f + \sum h_m \tag{7-5}$$

工程上常用的阻力损失的计算公式为

沿程阻力损失：

$$h_f = \lambda \frac{l}{d}\frac{u^2}{2g} \tag{7-6}$$

局部阻力损失：

$$h_m = \xi \frac{u^2}{2g} \tag{7-7}$$

式中　l——管长，m；

d——管径，m；

u——断面平均流速，m/s；

g——重力加速度，m/s^2；

λ——沿程阻力系数；

ξ——局部阻力系数。

由于影响的因素复杂，目前还不能用纯理论的方法来解决阻力损失计算的全部问题。上述公式不是严格的理论公式，而是根据工程上长期实践的经验，把阻力损失的计算问题转化为求阻力系数的问题。对于公式中的两个无因次系数 λ 和 ξ，必须借助于分析一些典型的实验成果，用经验的或半经验的方法求得。这样，公式中没有直接给出的其他影响阻力损失的因素，就可以包含在这两个阻力系数中，使计算结果和实际一致。

对于断面突然扩大所造成的阻力损失，通过在将扩未扩的Ⅰ—Ⅰ断面和扩大后流速分布与紊流脉动已接近均匀流正常状态的Ⅱ—Ⅱ断面（见图 7-4）上列能量方程和流体连续性方程，可得

$$h_{mk} = \left(1 - \frac{F_1}{F_2}\right)^2 \frac{u_1^2}{2g} = \left(1 - \frac{F_2}{F_1}\right)^2 \frac{u_2^2}{2g} \tag{7-8}$$

其阻力系数为

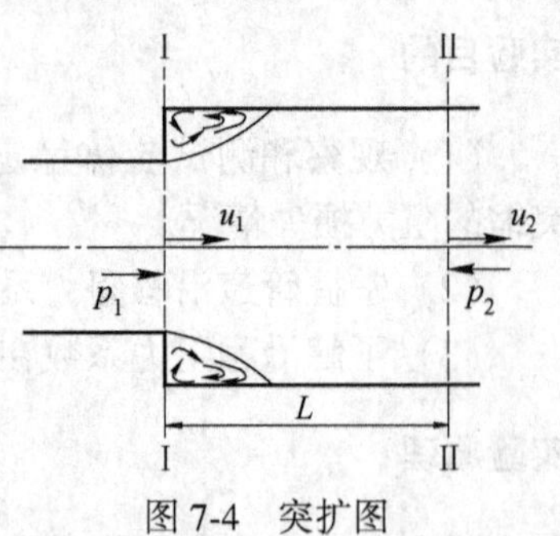

图 7-4　突扩图

$$\xi_{k1}=\left(1-\frac{F_1}{F_2}\right)^2 \quad 或 \quad \xi_{k2}=\left(1-\frac{F_2}{F_1}\right)^2 \tag{7-9}$$

式中　h_{mk}——突扩局部阻力损失，m；

F_1——细管断面面积，m^2；

F_2——粗管断面面积，m^2；

u_1——细管断面平均流速，m/s；

u_2——粗管断面平均流速，m/s；

g——重力加速度，m/s^2；

ξ_{k1}，ξ_{k2}——与流速水头相对应的局部阻力系数。

因为突然扩大前后有两个不同的平均流速，因而有两个相应的阻力系数，计算时必须注意所选用的阻力系数与流速水头相适应。

对于断面突然缩小所造成的阻力损失，由下述经验公式计算：

$$h_{ms}=0.5\left(1-\frac{F_2}{F_1}\right)\frac{u_2^2}{2g} \tag{7-10}$$

其阻力系数为

$$\xi_s=0.5\left(1-\frac{F_2}{F_1}\right) \tag{7-11}$$

式中　h_{ms}——突缩局部阻力损失，m；

F_1——粗管断面面积，m^2；

F_2——细管断面面积，m^2；

u_2——细管断面平均流速，m/s；

g——重力加速度，m/s^2；

ξ_s——阻力系数。

本实验所涉及的实验管如图7-5、图7-6、图7-7所示。

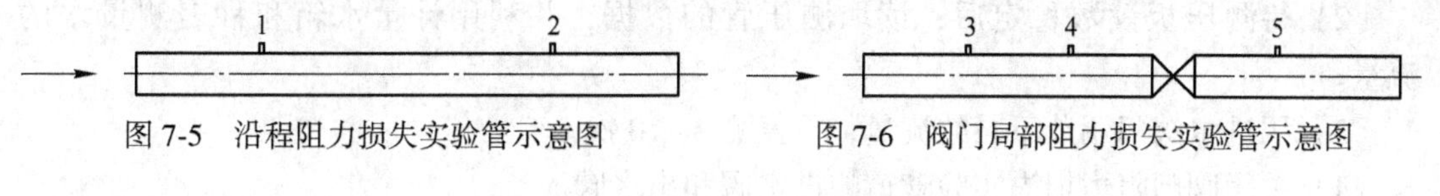

图7-5　沿程阻力损失实验管示意图　　图7-6　阀门局部阻力损失实验管示意图

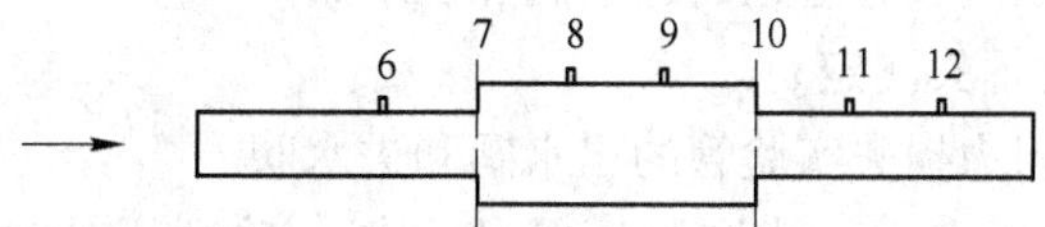

图7-7　突扩、突缩阻力损失实验管示意图

对于局部阻力损失实验管，采用三点测量法，其局部阻力损失用下式计算：

$$h_m=(h_4-h_5)-h_{f4-5} \tag{7-12}$$

式中，h_{f4-5}由h_{f3-4}按流长比计算。

对于突扩、突缩阻力损失实验管，采用四点测量法，其突扩、突缩局部阻力损失分别用下式计算：

$$h_{mk}=\frac{p_6}{\gamma}+\frac{u_6^2}{2g}-\frac{p_8}{\gamma}-\frac{u_8^2}{2g}-h_{f6-7}-h_{f7-8} \tag{7-13}$$

$$h_{ms}=\frac{p_9}{\gamma}+\frac{u_9^2}{2g}-\frac{p_{11}}{\gamma}-\frac{u_{11}^2}{2g}-h_{f9-10}-h_{f10-11} \tag{7-14}$$

式（7-13）、式（7-14）中 h_{f6-7}、h_{f7-8}、h_{f9-10}、h_{f10-11} 分别由 h_{f11-12}、h_{f8-9}、h_{f8-9}、h_{f11-12}按流长比计算。

实验仪器设备与材料

（1）流体力学综合实验装置。实验装置如图 7-1 所示。本实验涉及的部分有储水箱、上水管、沿程阻力损失实验管、突扩突缩阻力损失实验管、阀门阻力损失实验管、计量水箱及测压板（图中未画出）等。

（2）秒表。

（3）温度计。

实验步骤

（1）关闭所有管道的进水阀和出水阀，开启水泵。

（2）等直径管道沿程阻力损失测定。

1）开启沿程阻力损失实验管道的出水阀和进水阀。

2）待测压板读数稳定后，读取测压管的数据，并利用计量水箱和秒表测量水的流量。

3）用进水阀门调节不同的流量，重复测 8 ~10 次。

4）关闭沿程阻力损失实验管道的进水阀和出水阀。

（3）阀门阻力损失测定。

1）开启阀门阻力损失实验管道的出水阀和进水阀。

2）待测压板读数稳定后，读取测压管的数据，并利用计量水箱和秒表测量水的流量。

3）用进水阀门调节不同的流量，重复测 8 ~10 次。

4）关闭阀门阻力损失实验管道的进水阀和出水阀。

（4）突扩突缩阻力损失测定。

1）开启突扩突缩阻力损失实验管的出水阀和进水阀。

2）待测压板读数稳定后，读取测压管的数据，并利用计量水箱和秒表测量水的流量。

3）用进水阀门调节不同的流量，重复测 8 ~10 次。

4）关闭突扩突缩阻力损失实验管道的进水阀和出水阀。

（5）测量实验水温，关闭水泵，结束实验。

实验数据记录与处理

（1）实验数据记录与处理的参考格式见表 7-3~表 7-5。

表 7-3　沿程阻力损失实验数据记录表

实验者	实验日期			水温 t/ ℃		流体黏性系数 μ/Pa · s				流体密度 ρ/kg · m^{-3}	
序号	时间/s	总水量/L	流 量/m^3 · s^{-1}	管道直径/m	平均流速/m · s^{-1}	管段长度 l_{1-2}/m	h_1/m	h_2/m	h_f/m	阻力系数 λ	Re
1											
2											
3											
⋮											

表 7-4　阀门阻力损失实验数据记录表

实 验 者			实 验 日 期		水 温 t/℃			流体黏性系数 μ/Pa · s			流体密度 ρ/ kg · m^{-3}	
序号	总水量/L	时间/s	体积流量/m^3 · s^{-1}	管道直径/m	平均流速/m · s^{-1}	管段长度/m		测压管读数/m			局部阻力损失 h_m/m	局部阻力系数 ξ
						l_{3-4}	l_{4-5}	h_3	h_4	h_5		
1												
2												
3												
⋮												

表 7-5　突扩、突缩阻力损失实验数据记录表

实 验 者			实 验 日 期			水 温 t/℃						流体黏性系数 μ/Pa · s					流体密度 ρ/ kg · m^{-3}			
序号	总水量/L	时间/s	体积流量/m^3 · s^{-1}	管道直径 $d(D)$/m	平均流速/m · s^{-1}	管段长度/m						测压管读数/m					阻力损失/m		阻力系数 ξ	
						l_{6-7}	l_{7-8}	l_{8-9}	l_{9-10}	l_{10-11}	l_{11-12}	h_6	h_8	h_9	h_{11}	h_{12}	h_{mk}	h_{ms}	ξ_k	ξ_s
1																				
2																				
3																				
4																				
⋮																				

（2）数据处理。

1）根据实验数据，计算不同流量下的体积流量、平均流速、沿程阻力损失或局部阻力损失及雷诺数。

2）根据公式（7-6）或公式（7-7）计算所测实验管道的沿程阻力系数 λ 或局部阻力系数 ξ、ξ_k 及 ξ_s，并将实验测量结果 ξ_k、ξ_s 与相应计算值比较。

3）绘制沿程阻力系数 λ 随 Re 变化的关系曲线（双对数坐标），并结合 Re 值的大小进行讨论。

实验注意事项

（1）开关阀门时要缓慢，以免测压管中的水因压头值过高而溢出。

（2）开启实验管阀门顺序均只能先开出水阀门后开进水阀门，关闭时则刚好相反，否则水将从测压管中溢出。

思 考 题

简述影响阻力损失的因素。

参考文献

［1］艾翠玲．水力学实验教程［M］．北京：化学工业出版社，2011.

［2］肖明葵．水力学［M］．重庆：重庆大学出版社，2004.

Ⅳ 流量计流量系数的测定

实验目的

（1）了解孔板流量计和文丘里流量计的测量原理及流量系数的测定方法。

（2）测定流量计的流量系数与雷诺数的关系，绘制流量计的流量系数随雷诺数变化的关系曲线。

实验原理

流量计是测量流体流量的仪器，常用的流量计有孔板流量计、喷嘴流量计、文丘里流量计、靶式流量计和转子流量计等。本实验仅介绍孔板流量计和文丘里流量计。

1. 孔板流量计

在管道里插入一片带有圆孔的薄板（孔板），用法兰固定于管道上，使圆孔位于管道的中心线上，如图 7-8 所示，这样构成的装置称为孔板流量计。在孔板前后的测压孔接上 U 形管压力计，由压力计所显示的读数，可算出管内流体的流速和流量。

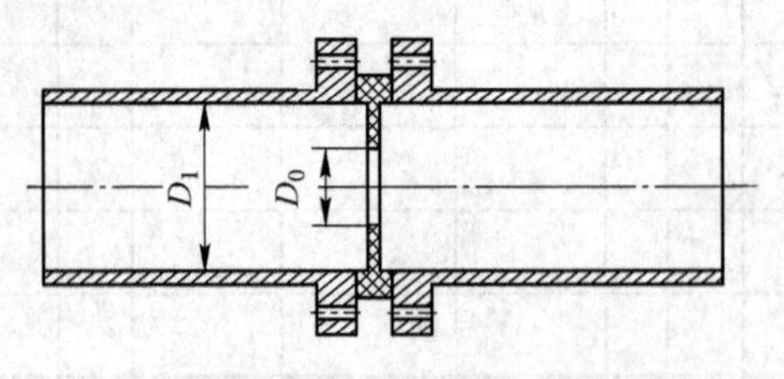

图 7-8 孔板流量计示意图

利用伯努利方程和连续性方程可导出：

$$u_0 = C_0\sqrt{2g\Delta h} \tag{7-15}$$

则

$$Q_0 = u_0F_0 = C_0F_0\sqrt{2g\Delta h} \tag{7-16}$$

式中 u_0——流体通过孔口时的流速，m/s；

F_0——孔口面积，m^2；

Δh——孔板前后流体的压强水头差，m；

C_0——校正系数，称为孔板流量系数，其值由实验测定。

流量系数 C_0 与 $Re=D_1u\rho/\mu$（D_1 为管道直径）、$m=F_0/F_1$ 的大小有关，根据标准孔板流量系数与 Re、m 的关系曲线知道：对于每一个 m 值，当 Re 超过极限允许值时，C_0 即为一常数。故选用孔板流量计时，最好使 C_0 落在定值的区域里，只有这时流速 u_0 与压强差的平方根成正比，便于测量。

2. 文丘里流量计

图7-9为文丘里流量计，是由两节精工制造的管段所组成，中间截面的最小处称为喉管。流体通过文丘里管时，流速慢慢地增大，在喉管处流速最大，压强最低，然后流速慢慢地减小，压强逐渐恢复。由于流速的逐渐变化，使流体的压头损失大为下降，通常约为测得压头差 Δh 的10%以内。文丘里流量计的流量计算公式为

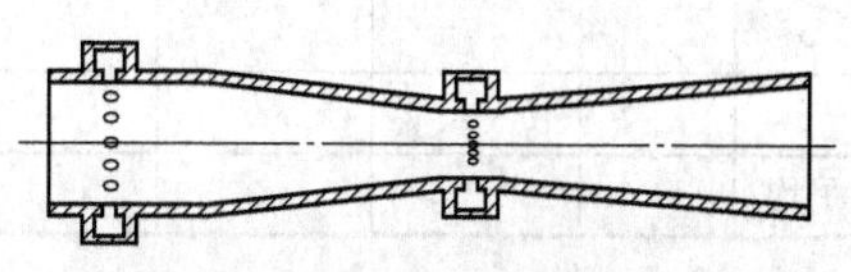

图7-9 文丘里流量计示意图

$$Q_v = C_vF_v\sqrt{2g\Delta h} \tag{7-17}$$

式中 C_v——文丘里流量计的流量系数，可由标准文丘里流量计的流量系数曲线查得，也可由实验测定；

F_v——喉管的面积，m^2。

实验仪器设备与材料

（1）流体力学综合实验装置。实验装置如图7-1所示。本实验涉及的部分有储水箱、上水管、流量计系数测定实验管及其阀门、计量水箱、回水管及测压板（图中未画出）等。

（2）秒表。

（3）温度计。

实验步骤

（1）关闭所有管道的进水阀和出水阀，开启水泵。

（2）依次开启流量计系数测定实验管的出水阀和进水阀，调节进水阀门的大小，待水流稳定后，记录流量计相应测压管的压强读数，并用计量水箱和秒表测量流量。

（3）调节进水阀门的开度，改变流量大小，同样的方法测6~10组数据。

（4）测量水温，记录文丘里流量计和孔板流量计的有关数据。

（5）关闭水泵及实验管的进、出水阀门，结束实验。

实验数据记录与处理

（1）实验数据记录与处理的参考格式见表7-6。

表7-6 流量计流量系数测定数据记录表

<table>
<tr><td colspan="2">实验者</td><td>实验日期</td><td>水温 t/℃</td><td>流体密度
ρ/kg · m^{-3}</td><td>流体黏性系数
μ/Pa · s</td><td colspan="3">孔板流量计参数</td><td colspan="3">文丘里流量计参数</td></tr>
<tr><td colspan="2"></td><td></td><td></td><td></td><td></td><td colspan="3"></td><td colspan="3"></td></tr>
<tr><td rowspan="2">序号</td><td rowspan="2">总水量
/L</td><td rowspan="2">时间
/s</td><td rowspan="2">平均流量
/m^3 · s^{-1}</td><td rowspan="2">平均流速
/m · s^{-1}</td><td rowspan="2">雷诺数 Re</td><td colspan="3">孔板流量计</td><td colspan="3">文丘里流量计</td></tr>
<tr><td>压差
/m</td><td>计算流量
/m^3 · s^{-1}</td><td>C_0</td><td>压差
/m</td><td>计算流量
/m^3 · s^{-1}</td><td>C_v</td></tr>
<tr><td>1</td><td></td><td></td><td></td><td></td><td></td><td></td><td></td><td></td><td></td><td></td><td></td></tr>
<tr><td>2</td><td></td><td></td><td></td><td></td><td></td><td></td><td></td><td></td><td></td><td></td><td></td></tr>
<tr><td>3</td><td></td><td></td><td></td><td></td><td></td><td></td><td></td><td></td><td></td><td></td><td></td></tr>
<tr><td>⋮</td><td></td><td></td><td></td><td></td><td></td><td></td><td></td><td></td><td></td><td></td><td></td></tr>
<tr><td>平均</td><td></td><td></td><td></td><td></td><td></td><td></td><td></td><td></td><td></td><td></td><td></td></tr>
</table>

（2）数据处理。

1）根据实验数据，计算不同流量下的体积流量、平均流速及雷诺数。

2）根据公式（7-16）或公式（7-17）计算孔板流量计或文丘里流量计的流量计系数 C_0 或 C_v。

思 考 题

（1）比较孔板流量计和文丘里流量计的优缺点。

（2）根据流量系数与雷诺数关系曲线分析，为何流量系数测定时流量要足够大。

参考文献

[1] 艾翠玲．水力学实验教程［M］．北京：化学工业出版社，2011.
[2] 武汉大学．化学工程基础［M］．北京：高等教育出版社，2001.

实验8　燃料热值的测定

实验目的

（1）掌握固体燃料燃烧热值的测定原理和方法。
（2）了解氧弹热量计的构造和使用方法。

实验原理

燃料的热值是指单位质量燃料完全燃烧所放出的热量，它是评价燃料质量优劣的重要标准之一。所谓完全燃烧是指燃料中的 C 转变为 $CO_2(g)$，H 转变为 $H_2O(l)$，S 转变为 $SO_2(g)$，其他元素转变为游离状态或氧化物。

燃料热值一般使用氧弹热量计（图 8-1）来测定。为了使被测燃料能够迅速而完全地燃烧，就需要有强有力的氧化剂。在实验测定中，氧弹放置在装有一定量水的铜水桶中，水桶外是空气隔热层，再外面是温度恒定的水夹层。被测燃料在体积固定的氧弹（图 8-2）中以压力为 2.5~3MPa 的氧气作氧化剂而燃烧所放出的热、点火丝燃烧放出的热和由氧气中的微量氮气氧化成硝酸的生成热，大部分被水桶中的水吸收；另一部分则被氧弹、水桶、搅拌器及温度计等所吸收。在热量计与环境没有热交换的情况下，可写出如下的热量平衡式

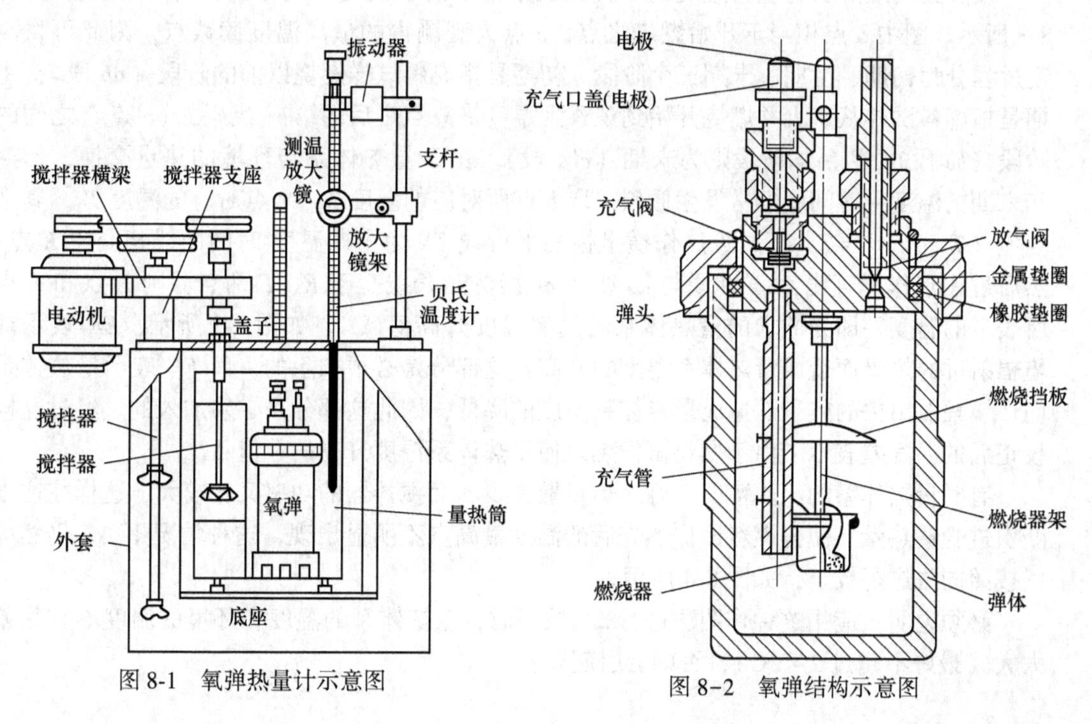

图 8-1　氧弹热量计示意图

图 8-2　氧弹结构示意图

$$Q \cdot a + q \cdot b + 59.8c \cdot V = W \cdot h \cdot \Delta T + C_{总} \cdot \Delta T \quad (8\text{-}1)$$

式中 Q——被测燃料的热值，J/g 或 kJ/kg；

a——被测燃料的质量，g；

q——点火丝的热值，J/g；

b——燃掉了的点火丝质量，g；

59.8——硝酸生成热为 59831J/mol，当用 c mol/L 的 NaOH 滴定生成的硝酸时，每毫升碱相当于 59.8J；

V——滴定生成的硝酸时耗用 c mol/L NaOH 的体积，mL；

W——水桶中水的质量，g；

h——水的比热容，J/(g · ℃)；

$C_{总}$——氧弹、水桶、温度计等的总热容，J/℃；

ΔT——与环境无热交换时的真实温差。

如果实验测定时保持水桶中水量一定，则式（8-1）右端常数合并得到下式

$$Q \cdot a + q \cdot b + 59.8c \cdot V = K\Delta T \quad (8\text{-}2)$$

式中 K——热量计常数或热量计水当量，数值上等于量热体系温度升高 1℃ 所需要的热量。

事实上，氧弹式热量计并不是严格的绝热系统，加之由于传热速度的限制，燃烧后量热体系的温度升高需要一定的时间，在这段时间里体系与环境难免发生热交换，因而从温度计上读得的温差就不是真实的温差 ΔT 。为此，必须对读得的温差进行校正，一般采用下述两种方法对温差进行校正。

1. 图解校正法

按实验测定要求将燃料燃烧前后历次观察记录的水温对时间作图，得 $abcd$ 线，如图 8-3 所示。图中 b 点相当于开始燃烧之点，c 点为观测得的最高温度读数点，因此可将测定过程分为初期、主期、末期三个阶段。初期是指燃料试样燃烧以前的阶段（ab 段），主期是指燃料试样从点火并燃烧开始到观察到温度最高点之后的第一个读数（c'点）之间的阶段（bc'段），以后的阶段则为末期（$c'd$ 段）。由于量热体系与环境的热量交换，初期和末期的温度—时间线经常发生倾斜。取 b 点所对应的温度 T_1，c 点对应的温度 T_2，其平均值（T_1+T_2）/2 = T，经过 T 点作横坐标的平行线 TK 为主期温度-时间曲线相交于 K 点，然后过 K 点作垂直线 AB，此线与 ab 线和 dc 线的延长线交于 E、F 两点，则 E 点和 F 点所表示的温度差即为欲求的量热体系的真实温度升高值 ΔT 。如图 8-3 所示，EE'表示环境辐射进的热量而造成量热体系温度的升高，这部分是必须扣除的，而 FF'表示量热体系向环境辐射出去的热量而造成量热体系温度的降低，因此这部分是必须加入的。经过这样校正后的温度差表示了由于燃料试样燃烧使量热体系温度升高的数值 ΔT 。

有时量热体系的绝热情况良好，热量散失少，而搅拌器的功率又比较大，这样往往不断引进少量热量，使得燃料试样燃烧后的温度最高点不明显出现，这种情况下 ΔT 仍然可以按照同法进行校正，如图 8-4 所示。

必须说明：应用这种作图法进行 ΔT 校正时，量热体系的温度和环境的温度不宜相差太大（最好不超过 2~3℃），否则会引起误差。

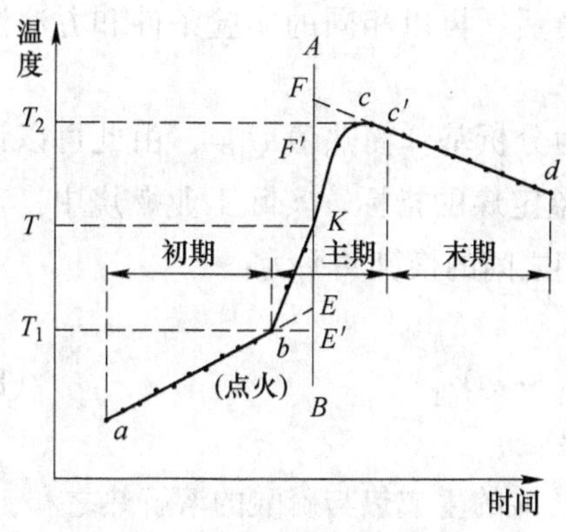

图 8-3　绝热较差时的温度校正图

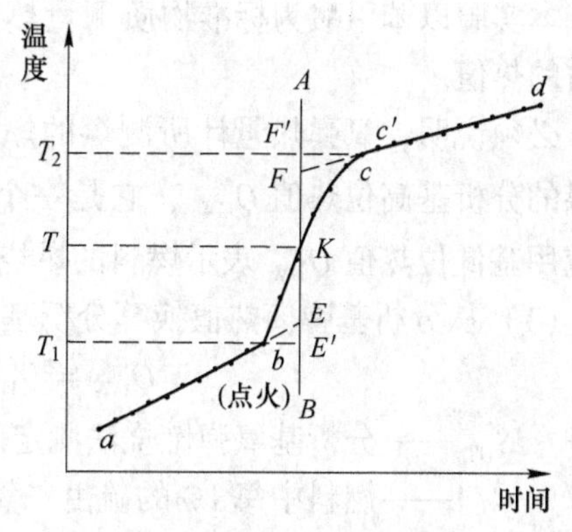

图 8-4　绝热良好时的温度校正图

2. 经验公式校正法

热量计量热体系的真实温度变化的校正值也可用下列经验公式进行计算：

$$\Delta T_{校正} = \frac{V + V_1}{2} \times m + V_1 \times r \tag{8-3}$$

式中　V——点火前即初期，每半分钟量热体系的平均温度变化,℃；

V_1——燃料试样燃烧后使量热体系温度达最高而开始下降以后即末期，每半分钟量热体系的平均温度变化,℃❶；

m——主期温度上升很快（每半分钟温度升高大于 0.3℃）的半分钟间隔数，第一个间隔不管温度升高多少都计入 m 中；

r——主期温度上升较慢（每半分钟温度升高小于 0.3℃）的半分钟间隔数。

式（8-3）的意义，可由图 8-3 的温度-时间曲线来说明。曲线的 ab 段代表初期量热体系温度随时间变化的规律，bc' 段代表量热体系温度随时间变化上升很快的主期，$c'd$ 段代表末期量热体系温度随时间变化的规律，而在主期阶段共经历 $m+r$ 次读数间隔的时间里，量热体系与环境热交换所引起的温度变化可作如下估计：量热体系每半分钟内温度升高小于 0.3℃的后半段，其温度已接近最高温度，所以量热体系与环境热交换所引起的温度变化规律应与末期基本相同，从而可以认为主期后半段温度校正值为 $V_1 \times r$；而主期量热体系每半分钟温度变化规律应取前期和末期温度变化的平均值来估计，从而主期前半段的温度校正值为 $\frac{V + V_1}{2} \times m$。因此，总的温度校正值如式（8-3）所示。

在考虑了温差校正后，量热体系的真实温度变化 ΔT 应为

$$\Delta T = T_{高} - T_{低} + \Delta T_{校正} \tag{8-4}$$

式中　$T_{低}$——主期的最初温度,℃；

$T_{高}$——主期的最终温度。

从式（8-2）可知，要测得燃料试样的热值 Q，必须知道热量计常数 K。测定的方法是以一定量的已知燃烧热值的标准物质在相同的条件下进行实验，求得量热体系的真实温度差 ΔT 后按式（8-2）算出 K。

---

❶ 点火后温度升到最高时，体系还未完全达到热平衡，而温度开始下降的第一个读数则更接近热平衡温度。

本实验以苯甲酸为标准物质测量热量计常数 K 后，再以相同的实验条件和方法测定煤粉的热值。

必须说明，氧弹热量计所测煤的燃烧热值称为分析基弹筒热值 Q_{DT}^{f}，由此可以计算出煤的分析基高位热值 Q_{GW}^{f}，它是一个在实验室鉴定煤的指标。实际工业燃烧中，都采用应用基低位热值 Q_{DW}^{y} 表示燃料的燃烧热值。它们之间的换算关系为：

（1）从分析基弹筒热值换算分析基高位热值。

$$Q_{GW}^{f} = Q_{DT}^{f} - 94.1S_{DT}^{f} - aQ_{DT}^{f} \tag{8-5}$$

式中 S_{DT}^{f}——分析基氧弹燃烧法测定的硫含量，%；

94.1——燃料中每1%的硫由二氧化硫生成硫酸的生成热与硫酸的溶解热之和，J；

a——硝酸的生成热和溶解热的修正系数，无烟煤或贫煤为0.00418，其他煤种为0.00627。

（2）从分析基高位热值换算为分析基低位热值。

$$Q_{DW}^{f} = Q_{GW}^{f} - 25(W^{f} + 9H^{f}) \tag{8-6}$$

（3）从分析基低位热值换算为应用基低位热值。

$$Q_{DW}^{y} = Q_{DW}^{f}\frac{100 - W^{y}}{100 - W^{f}} - 25\left(W^{y} - W^{f} \times \frac{100 - W^{y}}{100 - W^{f}}\right) \tag{8-7}$$

实验仪器设备与材料

（1）氧弹热量计。

（2）天平，200g/0.1mg。

（3）分析纯苯甲酸。

（4）分析基煤样。

（5）点火丝（ϕ<0.2mm）。

（6）0.1000mol/L NaOH 标准溶液。

（7）酚酞指示剂。

（8）酸洗石棉等。

实验步骤

1. 热量计常数的测定

（1）准备工作。

1）将本次实验所需用的苯甲酸标准样品用玛瑙研钵研细，然后放在80℃的烘箱内烘4~6h，取出后在干燥器中冷却并达到恒重，即烘干前后每克苯甲酸的重量变化不大于0.0005g。

2）用镊子夹住纱布将压片机（特别是其横槽内壁及压棒）和氧弹内壁擦干净，（其他部件如量热筒内外壁、外套内壁、搅拌器等也要用纱布擦净）。

3）截取长约10cm的一段点火丝并在分析天平上准确称量。

（2）压片。为防止欲测燃料燃烧时向四处散裂，可将其在压片机上压为片状。可先在天平上称取0.8~1.0g样品，倒入压片机横槽内，旋转把手使粉状样品成为片状并取出。通常压出的片状样品表面粘有污物，此时可用刀片将污物轻轻刮去，然后在干净的玻璃板上敲击2~3次，再用小毛刷扫去附着于样品片上的小颗粒，最后在分析天平上准确称量。

（3）装氧弹。

1）将擦干净的氧弹盖用手拧下放在专用架上，装好专用燃烧器，为防止燃烧器损坏，可预先在其中垫充少许酸洗石棉。

2）将点火丝的两端接于电极上（注意：若使用金属燃烧器，那么电极就不能与燃烧器相接触，否则引起短路）。

3）将片状样品放入燃烧器，并且使样品与点火丝很好接触（45°斜靠于点火丝上），再用万用表检查接上点火丝后的点火线路接触是否良好。

4）向氧弹中加入10mL蒸馏水后将弹头轻轻拧紧，以检查是否漏气。检查漏气的方法是：将氧弹放入水中，水的高度应在弹头之上、充气阀螺丝中间为宜，然后将进气阀上的螺帽拧下，换上氧气钢瓶导管，打开钢瓶上的阀门及减压阀至0.1~0.2MPa（表压），如无气泡冒出即表示不漏气。如果漏气，此时应检查出漏气点并进行处理。

（4）充氧气。氧弹不漏气后，可将氧弹外壁擦干，旋开放气阀，放出弹内气体（此时氧弹与氧气瓶是连通的，且表压不得超过0.3MPa，否则由于压力过大将样品吹落），再旋紧放气阀后慢慢提高氧气瓶的输出压力至2.5~3.0MPa充气5min（如果高压下氧气表漏气时，可先在1.0~1.5MPa压力下充氧2~3min，再调至2.5~3.0MPa压力下充气2min），随后关闭气源，拧下氧弹导气管，装上原来的螺帽。

（5）实验操作。

1）按图8-1所示把仪器装好，先把各电源插头插上，打开搅拌器开关检查搅拌器是否与量热筒相碰，然后向量热筒中注入2000mL蒸馏水，把氧弹小心放入量热筒中，再倒入1000mL蒸馏水。将调节好的贝克曼温度计装上，并调整其高度使汞球处于弹体高度的1/2处，切勿使其与氧弹及器壁接触。用1/10温度计测量量热筒中的水温，后再向外套夹套中注入比量热筒中水温高约1℃的水。

2）将氧弹的电极与控制器接通，盖好热量计外盖。

3）打开控制器总电源，开动搅拌器，等量热筒中水温变化基本稳定后，开始记录点火前最初阶段（初期）的温度，每隔半分钟一次（由定时指示灯指示），共10个间隔，即11个读数。在读取第11个数据的同时，立即将“振动-点火”开关扳向“点火”端。如果“点火”指示灯亮后马上又熄灭，表示点火成功，否则应适当加大点火电流。点火成功后，随即将“振动-点火”开关扳向“振动”端，并在点火的同时，仍以每半分钟为时间间隔继续读数至温度开始下降后，再读取最后阶段（末期）的10个数据便可停止读数。

4）关闭“总电源”及“搅拌”开关，将氧弹取出擦干，打开放气阀放出弹内废气，再打开弹头看燃烧器内样品是否燃烧完全。若还有样品及黑色炭粒，即为未完全燃烧，此次实验失败重做；若完全燃烧，则取下未燃完的点火丝后，可用约150mL的热蒸馏水将氧弹头、弹壳内壁和燃烧器等部件冲洗干净，洗液全部倒入250mL的锥形瓶中，加热煮沸5min，以赶出溶解的CO_2，冷却后加2~3滴酚酞，用0.1mol/L的NaOH标准溶液进行滴定。

5）在分析天平上称量未燃烧完全的点火丝的质量。

2. 分析基煤样弹筒热值的测定

（1）称取粒度小于0.2mm的分析煤样1.0～1.2g在压片机上压成片（压力不宜过大），并在分析天平上准确称量。

（2）其他实验步骤同热量计常数测定。

（3）必须用氧弹法测定全硫含量以计算高位发热值 Q_{GW}^{f} 时，应收集洗弹液（从实验末期终了时刻算起，半小时后再放余气），按重量法测定硫。否则，可不收集。

（4）实验完毕后，倒去量热筒中的水，用纱布擦干所有部件，以备下次实验使用。

实验数据记录与处理

（1）实验数据记录与处理参数格式见表8-1。

表8-1　燃料热值测定实验数据记录表

实验数据记录	量热筒水温/℃	量热筒加水量/mL	氧弹压力/Pa	外套水温/℃	实验日期	实验者
	样品质量/g	点火丝质量/g	剩余点火丝质量/g	燃去点火丝质量/g	NaOH浓度/mol·L^{-1}	滴定用NaOH量/mL
	序号	贝克曼温度计读数	序号	贝克曼温度计读数	序号	贝克曼温度计读数
	1		9			
	2		10			
	3		11（点火）			
	4		12			
	5					
	6					
	7					
	8					
数据处理						

（2）数据处理。

1）根据热量计常数测定实验数据，用图解法或经验公式法求出标准物质苯甲酸在燃烧前后的温度变化 ΔT_1 后依公式 $K = \dfrac{Q \cdot a + q \cdot b + 59.8c \cdot V}{\Delta T_1}$ 求得热量计常数。

2）根据分析基煤样弹筒热值测定实验数据，用作图法或经验公式法求出煤样燃烧前后的温度变化值 ΔT_2，再依公式 $Q_{DT}^{f} = \frac{K \cdot \Delta T_2 - q \cdot b - 59.8c \cdot V}{a}$ 求得煤样的分析基弹筒热值。

实验注意事项

（1）氧弹内壁以及氧气通过的各个部件、各连接处不允许有油污，更不允许使用润滑油，以免由油污引起爆炸危险。

（2）装卸氧弹时，要注意不得损伤螺纹。

（3）在进行检查氧弹漏气和给氧弹充气这两步骤时，不要使氧弹振动和倾斜，以防样品撒出燃烧器。

（4）接点火丝时，必须使点火丝和电极接触良好，特别注意两电极（包括金属燃烧器与另一电极）不得接触，否则样品将不能燃烧。

（5）每次实验完毕，氧弹、量热容器、燃烧器、搅拌器等应用干布擦去水迹，保持表面清洁。

思 考 题

（1）贝克曼温度计的示值是否是被测对象的实际温度？如何正确调节贝克曼温度计的起始值？

（2）分析量热筒水温与外套水温之间的关系对实验结果有何影响。

（3）测定时每半分钟一个的温度读数能不能漏读？各个不同的期中漏读了读数对实验结果有什么影响？

（4）本实验能否使用电解水制得的氧气作为氧化剂？为什么？

参考文献

[1] 徐德龙，谢峻林. 材料工程基础［M］. 武汉：武汉理工大学出版社，2010.
[2] 周永强，吴泽，孙国忠. 无机非金属材料专业实验［M］. 哈尔滨：哈尔滨工业大学出版社，2002.
[3] 林永华. 电力用煤［M］. 北京：中国电力出版社，2011.
[4] 煤炭科学研究总院煤炭分析实验室. GB/T 213—2008 煤的发热量测定方法［S］. 北京：中国标准出版社，2008.

实验 9　烟气成分分析

实验目的

（1）熟悉奥氏气体分析器的构造和作用原理。

（2）掌握烟气成分的测定方法，并通过烟气成分分析结果计算燃料过剩空气系数。

实验原理

烟气成分是指燃料燃烧产物中的$CO_2(SO_2)$、O_2、CO、CH_4、H_2、N_2等。烟气成分的定量分析结果可以判断燃料在窑炉内的燃烧情况，指导窑炉的合理操作、求算过剩空气系数及烟道各处的漏风系数。准确的分析结果还可以计算燃烧系统的单位热耗。

烟气成分分析的经典方法是化学吸收法。化学吸收法进行烟气成分分析的基本原理是使一定体积的气样依次与不同的化学吸收剂相接触，分别吸收其中的$CO_2(SO_2)$、O_2和CO等，根据每次吸收前后气样体积的变化，从而得出各组分的体积百分含量。所以一般采用结构简单的奥氏气体分析器即可。当分析含有可燃气体H_2和CH_4的烟气时，需用构造比较复杂的气体分析器，在这种仪器里H_2和CH_4是用燃烧法来确定其含量的。

（1）$CO_2(SO_2)$ 的测定。使一定量的烟气气样通过 KOH 水溶液并与其相互作用，其中CO_2与 KOH 发生下述化学反应而被吸收：

$$2KOH+CO_2 = K_2CO_3+H_2O$$

经过吸收，气样体积的减少量即为CO_2的体积。烟气中若有SO_2存在，也同时被吸收，这时测定结果实际上是CO_2与SO_2的和量。

（2）O_2的测定。将吸收除去了CO_2的烟气样通过焦性没食子酸的碱溶液，使烟气样中的O_2与其反应而被吸收：

$$C_6H_3(OH)_3+3KOH = C_6H_3(OK)_3+3H_2O$$

$$2C_6H_3(OK)_3+\frac{1}{2}O_2 = \begin{array}{l}C_6H_2-(OK)_3\\ \mid \\ C_6H_2-(OK)_3\end{array}+H_2O$$

经过吸收，气样减少的体积即为O_2的体积。

（3）CO 的测定。除去了CO_2、O_2的烟气再通过氯化亚铜的氨溶液，从而发生下述反应

$$Cu_2Cl_2+2CO = Cu_2Cl_2 \cdot 2CO$$

$$Cu_2Cl_2 \cdot 2CO+4NH_3+2H_2O = 2NH_4Cl+2Cu+(NH_4)_2C_2O_4$$

这次吸收后，气样所减少的体积即为 CO 的体积。

经过上述几步的吸收，最后剩下的气体的体积即为N_2的体积。

若取分析烟气样的体积为 V，通过 KOH 溶液、焦性没食子酸的碱溶液、氯化亚铜的

氨溶液吸收后的气样体积分别为 V_1、V_2、V_3，则 CO_2、O_2、CO、N_2各组分的体积分数分别为

$$V(CO_2)=\frac{V-V_1}{V}\times 100\% \tag{9-1}$$

$$V(O_2)=\frac{V_1-V_2}{V}\times 100\% \tag{9-2}$$

$$V(CO)=\frac{V_2-V_3}{V}\times 100\% \tag{9-3}$$

$$V(N_2)=1-(V(CO)_2+V(O_2)+V(CO)) \tag{9-4}$$

烟气的过剩空气系数可按下式计算：

$$\alpha=\frac{V(N_2)}{V(N_2)-(V(O_2)-0.5V(CO))\frac{79}{21}} \tag{9-5}$$

实验仪器设备与材料

1. 奥氏气体分析器

奥氏气体分析器系统装置如图 9-1 所示，主要包括吸收瓶 1、2、3，量气管，平衡瓶（水准瓶），过滤器，梳形管和水套管等，各部件皆由玻璃制成。吸收瓶内填有等孔径的毛细玻璃管以增加化学吸收剂与气样的接触面积。水套管内装有水，以维持量管内气体温度不变，在过滤管内填有玻璃棉和无水氯化钙（或硅酸）以除去烟气中的灰尘和水分。

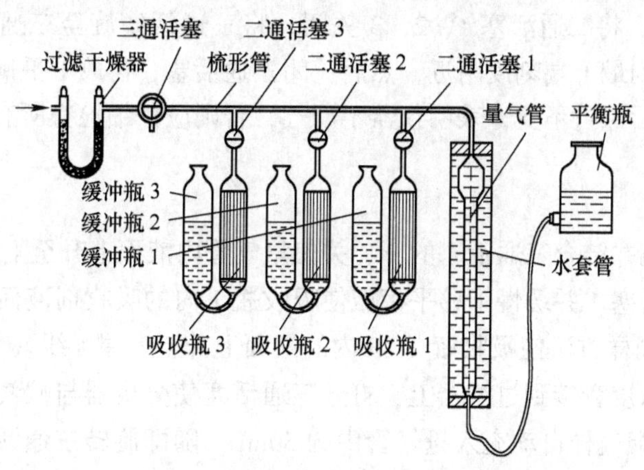

图 9-1　奥氏气体分析器装置示意图

第一个吸收瓶内装氢氧化钾水溶液，第二个吸收瓶内装焦性没食子酸的碱溶液，第三个吸收瓶内装氯化亚铜的氨溶液。各吸收瓶内吸收剂的装入量为其总容量的 60%，过多或过少均会影响测量过程的正常操作。

为防止各吸收剂（尤其是焦性没食子酸的碱溶液）与空气接触，在缓冲瓶中注入少量液体石蜡。

2. CO_2、O_2、CO 吸收剂及封闭液

各吸收剂及封闭液的配制方法如下：

（1）CO_2吸收剂——KOH水溶液。取90g KOH溶于180mL的蒸馏水中，因溶解时会产生大量热量，故需不断搅拌。冷后取上层澄清液使用。该溶液1mL可吸收40mL CO_2。

（2）O_2吸收剂——焦性没食子酸的碱溶液。O_2吸收剂由A液和B液混合而成。

A液：取30g焦性没食子酸溶于80mL蒸馏水中，加热使其溶解。

B液：取47g KOH溶于100mL蒸馏水中。

这两种溶液单独存放时不吸收氧气，使用前再将两液倒入吸收瓶中，上下移动平衡瓶使其混合均匀，1mL混合液可吸收4mL氧气。吸收能力与温度有关，25℃以上吸收速度较快，在7℃以下则无吸收能力。

（3）CO吸收剂——氯化亚铜的氨溶液。取42g NH_4Cl溶于125mL蒸馏水中，再加入33.4g Cu_2Cl_2。使用时，使之与比重为0.9的$NH_3 \cdot H_2O$以3∶1的体积混合即可。为避免氯化亚铜被空气氧化，在吸收瓶中需加入一束铜丝。每1mL吸收剂可吸收10~16mL CO。

（4）封闭液的配制。为使封闭液和烟气样接触时不吸收CO_2，应使其呈酸性。常用的封闭液配制方法如下。

1）将150g食盐溶于0.5L蒸馏水中，经一昼夜静置后，滤去沉淀物。向该溶液中加入浓硫酸酸化，每升加10mL浓硫酸，再滴入甲基红使其成为红色，用烟气饱和后即可使用。

2）将80g固体硫酸钠溶于200mL蒸馏水中，滤去杂质，再加入3~4滴甲基橙指示剂，再加稀硫酸至溶液变成红色，用烟气饱和后即可使用。

实验步骤

（1）检查漏气。将二通活塞1、2、3关闭，将三通活塞旋至三通，提高平衡瓶，使量气管内液面上升到最上端刻度附近，然后关闭三通活塞，再放下平衡瓶，此时量气管内液面如只微微下落后保持不变，表明仪器不漏气，否则应仔细检查所有活塞及接头，直到仪器不漏气为止。

（2）取气。

1）提高平衡瓶并结合三通活塞的开、关使量气管内液面上升至上端刻线附近。

2）打开二通活塞1并缓慢下移平衡瓶使吸收瓶1内的吸收剂液面升至上端标线后关闭二通活塞1。按同样方法使吸收瓶2、3内的液面上升至上端标线。

3）将贮气球橡皮管接到过滤器上，打开三通活塞使分析器与贮气球相通而与大气隔绝，下移平衡瓶使烟气样自动充入量气管中约50mL，随即旋转三通活塞，使其将分析器与大气相通而与贮气球隔绝，同时提高平衡瓶将气排入大气中。如此重复取气、排气2~3次，以烟气样洗涤梳形管并使封闭液为气样所饱和。

4）降低平衡瓶并通过三通活塞再次取气进入量气管，使量气管内液面降至略低于所要量取气样体积V的刻线时，使三通活塞为三不通。提高平衡瓶使其液面对准取气体积为V时量气管所对应的刻度线，再缓慢打开三通活塞使分析器与大气相通，将多余气样排于大气中，直至量管内液面和平衡瓶的液面一样高，再将三通活塞关闭为三不通。此时量管内所取气样体积正好为V（为了方便计算和减少分析误差，V一般取100mL，即V=100mL）。

（3）分析。

1）提高平衡瓶并打开二通活塞1将气样压入吸收瓶1中，直至量气管内液面升到上端标线，然后再降低平衡瓶，气体又被吸回到量气管内。如此反复3~4次后，再通过活塞1使吸收液的液面回到吸收瓶上部标线处，提高平衡瓶使其液面与量气管中的液面在同一水平，记下量气管内液面的读数。再打开活塞1，重复上述操作，直至量气管中液面读数不变，说明气体中的CO_2已被吸收瓶中的KOH溶液完全吸收，此时的读数记作V_1。

2）同上操作，将吸收了CO_2的气体通过活塞2压入吸收瓶2中以吸收O_2，直至量气管中液面读数不变为止，此时量管内的液面读数记作V_2。最后，将气样通过活塞3压入吸收瓶3中以吸收气样中的CO，最后读数记作V_3。

3）最后将吸收了CO_2、O_2、CO的气样通过三通活塞排入大气中并使量气管内的液面上升到上端刻度处。

（4）整理仪器，结束实验。

实验数据记录与处理

（1）实验数据记录与处理参考格式见表9-1。

表9-1　烟气成分分析实验数据记录表

烟气名称	取样时间	取样地点	分析取气量 V/mL	分析时间
组　分	CO_2	O_2	CO	N_2
吸收后气样体积/mL	V_1 =	V_2 =	V_3 =	
被吸收组分体积/mL				
各组分体积分数/%				
过剩空气系数 α				

（2）数据处理。

1）根据所取分析烟气样的体积V及其通过KOH溶液、焦性没食子酸的碱溶液、氯化亚铜的氨溶液吸收后的气样体积V_1、V_2、V_3，依公式（9-1）~公式（9-4）计算CO_2、O_2、CO、N_2各组分的体积分数。

2）根据烟气各组分体积分数计算结果依据公式（9-5）计算过剩空气系数α。

实验注意事项

（1）奥氏气体分析器上的所有活塞不得互换使用。

（2）整个实验过程中，封闭液和吸收剂不得进入梳形管。

（3）在吸收过程中，应缓慢提高和降低平衡瓶，以防被测烟气和空气在吸收瓶与缓冲瓶的连接管处相互交换。

（4）每一吸收过程必须充分完全，否则影响测量结果。

思 考 题

（1）为什么封闭液要呈酸性？

(2) 烟气中各组分的测定顺序能否颠倒？为什么？

(3) 在进行测定CO的操作时，量气管中被测气体有时不但不减少，反而增加，为什么？

参考文献

[1] 陶珍东. 工业仪表与工程测试［M］. 北京：国防工业出版社，2008.
[2] 罗世辉，陈红军. 水泥工业窑热工标定［M］. 武汉：武汉工业大学出版社，1995.

实验 10　材料表面热辐射率测定

实验目的

（1）掌握比较法测定材料表面热辐射率的实验方法。

（2）通过实验加深对辐射换热基本概念和基本理论的理解。

实验原理

一切物体只要其温度高于绝对零度，都会不断向外辐射热量。对于黑体而言，其辐射力与其温度的四次方成正比，即

$$E_b = \sigma T^4 \tag{10-1}$$

式中　E_b——黑体的辐射力，W/m^2；

σ——斯忒藩-玻耳兹曼常数，其值为 $5.67 \times 10^{-8} W/(m^2 \cdot K^4)$；

T——黑体的绝对温度，K。

自然界常见的实际物体大多并非黑体，在描述其表面辐射能力时，通常以黑体表面作为基准，引入辐射率的概念，也称为黑度，它是实际物体的辐射力 E 与同温度下黑体的辐射力 E_b之比，用 ε 表示，即

$$\varepsilon = \frac{E}{E_b} \tag{10-2}$$

所以黑体的辐射率为 1。结合公式（10-1）可知实际物体的辐射力可表示为

$$E = \varepsilon \sigma T^4 \tag{10-3}$$

物体表面的热辐射率是物体本身的特有物性参数，与物体的种类、表面状况和表面温度等因素有关，与外界环境无关，其大小需要用实验的方法测定。

一般非金属的辐射率较大，而金属的辐射率较小。表面粗糙程度对辐射率的影响也很大，同一种材料，表面粗糙时的辐射率要比光滑时大。实验表明大部分非金属材料和表面氧化的金属材料辐射率很高，在缺乏资料的情况下可近似取 0.75~0.95。

本实验采用比较法测定物体的表面热辐射率，物理模型如图 10-1 所示。热源、传导圆筒及接受体（受体）三个表面组成一个封闭体系，三者各自表面物性均匀，温度均匀，热源和传导圆筒均为黑体。在相同实验条件下测定待测物体（紫铜原始表面）和人工黑体（紫铜熏黑表面）两种状态下表面受到辐射后的温度，从而计算出待测物体的表面辐射率。

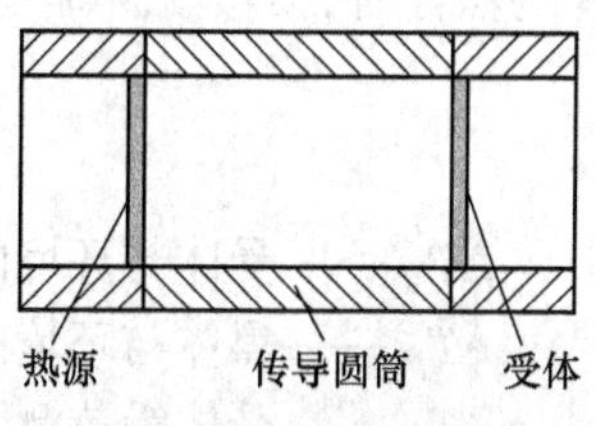

图 10-1　辐射换热物理模型

在图 10-1 所示的辐射换热体系中，受体的净辐射换热量可表示为

$$Q_{net,3} = \alpha_3(E_{b1}F_1\varphi_{13} + E_{b2}F_2\varphi_{23}) - \varepsilon_3 E_{b3}F_3 \tag{10-4}$$

式中，E_{b1}、E_{b2}、E_{b3}分别为热源、传导圆筒、受体均作为黑体时的辐射力；F_1、F_2、F_3分别为其辐射换热面积；α_3、ε_3 分别为受体的表面吸收率和辐射率；φ_{13} 、φ_{23} 分别为热源、传导圆筒的辐射面对受体辐射面的辐射角系数。

因为 $F_1 = F_3$，$\alpha_3 = \varepsilon_3$，$\varphi_{32} = \varphi_{12}$ ，又根据角系数的互换性有 $F_2\varphi_{23} = F_3\varphi_{32}$ ，则受体单位面积辐射的热量为

$$q_3 = \frac{Q_{net,3}}{F_3} = \varepsilon_3(E_{b1}\varphi_{13} + E_{b2}\varphi_{12}) - \varepsilon_3 E_{b3} = \varepsilon_3(E_{b1}\varphi_{13} + E_{b2}\varphi_{12} - E_{b3}) \tag{10-5}$$

由于待测物体与环境主要是以自然对流方式换热，因此

$$q_3 = a(T_3 - T_f) \tag{10-6}$$

式中　a——对流换热系数，$W/(m^2 \cdot K)$；

T_3——受体的温度，K；

T_f——环境温度，K。

由式（10-5）、式（10-6）可得

$$\varepsilon_3 = \frac{a(T_3 - T_f)}{E_{b1}\varphi_{13} + E_{b2}\varphi_{12} - E_{b3}} \tag{10-7}$$

当热源和传导圆筒的表面温度一致时，$E_{b1} = E_{b2}$ 。对热源、传导圆筒及受体三个表面组成的封闭体系，根据角系数的完整性，则 $\varphi_{13} + \varphi_{12} = 1$，结合式（10-1），则式（10-7）可写为

$$\varepsilon_3 = \frac{a(T_3 - T_f)}{E_{b1} - E_{b3}} = \frac{a(T_3 - T_f)}{\sigma(T_1^4 - T_3^4)} \tag{10-8}$$

对于受体 A 和 B，其辐射率 ε 为

$$\varepsilon_A = \frac{a_A(T_{3A} - T_f)}{\sigma(T_{1A}^4 - T_{3A}^4)}$$

$$\varepsilon_B = \frac{a_B(T_{3B} - T_f)}{\sigma(T_{1B}^4 - T_{3B}^4)}$$

设 $a_A = a_B$，则

$$\frac{\varepsilon_A}{\varepsilon_B} = \frac{T_{3A} - T_f}{T_{3B} - T_f} \cdot \frac{T_{1B}^4 - T_{3B}^4}{T_{1A}^4 - T_{3A}^4} \tag{10-9}$$

当 B 为黑体时，$\varepsilon_B = 1$，则受体（待测物体）的辐射率 $\varepsilon_{受}$可表示为

$$\varepsilon_{受} = \frac{\Delta T_{受}}{\Delta T_{黑}} \cdot \frac{T_{源}'^4 - T_{黑}^4}{T_{源}^4 - T_{受}^4} \tag{10-10}$$

式中　$\Delta T_{受}$——受体与环境的温差，K；

$\Delta T_{黑}$——黑体与环境的温差，K；

$T_{源}$——受体为待测物体时热源的绝对温度，K；

$T'_{源}$——受体为黑体时热源的绝对温度，K；

$T_{黑}$—— 黑体的绝对温度，K；

$T_{受}$——受体的绝对温度，K。

实验仪器设备与材料

（1）中温辐射率测定实验装置。实验装置示意图如图 10-2 所示，热源配有加热元件和测温元件各一组，传导圆筒配有两组加热元件和测温元件，受体配有一组测温元件。测控系统跟踪测量，使热源和传导体的测量点温度恒定在同一值上，并在屏幕上显示实时温度。

（2）水银温度计、蜡烛、酒精、棉纱、打火机等。

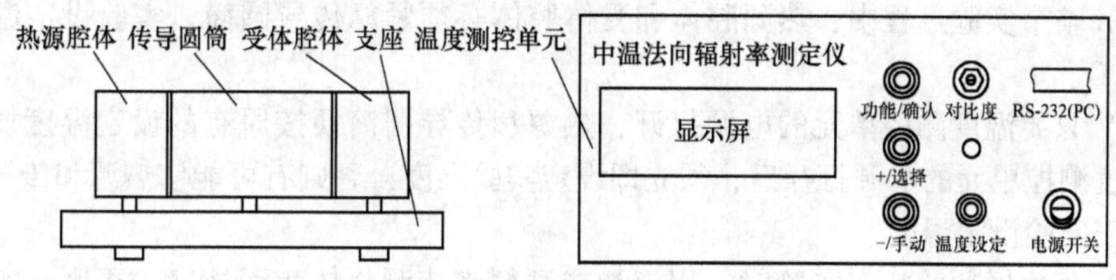

图 10-2　中温辐射率测定仪示意图

实验步骤

（1）将热源腔体和受体腔体与传导圆筒对正靠紧，记录环境温度。

（2）接通电源，设定实验温度，系统将自动跟踪设定温度。

（3）当热源、传导腔 1、传导腔 2 的温度达到设定实验温度后，观察受体温度的变化，当受体温度在 5min 内变化不超过 1℃时，分别记录各温度值 3 次。

（4）在继续加热的情况下，将受体退出，用点燃的蜡烛将受体面熏黑，重复上述实验。

（5）测量结束后，关闭温度测控单元的电源开关，整理仪器，结束实验。

实验数据记录与处理

（1）实验数据记录与处理参考格式见表 10-1。

表 10-1　材料表面热辐射率测定实验数据记录表

序号	热源温度/℃	传导圆筒温度/℃		受体（紫铜原始表面）温度/℃	环境温度/℃
		传导腔 1	传导腔 2		
1					
2					
3					
平均值					
序号	热源温度/℃	传导圆筒温度/℃		受体（紫铜熏黑表面）温度/℃	环境温度/℃
		传导腔 1	传导腔 2		
1					
2					
3					
平均值					

（2）数据处理。

1）分别计算两次实验的热源、受体的温度平均值。

2）将紫铜熏黑时可认为其表面为黑体，所以其表面辐射率为1，利用公式（10-10）计算紫铜在实验温度下的辐射率。

实验注意事项

（1）整个实验过程中，热源腔体和受体腔体必须紧靠传导圆筒，实验设定温度不宜超过95℃。

（2）只要温度测控单元的电源打开，热源和传导圆筒便按原有的设定温度加热，因此，温度测控单元的电源打开后，须立即设定实验温度，否则有可能使热源和传导圆筒的温度高于实验设定温度。

（3）每次做原始状态实验时，用汽油或酒精将待测物体表面擦净，否则，实验结果将有较大出入。

（4）熏黑受体时，要熏得均匀，不得漏熏。

思 考 题

（1）什么条件下物体表面的辐射率等于它的吸收率？

（2）试分析影响实验结果的因素有哪些。

参考文献

[1] 徐德龙，谢峻林．材料工程基础［M］．武汉：武汉理工大学出版社，2008.

[2] 张皖菊，谭杰．材料学实验（无机非金属材料专业）［M］．合肥：合肥工业大学出版社，2012.

[3] 李长友．工程热力学与传热学［M］．2版．北京：中国农业大学出版社，2014.

实验 11　材料导热系数测定（稳态平板法）

导热系数又称热导率，是指单位温度梯度下，单位时间内通过物体单位垂直面积的热量。导热系数是表征材料导热能力的物理参数，其值等于热流密度除以负温度梯度：

$$\lambda = q\Big/\left(-\frac{\mathrm{d}T}{\mathrm{d}x}\right) \tag{11-1}$$

式中　λ ——导热系数，W/(m·K)；

q ——热流密度，W/m^2；

$\frac{\mathrm{d}T}{\mathrm{d}x}$ ——温度梯度，K/m。

根据导热系数的大小，可将材料分为热的良导体、热的不良导体和绝热材料三种。热的良导体比如金属材料，其导热系数 $\lambda = 2.2 \sim 420$ W/(m·K)，导热机理是金属材料中自由电子的迁移引起热传递，从这个意义上讲电的良导体也是热的良导体，纯金属的导热性最好；热的不良导体比如不导电的固体材料，其导热系数 $\lambda = 0.2 \sim 3.0$ W/(m·K)，其以晶格振动的方式传递能量，温度升高晶格振动加快，导热系数增大；绝热材料其导热系数 $\lambda = 0.02 \sim 0.2$ W/(m·K)，如塑料泡沫等，内含许多小空隙，空气的导热系数很小，约为 0.024 W/(m·K)，这就大大降低了整体材料的导热系数。不同的材料导热系数各不相同，即使是同一材料，导热系数也会随着温度、压力、湿度、材料的结构和密度等因素的变化而变化。各种材料的导热系数都用实验方法来测定，如果要分别考虑不同因素的影响，就需要针对各种因素进行测试，往往不能只在一种测试设备上进行。

稳态平板法是利用傅里叶一维平板稳定导热过程的基本原理测定材料导热系数的方法。该实验方法的关键是在试件内设法建立起一维稳态温度场，以便准确计量通过试件的导热量及试件两侧表面的温度。

在一维稳态导热情况下，通过薄壁平板（壁厚小于 1/10 壁长和壁宽）的稳定导热量 Q 与平板两面的温差 ΔT、垂直热流方向的导热面积 F 及导热系数 λ 成正比，与平板的厚度 δ 成反比，即

$$Q = \frac{\lambda}{\delta} \cdot \Delta T \cdot F \tag{11-2}$$

如果测得平板两面温差 $\Delta T = T_R - T_L$（其中 T_R、T_L 分别为热面和冷面温度）、平板厚度 δ 和通过平板的导热量 Q，就可以求得导热系数 λ，即

$$\lambda = \frac{Q \cdot \delta}{\Delta T \cdot F} \tag{11-3}$$

式中　λ——导热系数，W/(m·K)；

Q——通过薄壁平板的稳定导热量，W；

δ——试样厚度，m；

F——垂直热流方向的导热面积，m^2；

ΔT——试样冷、热面温差，K。

I　绝热材料中温导热系数测定

实验目的

（1）掌握平板法测定绝热材料导热系数的原理和方法。

（2）测定实验材料的导热系数。

（3）确定实验材料导热系数与温度的关系。

实验原理

利用稳态平板法测定绝热材料导热系数的测量装置如图 11-1 所示。被测材料做成两块方形薄壁平板试件，分别被夹紧在加热器的两面和上下水套冷面之间。加热器的两面和水套与试件的接触面均设有铜板，以使温度均匀。利用薄膜式加热片实现对上、下试件热面的加热，而上下试件的冷面通过循环冷却水来实现。在试件中间（200mm×200mm）部位上安设的加热器为主加热器。为了使主加热器的热量能够全部单向通过上下两个试件，并通过水套的冷水带走，在主加热器四周（即 200mm×200mm 之外的四侧）设有四个辅助加热器，利用专用的温度跟踪控制器使主加热器以外的四周与中间主加热器的温度保持一致，以免热量向旁侧散失。主加热器的中心温度 T_1（或 T_2）和水套冷面的中心温度 T_3（或 T_4）用四个温度传感器（埋设在铜板上）来测量，辅助加热器两面也分别设置一个辅热温度传感器 T_5和 T_6（埋设在铜板的相应位置上），以监测辅助加热器与主加热器的温度跟踪情况。仪器的控制器实现对测试温度的调节（实际上是调节主加热器的加热功率）、跟踪以及测试过程中的温度测量和显示，其面板示意图如图 11-2 所示。

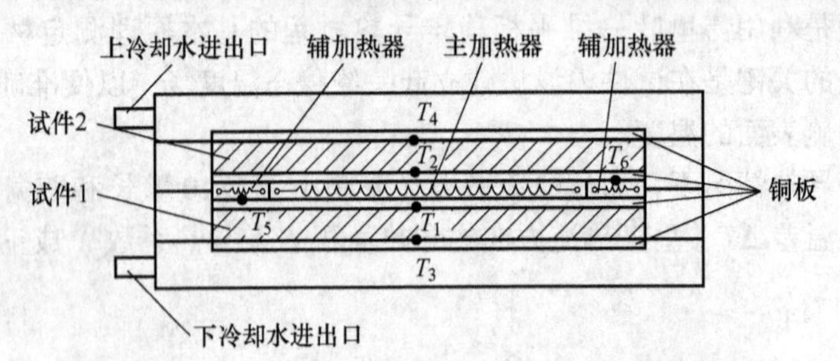

图 11-1　稳态平板法导热系数测定仪测量装置示意图

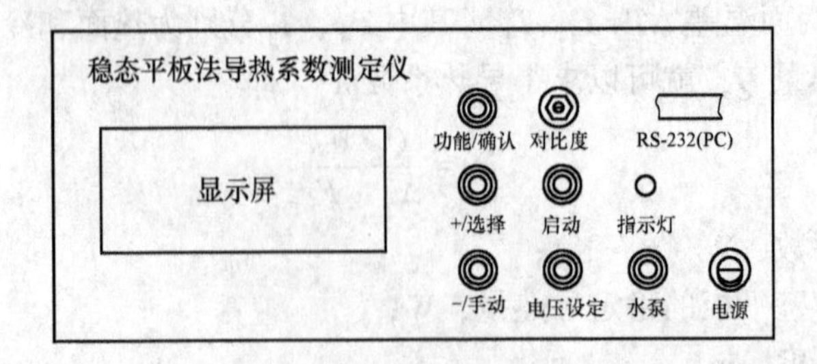

图 11-2　稳态平板法导热系数测定仪控制器面板示意图

以主加热器加热的试件中间（200mm×200mm）部位作为测量区域。由于设备为双试件型，所以主加热器加热所产生的热量 P 向上、下两试件（试件 1 和试件 2）传导，即每一试件的导热量为

$$Q_1 = Q_2 = \frac{P}{2} \tag{11-4}$$

式中　P——主加热器功率，W；

Q_1，Q_2——通过试件 1 和试件 2 的热量，W。

导热系数是指在平均温度 T 下材料的导热系数值。在不同的温度和温差条件下，测出相应的 λ 值并作图，即可得出 $\lambda = f(T)$ 的关系曲线，其中：

$$T = \frac{T_R + T_L}{2} \tag{11-5}$$

式中　T——平均温度，℃；

T_R——热面温度，℃；

T_L——冷面温度，℃。

本实验测量聚氯乙烯平板试件的导热系数，并确定其导热系数与温度的关系。

实验仪器设备与材料

LL-557R 型稳态平板法导热系数测定仪。

实验步骤

（1）将两个平板测试件置于加热器的上下面，试件表面与铜板紧密接触，并用紧固件将试件和加热器夹紧。

（2）连接主加热器、辅加热器、各温度传感器与其相应接口导线。

（3）接好冷却水管，打开控制器电源，检查冷却水泵及其管路是否工作正常。

（4）拉出“温度设定”旋钮，约 5s 后屏幕显示“修改设定电压”，此时旋转“温度设定”旋钮设定主加热器电压，设定后推进“温度设定”旋钮，完成加热温度（主加热器功率）设定。

（5）按“功能/确定”键，选择自动换屏显示（包括换屏时间设定）或手动屏幕显示并确认。

（6）按“启动”键接通加热器电源，主加热器开始加热，当试件的热面温度上升到一定水平后水泵即自动开启，辅助加热器自动跟踪。经过一段时间，待试件的冷面和热面温度基本稳定后，即可记录相应的实验数据。

（7）按“启动”键，重复第 4~6 步操作，完成不同加热功率的设定及其相应温度下的测试。

（8）测试完成后，按“启动”键切断加热器电源，屏幕显示“现在可以关机”，约 15min 后水泵自动关闭，同时发出蜂鸣声，此时即可关闭控制器电源，结束实验。

实验数据记录与处理

（1）实验数据记录与处理参考格式见表 11-1。

表 11-1 绝热材料中温导热系数测定实验数据记录表

实验材料名称		试件规格/mm		导热面积 F/m^2		冷却水温 $T_7/℃$		室温 $T_8/℃$		实验者	
序号	主加热功率 P/W	试件1				试件2				试件平均温度 $T/℃$	试件平均导热系数 $\lambda/W\cdot(m\cdot K)^{-1}$
		热面温度 $T_1/℃$	冷面温度 $T_3/℃$	温差 $\Delta T_{13}/℃$	导热系数 $\lambda_1/W\cdot(m\cdot K)^{-1}$	热面温度 $T_2/℃$	冷面温度 $T_4/℃$	温差 $\Delta T_{24}/℃$	导热系数 $\lambda_2/W\cdot(m\cdot K)^{-1}$		
1											
2											
3											
4											
5											
6											
7											
8											
⋮											

（2）数据处理。

1）根据实验数据，依据公式（11-4）计算不同主加热功率下通过试件1和试件2的导热量。

2）依据公式（11-3）计算单个试件在不同导热量下的导热系数。

3）计算不同主加热功率下试件1和试件2的平均温度及平均导热系数。

4）以试件平均温度 T 与试件的平均导热系数 λ 作图，并求出 $\lambda=f(T)$ 的关系式。

实验注意事项

（1）安装平板试件时，试件必须与导热铜板紧密接触，并用紧固件夹紧。

（2）实验过程中，要注意监测辅热温度与主热温度的跟踪情况。

（3）对于聚氯乙烯平板试件，热面温度不得超过80℃。

（4）设定完实验参数后，一定要等到传热达到稳定后再记录数据。

（5）加热电压只能依次加大，不能减小。

思考题

（1）实验装置是如何保证平板试件是一维稳态导热的？

（2）为什么计算过程中采用的导热面积不是试件面积？

（3）试分析影响实验结果的因素有哪些。

参考文献

[1] 徐德龙，谢峻林．材料工程基础［M］．武汉：武汉理工大学出版社，2008.

Ⅱ　耐火材料导热系数测定

实验目的

（1）掌握水流量平板法测定耐火材料导热系数的原理和方法。

（2）了解水流量平板法导热仪的构造和工作原理。

（3）了解不同耐火材料和隔热耐火材料的导热系数与温度的关系以及影响实验结果的因素。

实验原理

耐火材料的导热系数是高温热工设备设计时的重要数据，也是直接影响制品热震稳定性的重要因素。对于工业窑炉来讲，多数情况下都要求制品尤其隔热保温材料具有较低的导热系数，这样有利于减少窑炉的热量损耗；但对隔焰加热炉，则要求隔墙材料具有良好的导热性，这样才有利于热量传递提高效率。

耐火材料的导热能力与其化学矿物组成、组织结构及温度密切相关。

水流量平板法测定耐火材料导热系数的测定装置示意图如图11-3所示。

水流量平板法导热系数测定仪采用下述方法维持平板试样内纵向一维稳定热流：

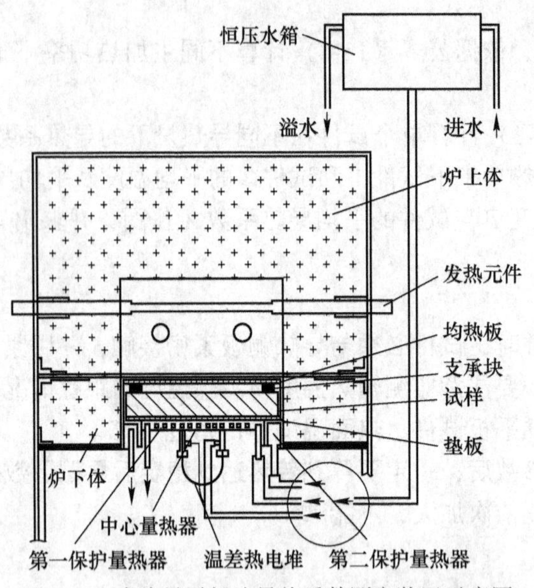

图 11-3 水流量平板法导热系数测定装置示意图

(1) 利用试样的自身防止热损。利用无机非金属材料低热导率的特点，把试样做得很薄，直径很大，把试样中心区（中心量热器上部区域）作为测试区，试样中心区以外的部分实际上起到一个防止径向热损的自身防热套作用。

(2) 利用第一第二保护量热器防止热损。试样冷面直接与中心量热器、第一保护量热器和第二保护量热器接触，量热器采用比热小、导热性能好的材料制成，保证试样传递过来的热量能迅速传给冷却水。测试中待热面温度恒定后，中心量热器与第一保护量热器温差不大于0.01℃，说明待测试样径向温度梯度几乎为零，以此使径向热损减少到最低限度。第二保护量热器制成圆形分层空腔，在保证表面温度与第一保护量热器平衡的条件下，还能吸收来自侧面的热量，使中心量热器测量准确。

(3) 利用合理的炉体结构防止热损。为提高炉膛上部面的反射能力，炉膛耐火砖制作成凸台，与下部制成凹台的耐火砖恰好相扣合，既保温又可防止径向热损。其次在试样与发热元件之间放置有高导热的碳化硅均热板保证对试样加热的均匀性。炉壳内所有空余部位或空隙均用绝热性能好的高温毡、高温棉、轻质砖充填，从而大大减少试样的径向热损和底向热损。

实验时将已知厚度的试样放置于实验仪器内，在其热面和冷面之间保持一个温度差，热流从热面流至冷面，并被冷却的量热器带走，根据流经中心量热器水的温度升高及水流量，则可计算出被中心量热器所吸收的热量，该热量为纵向通过试样（中心量热器吸热面部分）的热量。而流经中心量热器水流吸收的热量与水的比热、水的流量、水温升高成正比，见式（11-6）：

$$Q = C \cdot \omega \cdot \Delta T_s \tag{11-6}$$

式中 Q——单位时间内水流吸收的热量，W；

C——水的比热容，J/(g·K)；

ω——水流量，g/s；

ΔT_s——水温升高，K。

由流经中心量热器水流吸收的热量、试样冷热面温差、试样厚度和中心量热器吸热面面积，按式（11-3）即可计算出试样的导热系数。

水流量平板法导热系数测定符合标准《耐火材料导热系数试验方法》（YB/T 4130—2005）的规定，该标准适用于热面温度在 200～1300℃，导热系数在 0.03～2.00W/(m·K) 之间的耐火材料导热系数的测定。

实验仪器设备与材料

（1）PBD-12-4P 型平板导热仪。PBD-12-4P 型平板导热仪由加热炉、量热器系统、给水系统和微机测控系统等部分组成：

1）加热炉。

①由 6 支硅碳棒作为加热元件，三支铂铑 10-铂铑热电偶作为测温元件，高铝纤维毡作炉衬，能加热到 1300℃以上。

②控温热电偶热端安放在均热板中心位置正上方 10～20mm 处，冷端温度自动补偿。

2）量热器系统。

①中心量热器、第一保护量热器和第二保护量热器采用比热小、导热性能好的紫铜材料制成，三个量热器在同一水平面上。

②中心量热器为双回路水道，可保证冷却水能均匀流经量热器，使量热器表面温度均匀。

③由 10 对 ϕ0.3mm 的铜-康铜热电偶丝制成的热电偶堆测量流经中心量热器进出水的温升。

④由 8 对 ϕ0.3mm 的铜-康铜热电偶丝制成的热电偶堆测量中心量热器与第一保护量热器的温差。

3）给水系统。给水系统为量热器提供恒压水源。恒压水装置由水箱和支架组成，水箱具有上水、下水和溢流装置，安装在底部距地表面 2.5m 高处。

4）微机测控系统。微机测控系统用于控制加热炉温度，测量试样热面温度、冷面温度以及中心量热器水温升高的电势差并计算实验结果。

（2）电热恒温干燥箱。

（3）游标卡尺，精度 0.02mm。

（4）测厚仪，精度 0.02mm。

（5）秒表，计时精度 0.1s。

（6）烧杯。

实验步骤

1. 试样制备

（1）将直径大于 180mm 的样块切割成直径为 180mm、厚度为 10～25mm 的圆形试样，试样两个端面应平整，不平行度应小于 1mm。

（2）标型砖或其他尺寸的样品，可切割为长度 180mm、宽度不小于 80mm 的中间部分，然后切割两个弧形拼在两边，形成直径 180mm 的圆形试样，如图 11-4 所示。

（3）不定形耐火材料，参照其施工要求，用合适的模具直接制备出规定尺寸的试样。

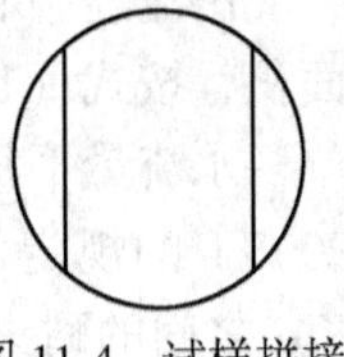
图11-4 试样拼接方式示意图

（4）制备一个直径180mm、厚3~4mm同材质的圆形整块垫板，如无同材质垫板，可用高铝轻质垫板代替。

2. 试样干燥

将试样和垫板置于电热干燥箱内在（110±5）℃或允许的较高温度下干燥至恒量。

3. 测量试样厚度

用游标卡尺沿试样边缘每隔120°测量一个厚度值，然后取其平均值。对于纤维制品，则要用测厚仪测量。

4. 装样

（1）在量热器上放置一块直径为200mm的圆形玻璃纤维布，然后放垫板，将测量冷面温度的热电偶端点放置在垫板中心处。

（2）将试样放置在垫板上（冷面热电偶上），用手轻轻按压，使垫板和试样间呈最小空隙。

（3）将由轻质材料制成的支承块放在试样边缘（每隔120°放置一个），在试样周围的空隙处用高铝纤维毡填满填实。

（4）在试样热表面的中心处放置测量热面温度的热电偶热端，要保证使其端点紧贴试样表面，如果是纤维毡试样，可用U形铂丝将热电偶固定在试样中心处（注意U形铂丝不要将热电偶短路）。

（5）将均热板放在支承块上，使均热板与试样平行，其间距10~15mm。试样四周与炉壁之间要用高铝纤维毡填满填实，均热板上部四周与下炉体的上表面部分用高铝纤维毡盖严，均热板边缘与高铝纤维毡互相搭接约10mm。

（6）盖上炉盖，使炉上体与炉下体之间无缝隙。

5. 恒压水装置注水

（1）打开水箱上水阀门，使恒压水箱注满水（溢流管有水流出）。

（2）将中心量热器的出水流量调至30~180mL/min（具体数据视试样情况而定，热导率大的水流量也要大），第二保护量热器的水流量调至60~80L/h。

6. 加热

（1）打开计算机电源，接通主回路电源，启动主回路。

（2）在电脑桌面双击导热仪测量图标，进行参数设置和升温制度设定。

（3）启动实验运行，加热炉开始加热。

7. 测量

（1）当计算机出现保温计时窗口后，按屏幕提示调节水流量：

1）调节第一保护量热器的转子流量计使温差趋于零。

2）根据试样热导率范围，调节中心量热器出水口的流量使之在合理范围之内。

（2）当保温计时达到50min（不定形耐火材料120min）时，屏幕自动切换到接水画面，调节第一保护量热器的水流量，使中心量热器与第一保护量热器的温差为零，允许波动±0.005mV。

（3）测量热面热电偶、冷面热电偶电势。

（4）测量水温升高，即 10 对热电偶的电势。

（5）测量中心量热器的水流量，每个实验温度点测量三次，每隔 10min 测量一次，每次接水 1min。

8. 实验结束

（1）实验正常结束，停止加热炉加热，切断主回路电源，关闭计算机电源。

（2）关闭水箱上水阀门（为了保护量热器，在关水前应保证水箱已蓄满水）。

实验数据记录与处理

（1）实验数据记录与处理参考格式见表 11-2。

表 11-2　耐火材料导热系数测定实验数据记录表

试样名称			
中心量热器水温升高的电势差/mV			
试样热面温度 T_1/℃			
试样冷面温度 T_2/℃			
	测量值 1	测量值 2	测量值 3
试样厚度测量值/m			
试样厚度均值 δ/m			
中心量热器的水流量测量值/$g \cdot s^{-1}$			
中心量热器的水流量均值 ω/$g \cdot s^{-1}$			
导热系数 λ/W·$(m \cdot K)^{-1}$			

（2）数据处理。PBD-12-4P 型平板导热仪可自动测取数据，并根据输入的试样厚度值和中心量热器水流量值自动计算出实验结果，其数据处理方式如下：

1）根据三个厚度测量值计算试样厚度均值。

2）根据三次中心量热器水流量测量值计算其平均值，每一个测量值与平均值的偏差不大于 10%，否则应重新测定。

3）依公式（11-7）计算导热系数，即

$$\lambda = k \cdot \Delta mv \cdot \omega \cdot \delta / (T_1 - T_2) \tag{11-7}$$

式中　λ——导热系数，W/(m·K)；

k——仪器常数；

Δmv——中心量热器的水温升高的电势差，mV；

δ——试样厚度，m；

ω——中心量热器的水流量，g/s；

T_1——试样热面温度，℃；

T_2——试样冷面温度，℃。

（3）计算结果保留到小数点后三位。

实验注意事项

（1）给恒压水箱供水的水质要清洁，温度恒定，压力应为 0.05～0.2MPa，以便能够正常给水箱供水。

（2）当主回路正在工作时切勿关闭计算机电源，否则可能损坏主回路元件。

（3）在测量中心量热器的水流量时，每次接水之前必须调节第一保护量热器转子流量计以确保温差为零，这样才能保证测量的准确性。

（4）每次实验应按操作规程进行操作，实验结束后盖好计算机防尘罩，不用时切断计算机电源。

思考题

（1）平板法测定导热系数有什么优缺点?

（2）影响材料导热系数的主要因素有哪些?

参考文献

[1] 王维邦. 耐火材料工艺学 [M]. 北京：冶金工业出版社，1996.
[2] 高里存，任耘. 无机非金属材料实验技术 [M]. 北京：冶金工业出版社，2007.
[3] 陈泉水，郑举功，任广元. 无机非金属材料物性测试 [M]. 北京：化学工业出版社，2013.

实验 12　综合传热性能测定

实验目的

（1）了解热量传递的基本形式和基本理论。

（2）掌握测量总传热系数的原理和方法。

（3）了解自然对流和强迫对流对换热器传热性能的影响。

（4）了解影响换热器总传热系数的因素。

实验原理

热量传递的方式有三种形式，即传导换热、对流换热和辐射换热。对于工业换热器几种换热形式往往同时存在，这可以称之为综合传热，其传热量可表示为

$$Q = K \cdot F \cdot \Delta T \tag{12-1}$$

式中　Q——总传热量，W；

K——总传热系数，W/(m^2 · K)；

F——传热面积，m^2；

ΔT——温差，K。

若将干饱和蒸汽通过一组换热器管后，管子在空气中以辐射和对流方式散热，干饱和蒸汽即被冷凝为水，凝结水量的多少与换热器的材质、外表面形式、传热面积、传热方式及环境温度等诸多因素有关。单位时间凝结水量 G 可用下式表示：

$$G = \frac{V \cdot \rho}{\tau} \tag{12-2}$$

式中　G——换热器凝结水量，kg/s；

V——实验供气时间内凝水体积，m^3；

ρ——凝结水的密度，kg/m^3；

τ——实验换热时间，s。

而

$$Q_0 = G \cdot r \tag{12-3}$$

式中　Q_0——由饱和蒸汽转变为饱和凝结水释放的热量，W；

r——实验压力下水蒸气的汽化潜热，J/kg。

则 $Q_0 = Q$，所以

$$K = \frac{G \cdot r}{F \cdot \Delta T} \tag{12-4}$$

如果测得实验过程中换热器的凝结水量 G，则可求得该换热器的总传热系数 K。

总传热系数 K 是反映换热器传热性能的重要参数，也是对换热器进行传热过程计算的基本依据，可以通过查阅相关手册、实验测定和分析计算获得，其数值取决于流体的物

理性质、传热过程的操作条件和换热器的类型等多方面因素。

对管式换热器而言，当空气外掠圆管时，在管外形成了较为复杂的扰流流场，圆柱面附近空气的流速、压强分布和来流情况有很大变化，所以圆管上各点传热系数不同。本实验在计算过程中不考虑各局部位置的影响，只考虑其综合传热情况。

实验仪器设备与材料

（1）综合传热性能实验装置。综合传热性能实验装置如图 12-1 所示，由电热蒸汽发生器、一组表面状态和材质不同的六根换热管（铜翅片管、铜黑管、铜光管、铝光管、锯末保温铜管、岩棉保温铜管）、配气管、冷凝水计量管及阀门、支架等组成，装置配有一台可移动的风机，用来对实验换热管进行吹风。因此，实验装置可以进行自然对流和强迫对流的传热实验。

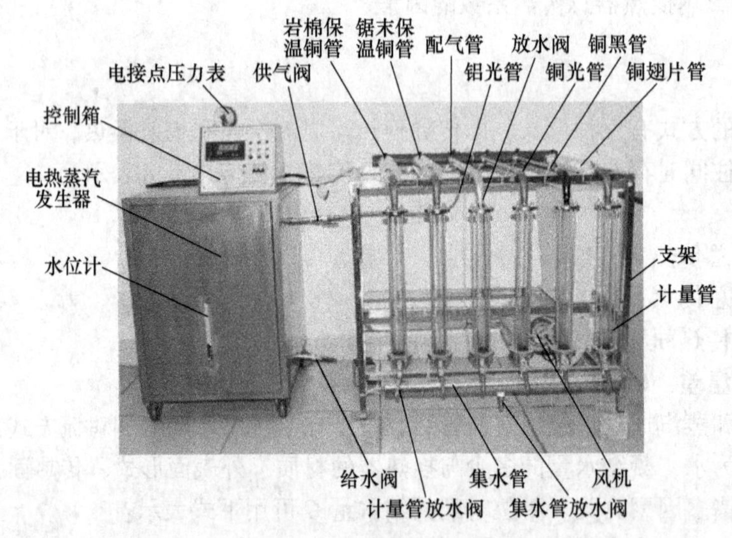

图 12-1　综合传热性能测定实验装置示意图

（2）秒表、测温计、水盆、水管等。

实验步骤

（1）打开电热蒸汽发生器右侧的供气阀及配气管底部的放水阀，然后通过电热蒸汽发生器右侧下部的给水阀（兼做排污）向蒸汽发生器的锅炉加水，当水面达到水位计的 2/3 处时，关闭给水阀、供气阀及配气管放水阀。

（2）调节电接点压力表的控压指针至实验压力（0.04MPa）后，依次打开控制箱上总电源开关和所有加热开关，加热指示灯变亮，蒸汽发生器开始加热。

（3）当电热蒸汽发生器的蒸气压力达到实验压力时，打开集水管及计量管下方的放水阀，缓缓打开供气阀向实验换热管内送气，预热整个实验系统。

（4）观察温度巡检值，当巡检温度稳定后，关闭所有放水阀，实验系统预热完毕。

（5）调节配气管下方的放水阀使其微微冒气，以排除配气管内的凝结水。关闭蒸汽发生器一组加热电源。

（6）观察冷凝水计量管内的水位变化，待水位上升至“0”刻度时开始计时（或在开始计时时记录每根计量管的初始体积读数），达到一定体积时，同时记录各实验换热管的换热时间和凝结水量。

（7）放出冷凝水计量管中的凝结水，调整风机位置，使风机出风口正对某一换热管，开启风机对其进行强迫通风，当凝结水位升至“0”刻度以上时开始计时，测量一定时间内的凝结水量。用同样的方法对其他换热管进行强迫对流实验。

（8）实验完毕后，记录环境温度，关闭所有电源，打开所有放水阀，待水排净后，再将所有阀门关闭。

实验数据记录与处理

（1）实验数据记录与处理参考格式见表 12-1。

表 12-1 综合传热性能测定实验数据记录表

饱和蒸气压力 p/MPa		饱和蒸气温度/℃	汽化潜热 γ /J · kg^{-1}	管径 D /m	换热管长 l_1/m	风机风筒长度 l_2/m	环境温度 T_0/℃	实验日期	实验者	
空气流动情况	换热管类别	换热时间 τ/s	凝结水体积 V/mL	凝结水温度 T/℃	凝结水密度 ρ/kg. m^{-3}	凝结水量 G /kg · s^{-1}	换热量 Q /kJ · s^{-1}	传热面积 F/m^2	总传热系数 K /W · (m^2·K)$^{-1}$	
自然对流	铜翅片管									
	铜黑管									
	铜光管									
	铝光管									
	锯末保温铜管									
	岩棉保温铜管									
强迫对流	铜翅片管									
	铜黑管									
	铜光管									
	铝光管									
	锯末保温铜管									
	岩棉保温铜管									

（2）数据处理。

1）根据测量的凝结水温度，查阅相关手册得到相应温度下水的密度 ρ，代入公式

(12-2) 计算在自然对流和强迫对流状态下各换热管的凝结水量 G；

2）计算传热面积 F，查阅相关手册得到实验压力下汽化潜热 r，代入公式（12-4）计算不同实验条件下各换热管的总传热系数 K。

实验注意事项

（1）严禁在蒸汽发生器不加水的情况下通电运行。

（2）在整个实验过程中，要注意蒸汽发生器必须处于正常工作状态。

（3）实验时，所有管路系统温度较高，操作时必须小心，以防烫伤。

思 考 题

（1）比较各实验换热管总传热系数的大小，分析影响总传热系数的因素。

（2）根据实验装置情况，分析引起实验结果误差的因素。

参考文献

[1] 陈杰．无机材料科学与工程基础实验［M］．西安：西北工业大学出版社，2010.

[2] 樊嘉欣，王蓓蓓，黄浩．热工实验实训指导［M］．北京：阳光出版社，2010.

[3] 张鹏，杨龙滨，贾俊曦，等．传热实验学［M］．哈尔滨：哈尔滨工程大学出版社，2012.

[4] 徐德龙，谢峻林．材料工程基础［M］．武汉：武汉理工大学出版社，2008.

实验 13　煤的工业分析

实验目的

（1）掌握煤的工业分析方法。

（2）根据实验测定结果，判断煤样的种类。

（3）学会利用经验公式计算煤的低位发热值的方法。

实验原理

作为固体燃料的煤是由极其复杂的有机化合物组成的。就其所含元素而言，不外乎有碳、氢、氧、氮、硫及部分矿物杂质和水分。煤的成分分析分为元素分析和工业分析，其中煤的工业分析方法是我国工矿企业中经常采用的一种简易的分析方法，即通过风干煤样（空气干燥基）所含水分、灰分、挥发分和固定碳的测定得到煤的工业分析组成，即

$$W_{ad} + V_{ad} + A_{ad} + Fc_{ad} = 100\% \tag{13-1}$$

式中　W_{ad}——空气干燥基煤样中水分的质量分数，%；

V_{ad}——空气干燥基煤样中挥发分的质量分数，%；

A_{ad}——空气干燥基煤样中灰分的质量分数，%；

Fc_{ad}——空气干燥基煤样中固定碳的质量分数，%。

煤质工业分析的基本原理为热解质量法，即根据煤样中各组分的不同物理化学性质，控制不同的温度和时间，使该种组分热分解或燃烧，以样品失去的质量占原试样的质量百分比得出该成分的质量分数。

1. 水分（W_{ad}）

煤中水的存在形态可以分为游离水和化合水两种。游离水是煤的内部毛细管吸附或表面附着的水；化合水是和煤中的矿物质呈化合形态存在的水，也叫结晶水，如 $CaSO_4 \cdot 2H_2O$ 和 $Al_2O_3 \cdot 2SiO_2 \cdot 2H_2O$ 等中的水。游离水又分外在水和内在水，外在水是附着在煤的表面和被煤的表面大毛细管吸附的水。把煤放在空气中干燥时，煤中的外在水分很容易蒸发，蒸发到煤表面的水蒸气压和空气的相对湿度平衡时为止，此时的煤叫空气干燥基煤。用空气干燥状态煤样化验所得的结果就是空气干燥基的结果。内在水是煤的内部小毛细管所吸附的水，在常温下这部分水是不会失去的，只有加热到 105~110℃的温度下，经过一段时间后，才能失去；而结晶水通常要在 200℃以上才能分解析出。

根据煤样的状态，煤的水分测定可分为收到基水分测定及空气干燥基水分测定两种情况。

2. 灰分（A_{ad}）

煤的灰分是指在温度为（815±10）℃时，煤中的可燃物质完全燃烧，水分完全蒸发以及煤中矿物质在空气中经过一系列复杂的化学反应后所剩余的残渣，是煤中不能燃烧的矿

物杂质。煤中的灰分来自矿物质，但它的组成和质量与煤中的矿物质不完全相同，灰分是一定条件下的产物。

煤中的矿物质来源于三个方面：

（1）原生矿物质——它是由成煤植物本身的金属元素所形成的。煤中的原生矿物质含量很少，一般不高于 2%~3%，分布均匀，与煤中的有机物质紧密结合，很难分离出来。它的含量虽少，但与燃烧炉的结渣和腐蚀有密切的关系。

（2）次生矿物质——它是在成煤过程中经煤层裂缝渗入的各种矿物质溶液积聚而形成的，它的含量也不高，也很难除去。

煤中的原生矿物质和次生矿物质总称为煤的内在矿物质。由内在矿物质形成的灰分叫内在灰分。

（3）外来矿物质——它是在开采的过程中混入的泥沙和矸石等，此类物质在煤中的分布极不均匀。外来矿物质很容易用机械或洗选的方法除去，由它形成的灰分称外在灰分。

当用燃烧法测定煤中的灰分时，煤中矿物质在燃烧过程中发生下列化学反应。

（1）失去结晶水。当温度高于 400℃时，含有结晶水的硫酸盐和硅酸盐发生脱水反应：

$$CaSO_4 \cdot 2H_2O = CaSO_4 + 2H_2O$$
$$Al_2O_3 \cdot 2SiO_2 \cdot 2H_2O = Al_2O_3 \cdot 2SiO_2 + 2H_2O$$

（2）受热分解。碳酸盐在 600℃以上开始分解：

$$CaCO_3 = CaO + CO_2 \uparrow$$
$$FeCO_3 = FeO + CO_2 \uparrow$$

（3）氧化反应。在氧化介质（即空气）的作用下，温度为 400~600℃发生下列氧化反应：

$$4FeS_2 + 11O_2 = 2Fe_2O_3 + 8SO_2 \uparrow$$
$$2CaO + 2SO_2 + O_2 = 2CaSO_4$$
$$4FeO + O_2 = 2Fe_2O_3$$

（4）挥发。碱金属化合物和氧化物在 700℃以上，部分挥发。

以上各种反应，在 800℃左右基本上已经完成，所以测定煤中灰分温度规定为 815℃左右。但在此温度下，有些反应需一定时间才能完成，因此，测定时必须进行检查性的灼烧实验。

由于 SO_2 和 CaO 在测定条件下生成 $CaSO_4$，使测定结果偏高且不稳定，为此，需要适当的加热程序和通风条件。首先，让煤样在温度为 500℃保持一段时间，使黄铁矿硫和有机硫的氧化反应在这一温度下基本完成，并使生成的 SO_2 有效地排出反应区，而碳酸盐 600℃时才开始分解，800℃时才分解完全。

3. 挥发分（V_{ad}）

把煤样与空气隔绝，在一定温度条件下，加热一定时间后，将煤中有机物质分解出来的液体（此时为蒸气状态）和气体产物的总和称为挥发分，其质量分数称为挥发分产率，简称挥发分。挥发分不是煤中的固有物质，而是在特定条件下的热分解产物。

挥发分产率是煤炭分类的重要指标之一，根据干燥无灰基挥发分产率 V_{daf} 的大小可以大致判断煤的变质程度，褐煤一般大于 37%，烟煤一般为 10%~46%，而无烟煤则小于

10%。根据挥发分和焦渣的特征还能估计煤的热值的高低。

煤的挥发分产率测定是规范性很强的一项实验，加热温度和加热时间对其影响最大，试样重量、坩埚的材料、厚度及容积大小等对挥发分的大小都有一定影响。

4. 固定碳（Fc_{ad}）与焦渣特征

挥发分测定时挥发分逸出后的残留物质称为焦渣。煤样经实验后煤中的灰分转入焦渣中，从焦渣质量中减去灰分的质量即为固定碳的质量。

焦渣特性是指测定挥发分后，坩埚内残留的焦渣外形特征，它与煤中有机物质的性质有一定关系，焦渣特性分为 8 类，也用来作为煤质分类的一项参考指标。

（1）粉态：保持原煤样的粉末状。

（2）黏着：稍有黏连，手指轻压即成粉末。

（3）弱黏结：有黏结，手指轻压即成碎块。

（4）不熔融黏结：黏结，手指用力压才成碎块。

（5）不膨胀熔融黏结：焦渣呈扁平状，煤粒界限不清，表面有银白色光泽。

（6）微膨胀熔融黏结：焦渣用手指不能压碎，表面有银白色光泽和较小的膨胀泡。

（7）膨胀熔融黏结：焦渣表面有银白色光泽，明显膨胀但高度不超过 15mm。

（8）强膨胀熔融黏结：焦渣表面有银白色光泽，明显膨胀但高度超过 15mm。

根据中国煤炭科学研究院资料，按下列公式计算煤的低位发热量 Q_{net}^{ad}，75%的试样其计算结果与实测值的误差约在 400kJ/kg 以内。

（1）无烟煤：

$$Q_{net}^{ad} = k_0 - 360W_{ad} - 385A_{ad} - 100V_{ad} \tag{13-2}$$

式中　k_0——系数，根据表 13-1 查表得出。

表 13-1　V_{daf}与 k_0对应关系

V_{daf}/%	<0.6	0.6~1.2	1.2~1.5	1.5~2.0	2.0~2.5	2.5~3.0	3.0~3.5	3.5~4.1
k_0/kJ · kg^{-1}	32198	33035	33662	34289	34707	34916	35335	35753

（2）烟煤：

$$Q_{net}^{ad} = 100k_1 - (k_1 + 25)(W_{ad} + A_{ad}) - 12.56V_{ad} \tag{13-3}$$

式中　k_1——系数，根据 V_{daf}和焦渣特性查表 13-2 得出。

表 13-2　焦渣特性值 k_1与 V_{daf}对应关系

k_1/kJ · kg^{-1} \ V_{daf}/%	>10~13.5	>13.5~17	>17~20	>20~23	>23~29	>29~32	>32~35	>35~38	>38~42	>42
1	351	337	335	328	320	320	305	305	305	303
2	351	349	343	339	328	326	324	320	316	312
3	353	353	349	345	339	335	330	328	326	320
4	353	355	351	347	343	339	335	332	330	324
5	353	355	355	351	349	345	341	339	335	332
6	353	355	355	351	349	345	341	339	335	332
7	353	355	355	355	353	351	347	345	343	339
8	不出现	355	355	358	355	353	349	347	345	343

实验仪器设备与材料

（1）马弗炉。

（2）鼓风干燥箱。

（3）分析天平 200g/0.1mg。

实验步骤

（1）煤样制备。煤样粒度小于 0.2mm，在空气中风干。

（2）水分测定。

1）用预先干燥并称量过（精确至 0.0001g）的称量瓶称取粒度为 0.2mm 以下的空气干燥煤样（1±0.1）g，精确至 0.0001g，平摊在称量瓶中。

2）打开称量瓶盖，放入预先鼓风并已加热至 105～110℃的干燥箱中，在鼓风的条件下，烟煤干燥 1h，无烟煤干燥 1～1.5h。

3）从干燥箱中取出称量瓶，立即盖上盖，放入干燥器中冷却至室温（约 20min）后称量。

4）进行检查性干燥，每次 30min，直到连续两次干燥煤样的质量减少不超过 0.001g 或质量增加时为止。若质量增加，要采用质量增加前一次的质量为计算依据。水分在 2%以下时，不必进行检查性干燥。

（3）灰分测定。

1）称取粒度为 0.2mm 以下的空气干燥煤样（1±0.1）g，精确至 0.0001g，均匀地摊平在预先灼烧至质量恒定的灰皿中，使其每平方厘米的质量不超过 0.15g。将盛有煤样的灰皿分排放置在耐热瓷板或石棉板上。

2）将马弗炉加热至 850℃，打开炉门，将放有灰皿的耐热瓷板或石棉板缓慢地推入马弗炉中，先使第一排灰皿中的煤样灰化。待 5～10min 后，煤样不再冒烟时，以每分钟不大于 2mm 的速度把二、三、四排灰皿顺序推入炉内炽热部分（若煤样着火发生爆燃实验应作废）。

3）关上炉门，在（815±10）℃的温度下灼烧 40min。

4）从炉中取出灰皿，放在空气中冷却 5min 左右，移入干燥器中冷却至室温（约 20min）后称量。

5）进行检查性灼烧，每次 20min，直到连续两次灼烧的质量变化不超过 0.001g 为止。用最后一次灼烧后的质量为计算依据。灰分低于 15%时，不必进行检查性灼烧。

（4）挥发分测定。

1）称取粒度为 0.2mm 以下的空气干燥煤样（1±0.1）g，精确至 0.0001g，放置于预先在 900℃温度下灼烧至质量恒定的带盖瓷坩埚中，轻轻振动坩埚，使煤样摊平，盖上盖放在坩埚架上。褐煤和长焰煤应预先压饼，并切成约 3mm 的小块。

2）打开预先加热至 920℃左右的马弗炉炉门，迅速将放有坩埚的架子送入恒温区并关上炉门，准确加热 7min。坩埚及架子放入后，炉温会有所下降，要求在 3min 内使炉温恢复至（900±10）℃，此后保持在（900±10）℃，否则实验作废，加热时间包括温度恢复时间在内。

3）从炉中取出坩埚，放在空气中冷却 5min 左右，移入干燥器中冷却至室温（约 20min）后称量。

（5）焦渣特性测定。观察挥发分测定时坩埚内残留焦渣的外形特征，并用手指轻压，按照焦渣特性分类情况确定其类别并记录。

（6）测量结束后，关闭烘箱和马弗炉的电源，清理所用称量瓶、灰皿、坩埚，整理实验场地，结束实验。

实验数据记录与处理

（1）实验数据记录与处理参考格式见表 13-3。

表 13-3　煤的工业分析实验数据记录表

测定成分	容器名称	空容器质量/g	容器加样总质量/g	样品质量/g	热处理后容器总质量/g	热处理后残余质量/g	计算结果/%
水分							
灰分							
挥发分							
固定碳							

（2）数据处理。

1）根据计算结果，判断煤的种类。

2）计算煤的低位发热量 Q_{net}^{ad}。

实验注意事项

（1）所用称量瓶、灰皿、瓷坩埚必须在规定温度下预先干燥或灼烧至恒重。

（2）挥发分测定时一定要盖坩埚盖，防止漏入空气。

（3）实验过程中仪器温度较高，操作时必须小心，以防烫伤。

思考题

（1）灰分测定时为何要进行检查性灼烧？

（2）煤的工业分析测定有何意义？

参考文献

[1] 周永强，吴泽，孙国忠．无机非金属材料专业实验［M］. 哈尔滨：哈尔滨工业大学出版社，2002.

[2] 煤炭科学研究总院煤炭分析实验室，云南煤田地勘公司 143 队．GB212—2008 煤的工业分析方法［S］. 北京：中国标准出版社，2008.

实验 14　粉体粒度分布的测定

实验目的

(1) 了解筛分法对粉体物料进行分级及测定其粒度分布的基本原理。

(2) 掌握筛分法进行分级和粒度分布的测定方法。

实验原理

粉体物料粒度分布的测定方法很多，其中很重要的一种方法是筛分法。筛分法是用来测定较粗的颗粒物料的粒度组成，以及用在研究多粒级系统时将粗级部分分出。筛分法一般适宜对 40μm 以上的颗粒物料进行粒度分析，但不适用于针状或纤维状的物料。

筛分是利用具有一定大小孔径的筛面，将颗粒物料按其颗粒大小不同分为若干级别的过程，也就是使不同大小的固体颗粒混合物在选定的一套筛孔尺寸不同的筛网上仔细过筛，部分小于筛孔的颗粒通过筛孔下落，其余的颗粒留在筛面上即可将颗粒物料分为若干个级别。根据筛分可以确定颗粒物料中各个级别的质量百分含量。

在筛分时，相邻两筛号差别愈小，所测得的颗粒尺寸组成精确性愈高，但所需筛子数目较多。用标准套筛进行筛分作业时，按筛孔由大到小，从上到下排列起来，各个筛子所处的层位次序叫筛序，每两个相邻的筛子的筛孔尺寸之比叫筛比。有些标准筛有一个作为基准的筛子叫基筛，按此基筛的孔径尺寸为基准，相邻上下两号筛子的筛孔尺寸之比为一定值，从而产生了各种不同标准的套筛，如泰勒标准筛、德国标准筛、国际标准筛等。我国目前所采用的套筛类似泰勒筛，这种筛制是用筛网每一英寸（25.4mm）长度上所占有筛孔数目作为各个筛子号码的名称即网目，简称目。泰勒筛制有两个序列，其筛比是 $\sqrt{2}=1.414$；另一个是附加序列，其筛比是 $\sqrt[4]{2}=1.189$。关于筛子号码的称呼也很不一致，有称网目的，有以每平方厘米筛面上筛孔数目称呼的，如每平方厘米筛面上有 500 个孔，则称为 500 孔筛；也有按筛孔尺寸大小称呼的，如筛孔宽度为 0.08mm，则称为 0.08mm 筛。

筛分法通常有干法筛分和湿法筛分。对于含细粒级较多的物料试样，若允许与水混合时，最好使用湿法筛分，测得的结果较准确，这是因为可以避免很细颗粒结球或附着在筛孔上而堵塞筛孔。对于含有粗粒级较多的物料或当物料不允许与水混合时，采用干法筛分测定粒度组成。对于粗颗粒物料一般无须干燥，但对细粒级物料若含水较多，就难以正常地进行筛分，此时应预先在筛分前将试样放入烘箱内于 (100±5)℃下烘干至恒重。

实验室内筛分的方式有手筛和机械振动筛。手筛的方法是用一手持筛，将筛子以稍倾斜状态摇动，并以另一手轻拍筛框，摇动速度每分钟约 120 次，筛面筛分结束应在纸上检查过筛的程度，当每分钟内重新筛出的物料量不超过筛余量的 1%时，则视为筛分终了。用振筛机筛分时，也应检查每个筛子的筛分质量，并且各粒级的质量相加所得总和，与试样质量相比较，误差不超过 1%～2%。筛分时间决定于颗粒物料的水分和粒度。连续筛分时间直接影响筛分结果，即筛面上的筛余量。筛余量与筛分时间的关系为

$$R_t = R_\infty + \frac{b}{2}\sqrt{\frac{\pi}{t}} \tag{14-1}$$

式中　R_∞——无限时间的筛余量；

　　b——常数，它取决于筛网、筛分条件以及粒度分布。

实际操作时间，按物料性质的不同，筛分的有限时间一般为 10～30min，粗颗粒物料的筛分时间要短些。

筛分分析所用的试样量与试样的粒径大小有关，如表 14-1 所示。这仅仅是经验数据，对于具体场合，可作具体规定。

表 14-1　试样量与试样粒径的关系

试样粒级/mm	−16～+11	−11～+8	−8～+5.5	−5.5～+4	−4～+2	−2～+1	−1～+0.5	−0.5～+0.25	−0.25
试样量/kg	40	12.5	5	2	1	0.5	0.25	0.1	0.05

为了求得试样各粒级的质量分数（分量），从而确定物料的粒度组成，可以把所有筛分级别的试样总质量作为 100%，分别求各级别的百分数及累积百分数。

$$\text{某粒级的质量分数} = \frac{\text{某粒级的质量}}{\text{被筛分物料的总质量}} \times 100\% \tag{14-2}$$

累积百分数分为筛上累积（又叫正累积）及筛下累积（又叫负累积）。筛上累积是大于某一筛孔各级别分量之和，即表示大于某一筛孔的物料共占原物料的百分率。筛下累积是小于某一筛孔各级别之和，即表示小于某一筛孔的物料共占原物料的百分率。一般以筛上或筛下累积为纵坐标，粒度为横坐标所绘制的曲线称为粒度分布曲线，它可以反映出被测物料中任何粒级及分量之间的关系，即物料的粒度组成。根据各个级别的质量分数绘制的曲线，称为部分粒度分布曲线，即频率分布曲线；根据累积百分数绘制的曲线，称为累积粒度分布曲线。实际上最常用的是累积粒度分布曲线，如图 14-1 所示。

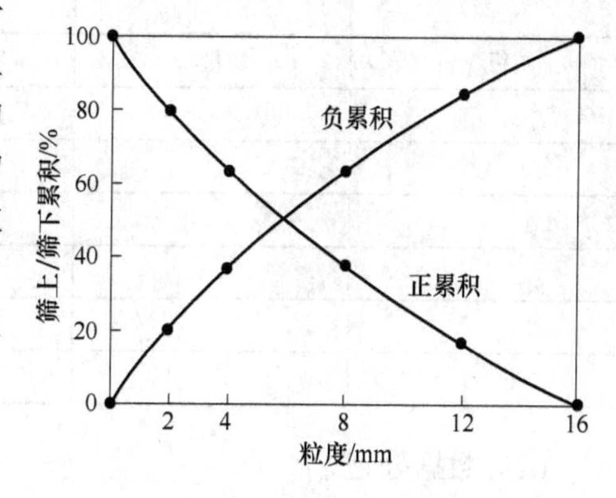

图 14-1　累积粒度分布曲线

本实验利用振筛机测定颗粒物料的粒度组成，并绘出其累积粒度分布曲线。

实验仪器设备与材料

（1）标准分样筛。

（2）振筛机。

（3）电子天平 1000g/0.1g。

实验步骤

（1）根据被测试样的最大粒径，选定实验的最小试样量，再用试样缩分器缩分出筛分所需的试样量。

（2）将标准分样筛按筛孔尺寸从大到小自上而下，顺序套好，最下层套上筛底，把试样倒入最上层筛面上，盖好上盖，固定到振筛机上。

（3）打开振筛机电源开关，用秒表计时到预定的振筛时间为止。

（4）依次将每层筛子取下，用手筛检查筛下物料量，当1min内筛下物料量小于筛上物料量的1%（及试样量的0.1%）时即为筛分终点。用毛刷从筛网下面反向朝上清理堵在筛网中的颗粒物粒，然后称量筛上物料量并记录。

（5）各级别的物料质量相加的总和，与试样总质量相比较，误差不应超过1%~2%。如果没有其他原因造成显著的损失，则把损失按比例分到各粒级中去，以便和试样原质量平衡。如果试样较细或细粉含量较大时，可以认为损失是由于微粒飞扬引起的，允许把损失加到最细粒级中去。

（6）清理实验现场，结束实验。

实验数据记录与处理

（1）实验数据记录与处理参考格式见表14-2。

表14-2　粉体粒度分布测定实验数据记录表

试样名称	试样质量/g	振筛时间/min	实验日期	实验者
粒级/mm	质量/g	分量/%	筛上累积/%	筛下累积/%
总　计				

（2）数据处理。

1）计算各粒级的分量、筛上累积和筛下累积并填入记录表。

2）在算术坐标纸上以粒径为横坐标，筛上累积、筛下累积为纵坐标，绘制出被测试样的累积粒度分布曲线。

实验注意事项

（1）实验用物料必须具有代表性。

（2）套筛必须牢固地固定在振筛机上，并在振筛过程中注意筛子不得滑脱。

（3）用手摇筛子以检查筛分是否到达终点时，动作应和振筛机的运动轨迹相似。

（4）称样时，筛网必须用毛刷刷干净。

（5）整个实验过程必须细心操作，不得人为造成物料的损失。

思 考 题

如何判断筛分过程结束时是否已达到筛分终点？是否每一层筛子都必须检查筛分过程是否达到筛分终点？如果某一层筛子没有达到筛分终点，如何处理？

参考文献

[1] 蒋阳，陶珍东 . 粉体工程 [M] . 武汉：武汉理工大学出版社，2008.
[2] 周仕学，张鸣林 . 粉体工程导论 [M]. 北京：科学出版社，2010.
[3] 林永华 . 电力用煤 [M]. 北京：中国电力出版社，2011.
[4] 黄新友 . 无机非金属材料专业综合实验与课程实验 [M]. 北京：化学工业出版社，2008.

实验 15 真密度的测定

真密度（true density）指材料在绝对密实状态下单位体积内固体物质的实际质量，单位为 kg/cm^3。这里所讲的体积不包括材料内部孔隙和颗粒间的空隙所占体积。真密度是相对于颗粒群的堆集密度而言的，是材料的基本物性之一，也是测定微粉颗粒分布等其他物理性质必须用到的参数，其数值的大小决定于材料的化学组成及纯度，也直接影响材料的质量、性能及用途。

材料真密度测定中最重要的是真体积的获得，而获得真体积的关键在于排除材料的气孔包括封闭气孔所占体积。目前材料真密度的测定方法主要有浸渍法（比重瓶法、悬吊法）和气体置换法。

I 比 重 瓶 法

实验目的

（1）了解测定真密度的实际意义。

（2）熟悉影响材料真密度的各种因素。

（3）掌握测定材料真密度原理及测定方法。

实验原理

比重瓶法是将粉末浸入易润湿颗粒表面的浸液中，测定样品所排除液体的体积。此法必须真空脱气以完全排除气泡，真空脱气操作可采用加热煮沸法和减压法，或者两法同时并用。比重瓶法具有仪器简单、操作方便、结果可靠等优点，采用此法测定材料真密度时，材料磨得越细，测得的体积数值就越精确，但也存在一些问题，例如，不同样品需要采用不同的浸润液体，防止溶解或与材料反应；浸润液体要能够容易润湿材料内部孔隙的表面等。由于其操作步骤繁多，涉及问题的节点多，不同的操作者会影响实验结果的准确性。

比重瓶法是基于阿基米德原理，将待测粉末浸入对其润湿而不溶解的浸渍液中抽真空除气泡，求出粉末试样从已知容量的容器中排出已知密度的液体，即

$$\rho = \frac{m_1}{m_3 + m_1 - m_2} \times \rho_1 \tag{15-1}$$

式中 ρ——真密度，g/cm^3；

m_1——试样的初始质量，g；

m_2——装有试样和实验液体（蒸馏水）的比重瓶质量，g；

m_3——装有液体的比重瓶质量，g；

ρ_1——在恒温控制水浴的温度下，所用液体的密度，g/cm^3。

本实验参照标准 GB/T 5071—2013 规定的方法，试样粒度应小于 0.063mm。测定范围为天然石材、耐火制品和耐火原料真密度的测定，所用比重瓶带毛细管塞，对温度变化极敏感，利于提高实验精度。

实验仪器设备与材料

（1）比重瓶，容量 25mL、50mL 或 100mL，配有带毛细管的磨口瓶塞。

（2）天平，称量精度为±0.1mg。

（3）抽真空装置，能抽真空到残余压力不大于 2.5 kPa，并装有压力指示装置。

（4）恒温控制水浴，能保持在室温上 2~5℃，精度±0.2℃。

（5）破碎装置。

（6）试验筛，孔径为 63μm，符合 GB/T 6003 的要求。

（7）电热鼓风干箱，能控在（110±5）℃。

（8）干燥器。

实验步骤

（1）试样制备。

1）实验用试样应按 GB/T 10235 的规定或由双方同意的其他标准取样。

2）对于定形制品，所取样块的数量应取得双方同意，并在实验报告中注明，以便统计分析。

3）试样破碎、磨细的过程中不得带入杂质或受潮，避免磨细过程中产生过细颗粒。

4）样块应破碎并磨细至全部通过筛孔为 63μm 的试验筛。

（2）实验前将试样放入（110±5）℃的干燥箱中烘干至恒重（即至少在干燥箱内烘干 2h，前后两次连续称量试样的质量差值不大于 0.1%），放在干燥器中冷却至室温。

（3）试样初始质量测定。

1）清洗空比重瓶，保证其完全干燥，建议带胶皮指套操作比重瓶，使其温度接近室温。

2）称量带有瓶塞的空比重瓶，精确至 0.0002g。

3）向比重瓶内倒入干试样，其量大约相当于比重瓶体积的 1/3。当装有试样的比重瓶再达到环境温度时，进行称量，精确至 0.0002g。这两次称量的差即为试样的初始质量（m_1）。

（4）装有试样和试样液体的比重瓶质量的测定。

1）向装有试样的比重瓶内注入一定量脱气的蒸馏水或其他已知密度的液体，使其达到比重瓶容积的 1/2~2/3。

2）将注入液体的比重瓶置于抽真空装置中，抽真空至残余压力不大于 2.5kPa，直至瓶内不再有气泡上升为止。

3）用水或其他所选用的液体把比重瓶加满，并使瓶内的试样沉淀下来，直到上层的液体仅有轻微的浑浊为止（通常让试样在瓶内沉淀过夜就可以）。

4）小心地用液体加满比重瓶，插入玻璃瓶塞，并仔细地除去溢流出来的液体。把比重瓶放入恒温控制水浴内，把温度提高到比环境高（2~5）℃之间。保持此温度恒定在±0.2℃以内。

5）温度升高时玻璃瓶塞上的毛细孔中的液体就会溢出。用滤纸小心地吸去溢流出来的液体，比重瓶达到试样温度时，不会再有液体从毛细孔中溢出。从恒温水浴中取出比重瓶，不要让手上的热量使比重瓶的温度增高，造成更多的液体溢出。仔细地擦干比重瓶的外面，称量其质量，精确至0.0002g（m_2）。

（5）装有液体的比重瓶质量测定。

1）倒空并洗净比重瓶，用水或选用的其他液体把比重瓶差不多加满。

2）重复第（4）步中4）、5）所述操作，以便确定装有液体的比重瓶质量（m_3）。

实验数据记录与处理

（1）实验数据记录与处理参考格式见表15-1。

表15-1　比重瓶法测定真密度实验数据记录表

编号	m_1/g	m_2/g	m_3/g	真密度 ρ/g·cm^{-3}
1				
2				
3				

（2）数据处理。根据公式（15-1）计算真密度。

实验注意事项

（1）盛有试样和液体的比重瓶与盛有液体的比重瓶，必须在同一温度下恒温，然后进行称量，若两次恒温温度有波动，会影响测定结果。

（2）当拿取恒温后的比重瓶时，不要直接用手拿，以免比重瓶受热液体流出，拿取时必须带胶皮指套或使用镊子夹取。

（3）盛有试样和液体的比重瓶与盛有液体的比重瓶，恒温后毛细管内的液面必须保持一致。称量时必须将比重瓶外表擦干净，两次擦的干净程度要一致。

（4）当试样磨得过细时，极细的尘粉会强烈地阻碍空气的逸出和试样沉淀，因此，细粉可能浮出液面上，使结果偏低。

（5）本方法对温度变化十分敏感，必须控制恒温精确度，否则会产生明显误差。

参考文献

[1] 全国耐火材料标准化技术委员会. GB/T 5071—2013 耐火材料 真密度试验方法［S］. 北京：中国标准出版社，2015.

[2] 王维邦. 耐火材料工艺学［M］. 北京：冶金工业出版社，1996.

[3] 高里存，任耘，无机非金属材料实验技术［M］. 北京：冶金工业出版社，2007.

Ⅱ　气体置换法

实验目的

（1）了解真密度的概念及其在科研生产中的应用。

（2）掌握气体置换法测定真密度的原理及方法。

实验原理

气体置换法采用氦气代替浸润液，利用小分子直径惰性气体易扩散、渗透性和稳定性好等特点，可迅速填充常规方法无法测量的材料孔隙和表面不规则的凹陷，测得的体积与浸渍法相比，更加接近样品的真实体积，从而使得样品的真密度更加准确。该方法不会发生置换介质与材料反应造成设备腐蚀等问题，相比浸渍法，气体置换法仪器操作简单，测试时间短，结果准确，重复性更好。本实验采用气体置换法测定材料的真密度。

气体置换法是利用阿基米德定律的置换流体法和小分子直径惰性气体在一定条件下的玻意耳定律（$pV=nRT$），通过测定放入样品后样品室气体容量的减少来测定样品的真实体积，从而得到其真密度。

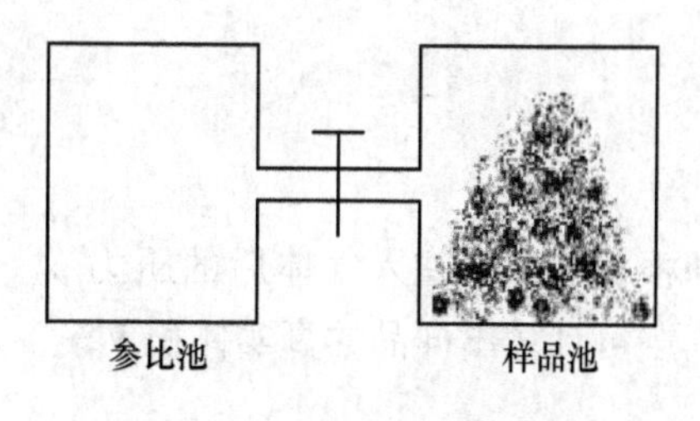

图 15-1　测试系统示意图

如图 15-1 所示，测量系统由参比池和样品池构成，测量时仪器先采集参比池的压力 p 和体积 V_a，根据玻意耳定律，此时参比池状态为

$$pV_a = n_aRT \tag{15-2}$$

式中　n_a——环境压力下参比池气体物质的量，mol；

R——气体常数，J/(mol · K)；

T——环境温度，K；

p——环境压力，Pa。

将体积 V 的样品放入已知体积 V_c 的样品池，则样品池的状态为：

$$p(V_c - V) = n_1RT \tag{15-3}$$

式中　n_1——放入样品后样品池气体的物质的量，mol。

向样品池内注入一定量气体，其压力增加至 p_A，则样品室状态为

$$p_A(V_c - V) = n_2RT \tag{15-4}$$

式中　p_A——大于环境压力的值，Pa；

n_2——注入气体后样品池内总的气体物质的量，mol。

将样品池与参比池连通以后，样品池压力下降到 p_B，则系统状态为

$$p_B(V_c - V + V_a) = n_2RT + n_aRT \tag{15-5}$$

将公式（15-2）代入公式（15-5），则公式（15-5）可以转化为

$$p_B(V_c - V + V_a) = n_2RT + pV_a \tag{15-6}$$

将公式（15-4）代入公式（15-6），得

$$p_{\mathrm{B}}(V_{\mathrm{c}} - V + V_{\mathrm{a}}) = p_{\mathrm{A}}(V_{\mathrm{c}} - V) + pV_{\mathrm{a}} \tag{15-7}$$

则

$$V_{\mathrm{c}} - V = \frac{(p - p_{\mathrm{B}})V_{\mathrm{a}}}{p_{\mathrm{B}} - p_{\mathrm{A}}} = \frac{(p - p_{\mathrm{B}})V_{\mathrm{a}}}{(p_{\mathrm{B}} - p) - (p_{\mathrm{A}} - p)} \tag{15-8}$$

$$V = V_{\mathrm{c}} - \frac{(p - p_{\mathrm{B}})V_{\mathrm{a}}}{(p_{\mathrm{B}} - p) - (p_{\mathrm{A}} - p)} = V_{\mathrm{c}} + \frac{(p_{\mathrm{B}} - p)V_{\mathrm{a}}}{(p_{\mathrm{B}} - p) - (p_{\mathrm{A}} - p)} = V_{\mathrm{c}} + \frac{V_{\mathrm{a}}}{1 - \frac{p_{\mathrm{A}} - p}{p_{\mathrm{B}} - p}} \tag{15-9}$$

当系统处于环境压力时，表压 $p=0$，则公式（15-9）可转化为

$$V = V_{\mathrm{c}} + \frac{V_{\mathrm{a}}}{1 - \frac{p_{\mathrm{A}}}{p_{\mathrm{B}}}} \tag{15-10}$$

即根据样品池注入气体后的压力 p_{A}、平衡后的压力 p_{B} 以及参比池体积 V_{a}、样品池体积 V_{c}，可计算出样品的真实体积 V。

实验仪器设备与材料

（1）UPYC1200e 型真密度仪。

（2）天平，精度 0.0001g。

（3）高纯氦或高纯氮。

实验步骤

（1）开机。打开气瓶主阀，调节减压阀使气瓶出口压力保持在 0.14MPa；打开仪器前方电源，预热 30min。

（2）仪器校准（以大样品杯的校准为例）。

1）参比池 V_{a} 校准。

①将空样品杯放入样品池中，稳定 5min 后，从主菜单中选择 2-calibration，执行以下操作。

②选择 1-Vadded→1-Large。

③cal. Volume：输入校准球体（70.699，即一大二小三个钢球体积），选择 2（结束后不打印）。

④按 enter 启动校准操作，当仪器面板上提示“start sphere run”“press enter to start”时打开仪器盖子，放入（一大二小共三个）球。盖好盖子，5min 后按 start 键开始校准。

⑤仪器显示“V_{a} completed”时，记录校准结果，按复位键退出至待机状态。

2）样品池 V_c 校准。

①从主菜单中选择 2-calibration→2-V_{cell}，执行以下操作。

②choose cell size：键入 1 选择大样杯。

③输入校准球体积：70.699。

④run mode：选择 2-multi run 并输入运行次数（最多可运行 20 次）。

⑤Deviation：通常输入 0.5（即可接受偏差为 0.5%）。

⑥Print at end of run：选择 2（不打印）。

⑦按 enter 启动校准操作，当仪器面板上显示“V_c completed”，记录校准结果。

小样品杯的校正步骤与上述相同，应注意小样品杯校正应选择小样品杯和对应的杯托，加球时应放入一个小球，并输入小球体积（体积 7.0699）。

（3）测试条件设置。

1）运行参数设定。从 Run Parameters 菜单中选择 1Run-Parameters 分别设置以下运行参数。

①target Pressure（目标压力 p_A：2~20Psi）：通常设为 17Psi，按 Enter 键输入，clear 删除。

②Equilibrium Time（平衡时间：10~999s）：输入值为零时，仪器采用 Auto 模式。

③Purge（净化样品：1~720min）：选择 1-Flow，一般设置为 5min。

④Run Mode 运行模式：选择 2-多次运行，通常设置为 20 次，按 Enter 键确定。

⑤Cell Size 样品池大小：选择 1 大样品杯，按 Enter 键确定。

⑥Print/Send Report：均选择 2-No。

⑦Set Pressure Unit（压力单位）：按“0”设置为 Psi。

⑧Set Gas Type：无需设置，使用默认值。

设置完成后，再次按 Enter 键返回主菜单，进行样品参数的设置。

2）样品参数的设置。

①从 Main Menu 菜单中选择 1-Run 进入运行菜单 Run Parameters。

②从菜单中选择 2-Sample Parameters：输入已称量样品的质量，精确到 0.001g。

③按 enter 键返回主菜单。

（4）样品测试。

1）将样品放入样品杯以及对应的杯座，拧紧盖子，外部标记对齐。

2）从 Main Menu→1-Run→3-Start，按 Enter 确定，开始分析。分析完后根据提示按 Rev 查看结果或者通过 USB 接口将结果导出。

（5）关机。

1）测试结束后，清洗样品杯。关闭气体主阀，在主菜单中选择 8-shutdown。5s 后关闭仪器电源和气体控制阀。

2）记录实验结果。

实验数据记录与处理

（1）实验数据记录与处理参考格式见表 15-2。

表 15-2 气体置换法测定真密度实验数据记录表

日 期	室温/℃	样品名称	气体类型
目标压力 p_A/psia	净化样品时间/min	偏差范围/%	标准偏差/cm^3
实验次数		体积/cm^3	
1			
2			
3			
4			
平均值			

（2）数据处理。计算实验中样品体积的平均值，根据公式，$\rho=\dfrac{m}{V}$ 计算样品真实密度。

实验注意事项

（1）保证气体纯度在99.995%以上，减压阀尽量使用小量程的压力表且稳定性要好。

（2）仪器必须预热 30min 以上，才能进行测试。

（3）选取具有代表性的样品进行测试，实验样品应该在室温下放置一段时间，需保证样品在测试压力下不会释放气体或发生变形，不能测试具有腐蚀性、挥发性的样品。

（4）样品加入量应该占据杯体体积的60%~80%，以确保测试结果的准确性。

（5）加入球时一定注意不要用手直接触摸钢球，放置时一定要轻拿轻放。

（6）样品池必须及时清洁，避免摔、压、撞等对池体形状改变的任何行为。

思 考 题

（1）测定真密度的意义是什么？

（2）真密度和体积密度两者有什么区别？

（3）影响真密度测定的主要因素是什么？

参考文献

[1] 武汉科技大学，中钢集团洛阳耐火材料研究院有限公司，广西庆荣耐火材料有限公司．GB/T 5071—2013. 耐火材料 真密度试验方法［S］. 北京：中国标准出版社，2014.

[2] 王维邦．耐火材料工艺学［M］. 北京：冶金工业出版社，1996.

[3] 高里存，任耘．无机非金属材料实验技术［M］. 北京：冶金工业出版社，2007.

实验 16　粉体比表面积测定

单位质量粉体所具有的表面积总和称为比表面积，以 $S(m^2/kg)$ 来表示。比表面积与粉末的许多物理、化学性质（如吸附、溶解、烧结活性等）直接相关，是粉体材料的基本物性之一。许多工业生产过程中的原料、中间产品或最终产品是粉末状的，不仅要求有一定的粒度分析，而且要有适当的比表面积，以满足生产工艺、产品质量控制或某些特定的要求。某些化工过程中的化学反应需要有较大的表面积以提高化学反应速率；对于多孔类粉体材料需要测定其表面积，以求得表面积粒度。

粉体材料有非孔结构和多孔结构两类，因此粉体材料的表面积有外表面积和内表面积两种。粉体比表面积的测定方法主要有勃莱恩（Blaine）透气法（简称勃氏透气法）、低压透气法、动态吸附法等。理想的非孔性结构的物料只有外表面积，一般用透气法测定。对于多孔结构的粉体材料，除有外表面积外，还有内表面积，因此多采用气体吸附法测定。

Ⅰ　勃　氏　法

实验目的

（1）熟悉勃氏法测定粉体材料比表面积的原理。

（2）掌握勃氏比表面积仪的使用方法。

实验原理

勃氏法是根据一定量的空气通过具有一定空隙率和固定厚度的物料层时，所受阻力不同而引起所需时间变化来测定物料的比表面积。根据达西法则，当流体在 t s 内透过含有一定孔隙率的、断面积为 A、长度为 L 的粉体层时，其流量 Q 与压力降 Δp 成正比，即

$$\frac{Q}{At} = \frac{B\Delta p}{\eta L} \tag{16-1}$$

式中　η——流体的黏度系数，Pa · s；

B——与构成粉体层的颗粒大小、形状、充填层的空隙率等有关的常数，称为比透过度或透过度。

柯增尼（Kozeny）把粉体层当作毛细管的集合来考虑，用泊萧（Poiseuille）法则将在黏性流动的透过度导入规定的理论公式。卡曼（Carman）研究了 Kozeny 公式，发现关于各种粒状物质充填层透过性的实验与理论很一致，并导出了粉体比表面积与透过度 B 的关系式：

$$B = \frac{g}{KS_V^2} \times \frac{\varepsilon^3}{(1-\varepsilon)^2} \tag{16-2}$$

式中　g——重力加速度，m^2/s；

ε——粉体层的空隙率,%；

S_V——单位容积粉体的表面积，cm^2/cm^3；

K——柯增尼常数，与粉体层中流体通路的"扭曲"有关，一般定为5。

将公式（16-2）代入公式（16-1），则

$$S_V = \rho S = \frac{\sqrt{\varepsilon^3}}{1-\varepsilon} \times \frac{\sqrt{t}}{\sqrt{\eta}} \times \sqrt{\frac{g}{5} \times \frac{\Delta pA}{LQ}} = K\frac{\sqrt{\varepsilon^3}}{1-\varepsilon} \times \frac{1}{\sqrt{\eta}}\sqrt{t} \tag{16-3}$$

式中　K——仪器常数，$K = \sqrt{\frac{g}{5} \times \frac{\Delta pA}{LQ}}$；

ρ——试样密度。

则

$$S = \frac{S_V}{\rho} = K\frac{\sqrt{\varepsilon^3}}{\rho(1-\varepsilon)} \times \frac{1}{\sqrt{\eta}}\sqrt{t} \tag{16-4}$$

对于某一勃氏比表面积仪而言，用已知密度ρ_e、比表面积S_e和孔隙率ε_e的标准试样进行测试，测得通过固定透气量所需的时间t_e，即可求出仪器常数K，即

$$K = \frac{S_e\rho_e(1-\varepsilon_e)\sqrt{\eta_e}}{\sqrt{\varepsilon_e^3}\sqrt{t_e}} \tag{16-5}$$

在已知仪器常数K的情况下，以同样方法测得通过试样的固定透气量所需的时间t，即根据公式（16-4）可求出试样的比表面积。

水泥比表面积是水泥厂用来控制水泥产量与质量的重要参数，测定水泥比表面积可以检验水泥细度，保证水泥水化反应的正常进行，并达到一定的强度。我国国家标准《水泥比表面积测定方法　勃氏法》（GB/T 8074—2008）中规定水泥比表面积测定采用勃氏法。勃氏法主要适用于比表面积在2000m^2/kg到6000m^2/kg范围内的各种粉状物料的测定，不适用于测定多孔材料及超细粉状物料。本实验采用勃氏比表面积透气仪测定水泥的比表面积。

实验仪器设备与材料

（1）勃氏比表面积仪（如图16-1、图16-2所示）。

（2）滤纸：符合国标中的中速定量滤纸。

（3）标准粉。

（4）分析天平，200g/1mg。

（5）计时秒表，精确到0.5s。

（6）烘干箱。

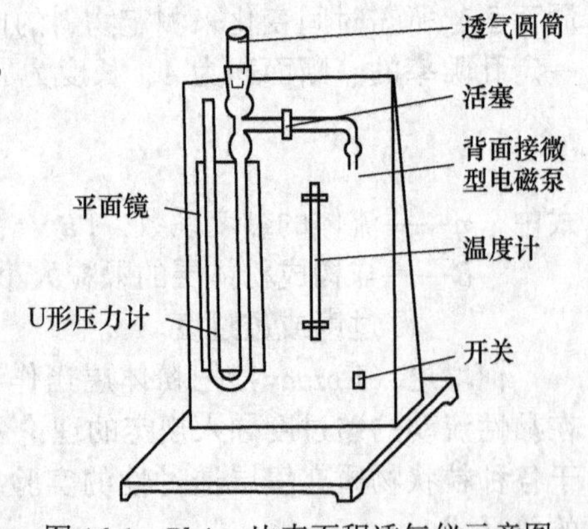

图16-1　Blaine比表面积透气仪示意图

实验步骤

（1）试样准备。

1）将标准试样在（110±5）℃烘干，放在干燥器中冷却到室温，倒入100mL的密闭瓶内，用力摇动2min，将结块成团的试样震碎。使

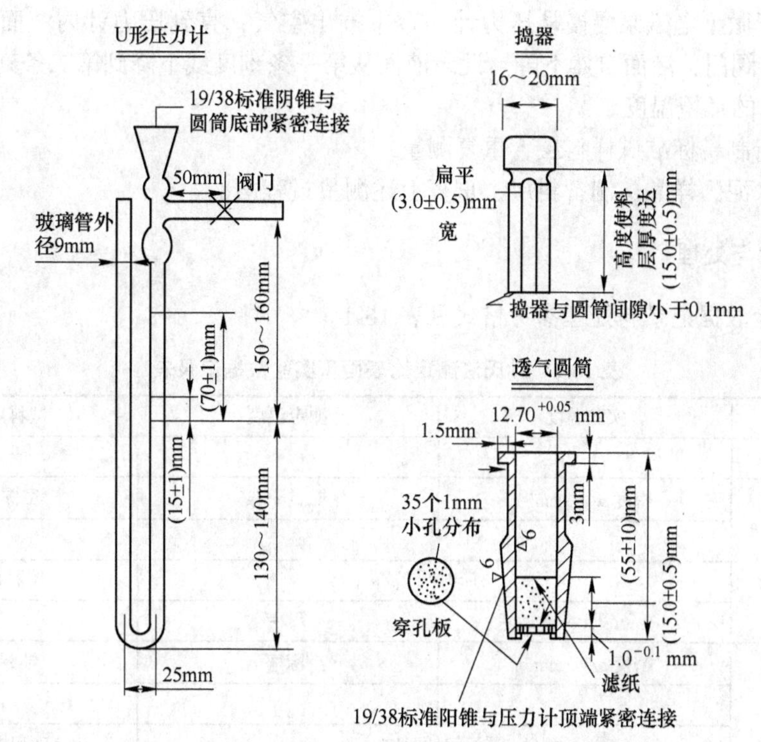

图16-2 Blaine 比表面积透气仪结构及主要尺寸

试样松散，静置2min后，打开瓶盖，轻轻搅拌，使在松散过程中落到表面的细粉分布到整个试样中。

2）将水泥试样通过0.9mm的方孔筛，在（110±5）℃下烘干，并在干燥器中冷却到室温。

3）空隙率（ε）的确定。PⅠ、PⅡ型水泥的空隙率采用0.5±0.005，其他水泥或粉料的空隙率选用0.530±0.005。

4）试样量按公式（16-6）计算：

$$m = \rho V(1 - \varepsilon) \tag{16-6}$$

式中 m——需要的试样量，kg；

ρ——试样密度，采用《水泥密度测定方法》（GB/T 208—2014）进行测定，kg/m^3；

V——试料层体积，采用《勃氏透气仪》（JC/T 956）进行测定，m^3；

ε——试样层空隙率。

（2）漏气检查。将透气圆筒上口用橡皮塞塞紧，接到压力计上。用抽气装置从压力计一臂中抽出部分气体，然后关闭阀门，观察是否漏气。如发现漏气，用活塞油脂加以密封。

（3）试料层准备。将穿孔板放入透气圆筒的边缘上，用一根直径比圆筒略小的细棒把一片滤纸送到穿孔板上，边缘压紧。称取确定的标准试样量（精确到0.001g）倒入圆筒中。轻敲圆筒的边，使料层表面平坦。再放入一片滤纸，用捣器均匀捣实试料直至捣器的支持环紧紧接触圆筒顶边并旋转两周，慢慢取出捣器。

（4）打开微型电磁泵慢慢从压力计一臂中抽出空气，直到压力计内液面上升到扩大部下端时关闭阀门，液面自然下降。记录液面从第一条刻度线下降到第二条刻度线所需的时间和实验时的环境温度。

（5）重新制备标准试样料层，重复测量。

（6）以水泥为样品，制备料层，重复上述测量过程两次。

实验数据记录与处理

（1）实验数据记录与处理参考格式见表 16-1。

表 16-1　勃氏法测定比表面积实验数据记录表

<table>
<tr><td rowspan="2">空气黏度</td><td>实验温度</td><td>测定温度</td><td>试料层体积</td></tr>
<tr><td></td><td></td><td></td></tr>
<tr><td rowspan="4">标准试样</td><td>密度 ρ/g · cm^{-3}</td><td>质量 m/g</td><td>空隙率 ε_e</td></tr>
<tr><td></td><td></td><td></td></tr>
<tr><td colspan="2">所需时间 T_e/s</td><td>仪器常数 K</td></tr>
<tr><td>T_{e1} =</td><td>T_{e2} =</td><td></td></tr>
<tr><td rowspan="4">水泥试样</td><td>密度 ρ/g · cm^{-3}</td><td>空隙率 ε</td><td>质量 m/g</td></tr>
<tr><td></td><td></td><td></td></tr>
<tr><td colspan="2">所需时间 T/s</td><td>比表面积 S/cm^2 · g^{-1}</td></tr>
<tr><td>T_1 =</td><td>T_2 =</td><td></td></tr>
</table>

（2）数据处理。

1）计算标准样品实验所测得透气时间的平均值，根据公式（16-5）计算仪器常数 K；

2）根据公式（16-4）计算水泥试样的比表面积。计算结果应由两次透气实验结果的平均值确定。如两次测量结果相差 2%以上时，应重新测量。

实验注意事项

（1）测定试料层体积时，应制备坚实的水泥层，如水泥太松或不能压到要求体积时，应调整水泥的试样量。

（2）每次透气实验，应重新制备试料层。

思 考 题

影响比表面积测试结果的因素有哪些？

参考文献

[1] 伍洪标，谢峻林，冯小平．无机非金属材料实验［M］. 北京：化学工业出版社，2010.

[2] 常钧，黄世峰，刘世权．无机非金属材料工艺与性能测试［M］. 北京：化学工业出版社，2007.

[3] 中国建筑材料科学研究总院．GB/T 8074—2008 水泥比表面积测定方法　勃氏法［S］. 北京：中国标准出版社，2008.

[4] 中国建筑材料科学研究总院，等．GB/T 208—2014 水泥密度测定方法［S］. 北京：中国标准出版社，2014.

Ⅱ BET 法

实验目的

（1）了解 BET 吸附理论及其应用。

（2）掌握 BET 法测定比表面积的工作原理及测定方法。

实验原理

气体被吸附是由于固体表面存在有剩余力场，根据这种力的性质和大小不同，分为物理吸附和化学吸附。前者是范德华力的作用，气体以分子状态被吸附；后者是化学键力起作用，相当于化学反应，气体以原子状态被吸附。物理吸附常在低温下发生，而且吸附量受气体压力的影响较显著。建立在多分子层吸附理论基础上的 BET 法是低温氮气吸附，属于物理吸附，这种方法已广泛用于比表面积测定。

BET（Brunauer-Emmeff-Teller）吸附法的基本假设是：在物理吸附中，吸附质（气体）与吸附剂（固体）之间的作用力是范德华力，而吸附质分子之间的作用力也是范德华力。所以，当气相中的吸附质分子被吸附在多孔固体表面之后，它们还可能从气相中吸附其他同类分子，所以吸附是多层的，吸附平衡是动平衡；第二层及以后各层分子的吸附热等于气体的液化热。根据此假设推导的 BET 方程式为

$$\frac{p}{V(p_0-p)}=\frac{1}{V_m C}+\frac{C-1}{V_m C}\times\frac{p}{p_0} \tag{16-7}$$

式中 p——吸附平衡时吸附质气体的压力，MPa；

p_0——吸附平衡温度下的饱和蒸气压，MPa；

V——被吸附气体的体积，mL；

V_m——以单分子层覆盖固体表面所需的气体量（以标况计算），mL；

C——常数。

在一定的 p/p_0 值范围内，用实验测得不同 p 值下的 V，并换算成标准状态下的体积。以 $p/[V(p_0-p)]$ 对 p/p_0 作图得到的应为一条直线，$1/(V_mC)$ 为直线的纵轴截距值 I，$(C-1)/(V_mC)$ 为直线的斜率 S，于是 $V_m=1/($斜率+截距$)$。因为 1mol 气体的体积为 22400mL，分子数为阿伏加德罗常数 N_A，故 $V_m/22400W$ 为 1g 粉体试样（取样质量 W）所吸附的单分子层气体的物质的量，$V_mN_A/22400W$ 就是 1g 粉体吸附的单分子层气体的分子数。因为低温吸附是在气体液化温度下进行的，被吸附的气体分子类似液体分子，以球形最密集方式排列，那么，用一个气体分子的横截面积 A_m 去乘 $V_mN_A/22400W$ 就得到粉体的比表面积 S。

$$S=V_mN_AA_m/22400W \tag{16-8}$$

需要补充说明的是：BET 氮吸附的直线关系仅在 p/p_0 值为 0.05～0.35 的范围内成立，在更低压力或 p/p_0 值下，实验值比按公式计算的偏高，而在较高压力下则偏低。

气体吸附法测定比表面灵敏度和精确度最高，它分为静态法和动态法两大类，前者又包括容量法和单点吸附法。

1. 容量法

根据吸附平衡前后吸附气体容积的变化来确定吸附量，实际上就是测定在已知容积内，气体压力的变化。BET 比表面积测定仪就是采用容量法测定的。图 16-3 为容量法 BET 测定装置示意图。连续测定吸附气体的压力 p 和被吸附气体的容积 V 并记下实验温度下吸附气体的蒸气压 p_0，再按 BET 公式（16-7）计算，以 $p/[V(p_0-p)]$ 对 p/p_0 作等温吸附线。

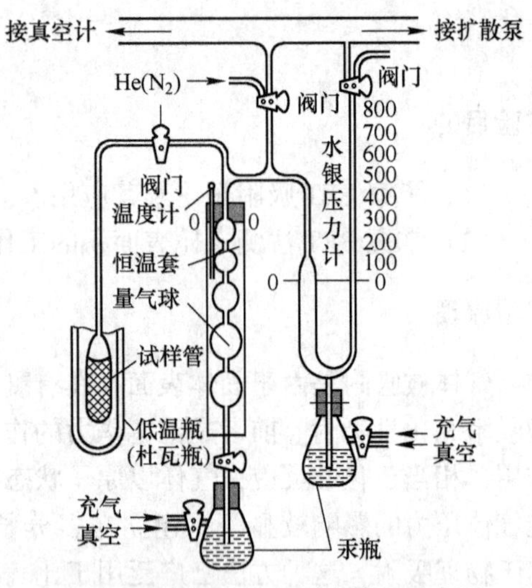

图 16-3 容量法 BET 测定装置示意图

2. 单点吸附法

BET 法至少要测量三组以上的 p-V 数据才能得到准确的直线，故称多点吸附法。

由 BET 公式（16-7）所作直线的斜率 $S=(C-1)/(V_mC)$ 和截距 $I=1/(V_mC)$ 可以求得 $V_m=1/(S+I)$ 和 $C=S/I+1$。用氮吸附时，一般 C 值很大，I 值很小，即（16-7）式中的 $1/(V_mC)$ 项可忽略，而第二项中 $C-1\approx C$，最后 BET 公式可简化成

$$\frac{p}{V(p_0-p)}=\frac{1}{V_m}\times\frac{p}{p_0} \tag{16-9}$$

如以 $p/[V(p_0-p)]$ 对 p/p_0 作图，直线将通过坐标原点，其斜率的倒数就代表所要测得的 V_m。因此，一般利用式（16-7）在 $p/p_0\approx0.3$ 附近一点，将它与 $p/[V(p_0-p)]-p/p_0$ 坐标图中的原点连接，就得到图 16-4 中的直线 2。单点法与多点法比较，当比表面积在 $10^{-2}\sim10^2\,m^2/g$ 范围时，误差为±5%，单点吸附法与多点吸附法的比较如图 16-4 所示。

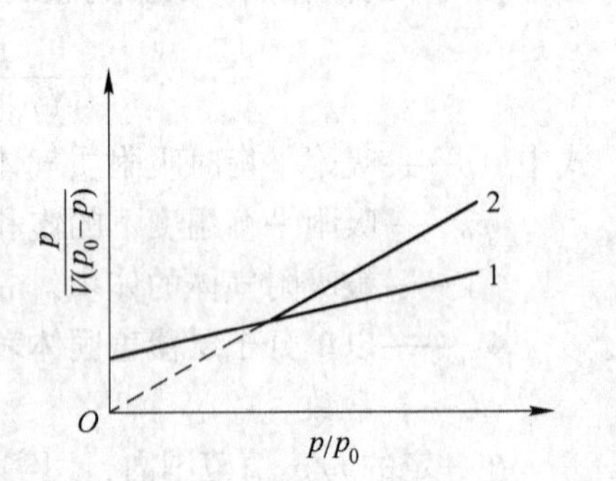

图 16-4 单点吸附法与多点吸附法的结果比较
1—多点吸附；2—单点吸附

根据式（16-8），将 N_2 气体分子的横截面积 $A_m=16.2\times10^{-20}\,m^2$，$N_A=6.023\times10^{23}$ 代入，可得到单点吸附法的比表面积计算公式

$$S=4.36V_m/W \tag{16-10}$$

式中 W——粉体试样的质量，g。

实验证明，单点吸附法的系统重复性较好，但在不同的 p/p_0 值下测量的结果会有偏差，如 p/p_0 偏大，所得比表面值偏高，故应控制 p/p_0 值约为 0.1 最好。

3. 动态吸附法

容量法属于静态吸附法，其吸附量的测量需在吸附平衡后才能进行，这样所花费的时间较长，动态吸附法就可克服这个缺点。

动态吸附法常用的是载气流动法，它是用已知浓度的含可吸附气体（如 N_2）和不可吸附的载气（如 He）的混合气体作为流动气体。当混合气体通过被液氮冷却的试样管

时，氦气在液氮温度下不被吸附，而氮气则发生物理吸附。测定在不同分压下的被吸附氮的量，按 BET 公式计算出吸附单分子层体积 V_m，根据式（16-10）则得到粉体的比表面积 S。通常情况下，载气吸附法也采用单点法测量。

当含粉体的试样管浸入液氮时，氮吸附发生，载气中氮浓度下降，当试样管离开液氮时，发生吸附氮的解吸。这种浓度的变化可以采用尼尔森（Nelsen）提出的热导探测器进行测量。图 16-5 为尼尔森法获得的吸附解吸曲线，曲线的峰值高度与吸附和解吸的速率相关，而曲线的积分面积则表示被吸附气体的量。为了从此吸附曲线或吸附峰来精确测量吸附气体的量，首先必须在吸附状态下校正探测器。校正方法是采用标准样品注入已知量可吸附气体，测量获得校正曲线面积，试样比表面测量时的吸附解吸峰的面积与之比较即可获得试样的气体吸附量，从而计算出试样的比表面积。

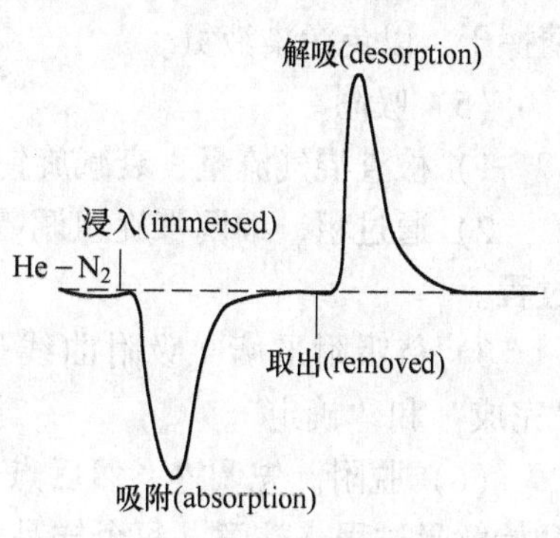

图 16-5　尼尔森法吸附解吸曲线

实验仪器设备与材料

（1）3H-2000 型全自动氮吸附比表面积测试仪。

（2）高压标准气体一瓶（N_2、He 纯度为 99. 995%以上，体积比为 N_2：He=1：4）。

（3）分析天平 200g/0. 1mg。

（4）标准样品。

实验步骤

（1）样品准备。测试样品在（105±5）℃下烘干至恒重。

（2）称样与装样。

1）先把清洁并干燥过的样品管放在一个合适的容器中，称量空样品管重，再用漏斗缓慢加入标准样品，标准样品一般在几百毫克（视堆积密度不同而异），标准样品可重复使用，一般在使用两星期左右后应重新称量。称量加样后样品管总重。

2）同样的方法称量待测样品的重量。待测样品称样量的多少以体积为准，振动敲平后的体积应控制在样品管装样管部分体积的 1/3 到 1/2 左右，最多不得超过样品管装样管部分体积的 2/3，允许的情况下装样量多一些可减小测试误差。

（3）安装样品管。将装有标准样品和待测样品的样品管振动，使样品平整后分别装在样品管接口上，安装样品管时应注意：1）标准样品管应安装在第一个对接口上，待测样品管依次安装在第二至第四个对接口上；2）安装样品管时不得向样品管臂向施力，以防样品管断裂；3）样品管的装样口应安装在仪器的装样接口的进气端（左侧）；4）样品管应安装竖直，无左右偏斜，接口应密封不得漏气。

（4）测试前准备。

1）打开高压标准气体气瓶的阀门。

2）打开测试电源开关（注意：电流为 100mA 左右，并且在没有通气状态下不得开电，否则将烧坏热导池检测器！），加零位处理保温杯。

3）打开数据处理系统，检查测试界面右下角的“采样板状态”栏是否正常。设置“显示设置”和“试样设置”（注意：开电后再打开软件）。

4）向保温杯中倒入约2/3高度的液氮。置于升降托上，若样品管上有上次遗留水滴请擦干，以免污染液氮。

（5）吸附。

1）检查混气流量、衰减旋钮置于适当挡位。

2）通过粗、细调零旋钮调零，然后点击“吸附”，再逐个上升液氮杯，即开始吸附过程。

3）待吸附平衡（吸附曲线呈近直线状态至少2min后即可认为吸附平衡）后点击“完成”和“确定”。

（6）脱附。先调零，然后点击“开始”，等待3~5s，下降第一个液氮杯，用常温水开始解吸过程（注意：每个样品解吸完成后等待至少30~60s后，先调零，然后开始下一个样品的解吸，即每个样品解吸前均要调零）。

（7）打印报告。点击“确定”，测试过程自动结束，点击“结果”查看测试结果，点击“保存”保存测试数据，点击“打印”打印测试报告。

（8）关机。

1）测试过程结束，将电压调为零，关闭测试电源，关闭数据处理系统电源，最后关闭混气气源。

2）拆换样品管（不可在未关电的情况下拆卸样品管!），清理掉废旧样品，整理实验台，实验结束。

实验数据记录与处理

（1）实验数据记录与处理参考格式见表16-2。

表16-2　BET法测定比表面积实验数据记录表

环境温度		实验日期		实验者	
样品名称	空样品管重/mg	加样后样品管重/mg	样品重/mg	测量峰面积	比表面积/$m^2 \cdot kg^{-1}$
标准样品					
测试样品1					
测试样品2					
测试样品3					

（2）根据标准样品的测量峰面积，计算测试样品的比表面积。

实验注意事项

（1）所测样品必须在（105±5）℃下烘干至恒重。

（2）在没有通气状态下不得打开主机，以免烧坏热导池检测器。

（3）通电后再打开测试软件。

（4）不锈钢液氮杯严禁盖上盖子，否则有爆炸危险。

（5）不使用仪器，装样位上应装有样品管，使仪器气路密封，以保持气路内部清洁。

思 考 题

吸附法与透过法测定的粉体比表面积有何不同?

参考文献

[1] 蒋阳，陶珍东．粉体工程 [M]．武汉：武汉理工大学出版社，2008.
[2] 周永强，吴泽，孙国忠．无机非金属材料专业实验 [M]．哈尔滨：哈尔滨工业大学出版社，2002.
[3] 伍洪标，谢峻林，冯小平．无机非金属材料实验 [M]．北京：化学工业出版社，2011.

实验 17　材料孔结构测定

实验目的

（1）熟悉压汞法测定孔结构及孔分布的原理。

（2）掌握压汞仪的构造及操作方法，学会孔结构数据分析。

实验原理

材料在制备或后续处理过程中通常会形成一定的孔隙，这些孔隙可视作固体内部的孔、通道、空腔或是形成床层、压制体以及团聚体颗粒间的空间。依据孔通道是否与材料表面连通可将其分为开孔（交联孔、通孔和盲孔）和闭孔，如图 17-1 所示。多孔材料是一种由相互贯通或封闭孔洞构成的网络结构的材料。由于特殊的多孔性结构，使其具有高比表面积、高孔隙率、高透过性、高吸附性等诸多优异的物理化学性能，因而在结构、缓冲、减振、化工、环保、隔热、消音、过滤等领域被广泛应用。材料中孔隙的形成原因是多种多样的，测定孔隙的大小、分布形态及其特征，对于分析孔隙的形成原因，控制或调整孔隙的形成及其分布有着重要的意义。

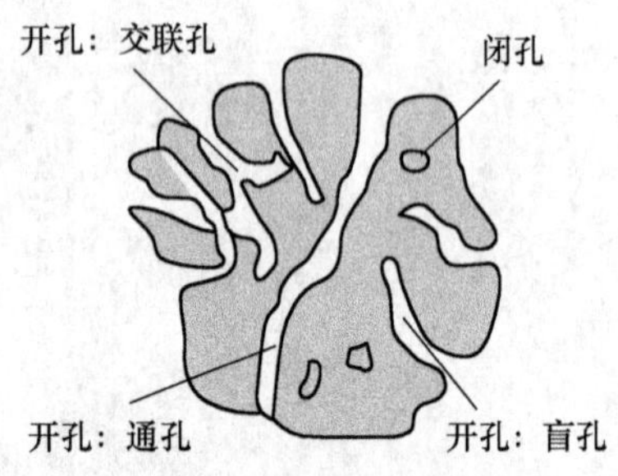

图 17-1　材料中孔的类型

根据测定目的的不同，材料孔结构的表征方法主要分为等温吸附法（氮吸附法）、压汞法、光学法（或电子光学法）、X 射线小角度衍射（SAXRD）法等。各种方法的测量范围及特点如表 17-1 所示。

表 17-1　材料孔结构的表征技术分类及特点

方　法	测量范围	特　点
等温吸附法（氮吸附法）	0.4～100nm	材料比表面积及开孔、半开孔和连通孔的孔结构测定
压汞法	3nm～400μm	开孔、半开孔和连通孔的孔结构测定
光学法（或电子光学法）	10nm 以上	可观察孔隙形状，结合图像分析仪能够分析不同孔径所占比例
小角度 X 射线散射法	2～30nm	可检测开孔、闭孔、干态和湿态样品；样品可为薄片状，在研究混凝土界面过渡区的孔结构方面有独到之处

压汞法与其他方法的区别在于可以简单、快速地提供类似的孔隙特征，加之其测量孔隙尺寸的范围大（纳米～微米），速度快（1～3h），已成为材料孔结构测定中最常用的方法。本实验采用压汞法测定材料的孔结构。

压汞法由里特（H. L. Ritter）和德列克（L. C. Drake）提出。它是基于汞对固体表面的不可润湿性，且汞与各类物质间的接触角 θ 为 135°~150°（通常取 140°）。根据固体界面行为的研究结论，当接触角大于 90℃时，固体不被液体润湿，因此必须对汞施加一定的压力以克服毛细孔的阻力，才能使汞润湿多孔材料的毛细孔（如图 17-2 所示），则进入毛细孔中汞体积增量所需的能量等于外力所做的功，即等于处于相同热力学条件下汞-固体界面的表面自由能。

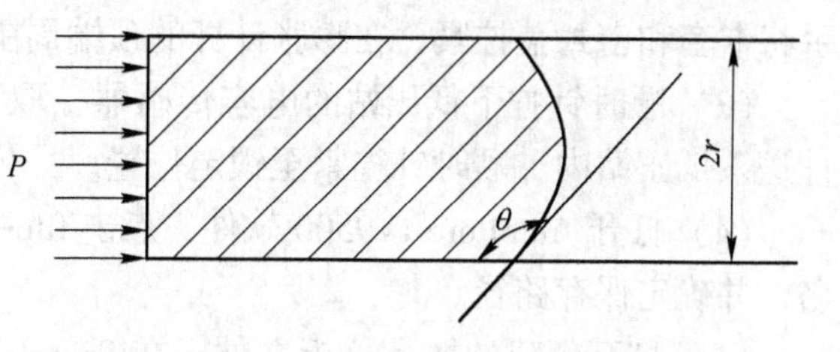

图 17-2　毛细孔中汞受力情况

图 17-2 中采用圆柱孔模型欲使毛细孔中的汞保持平衡位置，必须使外界所施加的总压力 P 等于毛细孔中汞表面张力产生的阻力 P'，即

$$P = \pi r^2 p = P' = 2\pi r\sigma\cos\theta \tag{17-1}$$

式中　σ——表面张力，N/mm^2；

P——外界施加给汞的总压力，N；

p——给汞施加的压力，N/mm^2；

P'——由于汞表面张力而引起的毛细孔壁对汞的压力，N；

r——毛细孔半径。

从而得到施加压力和孔径之间的关系，即 Washburn 方程：

$$P = \frac{2\sigma\cos\theta}{r} \tag{17-2}$$

根据施加压力 P，可以求出对应的孔径尺寸 d，由汞压入量可求出对应孔径的体积，从而导出一系列孔体积（累积、增量分数等）或者压力随孔径变化的曲线。

实验仪器设备与材料

（1）Auto Pore 9500 型压汞仪。

（2）膨胀计（如图 17-3 所示）。

（3）天平，精度 0.0001g。

（4）高纯氮气。

（5）高纯汞，99.99%。

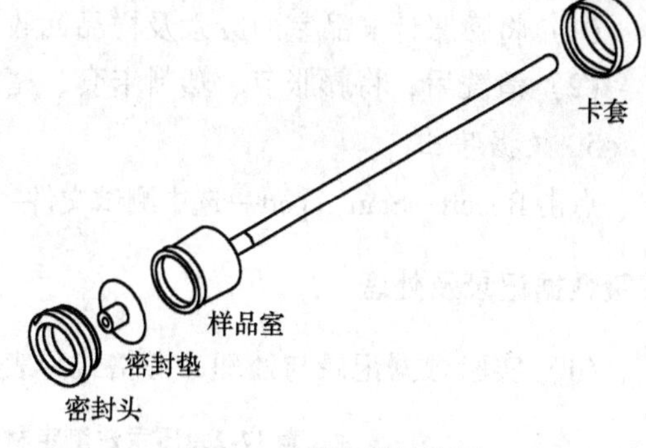

图 17-3　膨胀计结构图

实验步骤

1. 实验准备

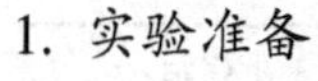

（1）块状样品切割成尺寸均匀的 3~5mm 的小块，在 150℃或更高温度下烘干 1h。

（2）开启通风装置，打开电脑主机，检查汞池中汞量是否充足。打开氮气瓶阀门使压力保持在 0.3MPa 左右。

2. 低压操作

（1）称量膨胀计组件和样品的质量，并记录。

（2）将样品慢慢倒入膨胀计头部的样品室内，在膨胀计头部的玻璃表面涂抹少量真空密封脂。竖直膨胀计，把密封盖对中盖在密封面上并压紧，卡套套进膨胀计杆内。用扳手将卡套和密封盖拧紧，在膨胀计杆的顶端周围涂抹约5cm长度的硅密封脂。

（3）顺时针拧下低压站的电容传感器，取下隔离套件并套在膨胀计的头部，将膨胀计送入低压站内，顺时针拧紧至锁定位置。

（4）打开 AutoPore IV9500 软件，点击 file→open→Sample information→输入样品文件名，并确定保存路径。

（5）打开新建的样品分析文件，在 Sample information 界面输入样品名称及重量；编辑分析条件、膨胀计参数文件，在 Report options 界面选择报告样式，点击 save 保存样品分析文件。

（6）点击 Unit→Low pressure analysis，出现分析对话框，在 Port1 及 Port2 点击 Browse 选择对应的待分析文件，点击 start，开始低压分析。

（7）当低压分析界面显示 Idle 时，从低压分析口取下膨胀计组件，称取膨胀计组件质量，并记录。

3. 高压操作

（1）逆时针缓慢松动排空阀，释放内部压力，将高压仓头向上抬起至最高位置，并锁住。

（2）将膨胀计毛细管导入高压仓头内，并确认其与底座接触良好，将样品室落下并旋紧，缓慢反复几次松和紧操作，将仓内气泡赶至排空阀的玻璃腔内，直到不出现大气泡为止。

（3）点击 Unit→High pressure analysis，浏览选择完成低压分析的文件，输入低压后膨胀计组件的质量，点击 next，start，开始高压分析。

（4）当高压分析界面显示 Idle 时，松开排空阀，逆时针转动高压仓头臂，将仓头从仓内拧出，提升至最高处并锁住，将膨胀计从高压仓内取出。

4. 膨胀计清洗

（1）将膨胀计样品室的废汞及样品回收至回收瓶中，并用水密封，清洗膨胀剂。

（2）清洗后，将膨胀节、塑料卡套、密封垫置于90℃以下烘箱内烘干1.5~2h。

5. 数据导出

点击 Report→Start report→选中测试文件→Save as，将所需数据保存为.xls 或.txt 文件。

实验数据记录及处理

（1）实验数据记录与处理参考格式见表17-2。

表17-2　压汞法测定材料孔结构实验数据记录表

样品名称	总孔体积 /mL·g^{-1}	总孔面积 /m^2·g^{-1}	平均径 /nm	表观（骨架）密度 /g·mL^{-1}	孔隙率 /%	最可几孔径 /nm	孔分布/%		
							<2nm	2~50nm	>50nm

（2）数据处理。

1）记录材料孔结构数据，计算材料各孔径尺寸所占百分比并填入记录表。

2）在算术坐标纸上以孔直径为横坐标，孔体积为纵坐标绘制孔径分布图。

实验注意事项

（1）仪器工作时，操作人不能离开，一旦出现异常，立即取消操作。

（2）保持室内温度低于25℃，且处于良好的通风状态。

（3）操作时要穿工作服，并配戴口罩及乳胶手套。

（4）如果出现汞撒漏的情况，应立即用汞清洁器将汞液珠吸干净，回收，并洒硫磺覆盖渗漏区域。

思 考 题

（1）简述压汞仪测量材料孔结构准确性的影响因素？

（2）分析材料的孔隙率及孔隙特征与其强度、密度、吸水性、导热性、抗渗性、抗冻性、吸声性、导热性之间的关系。

参考文献

[1] 崔静洁，何文，廖世军，等. 多孔材料的孔结构表征及其分析［J］. 材料导报：综述篇，2009，23（7）：82~86.

[2] 廉慧珍. 建筑材料物相研究基础［M］. 北京：清华大学出版社，1996.

[3] 蒋兵，王勇军，李政民. 纳米多孔金的制备方法研究进展［J］. 材料导报，2012，26：16~19.

[4] 罗明勇，曾强，李克非，等. 养护条件对水泥基材料孔结构的影响［J］. 硅酸盐学报，2013，41（5）：597~604.

实验 18　粉体综合特性测定

实验目的

（1）理解粉体特性的意义，掌握粉体特性的测定原理与方法。

（2）了解粉体综合特性测定仪的构造，掌握其使用方法。

（3）学会定量和定性评价粉体的流动性和喷流性。

实验原理

粉体是由不连续的微粒构成，它是固体中的一个特殊领域，具有一些特殊的物理性质，如流动性、吸湿性、充填性、凝聚性、巨大的比表面积和较小的松装密度等。研究粉体特性参数并分析其流动性和喷流性对粉体加工、输送、包装、存储等方面的单元操作和工程设计具有重要意义。

1. 粉体特性参数

粉体特性参数主要包括休止角、平板角、松装密度、振实密度、压缩度、均齐度、凝集度、分散度等，其含义如下。

（1）休止角（θ_r）：也称安息角或自然坡度角，是指在静平衡状态下，粉体堆积斜面与底部水平面所夹锐角，如图 18-1 所示。它是通过特定方式使粉体自然下落到特定平台上形成的。休止角大小直接反映粉体的流动性，休止角越小，粉体的流动性越好。

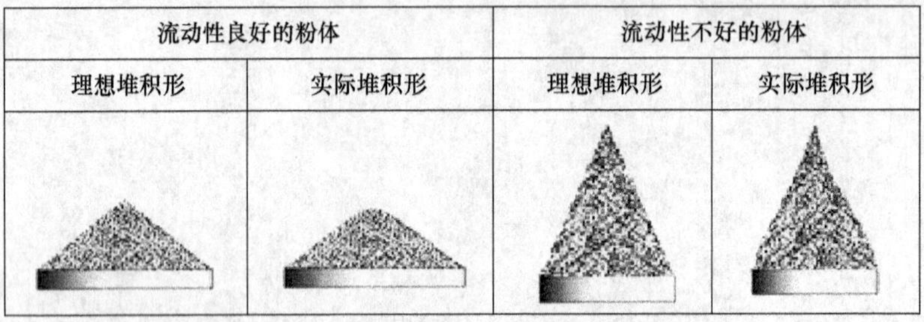

流动性良好的粉体		流动性不好的粉体	
理想堆积形	实际堆积形	理想堆积形	实际堆积形

图 18-1　休止角的理想状态和实际状态示意图

（2）崩溃角（θ_f）：测量休止角时，给堆积的粉体一定的外力冲击，这时堆积粉体表面就可能产生崩塌现象，崩塌后粉体堆积斜面与底部水平面所夹锐角称为崩溃角。

（3）差角（θ_d）：休止角与崩溃角之差称为差角。差角越大，粉体的流动性越强。

（4）平板角（θ_s）：也称为抹刀角。将埋在自然堆积粉体中的平板向上垂直提起，粉体在平板上的自由表面（斜面）和水平面之间的夹角 θ_{s1} 与受到一定冲击后的夹角 θ_{s2} 的平均值称为平板角。平板角越小，粉体的流动性越强。一般情况下，平板角大于休止角。

（5）松装密度（ρ_a）：是指粉体在特定容器中处于自然充满状态时的堆积密度，其值等于自然堆积条件下粉体质量与其所占体积的比值。

（6）振实密度（ρ_p）：是指一定质量（或体积）的粉体装填在特定容器后，对容器进行一定强度的振动，从而破坏粉体颗粒间的空隙，使颗粒处于紧密堆积状态，此时粉体的堆积密度称为振实密度，其值等于振实条件下粉体质量与其所占体积的比值。振实密度的测试方法一般分为固定体积法和固定质量法，固定体积法是测量体积固定的密度容器中，经过振实后的粉体质量。固定质量法是用振实机或手工将规定质量的粉体振实，直到粉体的体积不再减少为止，固定质量法中样品量和容器体积按表 18-1 选择。

表 18-1　粉体振实密度的测试条件

量筒容积/mL	样品的松装密度 ρ_a/g·cm^{-3}	样品质量 G_2/g
100	≥1	100±0.5
	<1	50±0.2
25	≥4	100±0.5
	2~4	50±0.2
	1~2	20±0.1

（7）压缩度（C_p）：是指粉体的振实密度与松装密度之差与振实密度之比。压缩度越小，粉体的流动性越好。压缩度也称压缩率，计算公式为

$$C_p = \frac{\rho_p - \rho_a}{\rho_p} \times 100\% \tag{18-1}$$

（8）分散度（D_s）：是指一定质量的粉体从一定高度落下后，接料盘外的试样量占试样总量的百分比。分散度表征粉体在空气中的飘散程度，与粉体的分散性、漂浮性和飞溅性有关。如果分散度超过 50%，说明该样品具有很强的飞溅倾向。

（9）空隙率（ε_n）：是指粉体中的空隙占整个粉体体积的百分比。空隙率因粉体的粒子形状、排列结构、粒径等因素的不同而变化。颗粒为球形时，粉体空隙率为 40%左右；颗粒为不规则形状时，粉体空隙率为 70%~80%或更高。

空隙率的计算公式是

$$\varepsilon_n = \frac{V_n - \dfrac{W_1 - W_0}{\rho}}{V_n} \times 100\% \tag{18-2}$$

式中　V_n——n 次振动后粉体的容积，mL，$n=0$ 时，ε_n 为初期空隙率，$n=\infty$ 时，ε_n 为最终空隙率，测试空隙率时的振动次数以粉体表面不再下降为限；

W_1——填充粉体后粉体与容器的总质量，g；

W_0——容器质量，g；

ρ——样品真密度，g/cm^3。

（10）均齐度：

$$均齐度 = \frac{D_{60}}{D_{10}} \tag{18-3}$$

式中　D_{60}——物料 60%质量能通过的筛孔尺寸，μm；

D_{10}——物料10%质量能通过的筛孔尺寸，μm。

D_{60}和D_{10}需通过物料粒度分布曲线获得。较粗颗粒可以采用筛分法获得其粒度分布曲线，对于较细的颗粒，则需通过粒度仪获得其粒度分布。

（11）凝集度：凝集度是体现粉体凝聚程度的指标，其值越大，粉体的流动性越差。

凝集度=上层筛上残留率(%)+中层筛上残留率(%)×3/5+下层筛上残留率(%)×1/5

其中上、中、下三层筛子筛网孔径是根据平均堆积密度按表18-2选择。

表18-2　凝集度测试筛的选择

平均堆积密度 $(\rho_a+\rho_p)/2$/g·cm^{-3}		0.4以下	0.4~0.9	0.9以上
筛网孔径/μm	上层	355	250	150
	中层	250	150	75
	下层	150	75	45

筛分振动时间按以下方法确定：

1）松装密度$\rho_a \leqslant 1.6$(g/cm^3)时，振动时间为$120-62.5\times\rho_a$。

2）松装密度$\rho_a>1.6$(g/cm^3)时，振动时间为20s。

2. 粉体流动性和喷流性

粉体的流动性表示粉体流动性能的好坏，是粉体工程的重要研究内容之一。在许多的粉体单元操作过程中都涉及粉体的流动性，例如在粉体的生产工艺、输送、储存、装填以及混合等等。粉体的流动性因产地、生产工艺、粒度、颗粒形状、水分含量、物料混合量、压实力大小等因素的变化有明显的不同。研究粉体的流动性可提高对粉体在工业过程中的监测与控制，并可在一定条件下预测各项单元操作中流动状态。同时，可通过改变相应参数，改善粉体的流动性。

测量粉体流动性的方法很多，包括静态法和动态法。静态法有休止角法、内摩擦角法、壁摩擦角法和滑角法等；动态法有小孔流出速度法、旋转圆筒法、记录式粉末流速计法等。但是这些方法所考虑的因素都比较单一，带有较强的经验性，在实际单元操作中，往往难以很好地描述粉体流动性。Carr通过对大量粉体试样的测定，归纳提出了一种测量、计算及评价粉体流动性方法，叫做Carr流动性指数法。Carr指数法综合研究了影响粉体流动性的休止角、压缩率、平板角、凝集度（或均齐度）等4项指标，用类似模糊数学中综合评分的方法对定性概念进行模糊量化，即将流动性定为100分，上述4项每项占25分。通过测定样品的每一项特性参数并将其指数化，然后累加这些指数，即可得到Carr流动性指数。Carr流动性指数分为七档，得分越高流动性越好，总得分高于80分一般不会堵结，低于60分则一般会结拱。

流动性指数是休止角、压缩度、平板角、凝集度（或均齐度）等项指数的加权和。在进行粉体流动性测算的过程中，凝集度一般适用于易团聚的细粉或微粉，而均齐度多用于颗粒凝聚性较小的粗粉。均齐度和凝集度适用条件的选择方法为：首先计算平均堆积密度$(\rho_a+\rho_p)/2$的值，然后根据表18-3选择孔径合适的筛子，在筛子上加少量粉体，振筛2min，观察试样是否全部通过筛网，如果全部通过，则选择凝集度作为测试指标，否则选择均齐度。

表 18-3　凝集度或均齐度的选择标准

平均堆积密度 $(\rho_a+\rho_p)/2$ /g·cm^{-3}	0.4 以下	0.4~0.9	0.9 以上	适用
筛网孔径及通过情况	150μm 筛全通过 150μm 筛未全通过	75μm 筛全通过 75μm 筛未全通过	45μm 筛全通过 45μm 筛未全通过	凝集度 均齐度

Carr 流动性综合评价法包括了粉体的多种特性，考虑到了粉体物理-力学的复杂性，是迄今较为全面、直接而实用的过程标准和方法。该法既适应于流动性好的粉体，又适用于附着性强且流动性差的粉体，在工程应用中较为常见。它的缺点是只给出定性指标，该指数不能用于诸如输送压降、混合时间、搅拌功率等的工程计算。

粉体的喷流性表示的是粉体在自身重力及外力作用下散落的情况。与流动性指数相似，喷流性指数是流动性指数、崩溃角、差角、分散度等项指数的加权和。喷流性较强的粉体容易产生粉尘，对于这样的粉体，生产加工过程中应特别注意设备中发生粉尘喷流、包装时粉尘飞扬的情况。

实验仪器设备与材料

（1）BT-1000 型粉体综合特性测试仪。BT-1000 型粉体综合特性测试仪（如图 18-2 所示）是一种多功能、一体化的粉体综合特性测试仪器，配备有各种组件，其测试项目包括休止角、崩溃角、平板角、分散度、松装密度、振实密度、空隙率、凝集度等，根据这些参数可以计算出粉体流动性指数和喷流性指数，进而评价粉体的流动性和喷流性。

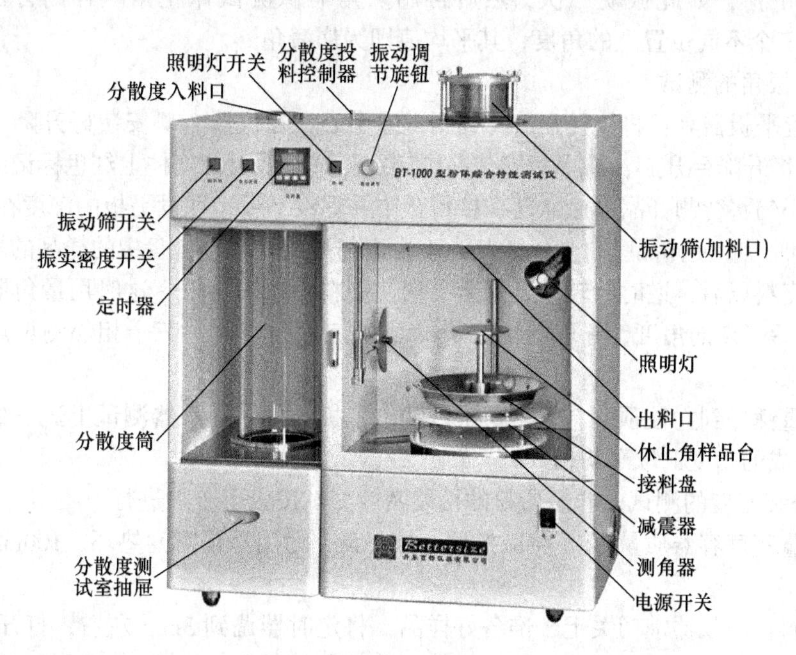

图 18-2　BT-1000 型粉体综合特性测试仪结构示意图

（2）电子天平，1000g/0.01g。

（3）电热鼓风干燥箱、真空吸尘器、标准筛等。

实验步骤

（1）物料准备：选取一定量的物料进行测试，如果需要，可以对样品预先进行干燥处理。

（2）接通电源，检查仪器，确保各部件齐全并能正常工作。

（3）休止角的测试。

1）放置休止角组件：将减振器放到仪器测试室中心，上面放上接料盘（有底座的直径200mm的托盘）和休止角样品台。保持减震器、接料盘、休止角样品台上的三个红色标记点在一条直线上且朝向正前方。将水平仪放在休止角平台上，测试休止角平台的水平度，如不水平，调整仪器底角螺丝，使休止角样品台的上平面基本处于水平状态。

2）加料：将仪器前门关上，准备好样品，将定时器调到3min左右。打开振动筛盖，打开仪器的电源开关和振动筛开关，用小勺将样品加到筛上，样品通过筛网，经出料口洒落到样品台上，形成锥体。

3）当样品落满样品台呈对称的圆锥体，且在平台圆周都有粉体落下时，停止加料，关闭振动筛电源，调整量角器的高度和长度并靠近料堆，与圆锥形料堆的斜面重合，量出并记录休止角。然后轻轻转动接料盘至120°和240°位置并测量角度。把上述三个角度取平均值，该平均值就是这个样品的休止角θ_r。

（4）崩溃角的测试。测完休止角后，用两手指轻轻提起样品台轴上的振子至卡销处，然后松开，使振子自由落下，当振子落到底部时样品台受到振动，平台上堆积的圆锥体样品表面崩塌下落，如此振动三次，然后再用量角器像测试休止角一样的方法测试0°、120°、240°三个不同位置上的角度，其平均值即为崩溃角θ_f。

（5）平板角的测试。

1）放置平板器具：将接料盘放置到测试室中心，在仪器右侧安装好升降手柄，顺时针扳动手柄将升降台升起，将平板安装并固定在测试室后面的立柱上红色标记线处。

2）用小勺将待测样品徐徐撒落在接料盘中并埋没平板，埋没平板的深度在20~30mm之间。加料时尽量使样品呈自然松散状，不要用勺压或整理接料盘中的样品的堆积形状。

3）加完料以后，逆时针转动升降台手柄使接料盘缓缓落下，这时用量角器测试平板上前、中、后三点的角度，并取平均值θ_{s1}。测试三处角度时，三个相邻测量点间的距离为20mm左右。

4）将重锤提到立柱顶端，下落一次，冲击平板，再用测角器测试上述三处留在平板上粉体所形成的角度，取平均值θ_{s2}。

（6）松装密度的测试。非金属粉的松装密度测试按以下步骤进行：

1）称量密度容器质量G_1，将减振器、接料盘、通用松装密度垫环、100mL密度容器安装好。

2）加料：将仪器前门关上，准备好样品，将定时器调到3min左右，打开振动筛盖，打开仪器的电源开关和振动筛开关，用小勺在加料口徐徐加料，物料通过筛网经出料口落入密度容器中。

3）当样品充满密度容器并溢出后停止加料，关闭振动筛，取出密度容器，用刮板将多余的料刮出，并用毛刷将外面的粉料扫除干净，用天平称量容器与粉体的总质量。重复实验 3 次，计算平均质量 G。

金属粉的松装密度测试时要使用金属粉专用松装密度支架、25mL 密度容器、金属粉松装密度漏斗，其他测试方法与非金属粉基本相同。

（7）振实密度的测试。

方法一：固定体积法。

1）将透明套筒与 100mL 密度容器连接好，将导柱放入振实密度底座中，安装振实密度垫块。

2）将适量样品慢慢加到振实密度组件中，样品的上表面要至少达到透明套筒的一半高度。盖上筒盖，防止样品震动时飞溅，将振实密度组件放置于底座上。

3）将定时器调整到 8min，打开振动电机开关，连续振动，待振动自动停止。在振动过程中观察透明套筒中的粉体表面，如果粉体表面还在下降，就要继续振动下去，直到粉体表面不再下降后停止振动，取出振实密度组件，将上下两部分分开，将 100mL 容器口用刮板刮平，并用毛刷将容器外面的粉料轻轻扫除干净，记录振动时间。用天平称量容器与粉体的总质量。

4）调整定时器时间，重复实验 3 次，称量容器与粉体的总质量 G，计算 3 次测试结果平均值。

方法二：固定质量法。

1）按表 18-1 确定实验所需的样品质量 G_2 和量筒体积，将导柱放入振实密度底座中，放入振实密度垫块（平面向上）。将称量好的样品徐徐滑入量筒中，将量筒放到振实密度底座中。

2）将定时器调整到 8min，启动振动电机。在振动过程中，如果量筒中的粉体表面一直呈下降状态，就要继续振动下去，直到粉体表面不再下降为止，从量筒上读出粉体的体积 V(mL)。

（8）分散度的测试。

1）将分散度卸料控制器拉到右端并卡住，关闭料斗。将接料盘（ϕ100mm）置于分散度测试筒正下方的分散度测试室内的定位圈中，关上抽屉。

2）用天平称 10g 样品，通过漏斗把样品加到仪器顶部的分散度入料口中。然后瞬间开启卸料阀，使样品通过分散度筒自由落下。

3）取出接料盘，称量残留于接料盘中的样品质量 m。重复 3 次取其平均值。

（9）均齐度的测试。参考实验 14 或采用粒度仪测出实验样品的筛下累积分布曲线，根据曲线求得 D_{10} 和 D_{60}，然后根据定义计算均齐度。

（10）凝集度的测试。

1）根据平均堆积密度值按表 18-2 选择三个合适的筛子，将筛子安装好，放好接料盘，安装好出料口套筒。

2）用天平称取 2.00g 样品并全部倒到上层筛子上，设置好定时器的时间，启动筛分振动器进行筛分。

3）筛分结束后称量各层筛上的残留量，重复实验 3 次，结果取平均值，计算每层筛上残留率。

（11）实验结束，关闭仪器电源开关，清理仪器及测量部件，整理实验现场。

实验数据记录与处理

（1）实验数据记录与处理参考格式见表 18-4。

表 18-4　粉体综合特性测定实验数据记录表

试样名称	真密度 ρ/g · cm^{-3}	实验者			实验时间	
测试项目		测试值 1	测试值 2	测试值 3	平均值	指数值
休止角/(°)						
崩溃角/(°)						
差角/(°)						
平板角	落锤前夹角/(°)					
	落锤后夹角/(°)					
	平板角/(°)					
松装密度	容器体积 V/mL					
	容器质量 G_1/g					
	容器质量+试样质量 G/g					
	试样质量 $G-G_1$/g					
	松装密度 $\rho_a = (G - G_1)/V$/g · cm^{-3}					
振实密度	容器体积 V/mL					
	容器质量 G_1/g					
	容器质量+样品质量 G/g					
	试样质量 $G-G_1$/g					
	振实密度 $\rho_p = (G - G_1)/V$/g · cm^{-3}					
压缩度	压缩度 $C_p = (\rho_p - \rho_a)/\rho_p \times 100\%$/%					
空隙率	振动后粉体体积 V_n/mL					
	容器质量+样品质量 W_1/g					
	容器质量 W_0/g					
	孔隙率 $\varepsilon_n = [V_n - (W_1 - W_0)/\rho]/V_n \times 100\%$/%					
凝集度	试样质量/g					
	振动时间/s					
	上层筛网试样残余量/g					
	中层筛网试样残余量/g					
	下层筛网试样残余量/g					
	凝集度=上层残留率(%)+中层残留率(%)×3/5+下层残留率(%)×1/5					

续表 18-4

测试项目		测试值 1	测试值 2	测试值 3	平均值	指数值
均齐度	$D_{60}/\mu m$					
	$D_{10}/\mu m$					
	均齐度 $=D_{60}/D_{10}$					
分散度	残余试样质量 m/g					
	分散度 $=(10-m)/10\times100\%/\%$					
流动性指数						
喷流性指数						

（2）数据处理。

1）根据实验数据计算被测粉体的各项参数。

2）定量、定性评价被测粉体的流动性和喷流性。

思 考 题

（1）影响粉体流动性的因素有哪些？

（2）测量粉体流动性的方法有哪些？

（3）测定粉体流动性的意义何在？

参考文献

[1] 陈景华. 材料工程测试技术 [M]. 上海：华东理工大学出版社，2006.

[2] 钢铁研究总院，山东揽月科技有限公司，中国有色金属工业标准计量质量研究所. GB/T 1479. 1—2011 金属粉末松装密度的测定 [S]. 北京：中国标准出版社. 2011.

[3] 中钢集团武汉安全环保研究院，国家劳动保护用品质量监督检验中心. GB/T 16913—2008 粉尘物性试验方法 [S]. 北京：中国标准出版社. 2008.

[4] 天津化工研究设计院，青岛出入境检验检疫局. GB/T 21354—2008 粉末产品振实密度测定通用方法 [S]. 北京：中国标准出版社. 2008.

[5] 伍洪标，谢峻林，冯小平. 无机非金属材料实验 [M]. 2 版. 北京：化学工业出版社，2011.

[6] 胡庆轩，郑怀玉，林文娟，等. 有机粉体流动性的测定 [J]. 中国粉体技术，1999，5（5）：11~14.

[7] 张大康. 水泥粉体流动性指数对流动速度的影响 [J]. 中国水泥，2008，（5）：56~60.

实验 19　离心式风机特性测定

实验目的

（1）了解离心式风机的基本结构与工作原理。

（2）掌握利用实验装置测定风机特性参数的实验方法。

（3）学会通过实验数据绘制恒定转速下被测风机的气动性能曲线和无因次参数特性曲线，并确定风机最佳工作范围。

实验原理

风机是一种将原动机的能量转变为气体压能和动能的空气动力机械，是钢铁、化工、电力、水泥、锅炉、矿山等各工业生产领域广泛采用的动力设备。了解风机性能并合理选用风机对提高生产能力，保证生产安全高效具有重大意义。按照气体在风机内部流动的方向可将风机分为离心式风机、轴流式风机和混流式风机，常见的通风除尘和气力输送系统中大都是采用离心式风机，其构造如图 19-1 所示。

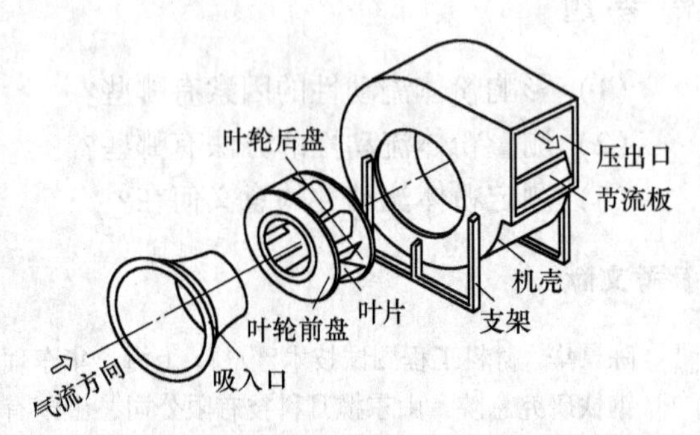

图 19-1　离心式风机主要结构分解示意图

离心式风机主要是由机壳、叶轮、吸入口、压出口等组成，此外还有机轴、轴承、底座等部件。风机中最主要的部件是叶轮，叶轮由前盘、后盘、叶片和轮毂组成。机壳是蜗壳形，壳内气体通道及出口截面有矩形和圆形两种，一般低压及中压风机多用矩形，高压风机多用圆形。风机通过联轴器、皮带轮或直接与电动机机轴相连，当电动机转动时，风机的叶轮随着转动。叶轮在旋转时产生离心力将空气从叶轮中甩出，经通风机出口排出流入管道。当空气被排出后，叶轮中就形成了负压，进气口外面的空气在大气压作用下又被压入叶轮中。因此，叶轮不断旋转，空气也就在通风机的作用下，在管道中不断流动，这就是离心式风机的工作原理。

表征离心式风机性能的基本参数主要有风量 Q、全压 p、静压 p_{st}、轴功率 N 和效率 η 等，这些参数从不同角度表示了风机的性能。流体流经风机时，不可避免地会遇到种种流动阻力，产生能量损失。由于流动的复杂性，这些能量损失无法从理论上做出精确计算，因而无法从理论上求得实际风压的数值。因此，风机的性能参数必须要在离心式风机性能实验台上测试并计算才能获得。

本实验采用的实验装置是进气式离心风机性能测试实验台，其结构如图 19-2 所示，符合《通风机空气动力性能试验方法》（GB 1236—85）和《工业通风机用　标准化风道进行性能试验》（GB 1236—2000）相关要求。

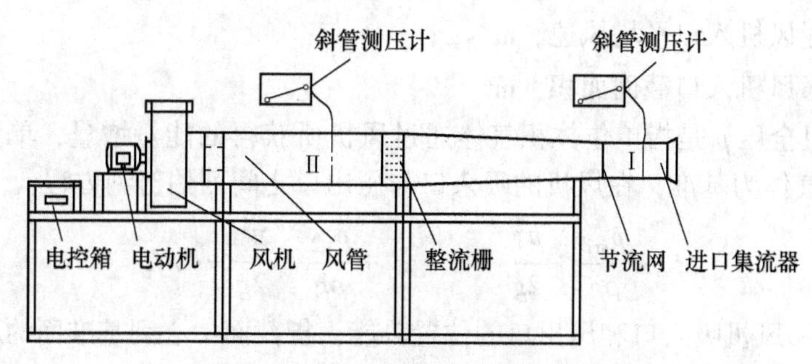

图 19-2　离心风机性能实验台示意图

实验风管进风口为锥形集流器，在集流器的一个断面Ⅰ上，设有四个测压孔，用胶管接到斜管测压计上，可测出进入风机的进口集流器静压 p_{stj} 用以计算风机流量。风管内装有节流网和整流栅，节流网可以用来调节风量，而整流栅可以起到使流入风机的气流均匀的作用。在靠近风机入口处的风管断面Ⅱ上也设有四个测压孔，用橡胶管接到另一个斜管测压计上，用以测量静压 p_{sti}。风机的进风口用法兰与试验风管的接头相连接。电机与风机直接相连，电控箱可控制电机开关并实时显示运转功率 N_b 和转速 n。测得了上述 p_{stj}、p_{sti}、N_b 和 n 等实验数据以后，结合已知的实验台原始参数和环境参数，利用它们之间的关系式，就可以计算出该工况下的风机性能参量。

1. 风机性能参数

（1）流量 Q 是指单位时间风机所输送的气体的体积，以风机进口处气体的状态计，单位为 m^3/s 或 m^3/h。

$$Q = A_n \alpha \sqrt{\frac{2\,|p_{stj}|}{\rho}} \tag{19-1}$$

式中　Q——通风机体积流量，m^3/s；

A_n——集流器后面静压测点所在断面面积，m^2；

α——集流器流量系数，当采用锥形集流器时，$\alpha = 0.98$，当采用圆弧形集流器时，$\alpha = 0.99$；

ρ——气体密度，kg/m^3；

p_{stj}——集流器测压断面静压，Pa。

（2）动压 p_d。通风机动压以风机出口（用下角标 1 表示风机入口，下角标 2 表示出口）动压表示，计算公式为

$$p_d = p_{d2} = \frac{1}{2}\rho u_2^2 = \frac{1}{2}\rho\left(\frac{Q}{A_2}\right)^2 \tag{19-2}$$

式中　p_{d2}——通风机出口动压，Pa；

A_2——通风机出口截面面积，m^2；

u_2——通风机出口平均风速，m/s。

类似地，风机入口动压

$$p_{d1} = \frac{1}{2}\rho u_1^2 = \frac{1}{2}\rho\left(\frac{Q}{A_1}\right)^2 \tag{19-3}$$

式中　p_{d1}——通风机入口动压，Pa；

u_1——通风机入口平均风速，m/s；

A_1——通风机入口截面面积，m^2。

（3）通风机全压 p 是指单位体积气体通过风机所获得的能量增量，单位为 Pa。以单位重量（1N）气体为基准，在风机的吸入口与压出口之间列伯努利方程：

$$z_1 + \frac{p_{st1}}{\rho g} + \frac{u_1^2}{2g} + H = z_2 + \frac{p_{st2}}{\rho g} + \frac{u_2^2}{2g} + \Sigma H_f \tag{19-4}$$

式中　z_1，z_2——风机吸入口和压出口的位置势能，指截面中心到基准面的距离，m；

p_{st1}，p_{st2}——气体在吸入口和压出口处的静压，Pa；

$\frac{p_{st1}}{\rho g}$，$\frac{p_{st2}}{\rho g}$——单位重量气体在吸入口和压出口压力势能，m；

$\frac{u_1^2}{2g}$，$\frac{u_2^2}{2g}$——单位重量气体在吸入口和压出口动能，m；

H——单位重量气体从吸入口和压出口获得的机械能的增量，m；

ΣH_f——单位重量气体在风机吸入口和压出口间阻力损失，m。

上式各项均乘以 ρg 并加以整理得

$$\rho g H = \rho g(z_2 - z_1) + (p_{st2} - p_{st1}) + \left(\frac{\rho u_2^2}{2} - \frac{\rho u_1^2}{2}\right) + \rho g \Sigma H_f \tag{19-5}$$

式中 ρ 是气体密度，值比较小，位能变化（$z_2 - z_1$）也很小，故 $\rho g(z_2 - z_1)$ 可以忽略；因进出口管段很短，$\rho g \Sigma H_f$ 也可以忽略。因此，上述的伯努利方程可以简化成

$$\rho g H = (p_{st2} - p_{st1}) + \left(\frac{\rho u_2^2}{2} - \frac{\rho u_1^2}{2}\right) \tag{19-6}$$

即

$$p = p_{st2} - p_{st1} + p_d - p_{d1} \tag{19-7}$$

式中　p——通风机全压，Pa。

则通风机静压

$$p_{st} = p - p_d = p_{st2} - p_{st1} - p_{d1} \tag{19-8}$$

断面Ⅱ上静压测点到风机入口（风筒末端）还有一段距离，而气流在这段管内流动时的阻力损失使得风机入口静压比测量值要低些，因此在计算全压和静压时，必须考虑这些影响，本实验中，从静压测点断面Ⅱ到风机入口主要是存在沿程阻力损失 Δh_f，且

$$\Delta h_f = \lambda \frac{l}{D} p_{d1} \tag{19-9}$$

式中　λ——沿程阻力系数，对冷轧钢板 $\lambda = 0.025$；

l——断面Ⅱ到风机入口之间的距离，m；

D——风管直径，m。

所以风机入口静压为

$$p_{st1} = p_{sti} - \Delta h_f \tag{19-10}$$

将公式（19-10）代入公式（19-7），且本实验中通风机出口通向大气，故 $p_{st2} = 0$，则通风机全压

$$p = -p_{sti} + p_d - p_{d1} + \Delta h_f \tag{19-11}$$

通风机静压

$$p_{st} = -p_{sti} - p_{d1} + \Delta h_f \tag{19-12}$$

（4）轴功率 N_{sh} 是风机的输入功率，即电动机传递给风机机轴的功率，单位为kW。

$$N_{sh} = \frac{\sqrt{3} N_b \cos\varphi}{1000} \eta_m \tag{19-13}$$

式中　$\cos\varphi$——功率因数，取0.85；

η_m——电机效率，取0.79；

N_b——功率表读值，W。

（5）全压效率 η 表示输入的轴功率被气体利用的程度，其值等于风机的全压有效功率与轴功率的比值，即

$$\eta = \frac{N_e}{N_{sh}} = \frac{Qp}{1000N_{sh}} \tag{19-14}$$

式中　N_e——风机的全压有效功率，表示单位时间内气体从风机中得到的实际能量，kW。

η 是评价风机性能的一项重要指标，η 越大说明风机能量利用率越高，其值一般由实验确定。一般情况下，前向叶轮 $\eta = 0.7$，后向叶轮 $\eta = 0.9$ 以上。

2. 离心式风机气动性能曲线和最佳工作范围

在方格坐标纸上，以通风机在标准进气状态下的流量 Q 为横坐标，以通风机在标准进气状态下的全压 p、轴功率 N_{sh}、全压效率 η 等为纵坐标，作出一系列工况测试点，并将各点圆滑连接绘制成一组有因次性能曲线，称为通风机的空气动力性能曲线，如图19-3所示。

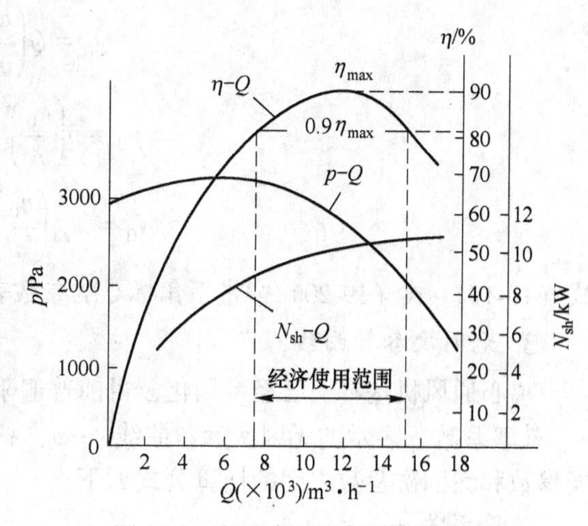

图19-3　离心式风机的性能曲线图

从图上可见，风量-全压曲线呈山形，随着风量的增大，全压先上升，后下降。轴功率一般随着流量的增大而增大，但达到某一程度便不再增加了。当流量为零时，轴功率最小，所以离心风机应在出口阀门关闭下启动，防止电机过载。理论和实践都证明，风机在某一工况工作时，效率最高，我们称此工况为额定工况，此时的流量称作额定流量，此时的全压称作额定全压。不论实际流量大于或小于额定流量，效率都会降低。要满足风机使用的经济性，就必须保证其在足够高的效率下工作，一般规定工况的全压效率应不小于最高全压效率的0.9倍，根据此效率值决定的流量范围，即为风机的最佳经济工作范围。

离心风机特性测定实验的目的在于确定风机的气动性能曲线，并确定其最佳工作范围，为用户选择和使用风机提供可靠的数据，此外实验还可用来检验设备是否达到设计技术指标。

当测定条件不是标准状态（即20℃，1.01325×10^5Pa，相对湿度为50%，空气密度为1.205kg/m^3）和额定转速时，则应将测试及计算结果换算为风机标准状态和额定转速下的参数，然后再绘制风机的性能曲线。测定条件和标准状态下的空气密度按如下公式换算：

$$\rho = \rho_0 \frac{293p_a}{101325\times(273+t_a)} - \frac{k\chi}{100\times9.80665} \tag{19-15}$$

式中　ρ_0——标准状态下的空气密度，kg/m^3；

p_a——测定条件下的大气压，Pa；

t_a——测定条件下的空气温度，℃；

χ——测定条件下的空气湿度，%；

k——空气湿度校正系数。

在实验中，如果仅空气温度与标准状态不同，则实验条件下的空气密度可按下式简化计算：

$$\rho = \rho_0 \frac{293}{273+t_a} \tag{19-16}$$

则风机在标准状态和额定转速下的性能参数可换算为

$$\eta_0 = \eta \tag{19-17}$$

$$Q_0 = Q\left(\frac{n_0}{n}\right) \tag{19-18}$$

$$p_0 = p\left(\frac{n_0}{n}\right)^2\left(\frac{\rho_0}{\rho}\right) \tag{19-19}$$

$$N_0 = N_{sh}\left(\frac{n_0}{n}\right)^3\left(\frac{\rho_0}{\rho}\right) \tag{19-20}$$

式（19-17）~式（19-20）中带下角标0的参数表示标准状态和额定转速下的参数。

3. 无因次参数曲线

离心通风机基本上已经系列化，目前普遍采用以流量系数φ、全压系数ψ、功率系数λ、效率系数η表示的无因次参数曲线ψ-φ、λ-φ、η-φ来表征风机性能。风机有因次性能参数和无因次参数之间的换算公式如下。

流量系数φ：

$$\varphi = \frac{Q_0}{\frac{\pi D_{imp}^2}{4}u_{imp}} \tag{19-21}$$

式中　D_{imp}——叶轮直径，m；

u_{imp}——叶轮周速，m/s，$u_{imp} = \frac{\pi D_{imp} n}{60}$。　(19-22)

全压系数ψ：

$$\psi = \frac{p_0}{\rho_0 u_{imp}^2} \tag{19-23}$$

功率系数 λ：

$$\lambda = \frac{1000N_0}{\dfrac{\pi D_{\text{imp}}^2}{4}\rho_{\text{a}} u_{\text{imp}}^3} \tag{19-24}$$

效率系数 η：

$$\eta = \frac{\varphi\psi}{\lambda} \tag{19-25}$$

风机全压效率本身就是无因次参数，在转换过程中其值是不变的，因此也将全压效率称为效率系数。

图 19-4 是 4-13（72）型通风机的气动性能曲线和无因次参数曲线。从图上可以看出，两者形状完全相同，这一点由公式不难理解，因为有因次性能曲线和无因次参数曲线两者仅差一个常数。

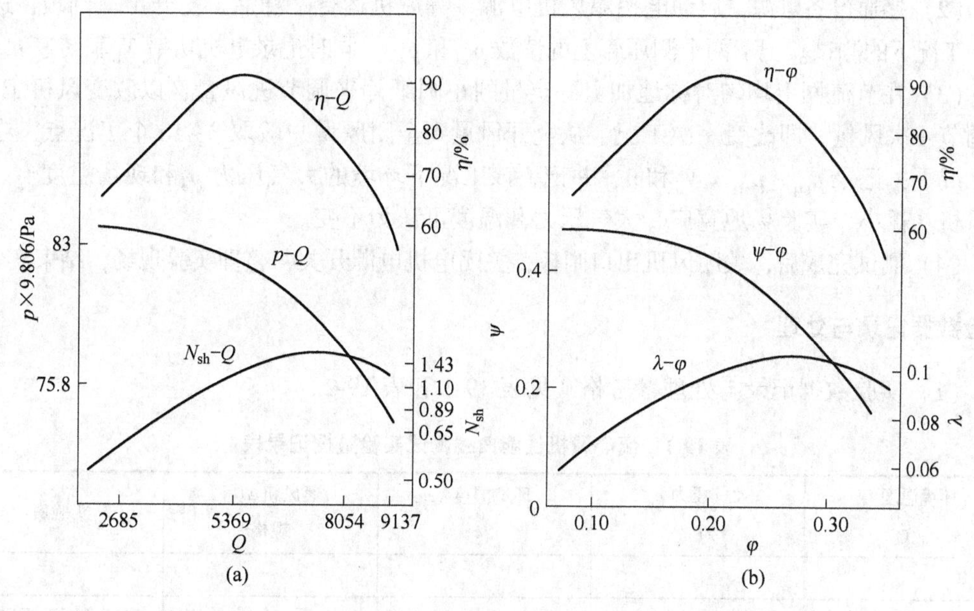

图 19-4 4-13（72）型通风机的气动性能曲线和无因次参数曲线
（a）通风机气动性能参数曲线；（b）通风机无因次参数曲线

无因次性能曲线是风机性能参数中除去了转速、几何尺寸、气流密度、气体体积及压强等计量单位，代表的是某一系列相似风机的性能曲线走向，所以相似风机其无因次性能曲线相同，但它不能表示风机的实际工况中流量与风压、功率及效率间的数值关系。在风机产品样本或有关风机的资料里，风机性能参数表前都会刊出该列风机的无因次性能曲线，它大大简化了通风机特性曲线的绘制和系列模型之间的性能比较。

实验仪器设备与材料

（1）LFJ-1 离心式风机性能实验台，如图 19-5 所示。

（2）干湿温度计、压力计、小圆纸片等。

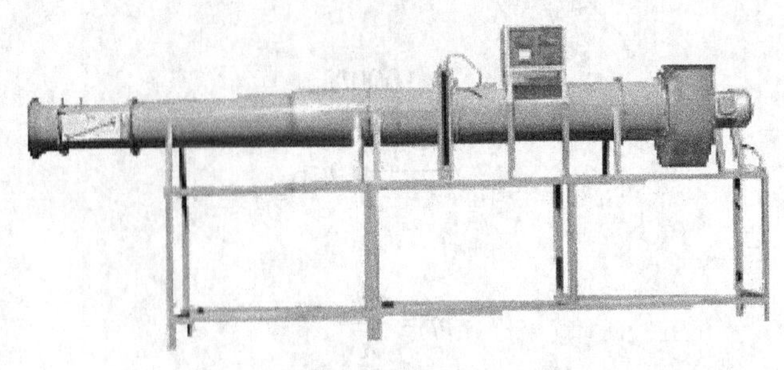

图 19-5　离心式风机性能实验台

实验步骤

（1）检查风机与其他相连的部件是否安装牢固，确保各部件运行正常，检查各测压管内液面是否在零位，确保风机出口闸板关闭。

（2）接通设备电源，启动电控箱风机电源，等风机运行平稳后，打开出口闸板，进行第一工况下的测试。记下两个测压管上的读数 p_{stj} 和 p_{sti}，同时记录电机功率 N_b 和转速 n。

（3）在节流网上均匀对称地加上一定量的小圆纸片来调节进风量，以改变风机工况。每调节一次风量，即改变一次工况，从全开风量到全闭风量一般取 8~10 个工况点，在每一工况下，记录 p_{stj}、p_{sti}、N_b 和 n，并记下该工况下环境的大气压力 p_a 和现场温度 t_a。如果风机功耗小、实验场地宽广，大气压力和温度可认为不变。

（4）测试完成后，关闭风机出口闸板，关闭电机电源开关，整理实验现场，结束实验。

实验数据记录与处理

（1）实验数据记录与处理参考格式见表 19-1 和表 19-2。

表 19-1　离心风机性能曲线测试实验数据记录表

环境温度 t_a /℃	大气压力 p_a /Pa	环境湿度 χ /%	通风机型号规格	实验者
风机额定转速 /r · min^{-1}	斜管压力计系数	集流器流量系数 α	气体常数 R	风管Ⅱ断面距风机入口距离 L/m
集流器直径 /m	叶轮直径 D_{imp} /m	风管直径 D /m	风机入口面积 A_1 /m^2	风机出口面积 A_2 /m^2
工况点	集流器静压 p_{stj} /mm	风管Ⅱ断面静压 p_{sti} /mm	电机运转功率 N_b /W	转速 n /r · min^{-1}
1				
2				
3				
⋮				

表 19-2　风机性能参数计算表

工况点 风机性能参数	1	2	3	4	5	6	7	8	9	10
风量 $Q/\mathrm{m^3 \cdot s^{-1}}$										
风机动压 p_d/Pa										
风机入口动压 p_{d1}/Pa										
风机入口静压 p_{st1}/Pa										
风机全压 p/Pa										
轴功率 N_{sh}/kW										
全压效率 η										
标准状态和额定转速下风量 $Q_0/\mathrm{m^3 \cdot s^{-1}}$										
标准状态和额定转速下全压 p_0/Pa										
标准状态和额定转速下轴功率 N_0/kW										
标准状态和额定转速下全压效率 η_0										
流量系数 φ										
全压系数 ψ										
功率系数 λ										
效率系数 η										

(2) 数据处理。

1) 根据实验测试数据和已知参数计算各工况下风机各项性能参数。

2) 计算标准状态和额定转速下风机的各项性能参数。

3) 计算风机无因次性能参数。

4) 绘制通风机的气动性能曲线和无因次参数特性曲线，并确定风机最佳工作范围。

注意事项

(1) 实验中测压管内不得有气泡存在，各连接处不得漏气。

(2) 最后一个工况（即全闭工况）测试时，用纸片或大张纸将进风口全部堵死，使流量为零。

(3) 风机在运行过程中，叶轮处于高速运转状态，切忌将手及其他物品伸入风机出风口。

(4) 必须要等到各工况稳定一段时间再进行读数，如果数据波动较大，则应多次测量取平均值。

思考题

(1) 为什么要测定风机性能曲线，有何意义？

(2) 为什么风机性能曲线中的全压效率-流量曲线有一个最高效率点？

参考文献

[1] 蔡增基，龙天渝．流体力学 泥与风机［M］．5版．中国建筑工业出版社，2009.
[2] 化学工业部人事教育司，化学工业部教育培训中心．风机［M］．北京：化学工业出版社，1997.
[3] 续魁昌，王洪强，盖京方．风机手册［M］．北京：机械工业出版社，2011.
[4] 黄炜．建筑设备工程制图与CAD［M］．重庆：重庆大学出版社，2006.
[5] 李东雄，杜渐．供热通风与空调工程实验实训［M］．北京：中国电力出版社，2012.
[6] 王寒栋，李敏．泵与风机［M］．北京：机械工业出版社，2003.
[7] 安连锁，吕玉坤．泵与风机［M］．北京：中国电力出版社，2008.
[8] 沈阳鼓风机研究所．GB/T 1236—2000 工业通风机用 标准化风道进行性能试验［S］．北京：中国标准出版社，2000.
[9] 王铭琦，王艳力．化工原理［M］．北京：中国林业出版社，2017.

实验 20　离心泵综合实验

离心泵综合实验台为多功能实验装置，其结构示意图如图 20-1 所示。

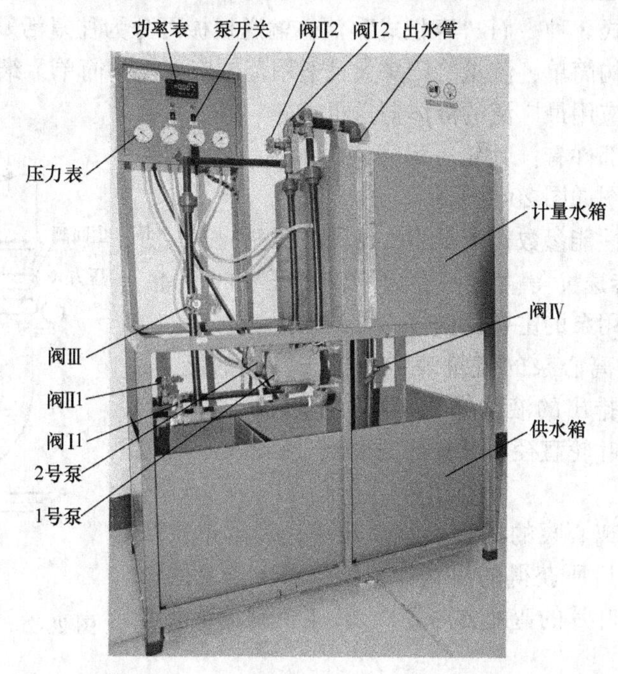

图 20-1　离心泵综合实验台结构示意图

利用上述离心泵综合实验台可进行下列实验：

（1）离心泵特性曲线的测定；

（2）离心泵的串并联实验；

（3）离心泵汽蚀实验。

Ⅰ　离心泵特性曲线的测定

实验目的

（1）了解离心泵的构造与特性。

（2）掌握离心泵特性曲线的测定方法。

（3）测定并绘制离心泵在恒定转速下的特性曲线。

实验原理

化工生产过程中，为了满足工艺条件的要求，常需将流体从低处送至高处、从低压送至高压，或沿管道送至较远的地方。无论是提高其位置或使其压力升高，还是克服流动阻力，都需要对流体做功，以增加流体的机械能，这种对流体做功以完成输送任务的机械称为流体输送机械，其中用于输送液体的机械称为泵。

生产过程中涉及的流体种类繁多，例如，强腐蚀性、高黏度、易燃易爆、有毒、易挥发、含有悬浮物等，其性质千差万别；对不同生产过程所要求输送的流体流量和压头也各不相同。为适应生产上各种不同的要求，所以输送机械的形式也是多样化的。依工作原理不同，通常分为“速度式”和“容积式”两大类。“速度式”流体输送机械可分为离心式、轴流式和喷射式3种；而“容积式”流体输送机械可分为往复活塞式和回转活塞式2种。离心泵因其结构简单，流量、压头大且适用范围广，操作简单，维修方便等优点，因此成为化工生产中应用最广泛的液体输送机械。

离心泵的主要部件有：叶轮、蜗壳、压水室、出水管、轴等，其结构示意图如图20-2所示。

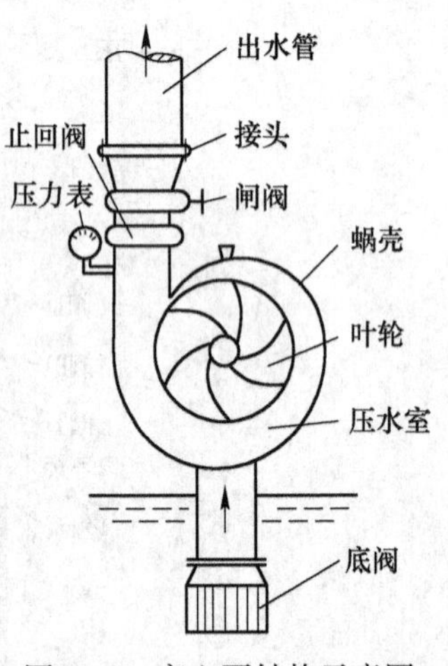

图20-2　离心泵结构示意图

离心泵的主要性能参数有流量 Q、扬程（压头）H、功率 N_e、效率 η 和转速 n 等。这些参数不仅表征泵的性能，也是选择和正确使用泵的主要依据。

（1）流量 Q。离心泵的流量表示泵输送液体的能力，指单位时间内泵所排出的液体体积，其大小取决于泵的结构、尺寸（主要为叶轮直径与叶片的宽度）、转速及所输送液体的黏度。

（2）扬程 H。离心泵的扬程又称总压头，表示单位质量的流体经离心泵后所获得的机械能，其值取决于泵的结构（如叶轮直径、叶片的弯曲方向等）、转速、流量及液体的黏度。

对于一定的泵，在指定转速下，扬程与流量之间有确定的关系，但由于流体在泵内的流动情况较复杂难以定量计算，致使二者的关系只能通过实验测定。需要注意的是扬程并不代表升举高度，升举高度指离心泵将液体从低位输送至高位时的液面间的高度差，而扬程则代表能量。

$$H = \frac{p_2 - p_1}{\rho g} + (Z_2 - Z_1) + \frac{u_2^2 - u_1^2}{2g} \tag{20-1}$$

（3）功率 N_e。功率分为轴功率和有效功率。轴功率是指电动机传给泵轴的功率 N，

$$N = uI \tag{20-2}$$

式中　u——输入电压，V；

I——输入电流，A。

有效功率 N_e 指单位时间内液体从泵中叶轮所获得的有效能量。

$$N_e = QH\rho g \tag{20-3}$$

式中　N_e——有效功率，W；

Q——泵的流量，m^3/s；

H——泵的扬程或总压头，m；

ρ——被输送液体的密度，kg/m^3。

（4）效率η。离心泵在输送液体过程中，由电动机提供给泵轴的能量不能全部被液体所获得，致使泵的有效压头和流量比理论值低，通常用效率η来反映能量损失。离心泵的能量损失包括以下几个方面：

1）容积损失。叶轮出口处高压液体由于机械泄漏返回叶轮入口造成泵实际排液量减少。

2）水力损失。由于实际流体在泵内流动时有摩擦损失，液体与叶片及壳体的冲击也会造成能量损失，从而使泵实际压头减少。

3）机械损失。泵运转时，机械部件接触处（如泵轴与轴承之间、泵轴与填料密封中的填料之间、机械密封中的密封环之间等）由于机械摩擦造成的能量损失。

以上3种能量损失通过离心泵的总效率η反映：

$$\eta=\frac{N_e}{N} \tag{20-4}$$

由式（20-3）和式（20-4）可得

$$N=\frac{QH\rho g}{\eta} \tag{20-5}$$

离心泵的总效率与泵的大小、类型、制造精密程度及其所输送的液体性质有关，此效率除了泵的效率外，还包括传动效率和电机的效率。

（5）泵的特性曲线。上述各项泵的性能参数并不是孤立的，而是相互制约的。因此，为准确全面地表征离心泵的性能，需在一定转速下，将实验测得的各项参数（即H、N_e、η和Q）之间的变化关系绘成一组曲线。这组关系曲线称为离心泵特性曲线，如图20-3所示。离心泵特性曲线对离心泵的操作性能得到完整的说明，并由此可确定泵的最适宜操作状况。

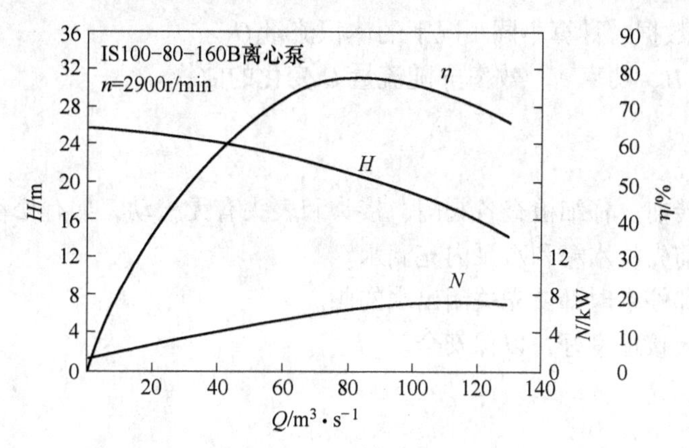

图20-3 离心泵特性曲线图

实验仪器设备与材料

（1）LXB-1离心泵综合实验台（如图20-1所示）。

（2）秒表。

实验步骤

（1）将供水箱加水至箱沿下50mm左右。

（2）关闭阀Ⅰ1和阀Ⅳ，打开阀Ⅰ2将出水管出水口翻转向上，将水灌入一直到水满后再翻转至排水管位等。

（3）打开阀Ⅰ1，按下1号泵开关，出水管正常出水后，关小阀Ⅰ2至零流量，作为实验的第一工况点，记录泵进口真空压力表、泵出口压力表及功率表的读数。

（4）通过开大阀Ⅰ2来改变出口流量。在水流稳定的状况下记录1号泵进口真空压力表、1号泵出口压力表及功率表的读数。

（5）将出水口翻转至偏离排水管位置，用计量水箱和秒表测量流量。

（6）改变阀Ⅰ2的开度，重复上述测量（至少4~6次）。

（7）关闭1号泵及所有阀门，结束实验。

实验数据记录与处理

（1）实验数据记录与处理参考格式见表20-1。

表20-1　离心泵特性曲线测定实验数据记录表

序号	时间/s	体积/L	流量 $Q/\mathrm{m^3 \cdot s^{-1}}$	1号泵进口真空压力/MPa	1号泵出口压力/MPa	功率 N/W	扬程 H/m	η/%
1								
2								
3								
⋮								

（2）数据处理。

1）根据实验数据，计算不同工况下的体积流量 Q。

2）绘制扬程 H、功率 N、效率 η 随流量 Q 变化的曲线。

实验注意事项

（1）接电运转前，仔细检查各阀门、接头和表头有无松动，如有松动，加以紧固。

（2）启动泵前先将水箱和水泵内充满水。

（3）启动泵和停泵时都要先关闭出水的阀。

（4）实验台应接地良好，以保安全。

思考题

（1）离心泵启动前为什么要先灌水排气？若已经灌水了但离心泵还是启动不了，你认为可能是什么原因？

（2）为何离心泵流量越大，则泵入口处的真空度越大？

参考文献

［1］王有，杨国臣. 化学工程基础实验［M］. 哈尔滨：哈尔滨工业大学出版社，2004.

［2］王铭琦，王艳力. 化工原理［M］. 北京：中国林业出版社，2016.

［3］安连锁，吕玉坤. 泵与风机［M］. 北京：中国电力出版社，2008.

Ⅱ　离心泵的串并联实验

实验目的

（1）了解离心泵的串并联运行工况及特点。

（2）绘制离心泵的串并联运行曲线。

实验原理

实际生产中，若单台离心泵无法满足生产需求，则需要多台泵联合工作，其组合方式有并联与串联两种。

1. 泵的并联

当用单台泵不能满足工作需要的流量时，可采用两台泵（或两台以上）的并联工作方式，如图 20-4 所示。

离心泵Ⅰ和泵Ⅱ并联后，在同一扬程（压头）下，其流量 $Q_{并}$ 是这两台泵的流量之和，$Q_{并}=Q_{Ⅰ}+Q_{Ⅱ}$。并联后的系统特性曲线，就是在相同扬程下，将两台泵特性曲线 $(Q\text{-}H)_{Ⅰ}$ 和 $(Q\text{-}H)_{Ⅱ}$ 上的对应的流量相加，得到并联后的各相应合成流量 $Q_{并}$，最后绘出 $(Q\text{-}H)_{并}$ 曲线。

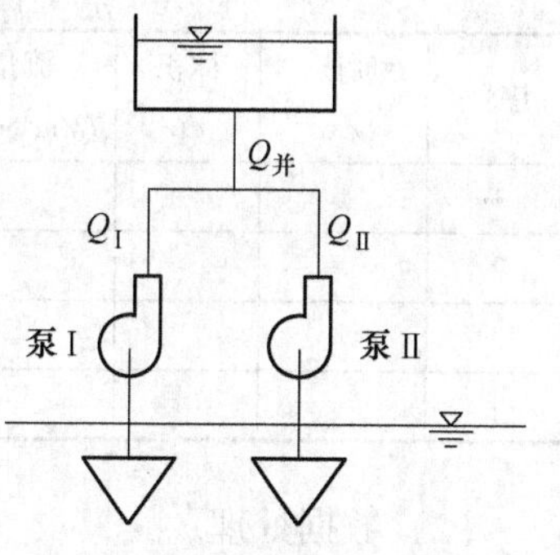

图 20-4　泵的并联工作

2. 泵的串联

当单台泵工作不能提供所需要的压头（扬程）时，可用两台泵（或两台以上）的串联方式工作。离心泵串联时，通过每台泵的流量 Q 是相同的，而合成压头是两台泵的压头之和。串联后的系统总特性曲线，是在同一流量下把两台泵对应扬程叠加起来就得到泵串联后的相应合成压头，从而可绘制出串联系统的特性曲线 $(Q\text{-}H)_{串}$。

实验仪器设备与材料

（1）LXB-1 离心泵综合实验台（如图 20-1 所示）。

（2）秒表。

实验步骤

（1）将供水箱加水至箱沿下 50mm 左右。

（2）关闭阀Ⅰ1、阀Ⅱ1、阀Ⅲ和阀Ⅳ，打开阀Ⅰ2、阀Ⅱ2，将出水管出水口翻转向上，将水灌入一直到水满后再翻转至排水管位置。

（3）打开阀Ⅰ1，按下 1 号泵开关，出水管正常出水后关闭 1 号泵开关。

（4）打开阀Ⅱ1，按下 2 号泵开关，出水管正常出水后关闭 2 号泵开关。

（5）同时调节阀Ⅰ2 和阀Ⅱ2，使 1 号泵和 2 号泵的出口压力扬程相同，在水流稳定的状况下读取 1 号泵真空表、1 号泵压力表、2 号泵真空表、2 号泵压力表、功率表读数，并将出水口翻转至偏离排水管位置，用计量水箱和秒表测量流量。

（6）改变阀Ⅰ2和阀Ⅱ2的开度后，重复步骤（5）至少4~6次后关闭1号泵、2号泵，完成泵的并联实验。

（7）关闭阀Ⅰ1、阀Ⅱ2，打开阀Ⅲ，在水流稳定的状态下读取1号泵的真空表、1号泵压力表、2号泵真空表、2号泵压力表和功率表的读数。将出水口翻转至偏离排水管的位置，用计量水箱和秒表测量流量。

（8）调节阀Ⅰ2的开度，重复步骤（7）至少4~6次后关闭1号泵、2号泵，完成泵的串联实验。

（9）关闭所有阀门，结束实验。

实验数据记录与处理

（1）实验数据记录与处理参考格式见表20-2。

表20-2　离心泵串并联实验数据记录表

序号	时间 /s	体积 /L	流量 $Q/m^3 \cdot s^{-1}$	功率 N/W	1号泵 真空/MPa	1号泵 压力/MPa	2号泵 真空/MPa	2号泵 压力/MPa	扬程 H/m	泵联合方式
1										
2										
3										
⋮										

（2）数据处理。

1）根据实验数据，计算不同工况下的体积、流量、扬程。

2）绘制泵并联时 $(Q\text{-}H)_{并}$ 曲线。

3）绘制泵串联时 $(Q\text{-}H)_{串}$ 曲线。

思考题

简述两台相同规格的离心泵串联或并联后运行特点。

参考文献

[1] 安连锁，吕玉坤. 泵与风机 [M]. 北京：中国电力出版社，2008.
[2] 沙毅，闻建龙. 泵与风机 [M]. 合肥：中国科学技术大学出版社，2005.

Ⅲ　离心泵汽蚀实验

实验目的

（1）观察离心泵汽蚀发生时，其扬程和流量迅速下降的现象，加深对汽蚀现象的理解。

（2）掌握测定离心泵汽蚀性能的方法。

实验原理

水泵在运行中，若泵内液体局部位置的压力下降到水的饱和蒸气压力（汽化压力）时，水就开始汽化成大量的气泡，气泡随水流向前运动，流入压力较高的部位时，迅速凝结、溃灭。泵内水流中气泡的生成、溃灭过程涉及许多物理、化学现象，并产生噪声、振动和对过流部件材料的侵蚀作用，这些现象统称为泵的汽蚀现象。

由于在液面与泵进口附近截面之间无外加能量，液体靠压强差流动。因此，若泵的安装位置高出液面太多使吸入阻力过大或泵安装地点大气压较低，或是泵所输送的液体温度过高，都会使叶轮口处的压强可能降至被输送液体的饱和蒸汽压，造成汽蚀。一般采用两种指标对泵的安装高度加以限制，避免汽蚀。

1. 允许吸上真空高度 H_s

允许吸上真空高度 H_s 是指泵入口处压力 p_1 可允许达到的最高真空高度，其表达式为

$$H_s = \frac{p_a - p_1}{\rho g} \tag{20-6}$$

式中　p_a——当地大气压，可取101325Pa。

由此可确定离心泵的允许安装高度 H_g：

$$H_g = \frac{p_a - p_1}{\rho g} - \frac{u_1^2}{2g} - \sum H_f = H_s - \frac{u_1^2}{2g} - \sum H_f \tag{20-7}$$

式中　H_g——离心泵的允许安装高度，m；

$\sum H_f$——液面到叶轮进口处的压头损失，m。

由上式可知，为了提高泵的允许安装高度，应该尽量减小 $\frac{u_1^2}{2g}$ 和 $\sum H_f$。为了减小 $\frac{u_1^2}{2g}$，在同一流量下应选用直径稍大的吸入管路；为了减少 $\sum H_f$，应尽量减小阻力元件如弯头、截止阀等，吸入管路也尽可能地短。

2. 汽蚀余量 $NPSH$

汽蚀余量 $NPSH$ 是指离心泵入口处，液体的静压头 $\frac{p_1}{\rho g}$ 与动压头 $\frac{u_1^2}{2g}$ 之和大于液体在操作温度下的饱和蒸汽压头 $\frac{p_v}{\rho g}$ 的某一最小指定值：

$$NPSH = \frac{p_1}{\rho g} + \frac{u_1^2}{2g} - \frac{p_v}{\rho g} \tag{20-8}$$

式中　u_1——水泵进口处的平均流速，m/s；

p_v——汽化压力，根据实验条件下的水温查表，MPa。

合并式（20-7）与式（20-8）可得出汽蚀余量与允许安装高度之间的关系：

$$H_g = \frac{p_a - p_v}{\rho g} - NPSH - \sum H_f \tag{20-9}$$

汽蚀余量 $NPSH$ 是水泵设计和使用的重要基本参数，通常通过实验进行确定。进行水

泵汽蚀实验时，可将泵放在一定工作条件下（如固定流量），改变泵的进口压力来产生汽蚀。理论上讲，当流量曲线跌落至1%~2%时，泵就进入了汽蚀的临界状态，性能即开始下降。测定该工况下的*NPSH*，就确定了水泵在该流量下的汽蚀余量。

实验仪器设备与材料

（1）LXB-1离心泵综合实验台（如图20-1所示）。

（2）秒表。

实验步骤

（1）将供水箱加水至箱沿下50mm左右。

（2）关闭阀Ⅰ1、阀Ⅲ和阀Ⅳ，打开阀Ⅰ2至最大，将出水管出水口翻转向上，将水灌入一直到水满后再翻转至排水管位置。

（3）打开阀Ⅰ1，按下1号泵开关，出水管正常出水后在水流稳态的状态下读取1号泵真空表、1号泵压力表及功率表读数。

（4）将阀Ⅰ1由开启向关闭方向缓慢调节，当真空表和压力表读数变化较大时，读取该工况下1号泵的真空表、1号泵压力表及功率读数，用计量水箱和秒表测流量。

（5）改变阀Ⅰ2开度，重复步骤（4）阀Ⅰ2从流量最大控制到零。

（6）关闭1号泵和阀门Ⅰ1，结束实验。

实验数据记录与处理

（1）实验数据记录与处理参考格式见表20-3。

表20-3 离心泵汽蚀实验数据记录表

序号	时间 /s	水量 /L	流量 Q/$m^3 \cdot s^{-1}$	功率 N/W	1号泵 真空/MPa	1号泵 压力/MPa	扬程 H/m	*NPSH* /m	H_s /m	H_g /m
1										
2										
3										
⋮										

（2）数据处理。

1）根据实验数据，计算不同工况下的体积流量、扬程、允许吸上真空高度、汽蚀余量。

2）绘制汽蚀余量随流量变化的曲线。

思考题

简述离心泵的汽蚀现象及其危害。

参考文献

[1] 安连锁，吕玉坤．泵与风机［M］．北京：中国电力出版社，2008.
[2] 沙毅，闻建龙．泵与风机［M］．合肥：中国科学技术大学出版社，2005.
[3] 何潮洪，冯霄．化工原理［M］．北京：科学出版社，2007.

实验 21　固体流态化特性的测定

实验目的

（1）观察固体流态化现象。

（2）测定固体流化床的临界流化速度和流化压降，并与理论流化值进行比较，以加深对基本概念和理论计算公式的理解。

实验原理

将大量固体颗粒置于运动的流体中，从而使颗粒具有类似于流体的某些特性，这种流体与固体的接触状态称为固体流态化。若流体以很低的流速流过颗粒床层时，则床层空隙率基本保持不变，床层压降 Δp 小于静床压力（W/F），固体颗粒静止不动，此种状态的床层称为“固定床”；随着流体流速的增加，床层中的颗粒由静止不动趋向松动，床层体积膨胀，流速继续增大至某一数值后，床层内颗粒上下翻滚，此种状态的床层称为“流化床”；若流体的流速再继续增至某一数值后，床层内颗粒将被流体夹带出床层，此时床层已不复存在，这种状态称为“悬浮床”（输送床）。

按流体的种类，流化床又分为液固流化床和气固流化床，对于液固系统，床层平稳而均匀膨胀，有稳定的上界面，故称为散式流化床；对于气固系统，床层会出现很大的不稳定性，气相会相对集中形成鼓泡或呈现沟流现象，固体运动活跃，床层搅动剧烈，床层体积较临界状态增大很多，称为聚式流化床。

床层高度 L、床层压降 Δp 与流体的表观速度 u（空床流速）是流态化过程的重要参数。它们在固定床和流化床阶段的关系分别如图 21-1（a）、（b）所示。图中 b 点是固定床与流化床的分界点，称临界点，这时流体的表观流速称为临界流速，或称为最小流化速度，以 u_{mf}表示。

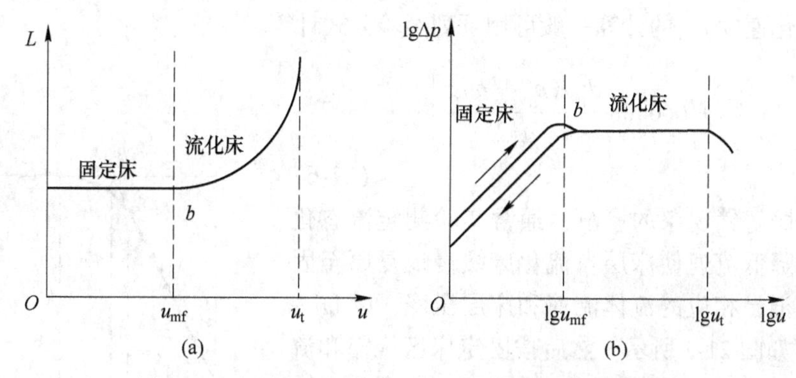

图 21-1　床层高度、床层压降与流体表观流速的关系

在固定床阶段，床高基本保持不变，但接近临界点时有所膨胀。床层压降可用欧根

（Ergun）公式表示：

$$\frac{\Delta p}{L}=150\times\frac{(1-\varepsilon)^2}{\varepsilon^3}\times\frac{\mu u}{(\varphi d_p)^2}+1.75\times\frac{1-\varepsilon}{\varepsilon^3}\times\frac{\rho u^2}{\varphi d_p} \tag{21-1}$$

式中　Δp——床层压降，Pa；

L——床层高度，m；

ε——床层空隙率；

μ——流体动力黏度，Pa · s；

u——表观流速，m/s；

ρ——流体密度，kg/m^3；

d_p——颗粒平均粒径，m；

φ——颗粒形状系数，对于球形颗粒 $\varphi=1$。

式（21-1）中右边第一项为黏性损失，第二项为惯性损失。在低雷诺数的情况下，$Re_p<20$，黏性损失占主导，可忽略惯性损失，则上式可表示为

$$\frac{\Delta p}{L}=150\times\frac{(1-\varepsilon)^2}{\varepsilon^3}\times\frac{\mu u}{(\varphi d_p)^2} \tag{21-2}$$

雷诺数 Re_p 是以颗粒平均粒径 d_p、表观风速 u 计算的，$Re_p=\frac{d_p\rho u}{\mu}$。

当雷诺数 $Re_p>1000$ 时，则仅考虑惯性损失，

$$\frac{\Delta p}{L}=1.75\times\frac{1-\varepsilon}{\varepsilon^3}\times\frac{\rho u^2}{\varphi d_p} \tag{21-3}$$

当固定床达到临界流化状态时，其床层压降即为流化床的压降，流化床的压降也可用下述公式进行计算：

$$\Delta p=L(1-\varepsilon)(\rho_p-\rho)g \tag{21-4}$$

在气固流化床中，由于 $\rho_p\gg\rho$，则式（21-4）可简化为

$$\Delta p=L(1-\varepsilon)\rho_p g=\frac{W}{F} \tag{21-5}$$

式中　W——床层内颗粒的总重量，N；

F——床层横截面积，m^2。

临界流化速度 u_{mf} 的计算一般可用下列经验公式计算：

$$\frac{d_p\rho u_{mf}}{\mu}=\left[33.7^2+0.0408\frac{d_p^3\rho(\rho_p-\rho)g}{\mu^2}\right]^{\frac{1}{2}}-33.7 \tag{21-6}$$

为了克服解锁现象的影响，通常实验测定流态化特性时采用降低流速使床层自流化床缓慢地复原至固定床，同时记录相应的流体流速和床层压降，以 $\lg u$-$\lg\Delta p$ 作图，如图 21-2 所示。然后按固定床区规律和流化床区规律各画延长线，这两条直线的交点即是临界流化点 B，从而可得相应的临界流化速度 u_{mf} 和流化床

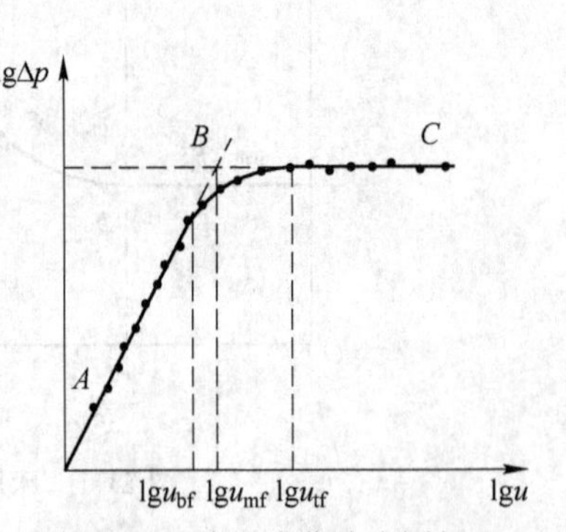

图 21-2　临界流化速度图解

压降 Δp。图中相应的 u_{bf}，u_{tf} 分别为起始流化速度和流态化速度，对于粒度分布较窄的床层，两者应很接近。

本实验分别以小米和玻璃球为固体颗粒物料测定其气固系统和液固系统的流态化特性。

实验装置与设备

固体流态化实验装置由气（液）-固两套系统组成，流体经风机（或水泵）及流量调节阀、转子流量计进入透明二维流化床，床层高度及压降由标尺及 U 形压力计测出，其结构如图 21-3 所示。

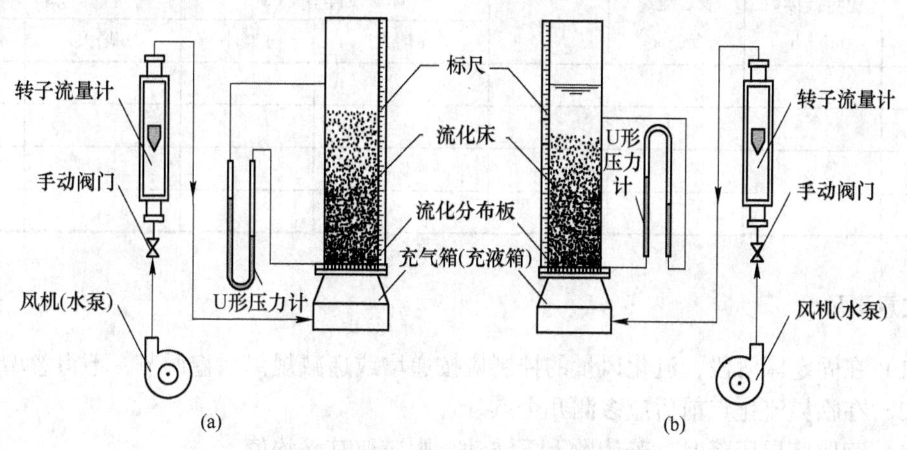

图 21-3　流态化特性测定实验装置示意图

（a）气固流化床系统；（b）液固流化床系统

实验步骤

（1）按图 21-3 所示，检查实验装置，使其处于完好备用状态。

（2）向二维流化床模型内加入准备好的固体物料，用木棒轻敲床层使料面平整，测定静床高度。

（3）调整 U 形压力计液面，使其处于中间位置。

（4）在流量调节阀处于关闭状态下，启动风机（或水泵）。

（5）待风机（或水泵）运行正常后，缓缓开启流量调节阀，用转子流量计确定流化风量（或水量），观察床层高度的变化并测定相应的床层压降。

（6）同上方法逐渐加大流体流量，直至颗粒物料均充分流化。

（7）逐渐减小流体流量，使床层自流化床复原至固定床，重复上述测定过程。

（8）实验完毕后，关闭风机（或水泵）电源，清理实验现场。

实验数据记录与处理

（1）实验数据记录与处理参考格式见表 21-1。

（2）数据处理。

1）以 $\lg u$ 为横坐标，$\lg\Delta p$ 为纵坐标作图。

2）在 $\lg u$-$\lg\Delta p$ 图上用图解法求得临界流化速度 u_{mf} 和流化床压降 Δp。

3）以公式（21-6）和公式（21-4）求出理论 u_{mf} 和 Δp，并与实验结果比较、分析。

表 21-1 固体流态化特性测定实验数据记录表

流体名称		流体温度 t/℃		流体密度 ρ/kg·m^{-3}		流体黏度 μ/Pa·s	
物料名称	平均粒径 d_p/m	密度 ρ_p/kg·m^{-3}	堆积密度 ρ_b/kg·m^{-3}	堆积态空隙率 ε	形状系数 φ	床层断面积 F/m^2	静床高度 L/m
序号	流量计读数 /m^3·h^{-1}	表观流速 u/m·s^{-1}	$\lg u$	床层压降 Δp/Pa		$\lg\Delta p$	
				u 增大	u 减小	u 增大	u 减小
1							
2							
3							
⋮							

实验注意事项

（1）在固定床阶段，流化风量的控制应按递增或递减规律平稳调节，不得忽增忽减。

（2）在临界流化点前后应多测几个点。

（3）读取床层压降时，若读数上下波动，则应取其平均值。

思 考 题

为什么流化床阶段床层压降 Δp 保持不变？流化床床层压降的大小与哪些因素有关？

参考文献

[1] 李绍芬. 反应工程 [M]. 北京：化学工业出版社，2000.

[2] 叶菁. 粉体科学与工程基础 [M]. 北京：科学出版社，2009.

实验 22　洞道干燥曲线测定

实验目的

（1）了解常压洞道式（箱式）气流干燥设备的构造和基本原理。

（2）掌握物料干燥曲线的测定方法。

（3）测定实验物料的干燥曲线，确定其临界含水量。

实验原理

若将湿物料置于一定干燥条件（如一定的温度、湿度和速度的空气流中）下干燥时，便可得到如图 22-1 所示的干燥曲线，即物料的含水量（干基含水量）X-时间 τ 曲线、物料干燥速率 u-时间 τ 曲线及物料表面温度 t-时间 τ 曲线。整个干燥过程可分为以下四个阶段。

（1）物料加热阶段。加热阶段（AB 段）由于单位时间传给物料表面的热量大于表面水分汽化所消耗的热量，因此受热表面温度升高。当达到 B 点后被物料所吸收的热量等于汽化水分所消耗的热量时就达到热平衡状态，物料表面温度不再升高，等于干燥介质的湿球温度。在这一阶段，物料含水量随时间变化不大。

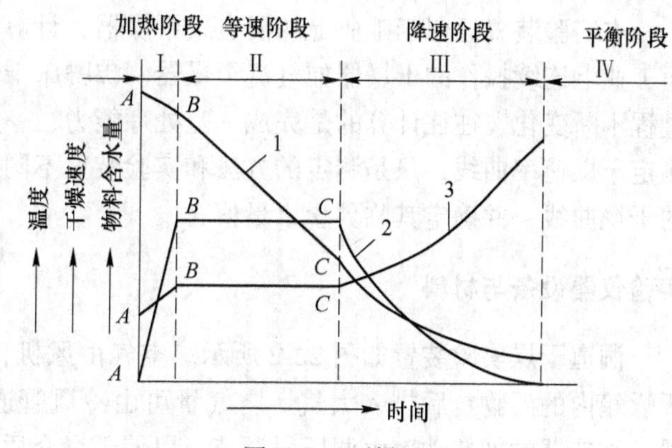

图 22-1　干燥过程

1—物料含水量随时间的变化关系；2—干燥速度与时间的关系；3—物料表面温度与时间的关系

（2）恒速干燥阶段。恒速干燥阶段（BC 段）进行自由水的汽化，在表面水分汽化的同时，物料内部水分在浓度差的推动下到达表面，使物料表面始终存在着自由水，所以干燥以恒定的速率进行。由于恒速干燥阶段的干燥速率只取决于外扩散能力的大小，即只受干燥介质温度、湿度、流速等状况的影响，因此也称外扩散控制阶段。

这一阶段物料表面温度不变，等于干燥介质的湿球温度，物料表面的水蒸气分压等于物料表面温度下的饱和水蒸气压。

随着物料中水分的排除，物料含水量随时间按比例减少。当物料表面自由水消失时，开始进入降速干燥阶段，如图 22-1 所示 C 点即为恒速阶段向降速阶段的转变点。此时物料的含水量称临界含水量。

（3）降速干燥阶段。随着干燥过程的进行，当超过 C 点后，物料表面的水蒸气分压低于同温度下的饱和水蒸气分压。干燥速度逐渐降低，物料表面温度逐渐升高。

在此阶段，物料表面不再维持连续的水膜，干燥速率受内扩散速率的限制，因此也称内扩散控制阶段。

（4）平衡阶段。在平衡阶段物料中所含水分达到平衡水分，物料中水分不再随时间而变化，干燥速度为零。物料表面温度被加热至介质干球温度，其表面水蒸气分压等于介质水蒸气分压，干燥过程停止。

如上所述的干燥过程，对于水分含量大的物料，具有完整的曲线，对于水分含量少的物料，某些阶段不明显。

在干燥过程的各个阶段，干燥速率不仅取决于干燥介质的性质和操作条件，而且还要受物料性质、结构以及所含水分性质的影响。因此，干燥速率曲线只能通过实验测得。

干燥速率 u 为单位时间在单位干燥面积上汽化的水分量，用微分式表示为

$$u = -\frac{G_c \cdot dX}{F \cdot d\tau} = \frac{dW}{F \cdot d\tau} \tag{22-1}$$

式中　G_c——湿物料中绝对干物料的质量，kg；

dW——汽化的水分量，kg；

F——干燥表面积，m^2；

$d\tau$——相应的干燥时间，s。

本实验装置近似于工业上的洞道式干燥器，计算的是达到一定干燥要求所需的时间；而工业上连续操作的干燥器如气流干燥器、沸腾床干燥器，其物料连续进入，干燥条件随过程不断变化，往往计算的是完成一定处理能力、一定干燥要求所需设备尺寸，同样需要测定干燥速率曲线，只是测定的方法和实验装置不同。本实验测定在实验条件下被测物料的干燥曲线，并确定其临界含水量值 X_0。

实验仪器设备与材料

洞道干燥实验装置如图 22-2 所示。空气由风机，经加热器加热后进入干燥箱，加热干燥箱内的湿物料后排入大气。空气量可由冷风管道上的旁路放风阀及毕托管调节和测量。加热器的加热功率由调压器调节，以使干燥介质满足实验要求的温度，干燥介质的干

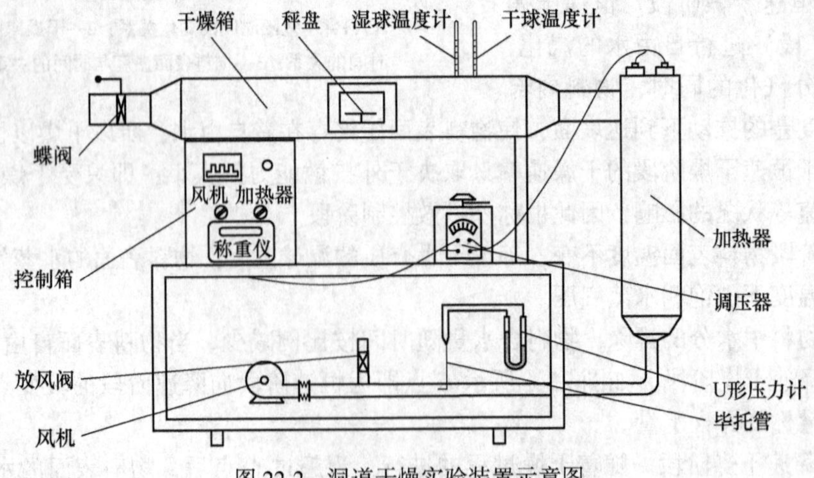

图 22-2　洞道干燥实验装置示意图

球温度和湿球温度由干球温度计和湿球温度计测量。随着干燥过程的进行，物料失去的水分量由称重传感器及称重仪测量显示。

实验步骤

（1）关闭冷风管道上的放风阀，打开干燥箱出口蝶阀。检查干燥箱中湿球温度计的贮水瓶中是否有水，以保证湿球温度计的感温包被水湿润。

（2）依次开启控制箱总电源、风机电源及加热器电源开关，调节调压器使加热器通电加热。为使干燥箱内气流温度（干球温度）达到实验要求的恒定温度，要注意随时适当调节加热器的加热电压，并注意气流温度变化的滞后性。

（3）当干燥箱内气流温度恒定后，读取冷风管上毕托管所测的动压值。

（4）打开称重仪开关，待仪器自检完成后，按“TARE/ZERO”键使称重仪“去皮”或“置零”。

（5）打开干燥箱侧门，将润湿均匀的实验物料平铺于称重传感器上的样品台上，关闭干燥箱侧门，同时读取称重仪读数并计时。

（6）每 2min 记录一次称重仪读数，直到称重仪读数不变为止。实验过程中，注意观察在干球温度不变的情况下湿球温度的变化。

（7）实验完毕，将调压器调回“零”位，先关闭加热器电源，待干燥箱内气流温度降至接近室温时再依次关闭风机电源、称重仪电源及控制箱总电源。取出实验物料，结束实验。

实验数据记录与处理

（1）数据记录与处理参考格式见表 22-1。

表 22-1　洞道干燥曲线测定实验数据记录表

装置编号	环境温度/℃	环境湿度/%	大气压力/kPa	实验物料	物料干燥面积/m^2	实验日期	实验者
冷风管直径/m	冷风动压/Pa	干燥箱截面积/m^2	干燥风速/$m \cdot s^{-1}$	洞道干球温度/℃	洞道湿球温度/℃	洞道湿度/%	物料绝干质量/kg
干燥时间/min	称重仪读数/g	物料含水量/$g \cdot g^{-1}$	干燥速率/$kg \cdot m^{-2} \cdot s^{-1}$	干燥时间/min	称重仪读数/g	物料含水量/$g \cdot g^{-1}$	干燥速率/$kg \cdot m^{-2} \cdot s^{-1}$

（2）数据处理。

1）根据实验数据计算干燥过程中实验物料的含水量 X，绘制 X-τ 曲线。

2）依公式（22-1）计算干燥过程中的干燥速率 u，绘制 u-τ 曲线。

3）根据干燥曲线确定实验物料的临界含水量 X_0。

注意事项

（1）开机时，必须先开风机，后开加热器；关机时，必须先关加热器，待干燥箱内气流温度降至接近室温时再关风机。否则，加热器可能会被烧坏。

（2）在称重传感器上取放实验物料时不得用力过大，以防损坏称重传感器。

（3）实验过程中，要注意观察干燥箱内气流温度的变化，并随时调节加热器的加热电压，以保证实验在恒定温度下完成。

（4）在取放实验物料及其他实验环节中，注意不得接触干燥箱和加热器壁，以防烫伤。

思 考 题

（1）物料干燥过程分为几个阶段？各阶段有何特点？

（2）影响物料干燥速率的主要因素有哪些？

（3）实验过程中干湿球温度计是否变化？为什么？

参考文献

[1] 姜金宁. 硅酸盐工业热工过程及设备 [M]. 北京：冶金工业出版社，1994.

[2] 沈慧贤，胡道和. 硅酸盐热工工程 [M]. 武汉：武汉工业大学出版社，1991.

实验 23　旋风分离器性能的测定

实验目的

（1）熟练掌握旋风分离器在工作状态下分离效率及阻力的测量方法。

（2）找出操作气体参数变化对旋风分离器性能的影响规律。

实验原理

旋风分离器是一种结构简单、分离效率较高，但阻力也较大的通用分离设备，广泛应用于化工、冶金、电力、建材等工业领域，以除去含尘气体中的固体粉尘而使气体净化或气固分离。一般旋风分离器主要由带有锥形底的外圆筒、进气管、排气管、排灰口下的贮灰斗等组成，如图 23-1 所示。当含尘气体在系统后部离心通风机的抽吸下流经旋风分离器而形成旋转运动时，气流中的尘粒由于离心惯性力的作用，大部分被甩向筒壁失去能量沿壁滑下，经锥体下口入贮灰斗。少量微细颗粒随气流一起由排气管排出旋风分离器，而气流在流经分离器时受到很大的阻力，造成一定的压力损失。

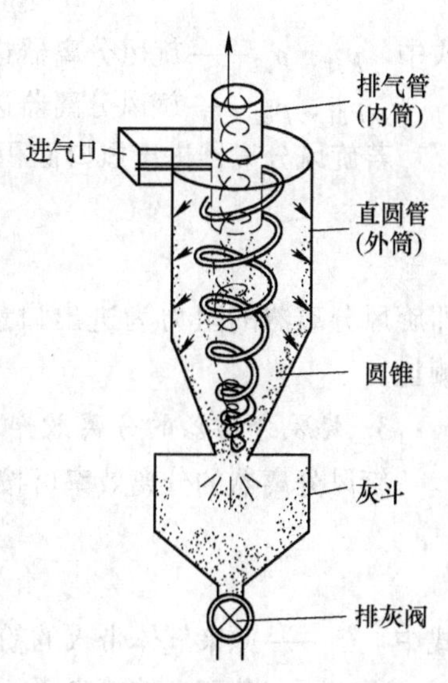

图 23-1　旋风分离器工作示意图

旋风分离器的主要性能指标是分离效率和阻力。影响旋风分离器性能指标的因素很多，当旋风分离器的结构和固体粉尘的性质一定时，操作气体参数对旋风分离器的分离效率和阻力有很大的影响。操作气体参数主要有旋风分离器进口风速和气体的含尘浓度。寻求操作气体参数的变化对分离器性能的影响规律，以利于正确使用旋风分离器，达到高效低阻的目的。

1. 旋风分离器进风量及进口风速的设定

旋风分离器进风量可用下式计算：

$$Q = a\varepsilon \frac{\pi}{4} D^2 \sqrt{\frac{2\Delta p_i}{\rho_g}} \tag{23-1}$$

式中　Δp_i——集风器测压管负压，Pa；

D——集风器圆管直径，m；

$a\varepsilon$——流量系数与工作介质膨胀校正系数，$a\varepsilon = 0.99$；

ρ_g——工况下气体密度，kg/m³。对净空气，则$\rho_g = \rho_a$；对含尘气体，则$\rho_g = C_i + \rho_a$。这里ρ_a为工况下净空气密度，kg/m³；C_i为旋风分离器含尘浓度，kg/m³。

旋风分离器进口风速为

$$u_i = Q/F_i \tag{23-2}$$

式中　Q——旋风分离器的进风量，m^3/s；

F_i——旋风分离器进风口面积，m^2。

一般在实验中，如果确定了分离器的某一进口风速 u_i，则可根据分离器进风口面积 F_i及集风口圆管面积 F 来近似求得集风器测压管的负压：

$$\Delta p_i = \frac{1}{2}\left(\frac{u_i F_i}{F}\right)^2 \rho_a \tag{23-3}$$

通过调节风量亦即调节集风器测压管的负压使旋风分离器达到预定的进口风速。

2. *旋风分离器的阻力*

旋风分离器的阻力可按其进出口全压之差计算，即

$$\Delta p = (p_{a1} + p_{d1}) - (p_{a2} + p_{d2}) \tag{23-4}$$

式中　p_{a1}，p_{a2}——旋风分离器进口和出口的静压，Pa；

p_{d1}，p_{d2}——旋风分离器进口和出口的动压，Pa。

若旋风分离器进出风口面积相同，并忽略漏风因素的影响，则

$$p_{d1} = p_{d2}$$
$$\Delta p = p_{a1} - p_{a2} \tag{23-5}$$

即旋风分离器的阻力为进出口静压之差。实验中，可直接由 U 形压力计或其他传感器测量。

3. *旋风分离器的分离效率*

旋风分离器的分离效率可按下式计算：

$$\eta = \frac{G_c}{G_i} \times 100\% \tag{23-6}$$

式中　G_i——原来气体带入的粉尘量，kg/s；

G_c——分离出的粉尘量，kg/s。

在使用中，若两台分离器串联安装（二级分离）使用时，总分离效率按下式计算：

$$\eta = \eta_1 + \eta_2 + \eta_1\eta_2 \tag{23-7}$$

式中　η_1——第一台分离器的分离效率；

η_2——第二台分离器的分离效率。

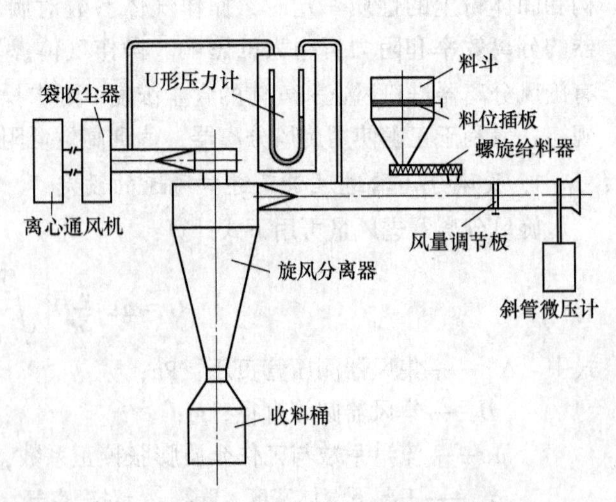

图 23-2　旋风分离器性能实验装置示意图

实验仪器设备与材料

（1）实验装置如图 23-2 所示。

（2）斜管微压计。

（3）U 形管压力计。

（4）秒表。

（5）磅秤。

实验步骤

（1）检查实验装置，调节测量仪器是否完好并读取环境温度和大气压。

（2）以 14m/s、16m/s、18m/s、20m/s、22m/s 的进风速度及旋风分离器进口面积和集风器圆管面积计算集风器测压管的对应负压值。

（3）开启风机，调节风量调节板使旋风分离器的进口风速达到 14m/s。当系统工作正常后读取 U 形压力计的读数即气体含尘浓度 $C_i = 0$ 时旋风分离器的阻力。

（4）称取一定重量的干燥粉料置于已定好料位的料斗中。开启螺旋给料机向旋风分离器系统均匀加料并用秒表记录加料时间，约 1min，同时读取 U 形压力计测得的静压差。

（5）停止加料，调整料斗料位与原料位相同，称量余料以计算加料量 G_i，再称量收料桶中的所收料量 G_c 并记录之。

（6）调节螺旋给料机的转速使旋风分离器的进口获得不同浓度的（不小于 4 种）含尘气体，重复上述步骤（4）、（5）。

（7）改变旋风分离器进口风速分别为 16m/s、18m/s、20m/s、22m/s，重复实验步骤（3）~（6）。

（8）实验完毕后，关闭所有电源，整理实验装置和仪器。

实验数据记录与处理

（1）实验数据记录与处理参考格式见表 23-1。

表 23-1　旋风分离器性能测定实验数据记录表

旋风分离器型号	进口面积 F_1/m^2	集风器圆管面积 F/m^2	环境温度 /℃	大气压力 /Pa	工况空气密度 $\rho_a/kg \cdot m^{-3}$	集风器负压 Δp_i/Pa
旋风分离器进口风速 $u_i/m \cdot s^{-1}$						
序号	加料时间 /s	加料量 /kg	收料量 /kg	含尘气体浓度 $/kg \cdot m^{-3}$	分离效率 /%	阻力 /Pa
1	—	—	—	—	—	
2						
3						
⋮						

（2）数据处理。

1）根据实验数据计算旋风分离器进口的气体含尘浓度和收尘效率。

2）绘制旋风分离器在不同进口风速下操作气体的含尘浓度与收尘效率、阻力的关系曲线，即 G_i-η、G_i-Δp 两簇曲线。

3）根据 G_i-η、G_i-Δp 两簇曲线绘制出 u_i-η、u_i-Δp 两簇曲线。

4）根据结果和所做曲线，分析讨论操作气体参数对旋风分离器工作性能的影响规律，并确定较佳操作参数。

实验注意事项

（1）实验过程中，加料速度必须稳定均匀，要准确计量加料量、收料量及加料时间。

（2）旋风分离器的阻力应为系统运行稳定时的U形压力计读数，若读数上下波动时应读取其平均值。

（3）注意每次加料速度应使气体含尘浓度变化均匀。

思 考 题

（1）本实验的系统风量（或进口风速）是在气体含尘浓度 $C_i=0$ 即净空气时测得的，你认为 $C_i=0$ 及 $C_i\neq0$ 时系统风量有无变化，为什么？

（2）试分析讨论影响实验结果的因素。

参考文献

[1] 陆厚根. 粉体技术导论［M］. 上海：同济大学出版社，2012.
[2] 王仲春. 水泥工业粉磨工艺技术［M］. 北京：中国建材工业出版社，2000.

实验 24　脉冲示踪法测定物料停留时间的分布（RTD）

实验目的

（1）掌握脉冲示踪法测定物料停留时间分布的实验原理和方法。

（2）通过实验加深对停留时间分布（RTD）密度函数 $E(\tau)$ 和分布函数 $F(\tau)$、数学期望 $\bar{\tau}$ 和方差 σ_{τ}^{2} 等基本概念的理解。

（3）掌握本实验的数据处理方法，并能根据测得的 RTD 曲线及其特征值分析判断反应器内物料的流动状态。

实验原理

物料从进入反应器到离开反应器所经历的时间称为物料在该反应器内的停留时间。在间歇式反应器和平推流反应器中，所有物料的停留时间是相同的；但在连续式操作的反应器内，由于存在着返混现象，同时进入反应器内的物料在反应器内的停留时间有长有短，形成一种分布，称为停留时间分布（RTD）。停留时间分布是一个随机过程。为了定量描述，须采用概率统计理论，以停留时间密度函数 $E(\tau)$ 来表示。为了掌握反应器内物料的流动规律，经常需要测定物料在反应器内的停留时间分布，实验测定停留时间分布的常用方法有两种，即脉冲示踪法和阶跃示踪法。本实验采用脉冲示踪法，具体实验方法是：当反应器系统处于稳定流动状态时，如果测得物料的质量流量 u(g/s) 后，在反应器入口处瞬时加入一定量 M 的示踪剂，同时计时，并在反应器出口处以等时间间隔取样，直至认为示踪剂已从反应器中全部流出为止。检测每个采集样品中示踪剂的质量含量 C，即可确定停留时间分布密度函数 $E(\tau)$ 和停留时间分布函数 $F(\tau)$，即

$$E(\tau)=\frac{u}{M}C(\tau) \tag{24-1}$$

$$F(\tau)=\sum E(\tau)\Delta\tau \tag{24-2}$$

式中　u——物料的质量流量，g/s；

C——物料中示踪剂的质量含量，%。

分别以 $E(\tau)$ 和 $F(\tau)$ 作为纵坐标，以时间 τ 作为横坐标，即可绘出停留时间分布曲线，即 RTD 曲线。

为了揭示反应器内不同流动状态下物料停留时间分布规律，除了 RTD 曲线外，通常还采用随机分布函数的特征值来定量描述，主要的特征值有“数学期望 $\bar{\tau}$”和“方差 σ_{τ}^{2}”。对 $E(\tau)$ 曲线，它们分别表示如下：

$$\bar{\tau}=\frac{\int_{0}^{\infty}\tau E(\tau)\mathrm{d}\tau}{\int_{0}^{\infty}E(\tau)\mathrm{d}\tau}=\int_{0}^{\infty}\tau E(\tau)\mathrm{d}\tau \tag{24-3}$$

$$\sigma_{\tau}^{2}=\frac{\int_{0}^{\infty}(\tau-\bar{\tau})^{2}E(\tau)\,\mathrm{d}\tau}{\int_{0}^{\infty}E(\tau)\,\mathrm{d}\tau}=\int_{0}^{\infty}\tau^{2}E(\tau)\,\mathrm{d}\tau-\bar{\tau}^{2} \tag{24-4}$$

对于等时间间隔取样的实验数据，所得的 $E(\tau)$ 函数是离散型的，故 $\bar{\tau}$ 和 σ_{τ}^{2} 可用下式计算：

$$\bar{\tau}=\frac{\sum\tau E(\tau)\Delta\tau}{\sum E(\tau)\Delta\tau}=\frac{\sum\tau E(\tau)}{\sum E(\tau)} \tag{24-5}$$

$$\sigma_{\tau}^{2}=\frac{\sum(\tau-\bar{\tau})^{2}E(\tau)\Delta\tau}{\sum E(\tau)\Delta\tau}=\frac{\sum\tau^{2}E(\tau)}{\sum E(\tau)}-\bar{\tau}^{2} \tag{24-6}$$

数学期望 $\bar{\tau}$，即 τ 的平均值，也就是平均停留时间 τ_{m}；方差也称散度，是对停留时间分布的分散程度的量度。σ_{τ}^{2} 愈小，说明物料的流动状态愈接近于平推流；如果反应器内物料呈平推流流动，说明物料在反应器内的停留时间相等，即 $\tau=\bar{\tau}=\tau_{\mathrm{m}}$，故 $\sigma_{\tau}^{2}=0$。通常采用无因次方差 σ^{2} 来判断物料停留时间分布的分散程度，即

$$\sigma^{2}=\sigma_{\tau}^{2}/\tau_{\mathrm{m}}^{2}=\sigma_{\tau}^{2}/\bar{\tau}^{2} \tag{24-7}$$

从而可得对于全混流，$\sigma^{2}=1$；对于平推流，$\sigma^{2}=0$；对于实际流型，$0\leqslant\sigma^{2}\leqslant1$。

综上可见，实验测得的 RTD 曲线和计算出的分布函数的特征值，可对反应器内物料的流动状态、返混程度作出定量描述，为改进反应器的结构、优化设计和操作以及工艺设备研发提供可靠的依据。

实验仪器设备与材料

（1）回转式反应器实验装置（如图 24-1 所示）。

（2）电子秤 1000g/0.1g。

（3）实验物料（8~10mm 石子）；示踪剂（与实验物料相同粒径的彩色石子）。

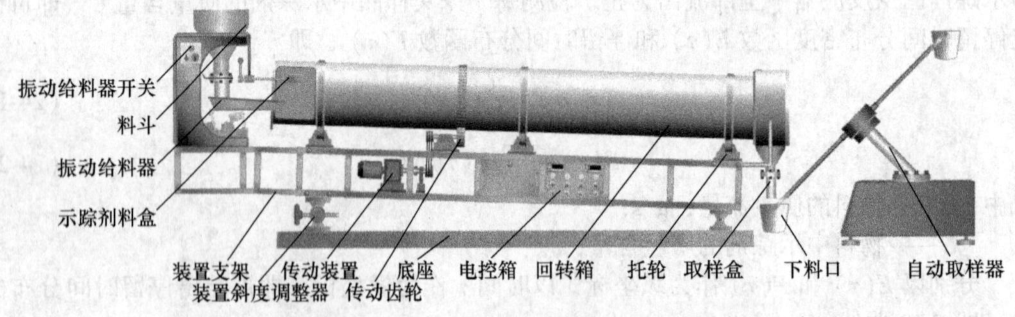

图 24-1　回转式反应器内物料停留时间分布测定实验装置示意图

实验步骤

（1）打开实验装置电源总开关及各实验设备和控制电脑电源开关，进入实验装置的控制界面，运行实验装置，确认装置控制和运行正常。

（2）设置实验装置运行参数，如反应器转速、倾斜角度、起始取样时间和取样间隔时间、物料流量等。

（3）运行回转式反应器，开启电磁振动给料器电源开关，调节给料速度使反应器运行正常，同时称取 800~1000g 示踪剂置于示踪剂料盒内。

（4）在系统运行正常后，在出料口取样，测量系统的物料流量。

（5）旋转示踪剂放置盒的转向手柄，将示踪剂瞬间倒入实验系统，控制电脑将开始记录示踪剂加入时间，并按预先设置的起始取样时间和取样间隔时间自动取样，直至示踪剂全部流出反应器为止。

（6）检测自动取样器取出样品中示踪剂的质量浓度。

（7）关闭所有设备电源开关，清理实验现场，结束实验。

实验数据记录与处理

（1）实验数据记录与处理参考格式见表 24-1。

表 24-1　脉冲示踪法物料停留时间分布测定实验数据记录表

反应器名称	反应器规格		反应器转速 $/r \cdot min^{-1}$		反应器斜度		物料流量 $u/g \cdot s^{-1}$		示踪剂量 M/g		实验日期		实验者	
取样编号	1	2	3	4	5	6	7	8	9	10	11	12	…	Σ
τ/s														
$C/\%$														
τ^2/s^2														
$E(\tau)$														
$F(\tau)$														
$\tau E(\tau)$														
$\tau^2 E(\tau)$														
$\bar{\tau}/s$			σ_τ^2/s^2				σ^2				反应器内物料的流型			

（2）数据处理。

1）根据公式（24-1）、公式（24-2）计算 $E(\tau)$、$F(\tau)$，并绘制 RTD 曲线；

2）根据公式（24-5）~公式（24-7）计算 $\bar{\tau}$、σ_τ^2 和 σ^2 值，并据计算结果分析判断反应器内物料的流动类型。

思 考 题

（1）测定物料在反应器内的停留时间分布有几种常用方法？各有什么特点？

（2）改变系统中物料的流量对实验结果有何影响？

（3）停留时间分布测定对示踪剂有何要求？

参考文献

[1] 罗康碧，罗明河，季沪萍. 反应工程原理 [M]. 北京：科学出版社，2005.

[2] 武汉大学. 化学工程基础 [M]. 北京：高等教育出版社，2001.

实验 25　气体三维流场的测定

实验目的

（1）了解五孔探针法测量模型内气体三维流场的基本原理。

（2）掌握五孔探针测量系统的使用和实验数据处理方法。

实验原理

空间流场中任一点的速度都具有一定的大小和方向。在任何正交坐标系中（直角坐标、柱坐标、球坐标），其大小用模表示，而方向则用单位矢量表示（如图 25-1 所示）。

在球坐标中，速度可表示为 $\vec{u}(|\vec{u}|, \alpha, \beta)$；而在直角坐标系中可表示为

$$\vec{u} = |\vec{u}|\vec{u}_0 = |\vec{u}|\{\sin\beta\cos\alpha, \sin\beta\sin\alpha, \cos\beta\} \tag{25-1}$$

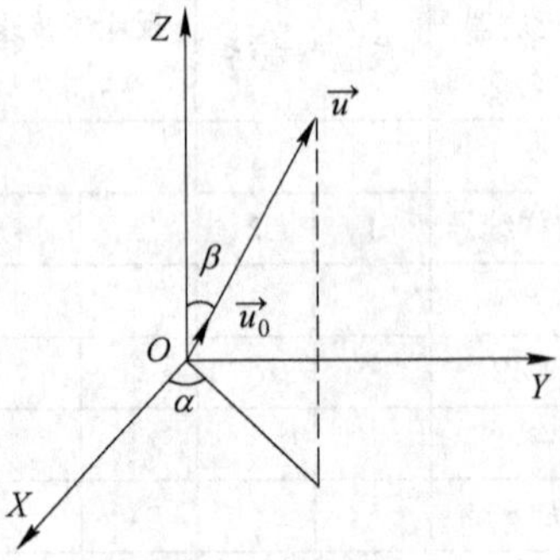

图 25-1　正交坐标系中速度的表示方法

式中　β——$\vec{u}$ 与 Z 轴的正向夹角；

α——$\vec{u}$ 在 XOY 平面上的投影与 X 轴的夹角。

可将式（25-1）简写为

$$\vec{u} = f(|\vec{u}|, \beta, \alpha) \tag{25-2}$$

由此可见，测定流体的三维流场，就是确定空间各点速度 $\vec{u}$ 的模 $|\vec{u}|$ 和夹角 α、β。

气体的三维流场一般用五孔探针来测量，其基本测量系统如图 25-2 所示，它是由五孔探头、杆身、测角器、水平仪、压力测量仪表等组成。

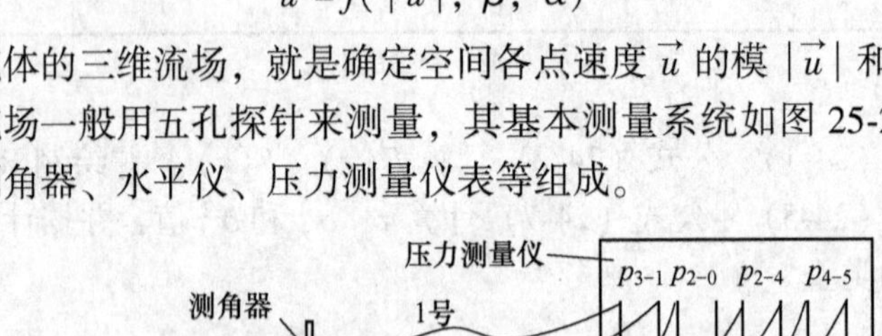

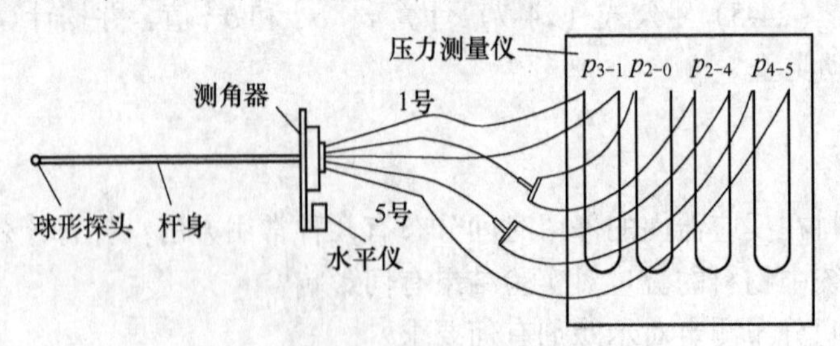

图 25-2　五孔球形探针测量系统示意图

五孔球形探头如图 25-3 所示，在迎向气流的半球面上有五个孔，这五个孔所感受的压力经小管引出，编号依次为 1、2、3、4、5。孔 2 位于正中，孔 1、2、3 在球体的赤道面上，孔 4、2、5 在球体的子午面上。孔 1、3、4、5 以中心孔 2 为基准对称排列，各孔

与孔2呈45°角。

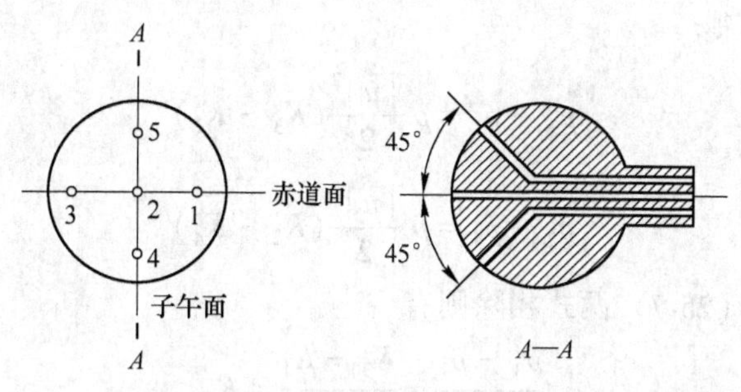

图25-3　五孔球形探头结构示意图

根据流体力学中圆球绕流位势理论，球面压力与中心角 φ 的关系为

$$p_x = p_s + \bar{p} \cdot \frac{\rho\, |\vec{u}|^2}{2} \tag{25-3}$$

$$\bar{p} = 1 - \frac{9}{4}\sin^2\varphi \tag{25-4}$$

式中　p_x——球面中心角 φ 处的压力，Pa；

p_s——来流静压，Pa；

$|\vec{u}|$——来流速度模，m/s；

$\bar{p}$——球面压力系数。

曲面压力实验及理论计算结果表明：五孔球形探头上的孔必须散布在中心孔2的45°角范围内，并要求所测气流方向也应该在上述范围内。

当空间气体流向球形探头时，对球面上不同方向的孔产生不同的压力，各孔所感受的压力为

$$p_i = p_s + K_i \frac{\rho\, |\vec{u}|^2}{2} \quad (i = 1,\ 2,\ \cdots,\ 5) \tag{25-5}$$

式中　ρ——气体密度，kg/m³；

K_i——各测孔的压力系数，与气流方向及孔的加工精度有关。

在测试中，如果球头能在流场中任意转动，并能使孔2正对气流方向时，则由于对称性而使 $p_1 = p_3 = p_4 = p_5$，这时 p_2 就为空间该点动压和静压之和，这种方式称为全对称测量。实际测试中球头因杆身限制使孔2正对来流方向是很困难的。但是，如果转动杆身使 $p_4 = p_5$，则来流速度 $\vec{u}$ 在孔1、2、3的赤道平面内，杆身转动的角度为 α，$\vec{u}$ 与孔4、2、5的子午面的夹角为 β，如图25-4所示。

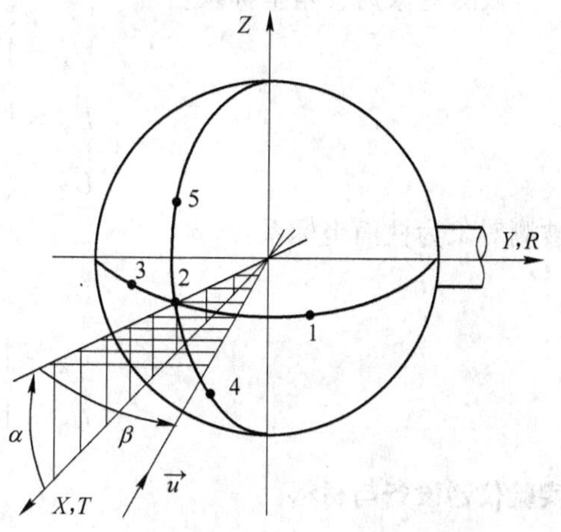

图25-4　五孔球形探针与气流夹角的关系

由图25-4可知孔1、2、3、4所感受到的压力与来流方向的 β 角有关。由于各孔制造时

有偏差，所以，通常使用可以通过标定确定压力系数的式（25-5）来描述。

由式（25-5）可得

$$p_3 - p_1 = \rho \frac{|\vec{u}|^2}{2}(K_3 - K_1) \tag{25-6}$$

$$p_2 - p_4 = \rho \frac{|\vec{u}|^2}{2}(K_2 - K_4) \tag{25-7}$$

式（25-6）、式（25-7）两式相除则有

$$\frac{p_3 - p_1}{p_2 - p_4} = \frac{K_3 - K_1}{K_2 - K_4} = K_\beta \tag{25-8}$$

式中 K_β——来流矢量与球子午面的夹角β的单值函数。

气流速度的模可由式（25-6）或式（25-7）得到

$$|\vec{u}| = \sqrt{\frac{2(p_3 - p_1)}{\rho(K_3 - K_1)}} = \sqrt{\frac{2(p_2 - p_4)}{\rho(K_2 - K_4)}} \tag{25-9}$$

气流的静压可由式（25-5）得

$$p_s = p_{2-0} - K_2 \frac{\rho}{2}|\vec{u}|^2 = p_{2-0} - K_2 \frac{p_2 - p_4}{K_2 - K_4} \tag{25-10}$$

式中 p_{2-0}——孔2与环境的压差，Pa。

在式（25-8）、式（25-9）、式（25-10）中的K_β、$K_3 - K_1$、$K_2 - K_4$、K_2一般由五孔球形探针的制造厂家在风洞中标定，并给出其典型校正曲线。

测量时转动探针杆身使孔4与孔5所感受的压力相等，然后测出$p_3 - p_1$和$p_2 - p_4$，求出K_β后查校正曲线得到β角；再查出$K_3 - K_1$，$K_2 - K_4$和K_2，分别求出来流速度的模和静压；再由探针上测角器读出杆身旋转角α，则该点处的速度矢量和静压都确定了。然后再根据需要进行坐标转换。

通常测量结果的坐标系是与被测对象的几何曲线重合的，实验测量结果的Z轴选择为垂直水平面向上为正。所以，当测量时五孔探针是水平放置时，可按照图25-4所示关系直接写出在被测对象坐标中的速度分量。

被测对象为直角坐标系：

$$\left.\begin{aligned} U_X &= |\vec{u}|\cos\alpha\cos\beta \\ U_Y &= |\vec{u}|\sin\beta \\ U_Z &= |\vec{u}|\sin\alpha\cos\beta \end{aligned}\right\} \tag{25-11}$$

被测对象为柱面坐标系：

$$\left.\begin{aligned} U_T &= |\vec{u}|\cos\alpha\cos\beta \\ U_Z &= |\vec{u}|\sin\alpha\cos\beta \\ U_R &= |\vec{u}|\sin\beta \end{aligned}\right\} \tag{25-12}$$

实验仪器设备与材料

（1）五孔球形探针及支架一套。

（2）压力测量仪一台。

（3）被测装置模型一套。

图 25-5 为旋风分离器模型的流场测定实验装置示意图。

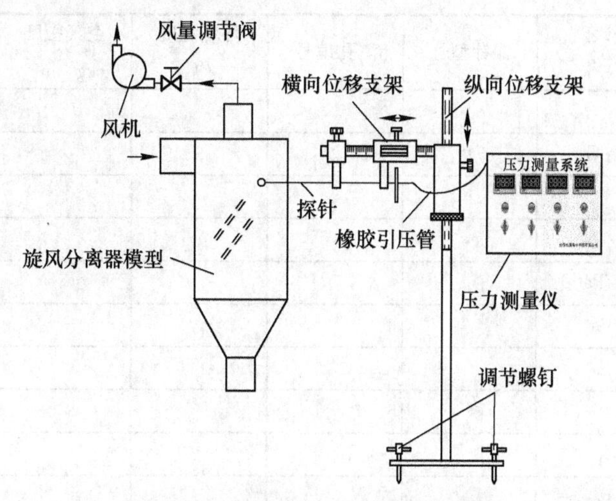

图 25-5　流场测定实验装置示意图

实验步骤

（1）关闭风机闸板，启动风机使其运行正常后，再缓慢开启闸板使被测模型达到特定工作状态。

（2）将五孔探针装在探针支架上，调节支架底座螺钉使底座水平，并将五孔探针的导压管与已调零的压力测量仪连通。

（3）选取测孔，并纵向调节探针高度使探针正好能水平插入测孔。

（4）根据实际需要将五孔探针插到该测孔内的第一个测点位置，测点位置应以球形探头的球心为基准。用橡皮垫封住测孔与探针的间隙，以防漏风。

（5）转动杆身使 $p_4=p_5$ 后在五孔探针的测角器和压力测量仪上读取 α 角及 p_3-p_1、p_2-p_4、p_{2-0} 并记录。

（6）移动探头位置至下一测点，重复步骤（5）的操作直到测完该测孔的所有测点。

（7）若需改测其他测孔，则按上述步骤（3）~（6）重复操作进行。

（8）测量完毕后，关闭风机电源，整理实验设备与仪器，清理实验现场。

实验数据记录与处理

（1）实验数据记录与处理参考格式见表 25-1。

（2）数据处理。

1）根据实验所测数据按式（25-8）求出 K_β 后，再在实验所用型号的五孔探针的校正曲线（或校正表）上查得 β、K_3-K_1、K_2-K_4 和 K_2。

2）按式（25-9）求出各测点速度的模 $|\vec{u}|$ 后，再按式（25-11）或式（25-12）求出各测点在不同方向上的速度分量。

3）按式（25-10）求出各测点气流的静压。

4）绘制各测孔内气流在不同方向上的分布图并进行分析。

表25-1　气体三维流场测定实验数据记录表

模型名称	进口风速 /m·s^{-1}	探针型号	测孔编号	环境温度 /℃	空气密度 /kg·m^{-3}	实验日期	实验者
实验数据记录	测点编号	1	2	3	…	…	n
	α						
	p_3-p_1/Pa						
	p_2-p_4/Pa						
	p_{2-0}/Pa						
实验数据处理与结果	K_β						
	β						
	K_3-K_1						
	K_2-K_4						
	K_2						
	$\lvert\vec{u}\rvert$/m·s^{-1}						
	$U_X(U_T)$/m·s^{-1}						
	$U_Y(U_R)$/m·s^{-1}						
	U_Z/m·s^{-1}						
	p_s/Pa						

实验注意事项

（1）实验前必须保证五孔球形探针的五个感受孔导压通道畅通，各接头及橡胶导压管不得有漏气和卡死现象。

（2）为保证测量的精确度，必须保持探针杆身与球头中心线重合，切忌碰撞变形和擅自拨动探针头部的感受孔。不得任意拆卸刻度盘夹紧螺母。

（3）实验测量过程中，必须保持测角器的水准仪水平。

（4）操作气体必须干净，不得夹带灰尘，以免堵塞探针的感受孔。

（5）实验完毕后，须用压缩空气清理探针的感压孔和导压通道的积尘，并用干净绒布将探针擦拭干净后放于专用盒内，不得受压。

思考题

分析影响实验结果的因素。

实验 26　水泥生料配料计算及制备

实验目的

（1）了解多组分水泥生料的配料原理。

（2）掌握水泥生料的配料计算方法，理解 KH、SM、IM 对水泥熟料煅烧及性能的影响。

（3）了解破粉碎、干燥及均化对水泥生料制备的影响。

实验原理

水泥生产的主要工艺过程分为三个阶段，俗称“二磨一烧”，即生料制备（包括原料破碎、原料预均化、原料的配合、生料的粉磨和均化等）、水泥熟料的煅烧、水泥的粉磨。而水泥熟料组成的确定，一般根据水泥品种、原料与燃料的品质、生料制备、生料的易烧性与熟料煅烧工艺等进行综合考虑，以达到保证水泥质量、提高产量、降低消耗和设备长期运转的目的。

因为水泥熟料是由两种以上的氧化物化合而成，因此在水泥生产中控制各氧化物之间的比例即率值，比单独控制各氧化物的含量更能反映出对熟料的矿物组成和性能的影响，故常用表示各氧化物之间相对含量的率值来作为生产的控制指标。硅酸盐水泥熟料烧成过程质量控制常用到三个率值：硅率 SM、铝率 IM 和石灰饱和系数 KH。

1. 硅率

硅率又称硅酸率，它表示熟料中 SiO_2 的百分含量与 Al_2O_3、Fe_2O_3 之和的百分含量之比，用 SM、M_s 或 n 表示：

$$SM = SiO_2/(Al_2O_3 + Fe_2O_3) \tag{26-1}$$

通常硅酸盐水泥的硅率在 1.7～2.7 之间，但白色硅酸盐水泥的硅率可达 4.0 甚至更高。

硅率除了表示熟料的 SiO_2 与 Al_2O_3、Fe_2O_3 之和的质量比外，还表示了熟料中硅酸盐矿物与熔剂矿物的比例关系，相应地反映了熟料的质量和易烧性。当 Al_2O_3/Fe_2O_3 大于 0.64 时，硅率和矿物组成的关系为

$$SM = \frac{C_3S + 1.325C_2S}{1.434C_3A + 2.046C_4AF} \tag{26-2}$$

式中，C_3S、C_2S、C_3A、C_4AF 分别代表熟料中各矿物的质量分数。从式（26-2）可见，硅率随硅酸盐矿物与熔剂矿物之比而增减。若熟料硅率过高，则由于高温液相量显著减少，熟料煅烧困难，硅酸三钙不易形成，如果氧化钙含量低，那么硅酸二钙含量过多而熟料易粉化。硅率过低，则熟料因硅酸盐矿物少而强度低，且由于液相量过多，易出现结大块、结炉瘤、结圈等，影响窑的操作。

2. 铝率

铝率又称铁率，以IM、MA或p表示。其计算式为

$$IM = Al_2O_3/Fe_2O_3 \tag{26-3}$$

铝率通常在0.8~1.7之间，抗硫酸盐水泥或低热水泥的铝率可低至0.7。

铝率表示熟料中氧化铝与氧化铁含量的质量比，也表示熟料熔剂矿物中铝酸三钙与铁铝酸四钙的比例关系，因而也关系到熟料的凝结快慢；同时还关系到熟料的液相黏度，从而影响熟料煅烧的难易。当铝率大于0.64时，铝率和矿物组成的关系如下：

$$IM = \frac{1.15C_3A}{C_4AF} + 0.64 \tag{26-4}$$

从式（26-4）可见，铝率高，熟料中铝酸三钙多，液相黏度大，物料难烧，水泥凝结快。但铝率过低，虽然液相黏度小，液相中质点易扩散对硅酸三钙形成有利，但烧结范围窄，窑内易结大块，不利于窑的操作。

3. 石灰饱和系数KH

古特曼与杰耳认为，酸性氧化物形成碱性最高的矿物为C_3S、C_3A、C_4AF，从而提出了石灰理论极限含量的观点。为便于计算，将C_4AF改写成“C_3A”和“CF”，令此改写后的“C_3A”与原C_3A相加，那么每1%酸性氧化物所需石灰含量分别为：

1% Al_2O_3形成C_3A所需 $CaO = 3×56.08/101.96 = 1.65$；

1%Fe_2O_3 形成CF所需 $CaO = 56.08/159.7 = 0.35$；

1%SiO_2形成C_3S所需 $CaO = 3×56.08/60.09 = 2.8$。

由每1%酸性氧化物所需石灰量乘以相应的酸性氧化物含量，就可得石灰理论极限含量计算式：

$$CaO = 2.8SiO_2 + 1.65Al_2O_3 + 0.35Fe_2O_3 \tag{26-5}$$

苏联学者金德和容克根据上述石灰理论极限含量提出了石灰饱和系数KH的概念。他们认为，在实际生产中，氧化铝和氧化铁始终为氧化钙所饱和，而SiO_2可能不完全饱和成C_3S而存在一部分C_2S，否则熟料就会出现游离氧化钙，因此就在SiO_2之前加一石灰饱和系数KH。故

$$CaO = KH × 2.8SiO_2 + 1.65Al_2O_3 + 0.35Fe_2O_3 \tag{26-6}$$

将式（26-6）改写成

$$KH = (CaO - 1.65Al_2O_3 - 0.35Fe_2O_3)/2.8SiO_2 \tag{26-7}$$

因此，石灰饱和系数KH是熟料中全部氧化硅生成硅酸钙（C_3S+C_2S）所需的氧化钙含量与全部二氧化硅理论上全部生成硅酸三钙所需的氧化钙含量的比值，也即表示熟料中氧化硅被氧化钙饱和成硅酸三钙的程度，实际KH值介于0.667~1.0之间。

新型干法预分解窑生产硅酸盐水泥熟料的KH为0.86~0.91，SM为2.2~2.7，IM为1.4~1.8。

熟料组成确定后，即可根据所用原料进行配料计算，求出符合熟料组成的原料配合比。

配料计算的依据是物料平衡。任何化学反应的物料平衡是反应物的量应等于生成物的量。随着温度的升高，生料煅烧成熟料经过以下过程：生料干燥蒸发物理水，黏土矿物分

解放出结晶水，有机物质的分解、挥发，碳酸盐分解放出二氧化碳，液相出现使熟料烧成。因为有水分、二氧化碳以及某些物质逸出，所以，计算时必须采用统一基准。

生料配料计算方法繁多，有代数法、图解法、尝试误差法（包括递减试凑法）、矿物组成法、最小二乘法等，其中应用比较广泛的为尝试误差法。

尝试误差法计算方法很多，但原理都相同。其中一种方法是先按假定的原料配合比计算熟料组成，若计算结果不符合要求，则调整原料配合比，再进行重复计算，直至符合要求为止；另一种方法是从熟料化学成分中依次递减假定配合比的原料成分，试凑至符合要求为止（又称递减试凑法）。

实验仪器设备与材料

（1）电热鼓风干燥箱。

（2）ϕ305mm×305mm 球磨机。

（3）电子天平。

实验步骤

1. 水泥生料配料计算

（1）根据预分解窑硅酸盐水泥熟料的要求确定熟料组成。

（2）根据熟料组成按尝试误差法进行配料计算。

2. 水泥生料制备

（1）所有原料先经颚式破碎机破碎，再在 105~110℃ 烘箱内烘干至恒重。

（2）按照原料配合比配制水泥生料，混合均匀，每次制备生料约 1.5kg。

（3）将混匀后的水泥生料加入球磨机粉磨，控制细度 80μm 筛余为（10±1)%，200μm 筛余不大于 1.5%。

实验数据记录与处理

（1）实验数据记录与处理参考格式见表 26-1。

表 26-1　水泥生料配料计算及制备实验数据记录表

原料	LOI /%	SiO_2 /%	Al_2O_3 /%	Fe_2O_3 /%	CaO /%	MgO /%	K_2O /%	Na_2O /%	配合比 /%
石灰石									
黏土									
砂岩									
铁校正料									
生料									
灼烧生料									
熟料									

（2）数据处理。

1）记录尝试误差法配料计算水泥生料的全过程，并将最终结果填入记录表。

2）计算所配水泥生料的实际率值 KH、SM、IM，及其熟料理论矿物组成 C_3S、C_2S、C_3A、C_4AF 的含量。

实验注意事项

（1）制备水泥生料时各原料一定要混合均匀。

（2）水泥生料粉磨时注意控制好粉磨时间达到粉磨细度要求，不要过粉磨。

思考题

简述如何选择熟料矿物组成。

参考文献

[1] 沈威. 水泥工艺学［M］. 武汉：武汉工业大学出版社，2008.
[2] 周永强，吴泽. 无机非金属材料专业实验［M］. 哈尔滨：哈尔滨工业大学出版社，2002.
[3] 伍洪标. 无机非金属材料实验［M］. 北京：化学工业出版社，2011.
[4] 天津水泥工业设计研究院. JC/T 735—2005 水泥生料易烧性试验方法［S］. 北京：中国标准出版社，2005.

实验 27　水泥生料易烧性测定

实验目的

（1）了解水泥生料易烧性的影响因素及其对水泥生产的意义。

（2）掌握水泥生料易烧性的测定方法。

实验原理

易烧性是指水泥生料煅烧形成熟料的难易程度。在水泥生料煅烧成熟料的过程中，首先要控制好合适的煅烧温度，以满足阿利特相的形成。易烧性可基本反映固、液、气相环境下，通过复杂的物理、化学变化，形成熟料的难易程度。

水泥生料的易烧性可采用如下两种表达方式：

（1）在某一已知温度下测量经规定时间后的游离氧化钙（f-CaO），f-CaO 的降低数值与易烧性的改善相对应；

（2）测量规定温度下达到 f-CaO≤2.0%的时间（θ），θ 的减少数值与易烧性的改善相对应。所谓“实用易烧性”即是在 1350℃恒温下，在回转窑内煅烧生料达到 f-CaO≤2%所需的时间。

易烧性还可以用各种易烧性指数或易烧性值来表示。表 27-1 为生料易烧性指数的经验计算公式，其中 BF_1、BF_2较实用，用 Bth 更精确些，它考虑了化学性质、颗粒大小、液相量等因素。

表 27-1　生料的各种易烧性指数①

易烧性指数	经验公式	公式编号
BI_1	$C_3S/(C_4AF + C_3A)$	式（27-1）
BI_2	$C_3S/(C_4AF + C_3A + M + K + Na)$	式（27-2）
BF_1	$LSF + 10M_s - 3(M + K + Na)$	式（27-3）
BF_2	$LSF + 6(M_s - 2) - (M + K + Na)$	式（27-4）
Bth	$55.1 + 11.9R_{+90\mu m} + 1.58(LSF - 90)^2 - 0.43L_C^2$	式（27-5）

①C_3S、C_4AF、C_3A 分别代表计算生料的潜在矿物组成；M、K、Na 分别为生料中 MgO、K_2O、Na_2O 含量，%；LSF、M_s 分别为生料的石灰饱和系数和硅率；$R_{+90\mu m}$为生料留在 90μm 筛上的筛余量，%；L_C 为在 1350℃时的液相量。

生料易烧性愈好，生料煅烧的温度愈低；易烧性愈差，煅烧温度愈高。通常生料的煅烧温度为 1420~1480℃。有关实验表明，生料的最高煅烧温度与生料成分也就是熟料潜在矿物组成的关系如下列回归方程式所示：

$$T = 1300 + 4.51C_3S - 3.74C_3A - 12.64C_4AF \quad (27\text{-}1)$$

综上所述，影响生料易烧性的主要因素有：

（1）生料的潜在矿物组成。图27-1为率值对烧成温度与易烧性的影响。

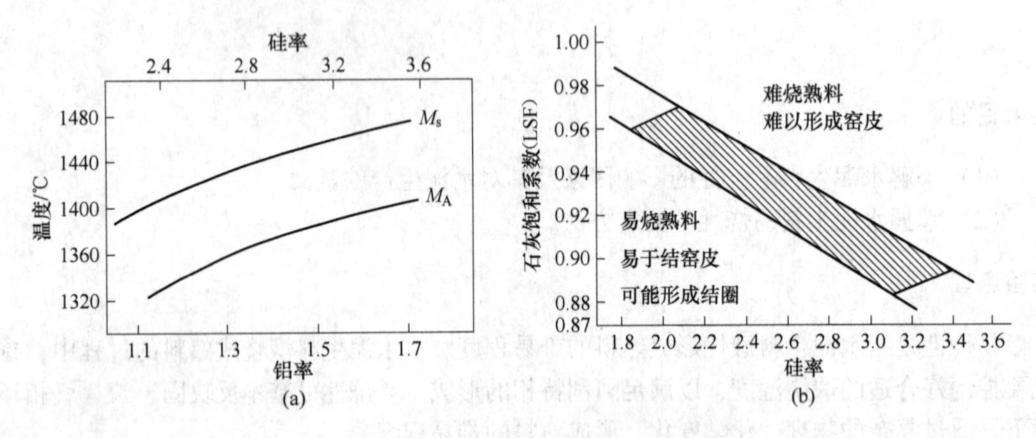

图27-1 率值对烧成温度和易烧性的影响

石灰饱和系数、硅率高，生料难烧；反之易烧，还可能易结圈；硅率、铝率高，难烧，要求较高的烧成温度。

（2）原料的性质和颗粒组成。原料中石英和方解石含量多，结晶质粗粒多，易烧性差。

（3）生料中次要氧化物和微量元素。生料中含有少量次要氧化物和 MgO、K_2O、Na_2O 等，有利于熟料形成，易烧性好，但含量过多，不利于煅烧。

（4）生料的均匀性和生料粉磨细度。生料的均匀性好，粉磨细度细，易烧性好。

（5）矿化剂。掺加各种矿化剂，均可改善生料的易烧性。

（6）生料的热处理。生料的易烧性差，就要求烧成温度高，煅烧时间长。生料煅烧过程中升温速度快，有利于提高新生态产物的活性，易烧性好。

（7）液相。生料煅烧时，液相出现温度低，量多，液相黏度小，表面张力小，离子迁移速度大，易烧性好，有利于熟料的烧成。

（8）燃煤的性质。燃煤热值高、煤灰分少、细度细，燃烧速度快，燃烧温度高，有利于熟料的烧成。

（9）窑内气氛。窑内氧化气氛煅烧，有利于熟料的烧成。

水泥生料易烧性测定，对于实现生料的正确设计，以及煅烧窑炉的顺利操作具有十分重要的意义。

目前，水泥生料易烧性的测定一般按建材行业标准《水泥生料易烧性试验方法》（JC/T 735—2005）规定的方法测定，即按一定的煅烧制度对一种水泥生料进行煅烧后，测定其游离氧化钙含量，用该游离氧化钙含量表示该生料的煅烧难易程度。

根据熟料中游离氧化钙含量与水泥性能之间的关系以及国内外水泥生产方面的经验和资料，将生料易烧性按熟料游离氧化钙含量大小分为4个等级，如表27-2所示。

表 27-2　水泥生料易烧性难易程度判断依据

熟料中 f- CaO 质量分数/%	< 1	1~1.5	1.5~2.5	>2.5
生料易烧性等级	A	B	C	D
易烧性难易程度	易	较易	较难	难

实验仪器设备与材料

（1）电热鼓风干燥箱。
（2）中温炉。
（3）高温炉。
（4）试验球磨机。
（5）快速游离氧化钙测定仪。
（6）分析天平 200g/0.1mg。
（7）分析筛：80μm、200μm。

实验步骤

（1）按原料配合比配制水泥生料，再使用试验球磨机粉磨。每次制备水泥生料约 1.5kg，控制细度 80μm 筛余为（10%±1）%，其 200μm 筛余应不大于 1.5%。

（2）称取生料 100g，置于洁净容器中，边搅拌边加蒸馏水 10mL，搅拌均匀。

（3）每次称取湿生料（3.6±0.1）g，放入试体成型模具内，使用压力机以 10.6kN 力制成 ϕ13mm 的小试体。

（4）将试体置于已恒温至 105~110℃的电热干燥箱内烘 60min 以上。

（5）取相同试体六个为一组，均匀且不重叠地直立于平底耐高温容器内。

（6）将盛有试体的容器放入恒温 950℃的预烧高温炉内，恒温预烧 30min。

（7）将预烧完毕的试体随同容器立即转放到已恒温至烧成温度（取 1350℃、1400℃、1450℃）的煅烧高温炉内，恒温煅烧 30min。

（8）煅烧后立即取出试体置于空气中自然冷却至室温。

（9）将冷却后的试体研磨成通过 80μm 筛的分析样，混合后装入贴有标签的磨口小瓶内，然后放入干燥器内保存。

（10）按实验 29“水泥熟料中游离氧化钙测定”的方法测定试样中游离氧化钙含量。

实验数据记录与处理

（1）实验数据记录与处理参考格式见表 27-3。

表 27-3　水泥生料易烧性测定实验数据记录表

	熟料组成			煅烧温度/℃	f-CaO 含量/%	易烧性等级
	KH	SM	IM			
配料 1				1350		
				1400		
				1450		

续表 27-3

	熟料组成			煅烧温度/℃	f-CaO 含量/%	易烧性等级
	KH	SM	IM			
配料 2				1350		
				1400		
				1450		

（2）数据处理。

1）按照实验 29 所述方法计算每种配料方案在不同温度下的游离氧化钙含量，并填入记录表。

2）按照表 27-2 判断每种配料方案在不同温度下的易烧性等级。

实验注意事项

（1）试体在高温炉内煅烧时，应放置在热电偶端点的正下方。

（2）煅烧试体研磨后的分析样，必须在三天内完成游离氧化钙含量测定。

（3）选择的耐高温容器不能与试体发生反应。

（4）由于实验时炉温高，必须戴防护眼镜和手套，以免烫伤。

思 考 题

如何提高水泥生料的易烧性?

参考文献

[1] 沈威. 水泥工艺学［M］. 武汉：武汉工业大学出版社，2008.

[2] 周永强，吴泽. 无机非金属材料专业实验［M］. 哈尔滨：哈尔滨工业大学出版社，2002.

[3] 伍洪标 . 无机非金属材料实验［M］. 北京：化学工业出版社，2011.

[4] 天津水泥工业设计研究院. JC/T 735—2005 水泥生料易烧性试验方法［S］. 北京：中国标准出版社，2005.

实验 28　水泥原料易磨性测定（邦德法）

实验目的

（1）了解进行水泥原料易磨性测定的意义。

（2）掌握水泥原料易磨性测定原理和方法。

实验原理

物料的易磨性是表示物料被粉磨难易程度的一种物理性质，与物料的强度、硬度、密度、结构的均匀性、含水量、黏性、裂痕、表面形状等许多因素有关。在粉体加工过程中，其电耗主要来源于粉磨过程，因此，粉磨电耗直接影响粉体加工过程的能源消耗定额。降低粉磨过程能耗的途径有两种，一种是选择高效低耗的粉磨设备；二是在满足工艺要求的情况下选择合适的原料和助磨剂，以降低粉磨能耗，所以选择易磨性好的物料是提高磨机产量、降低粉磨能耗、降低生产成本的重要途径。物料易磨性的表示方法主要有以下几种：

（1）粉磨时间。粉磨时间表示一定量的物料粉磨至一定细度要求时所对应的粉磨时间，粉磨时间越短，物料易磨性越好。这是一种最直观的实验方法，特别适用于水泥干法开路粉磨系统。

（2）易磨性系数。易磨性系数表示不同物料之间易磨性程度的相对高低。其实验方法是用实验室 ϕ500mm×500mm 试验磨将标准砂磨至比表面积为（300±10）m^2/kg，并记录其粉磨时间，然后以相同的粉磨时间将被测物料（粒度控制在 7mm 以下）进行粉磨并测出其比表面积，则物料的比表面积与标准砂比表面积之比即为物料的相对易磨性系数。物料易磨性系数越高，表明其易磨性越好。易磨性系数常用于计算球磨机粉磨物料的生产能力，根据磨机规格及系统流程差异，在计算磨机生产能力时分别乘以不同的系数。

（3）哈氏（hardgrove）可磨性指数。根据原料所需的粉磨能量与新生成的比表面积成正比的原理，将粒度范围为 0.63～1.25mm 的煤样在规定条件下经哈氏易磨性测定仪研磨 60 转，并进行筛分，由研磨前的煤样量减去筛上煤样质量得到筛下煤样质量。由煤的哈氏可磨性指数标准物质绘制的校准图上查得或从一元线性回归方程计算出煤的哈氏可磨性指数 HGI，指数值越大表明易磨性越好。《煤的可磨性指数测定方法　哈德格罗夫法》（GB/T 2565—2014）规定哈氏方法只适用于烟煤和无烟煤，国外则常见用于包括煤在内的各种水泥原料和矿山原料。

（4）粉磨功指数，又称邦德（Bond）功指数，依据邦德（F. C. Bond）粉碎理论计算的指数。粉磨功指数法以邦德裂缝学说即所谓的第三粉碎理论为基础，模拟生产闭路粉磨系统，用规定的球磨机对试样进行间歇式循环粉磨，以连续三次粉磨都达到“粗粉质量/成品质量=250%±5%，且磨机每转产生的成品量的极差小于其平均值的 3%”的平衡状态为目标，将一定体积容重的原料经粉磨、筛分多次循环，磨机每次的粉磨转数由成品量决定，取平衡状态下的磨机每转产量和成品粒度以及试样粒度和成品筛孔径，计算试样的粉磨功指数。

粉磨时间、可磨性系数、哈氏可磨性指数虽然在一定程度上能够反映材料易磨性程度，但是不能反映粉磨时的能量消耗。邦德法虽然需要特制的试验球磨机、样品处理量大、粉磨周期长，而且缩分、装料、卸料、筛析等试验程序繁杂、计算复杂，但方法本身重复性好，能直接反映粉磨时的能量消耗，所以作为预测和评价物料易磨性的方法，在世界范围内得到了广泛应用。虽然各国对试验的具体规定有所不同，但都是以邦德方法为基础，其基本原则并未改变。《水泥原料易磨性试验方法》（GB/T 26567—2011）规定了水泥原料易磨性试验的原理、设备、实验步骤、结果计算和表示方法等，本实验主要参考此标准进行设计。

邦德裂缝学说认为物料破碎的实质是：物料在压力下产生变形，积累一定的能量后产生裂纹，裂缝连成一片形成新的表面，物料即被粉碎，对破裂有用之功和裂纹的长度成正比，裂纹长度又和产品粒径的平方根成反比，即

$$W_t = \frac{K}{\sqrt{P_{80}}} \tag{28-1}$$

式中　P_{80}——产品粒径，以粉磨后物料中 80%质量能通过的筛孔尺寸表示，μm；

　　　K——比例常数。

上式表示将无穷大粒度的物料破碎至粒径为 p 时所需的功；如果破碎前物料粒径为 F，将其破碎至粒径为 P 时，其相应净需用功计算如下：

$$W = K\left(\frac{1}{\sqrt{P_{80}}} - \frac{1}{\sqrt{F_{80}}}\right) \tag{28-2}$$

式中　F_{80}——试样（破碎前）的 80%质量能通过的筛孔尺寸，μm。

将无穷大的物料破碎至粒度为 80%通过 100μm 筛（$F = \infty$，$P = 100\mu m$）时，所需的有用功定义为物料的粉磨功指数 W_i（constant word index），即

$$W_i = K\left(\frac{1}{\sqrt{100}}\right) \tag{28-3}$$

所以

$$K = 10W_i \tag{28-4}$$

代入式（28-2）得

$$W = W_i\left(\frac{10}{\sqrt{P_{80}}} - \frac{10}{\sqrt{F_{80}}}\right) \tag{28-5}$$

W_i表示物料对破裂的阻碍能力，它反映了在不同尺寸时破裂特征的差异，以及不同设备与不同操作在效率上的差异。为测定 W_i，邦德在 ϕ305mm×305mm 实验球磨机上进行了大量的粉磨实验，确定了测定 W_i的方法与计算公式。为了将测定数据与工业球磨机实际功耗联系起来，邦德选择了 ϕ2440mm 的溢流式球磨机在湿法闭路粉磨时驱动电机的输出功率为计算依据，找出试验磨机每转生成产品量 G 与 W_i之间的关系式：

$$W_i = \frac{176.2}{P^{0.23} \times G^{0.82} \times (10/\sqrt{P_{80}} - 10/\sqrt{F_{80}})} \tag{28-6}$$

式中　W_i——粉磨功指数，MJ/t；

P——实验用成品筛的筛孔尺寸，μm；

G——平衡状态下磨机每转产生的成品质量，取三次的平均值，g/r；

F_{80}——试样的 80%质量能通过的筛孔尺寸，μm。当原料的自然粒度小于 3. 35mm 而无须破碎制备试样时，F_{80}用 2500 代替。

这样，W_i可利用试验磨机测定，此方法适用于 28~328 目范围内的磨矿产品。

磨机每转产生的成品质量计算公式为

$$G_j = \frac{(w - \alpha_j) - (w - \alpha_{j-1})m}{N_j} \tag{28-7}$$

式中　G_j——第 j 次粉磨后，磨机每转产生的成品质量，g/r；

w——入磨试样的质量，g；

α_j——第 j 次粉磨后卸出磨机的全部物料经筛分未通过成品筛的粗粉质量，g；

α_{j-1}——上一次粉磨后卸出磨机的全部物料经筛分未通过成品筛的粗粉质量，g，当 $j=1$ 时，α_{j-1}通常为 0，但若首次入磨的试样曾筛出过成品，则 α_{j-1}还为未通过成品筛的粗粉的质量；

m——试样中由破碎作用导致的成品含量，%，当组成试样的各原料的自然粒度都小于 3. 35mm 而无须破碎制备试样时，m 为 0；若部分需要破碎制样时，测定已破物料的成品含量，结合试样组成计算 m；若全部需要破碎制样时，按试样组成将已破碎物料混匀后统一测定 m；当单一原料的自然粒度不完全小于 3. 35mm 时，需用 3. 35mm 筛将其筛分为两部分，并按两种原料来处理；

N_j——第 j 次粉磨的磨机转数，r。

以 250%的循环负荷为目标，根据磨机每转产生的成品质量，可计算磨机下一次运转的转数为

$$N_{j+1} = \frac{\dfrac{w}{(2.5+1)} - (w - \alpha_j)m}{G_j} \tag{28-8}$$

粉磨功指数的表示应包括成品筛的筛孔尺寸。以成品筛的筛孔尺寸为 80μm 为例，某粉磨功指数可表示为

$$W_i = 59.8\text{MJ/t}(P = 80\mu\text{m})$$

需要说明的是，邦德功指数法一般只适用于以岩石与人造矿物之类作为粉碎对象，不适用于软质或韧性较大的物料，不适用于非常细的物料。当进料粒度较大时，粉碎不能一气呵成，要分成多段来完成粉碎。在我国，水泥原料中非煤质原料一般用邦德功指数表征其易磨性，煤质原料一般用哈氏可磨性系数来表征。

实验仪器设备与材料

（1）球磨机。有效尺寸：ϕ305mm×305mm；转速：70 r/min。实验用球磨机如图 28-1 和图 28-2 所示。

（2）钢球为滚珠轴承用球，重量不少于 19. 5kg，应符合《滚动轴承 球》（GB/T 308—2013）的规定，新钢球使用前需通过粉磨硬质物料消减表面光洁度，其级配见表

28-1。

（3）试验筛，符合《试验筛技术要求和检验 第 1 部分：金属丝编织网试验筛》（GB/T 6003.1—2012）的规定，框内径 20mm。

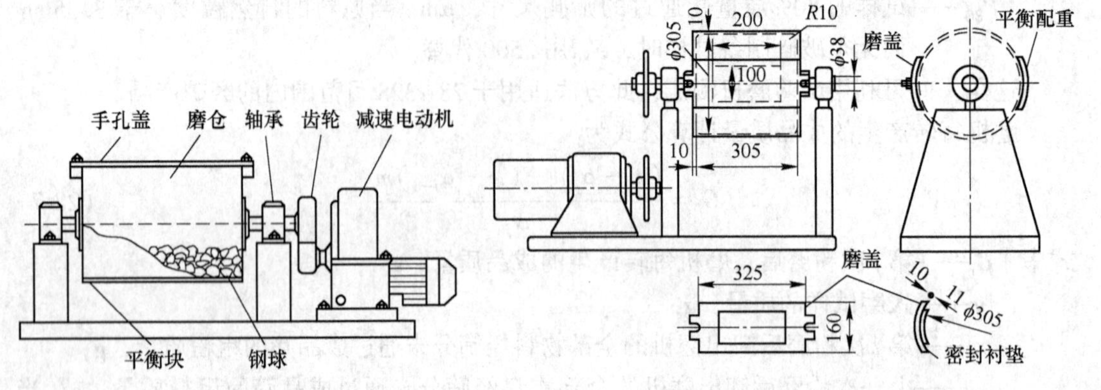

图 28-1　实验用球磨机示意图　　图 28-2　实验用球磨机尺寸图（单位为 mm）

表 28-1　球磨机钢球级配

直径/mm	个数/个	直径/mm	个数/个
36.5	43	19.1	71
30.2	67	15.9	94
25.4	10	合计	285

（4）漏斗和量筒，如图 28-3 所示。

（5）称量设备。

1）电子天平：2000g/1g，用于试样的称量。

2）电子天平：200g/0.1g，用于成品的称量。

（6）震击式标准振筛机：左右摆动次数为 221 次/min，震击次数 147 次/min，摆动行程为 12.5mm，上下振幅行程 6~8mm。

（7）颚式破碎机：100mm×60mm。

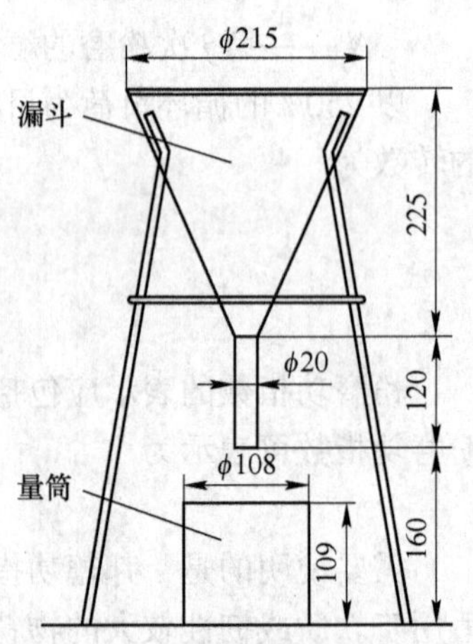

图 28-3　测定试样松散容量的漏斗和量筒（单位为 mm）

实验步骤

（1）试样准备：将约 10kg 物料分别用颚式破碎机破碎，按粒度大小逐级调节颚板间距，每破碎一次，用 3.35mm 筛筛分，取出大于 3.35mm 的物料，反复送入破碎机内再进行破碎，直至全部通过 3.35mm 筛。将破碎后的物料放置于 100~110℃ 的电热干燥箱内烘干。取破碎烘干后的物料或按设计配比的混合料 10kg，缩分出 5kg 作为试样，其余作为保留样。

（2）将试样混匀，用漏斗和量筒测定 1000mL 松散试样的质量，乘 0.7 求得 700mL 松散试样的质量即为入磨试样的质量。

（3）缩分出约 500g 试样，用筛分法测定其成品含量和 80%通过粒度。

（4）缩分出入磨试样，如果试样的成品含量超过1/3.5时，先筛除该入磨试样中的成品，并补充试样至筛前质量。将试样倒入已装钢球的磨机，根据经验选定磨机第一次运行的转数（通常为100~300r）。

（5）运转磨机至预定的转数，将磨机内物料连同钢球一起卸出，清扫磨内残留物料。

（6）分离物料和钢球，用成品筛筛分卸出磨机的全部物料，称得筛上粗粉质量。按式（28-7）计算磨机每转产生的成品质量。

（7）以250%的循环负荷为目标，按式（28-8）计算磨机下一次运转的转数。

（8）缩分出质量为（$w-\alpha_j$）的试样，与筛上粗粉α_j混合后一起倒入已装钢球的磨机。

（9）重复(5)~(8)的操作，直至平衡状态（如图28-4所示）。

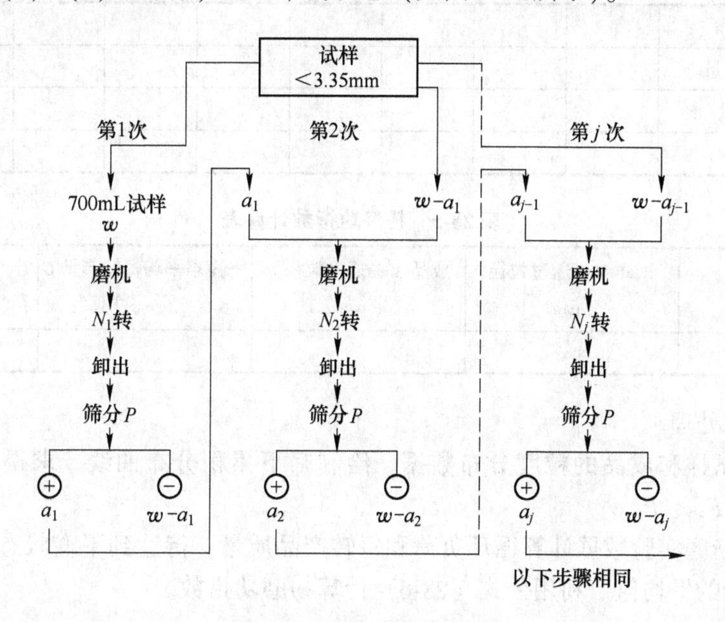

图28-4　实验步骤示意图

（10）将平衡状态下粉磨所得的成品一起混匀，用筛分法测定其粒度分布：称取成品100.0g，先用40μm水筛筛去微粉，收集筛余物烘干后，再用6个40~71μm的套筛进行筛分，根据粒度分布求成品的80%的通过粒度。

（11）关闭电源，清理实验仪器并归位，打扫整理实验现场，结束实验。

实验数据记录与处理

（1）实验数据记录与处理参考格式见表28-2~表28-5。

表28-2　原料粒度分布

筛孔尺寸/mm								
各级筛网残余质量/g								
各级百分比含量/%								
筛下累积含量/%								

表 28-3 粉磨功指数实验数据记录

粉磨次数	粉磨时间 /s	磨机转数 /r	新添加料量 /g	成品筛筛上质量 /g	成品筛筛下质量 /g	带入细粉量 /g	磨机每转产量 /g·r^{-1}	循环负荷 /%
1								
2								
3								
⋮								

表 28-4 成品粒度分布

筛孔尺寸/mm									
各级筛网残余质量/g									
各级百分比含量/%									
筛下累积含量/%									

表 28-5 粉磨功指数计算表

物料名称	试样 80%通过粒径 /μm	成品 80%通过粒径 P /μm	平衡态平均每转产量 G /g·r^{-1}	粉磨功指数 W_i /MJ·t^{-1}

（2）数据处理。

1）根据试样和成品的粒度分布数据，绘制筛下累积分布曲线，求得原料和成品的80%通过粒度 F_{80}、P_{80}；

2）根据粉磨实验数据计算循环负荷和每转产品质量，待达到平衡状态后，计算平衡状态下三个 G_j 的平均值。利用公式（28-6）计算粉磨功指数。

实验注意事项

（1）实验前应检查仪器各部件是否能正常使用，确保仪器整洁干净。

（2）磨机运转过程中，应尽量远离设备，实验过程中应做好防护工作，注意安全。

（3）实验前应将样品适当干燥，实验中也应保持样品尽可能低的水分。

（4）每次磨机运转结束卸料后，应用毛刷将磨机内部和钢球刷干净，尽量将物料全部收集。筛分过程也应小心仔细，尽量避免物料损失。

思考题

（1）研究粉磨功指数有什么现实意义？

（2）为什么待测定的物料要预先粉碎成一定的粒度？

（3）影响实验结果的因素有哪些？

参考文献

[1] 天津水泥工业设计研究院有限公司. GB/T 26567—2011 水泥原料易磨性试验方法（邦德法）[S]. 北京：中国标准出版社，2011.

[2] 天津水泥工业设计研究院. JC/T 734—1988 水泥原料易磨性试验方法 [S]. 北京：中国标准出版社，1988.
[3] 周正立，梁颐，周宇辉. 水泥化验与质量控制实用操作技术手册 [M]. 中国建材工业出版社，2006.
[4] 宋晓岚，金胜明，卢清华. 无机材料专业实验 [M]. 北京：冶金工业出版社，2013.
[5] 岳鹏，徐颖，孙浩. 无机非金属材料检测标准手册 胶凝材料卷 [M]. 北京：中国标准出版社，2009.
[6] 武汉建筑材料工业学院. 水泥生产机械设备 [M]. 中国建筑工业出版社，1981.
[7] 方婉. 浅谈水泥原料的易磨性实验 [J]. 水泥技术. 1989 (6). 32~35.
[8] 吴建明. Bond 粉磨功指数研究与应用的进展 [J]. 有色设备. 2005 (3)：1~3.
[9] C. A. 罗兰. 利用邦德功指数测定粉碎工作效率 [J]. 国外选矿快报. 1999 (12)：18~23.
[10] 张皖菊，谭杰. 材料学实验 无机非金属材料专业 [M]. 合肥：合肥工业大学出版社，2012.
[11] 煤炭科学研究总院检测研究分院，神华销售集团有限公司. GB/T 2565—2014 煤的可磨性指数测定方法 哈德格罗夫法 [S]. 北京：中国标准出版社，2014.

实验 29　水泥熟料中游离氧化钙的测定

实验目的

（1）了解水泥熟料中游离氧化钙产生的原因及对水泥性能的影响。

（2）了解游离氧化钙的测定原理。

（3）掌握游离氧化钙的测定方法。

实验原理

在水泥熟料煅烧过程中，由于原料性质（成分、结构）、生料性质（配比、细度、均匀性等）、熟料煅烧制度（温度、时间）及冷却制度等因素的影响，有少量的 CaO 没能与酸性氧化物 SiO_2、Al_2O_3 和 Fe_2O_3 等结合形成熟料矿物，而是以游离状态存在，这部分 CaO 被称为游离氧化钙（f-CaO）。f-CaO 为无色圆形颗粒，属等轴晶系。

CaO 与水发生反应生成 $Ca(OH)_2$，固相体积增大到 1.98 倍。如果这个过程在水泥硬化之前完成，则对水泥不会产生危害；如果至水泥硬化后较长一段时间内才完全水化，由于固相体积增大约一倍，将在已经硬化的水泥石内部产生局部膨胀，会使水泥强度大大下降，严重时导致建筑物开裂或崩溃，即通常所说的水泥安定性不良，所以 f-CaO 含量直接影响水泥熟料的强度和安定性。《硅酸盐水泥熟料》（GB/T 21372—2008）中明确规定了熟料游离氧化钙的限值，即普通水泥熟料中 f-CaO 含量不得高于 1.5%，中抗硫酸盐水泥熟料、中热水泥熟料和低热水泥熟料中其含量不得高于 1.0%。

熟料中的游离氧化钙因产生条件不同，可以分成不同形态。一种是低温游离氧化钙或称欠烧游离钙。这是由于熟料欠烧漏生形成的，形成温度一般在 1100~1200℃之间，与建筑石灰的烧成温度基本相同，这种游离钙结构疏松多孔，遇水反应较快，对水泥的危害不大。第二种是高温未化合游离钙，或称一次游离钙。这种游离钙的生成是由于生料饱和比过高，熔剂矿物少，生料太粗或混合欠均匀，熟料在烧成带停留时间不足等。这种游离钙经 1400~1450℃的高温煅烧，且包裹在熟料矿物中，结构也比较致密，水分子很难进入其颗粒内，在常温下水化作用缓慢，对水泥安定性危害很大。第三种是高温分解产生的游离氧化钙或称二次游离钙。当熟料冷却速度很慢或有水气作用时，熟料中 C_3S 在 1260℃以下会分解为 C_2S 和 CaO，这种 CaO 被称为二次游离氧化钙。二次游离氧化钙水化很快，不影响水泥安定性，但会使熟料强度下降。

熟料中游离氧化钙含量不仅是熟料的一个重要的质量指标，还是衡量原料易烧性、熟料煅烧质量以及能源消耗的一个关键性技术指标。经生产实践验证，如果熟料中游离氧化钙含量大于 2.0%，就可能导致水泥的安定性不合格，强度下滑。熟料的游离氧化钙并不是控制的越低越好，如果熟料中游离氧化钙含量小于 0.5%，熟料往往呈过烧甚至“死烧”状态，此时熟料活性差，强度不高，而且易磨性明显变差。这样一方面会增加烧成热耗，增加窑内热负荷，缩短回转窑使用寿命，另一方面也会增加水泥的粉磨电耗。有关资料报道：熟料每降低 0.1%游离氧化钙，每公斤熟料就要增加热耗 58.5kJ，用此种熟料磨制水泥时，水泥磨的系统电耗就要增加 0.5%，特别是当游离氧化钙低于 0.5%时。可见，科学合理地控制熟料的游离氧化钙范围意义重大，在生产实际中一般认为在保证熟料质量和经济效益的前提下，f-CaO 含量的合理控制范围应是 0.5%~2.0%之间，加权平均值在 1.1%左右。因此，如何快速准确地检测熟料中游离氧化钙的含量，就成为了过程分析和质量控制的关键所在。

水泥熟料中的游离氧化钙含量主要是用显微分析方法和化学分析方法测定。显微分析方法是将熟料制成岩相光片后在显微镜下进行估量分析，这种方法耗时费力，一般只作为熟料矿物岩相研究使用，而作为过程控制一般采用化学分析方法。化学分析方法常见的主要是甘油-乙醇法和乙二醇-乙醇法，其原理相似，即采用适当的溶剂如甘油-乙醇溶液或乙二醇-乙醇溶液等萃取氧化钙，使其生成相应的钙盐，再用苯甲酸标准溶液滴定所生成的钙盐，根据所消耗的标准溶液的滴定度和体积，计算出试样中的 f-CaO 含量。乙二醇-乙醇法与甘油-乙醇法相比，萃取时间短，乙醇用量少，不需要催化剂，结果可靠，所以逐步替代了甘油-乙醇法，本实验就是采用乙二醇-乙醇法测定水泥熟料中游离氧化钙的含量。

在 100~110℃下，游离氧化钙在乙二醇-乙醇（2+1）溶液中反应生成乙二醇钙，反应式如下：

$$\text{f-CaO} + \begin{array}{l}CH_2OH\\ |\\ CH_2OH\end{array} \longrightarrow \begin{array}{l}OH_2C\diagdown\\ \quad|\qquad Ca\\ OH_2C\diagup\end{array} + H_2O$$

乙二醇　　　乙二醇钙

该反应大约能在 2~3min 萃取完全，经过滤洗涤，以酚酞为指示剂，用苯甲酸无水乙醇标准溶液直接滴定至红色消失，此时发生的反应为

$$2C_6H_5COOH + \begin{array}{l}OH_2C\diagdown\\ \quad|\qquad Ca\\ OH_2C\diagup\end{array} \longrightarrow Ca(C_6H_5COO)_2 + \begin{array}{l}CH_2OH\\ |\\ CH_2OH\end{array}$$

苯甲酸　乙二醇钙　　　　苯甲酸钙

采用纯的活性氧化钙进行实验时，根据滴定乙二醇钙时消耗的苯甲酸无水乙醇标准溶液的体积可以计算出每毫升苯甲酸无水乙醇标准溶液相当于氧化钙的质量，即苯甲酸无水乙醇标准溶液对氧化钙的滴定度 $T(CaO)$，单位为 mg/mL：

$$T(CaO) = \frac{m(CaO) \times 1000}{V(CaO)} \tag{29-1}$$

式中　$m(CaO)$——氧化钙的质量，g；

$V(CaO)$——滴定时消耗苯甲酸无水乙醇标准溶液的体积，mL。

根据滴定熟料时消耗的苯甲酸无水乙醇标准溶液的体积及苯甲酸无水乙醇标准溶液对氧化钙的滴定度，可以求出待测试样中游离氧化钙的质量分数：

$$w(f-CaO) = \frac{T_{CaO} \times V_{sh}}{m_{sh} \times 1000} \times 100\% \tag{29-2}$$

式中　m_{sh}——熟料试样的质量，g；

V_{sh}——滴定样品消耗苯甲酸无水乙醇标准溶液的体积，mL。

实验仪器设备与材料

（1）FCa-2008型水泥游离钙快速测定仪，构造图如图29-1所示，主机面板示意图如图29-2所示。

（2）分析天平，120g/0.1mg。

（3）滴定管、锥形瓶、料勺等。

（4）水泥熟料、碳酸钙、乙二醇、无水乙醇、NaOH、酚酞等，试剂均为分析纯。

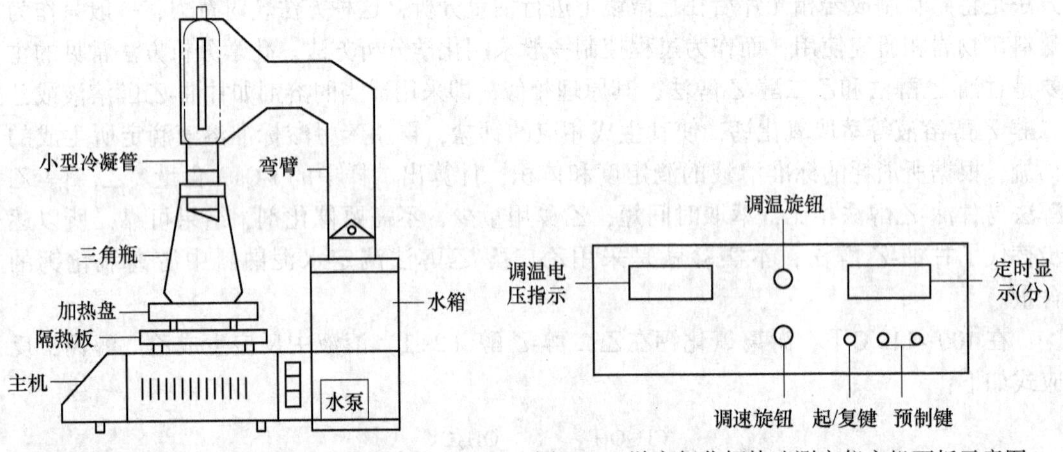

图29-1　游离氧化钙快速测定仪示意图　　图29-2　游离氧化钙快速测定仪主机面板示意图

实验步骤

（1）配制试剂。

1）0.1mol/L氢氧化钠无水乙醇溶液的配制：将0.4gNaOH溶解于100mL无水乙醇中，边加热边用平头玻璃棒压碎，直至完全溶解，注意切勿长时间高温加热。

2）乙二醇-乙醇（2+1）溶液的配制：将1000mL乙二醇与500mL无水乙醇混合，再加入0.2g酚酞，摇匀，用0.1mol/L氢氧化钠无水乙醇溶液中和呈微红色，贮存于干燥的玻璃瓶中，现用现配，注意防潮。

3）0.1mol/L苯甲酸无水乙醇标准溶液的配制：称取12.2g苯甲酸（事先在硅胶干燥器中干燥24h以上）溶于1000mL无水乙醇中，贮存于带胶塞（装有硅胶的干燥管）的玻璃瓶内。

（2）标定苯甲酸无水乙醇标准溶液。

1）预先向游离氧化钙快速测定仪水箱加水至3/4高度以上，确保循环水泵、加热盘等各部件运行正常。

2）准确称取0.04g氧化钙（将0.09g碳酸钙预先在950～1000℃烧至恒重），精确到0.0001g，置于250mL干燥锥形瓶内，加入30mL乙二醇-乙醇（2+1）萃取溶液，放入一枚搅拌子，装上小型回流冷凝管，置于游离氧化钙测定仪上。

3）开启仪器电源开关，待循环泵正常工作后，调整仪器定时设定键预置到4min，旋转调速旋钮以适当的转速搅拌溶液，同时将电压表调整在220V左右，升温并加热煮沸。

当冷凝下的乙醇开始连续滴下时，按启/复键，此时开始计时，旋转调温旋钮使电压表显示 150V 左右，继续搅拌加热至微沸 4min。当听到音响报时时，萃取完毕，取下锥形瓶，立即用苯甲酸无水标准溶液滴至红色消失，记下体积。

4）重复实验 3 次，关闭仪器。

（3）试样制备。熟料磨细后，用磁铁吸除样品中的铁屑，然后装入带有磨口塞的广口玻璃瓶中密封。试样总量不得少于 200g。分析前，将试样混合均匀，以四分法缩减至 25g，然后取出 5g 左右放在玛瑙研钵中研磨至全部通过 0.080mm 方孔筛，再将样品混合均匀，贮存在带有磨口塞的小广口瓶中，放在干燥器内保存备用。

（4）测定熟料中游离氧化钙的含量。

1）准确称取 0.4g 水泥熟料试样，精确到 0.0001g，置于干燥的 250mL 的锥形瓶中，加入 30mL 乙二醇-乙醇（2+1）溶液，轻摇锥形瓶使试样分散开，放入一枚搅拌子，装上小型冷凝管，放在游离氧化钙测定仪上。

2）开启仪器电源开关，待循环泵正常工作后，调整仪器定时设定键预置到 4min，旋转调速旋钮以适当的转速搅拌溶液，同时将电压表调整在 220V 左右，升温并加热煮沸。当冷凝下的乙醇开始连续滴下时，按启/复键，此时开始计时，旋转调温旋钮使电压表显示 150V 左右，继续搅拌加热加热微沸 4min。当听到音响报时时，萃取完毕，取下锥形瓶，用预先用无水乙醇润湿过的快速滤纸抽气过滤，或用预先用无水乙醇洗涤过的玻璃砂芯漏斗抽气过滤。用无水乙醇洗涤锥形瓶和沉淀共 3 次，过滤时洗涤液过滤完后再洗涤下次。滤液及洗液收集于 250mL 干燥的抽滤瓶中，立即用苯甲酸无水标准溶液滴至红色消失，记下体积。

3）重复实验 3 次，关闭仪器。

（5）关闭总电源，清洗锥形瓶、滴定管、小型快速冷凝管等并烘干，清理实验现场，结束实验。

实验数据记录与处理

（1）实验数据记录与处理参考格式见表 29-1。

表 29-1 水泥熟料中游离氧化钙测定实验数据记录表

序号	CaO 质量/g	标定时消耗标准溶液的体积/mL	序号	试样质量/g	测试时消耗标准溶液的体积/mL
1			1		
2			2		
3			3		
平均值			平均值		

（2）数据处理。

1）分别计算步骤（2）和（4）中测试结果的平均值。

2）利用公式（29-1）计算苯甲酸无水乙醇标准溶液对氧化钙的滴定度。

3）利用公式（29-2）计算水泥熟料中游离氧化钙质量分数。

实验注意事项

（1）实验中涉及高温操作时要戴好防护手套，防止烫伤。沸煮的目的是加速反应，加热温度不宜太高，微沸即可，以防试液飞溅。若在锥形瓶中放人几粒小玻璃球珠，可减少试液的飞溅。

（2）实验过程都是无水操作，在测定过程中，试样、试剂和容器均需要防潮。标定苯甲酸无水乙醇溶液用的氧化钙不宜在干燥器中放置过长时间。

（3）滴定时不要剧烈摇晃锥形瓶，加热搅拌时转速不可过高，在加热开始时，每隔一段时间摇动锥形瓶一次，以防试样黏结瓶底。

（4）乙二醇-无水乙醇溶液必须用 NaOH 中和至微红色（酚酞指示），使溶液呈弱碱性。若溶液存放一定时间吸收了空气中的 CO_2 等，使微红色褪去时，必须再用 NaOH 中和至微红色。

思 考 题

（1）整个实验为什么要求无水操作？

（2）影响实验结果的因素有哪些？

参考文献

[1] 马兴邦. 水泥熟料游离氧化钙分析意义及其误差解析［J］. 四川水泥，2015（3）：1.

[2] 林宗寿. 水泥“十万”个为什么［M］. 武汉：武汉理工大学出版社，2010.

[3] 林宗寿. 熟料中游离氧化钙有何性质［N］. 中国建材报，2012-9-18.

[4] 中国建筑材料科学研究总院. GB/T 21372—2008 硅酸盐水泥熟料［S］. 北京：中国标准出版社，2008.

[5] 刘文长，邵春山. 水泥化学检验工及化学分析工［M］. 北京：中国建材工业出版社，2013.

[6] 毕文彦，管学茂，邢锋，等. 水泥矿物游离氧化钙含量测定方法的评价及探讨［J］. 混凝土，2008（12）：21~23.

[7] 周永强，吴泽，孙国忠，等. 无机非金属专业实验［M］. 哈尔滨：哈尔滨工业大学出版社，2002.

实验30　水泥水化热测试（溶解热法）

实验目的

（1）熟悉溶解热法测定水泥水化热的基本原理。

（2）掌握溶解热法测定水泥水化热的方法。

实验原理

水泥水化后发生一系列的物理和化学变化，并在与水反应过程中放出大量的热，称为水化热。混凝土由于热传导率低，水泥水化热较易积聚，从而引起大体积混凝土工程内外有几十度的温差和巨大的温度应力，致使混凝土开裂，腐蚀加速，影响混凝土的工程质量。为了保证大体积混凝土的质量，需将所用水泥的水化热控制在一定范围内，尤其对大坝水泥，水化热的控制更是必不可少的。水泥水化热测试主要有直接法（蓄热法）和间接法（溶解热法）。

直接法是将胶砂置于热量计中，在热量计周围温度不变的条件下，直接测定热量计内水泥胶砂温度的变化，计算热量计内积蓄和散失热量的总和，从而求得水泥水化7天龄期的水化热。

间接法也称溶解热法，是依据热化学的盖斯定律，即化学反应的热效应只与体系的初态和终态有关，而与反应的途径无关。它是在热量计周围温度一定的条件下，用未水化的水泥与水化一定龄期的水泥分别在一定浓度的标准酸中溶解，测得溶解热之差，即为该水泥在规定龄期内放出的水化热。溶解热法在国际上具有较大的通用性和可比性。与直接法相比具有明显的优越性，尤其适用于测定水泥长龄期水化热。本实验采用溶解热法测定水泥的水化热。

溶解法通常用热量计来测量溶解热，热量计在使用之前采用公式（30-1）进行标定：

$$C = \frac{G_0[1072.0 + 0.4(30 - t_a) + 0.5(T - t_a)]}{R_0} \tag{30-1}$$

式中　C——热量计热容量，J/℃；

1072.0——氧化锌在30℃时的溶解热，J/g；

G_0——氧化锌的质量，g；

T——氧化锌加入热量计时的室温，℃；

0.4——溶解热负温比热容，J/(℃·g)；

0.5——氧化锌比热容，J/(℃·g)；

t_a——未水化水泥试样溶解期第一次测读数 θ_a 加贝氏温度计0℃时相应的摄氏温度（如果使用量热温度计时，t_a的数值等于 θ_a 的读数），℃；

R_0——经校正的温度上升值，℃。

R_0值按式（30-2）计算，计算结果保留至0.001℃：

$$R_0 = (\theta_a - \theta_0) - \frac{a}{b-a}(\theta_b - \theta_a) \tag{30-2}$$

式中 θ_0——初期测试结束时（即开始加氧化锌时）的贝氏温度计或量热温度计读数,℃。

θ_a——溶解期第一次测读的贝氏温度计或量热温度计的读数,℃。

θ_b——溶解期结束时测读的贝氏温度计或量热温度计的读数,℃。

a，b——分别为测读θ_a或θ_b时距离测初读数θ_0时所经过的时间，min。

未水化水泥的溶解热按式（30-3）计算，精确到0.1J/g：

$$q_1 = \frac{R_1 C}{G_1} - 0.8(T' - t'_a) \tag{30-3}$$

式中 q_1——未水化水泥试样的溶解热，J/g；

C——对应测读时间的热量计热容量，J/℃；

G_1——未水化水泥试样灼烧后的质量，g；

T'——未水化水泥试样装入热量计时的室温,℃；

t'_a——未水化水泥试样溶解期第一次测读数θ'_a加贝氏温度计0℃时相应的摄氏温度（如使用量热温度计时，t'_a的数值等于θ'_a的读数）,℃；

R_1——经校正的温度上升值,℃；

0.8——未水化水泥的比热容，J/(℃·g)。

R_1值按式（30-4）计算：

$$R_1 = (\theta'_a - \theta'_0) - \frac{a'}{b'-a'}(\theta'_b - \theta'_a) \tag{30-4}$$

式中 θ'_0，θ'_a，θ'_b——分别为未水化水泥试样初测期结束时的贝氏温度计读数、溶解期第一次和第二次测读时的贝氏温度计读数,℃；

a'，b'——分别为未水化水泥试样溶解期第一次测读时θ'_a与第二次读数时θ'_b距初读数θ'_0的时间，min。

经水化某一龄期后水泥的溶解热按式（30-5）计算，精确到0.1J/g：

$$q_2 = \frac{R_2 C}{G_2} - 1.7(T'' - t''_a) + 1.3(t''_a - t'_a) \tag{30-5}$$

式中 q_2——经水化某一龄期后水泥试样的溶解热，J/g；

C——对应测读时间的热量计热容量，J/℃；

G_2——某一龄期水化水泥试样灼烧后的质量，g；

T''——水化水泥试样装入热量计时的室温,℃；

t''_a——水化水泥试样溶解期第一次贝氏温度计的读数θ''_a加贝氏温度计0℃时相应的摄氏温度,℃；

t'_a——未水化水泥试样溶解期第一次测读数θ'_a加贝氏温度计0℃时相应的摄氏温度,℃；

R_2——经校正的温度上升值,℃；

1.7——水化水泥试样的比热容，J/(℃·g)；

1.3——温度校正比热容，J/(℃·g)。

R_2值按式（30-6）计算：

$$R_2 = (\theta''_a - \theta''_0) - \frac{a''}{b'' - a''}(\theta''_b - \theta''_a) \quad (30\text{-}6)$$

式中 θ''_0，θ''_a，θ''_b——分别为水化水泥试样初测期结束时贝氏温度计读数、溶解期第一次和第二次测读时的贝氏温度计读数，℃；

a''，b''——分别为水化水泥试样溶解期第一次读数和第二次读数距初测期读数的时间，min。

水泥在某一水化龄期前放出的水化热按式（30-7）计算，精确到1J/g：

$$q = q_1 - q_2 + 0.4(20 - t'_a) \quad (30\text{-}7)$$

式中 q——水泥在某一水化龄期前放出的水化热，J/g；

q_1——未水化水泥试样的溶解热，J/g；

q_2——水化水泥试样在某一水化龄期的溶解热，J/g；

t'_a——未水化水泥试样溶解期第一次测读数 θ'_a 加贝氏温度计 0℃ 时相应的摄氏温度，℃；

0.4——溶解热的负温比热容，J/(℃·g)；

20——要求实验的温度，℃。

实验仪器设备与材料

（1）溶解热测定仪（如图 30-1 所示）。

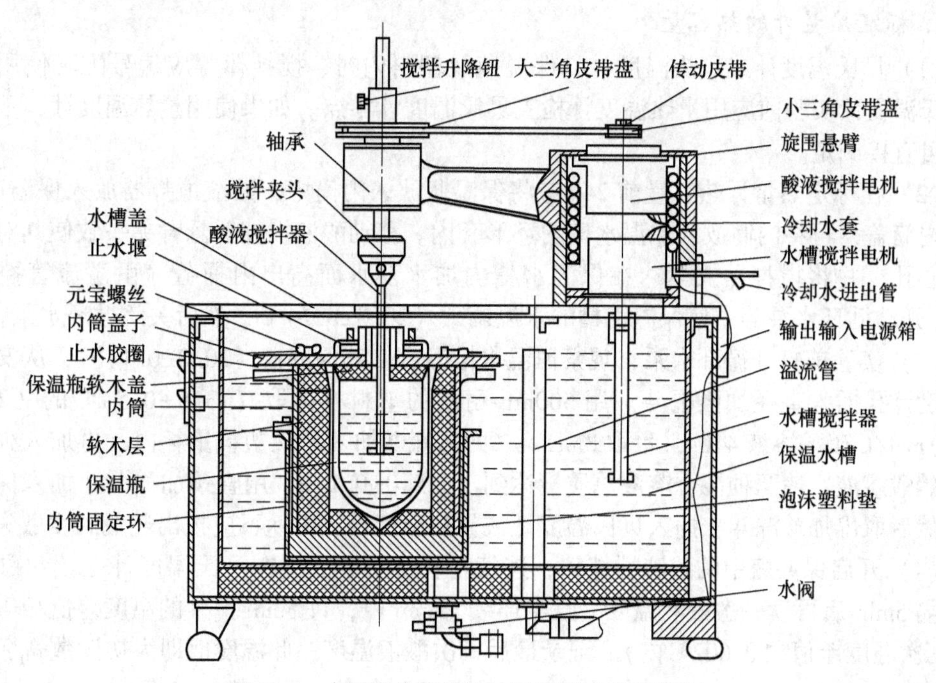

图 30-1　水泥水化热热量计示意图（溶解热法）

（2）天平，200g/0.001g，500g/0.1g。

（3）高温炉。

（4）0.15mm、0.60mm 方孔筛各一个。

（5）30mL 铂金坩埚或瓷坩埚。

（6）钢或铜材料研钵、玛瑙研钵各一个。

（7）低温箱。

（8）15mL 水泥水化试样瓶。

（9）水泥。水泥试样应通过 0.9mm 的方孔筛，并充分混合均匀。

（10）氧化锌。氧化锌用于标定热量计热容量，使用前应预先进行如下处理：将氧化锌放入坩埚内，在 900~950℃高温下灼烧 1h，取出，置于干燥器中冷却后，用玛瑙研钵研磨至全部通过 0.15mm 筛，贮存于干燥器中备用。在进行热容量标定前，将上述制取的氧化锌约 50g 在 900~950℃下灼烧 5min，并在干燥器中冷却至室温。

（11）质量分数为 40%或密度 1.15~1.18g/cm^{3}的氢氟酸。

（12）(2.00±0.02)mol/L 硝酸溶液。硝酸溶液的配制：取质量分数为 65%~68%或密度为 1.39~1.41g/cm^3(20℃）的浓硝酸 138mL，加蒸馏水稀释至 1L。

硝酸溶液的标定：用移液管吸取 25mL 上述已配制好的硝酸溶液，移入 250mL 的容量瓶中，用蒸馏水稀释至标线，摇匀。接着用已知浓度（约 0.2 mol/L）的氢氧化钠标准溶液标定容量瓶中硝酸溶液的浓度，该浓度乘以 10 即为上述已配制好的硝酸溶液的浓度。

（13）氢氟酸。质量分数为 40%或密度为 1.15~1.18g/cm^3。

实验步骤

1. 标定热量计的热容量

（1）贝氏温度计或量热温度计、保温瓶及塑料内衬、搅拌棒等应编号配套使用。使用贝氏温度计实验前应用量热温度计检查贝氏温度计零点。如果使用量热温度计，不需调零，可直接测定。

（2）在标定热量计热容量前 24h 应将保温瓶放入内筒中，酸液搅拌器放入保温瓶内，盖紧内筒盖，再将内筒放入保温水槽的环形套内。移动酸液搅拌器悬臂夹头致使其对准内筒中心孔，并将搅拌器夹紧。在保温水槽内加水使水面高出内桶盖（由溢流管控制高度）。开动循环水泵等，使保温水槽的水温调到（20.0±0.1)℃，然后关闭循环水泵备用。

（3）实验前打开循环水泵，观察恒温水槽温度使其保持在（20.0±0.1)℃，从安放贝氏温度计孔插入直径加酸漏斗。用 500mL 耐酸的塑料杯称取（13.5±0.5)℃的（2.00±0.02)mol/L 硝酸溶液 410g，量取 8mL 40%的氢氟酸加入耐酸塑料量杯内，再加入少量剩余的硝酸溶液，使两种混合溶液总质量达到（425.0±0.1)g，用直颈加酸漏斗加入保温瓶内。然后取出加酸漏斗，插入贝氏温度计或量热温度计，中途不应拔出避免温度散失。

（4）开启保温瓶中的酸液搅拌棒，连续搅拌 20min 后，在贝氏温度计上读出酸液温度，隔 5min 后再读一次酸液温度，直至连续 15min 内，每 5min 上升的温度差值相等为止(或三次温度差值在 0.002℃内)。记录最后一次酸液温度，此温度值即为初读数 θ_0，初测期结束。

（5）初测期结束后，立即将事先称量好的（7.000±0.001)g 氧化锌通过加料漏斗徐徐地加入保温瓶酸液中（酸液搅拌器继续搅拌），加料过程必须在 2min 内完成，然后用小毛刷把粘在称量瓶和漏斗上的氧化锌全部扫入酸混合物中。加料完毕盖上胶塞，避免实验中温度散失。

（6）从读出初测读数 θ_0 起分别测读 20min、40min、60min、80min、90min、120min 时贝氏温度计的读数。这一过程为溶解期。

（7）热量计在各个时间区间内的热容量按公式（30-1）计算。为了保证实验结果的精度，热量计热容量对应 θ_a、θ_b 的测读时间 a、b 应分别与不同品种水泥所需要的溶解期测读时间对应，不同水泥的具体溶解期测读时间按表 30-1 中规定选取。热量计热容量应标定两次，以两次标定的平均值作为标定结果。如两次标定值相差大于 5J/℃时，需重新标定。

表 30-1 各品种水泥测读温度的时间

水泥品种	距初测期温度 θ_0 的相隔时间/min	
	a	b
硅酸盐水泥 中热硅酸盐水泥 低热硅酸盐水泥 普通硅酸盐水泥	20	40
矿渣硅酸盐水泥 低热矿渣硅酸盐水泥	40	60
火山灰硅酸盐水泥	60	90
粉煤灰硅酸盐水泥	80	120

注：在普通水泥、矿渣水泥、低热矿渣水泥中掺有火山灰或者粉煤灰时，可按火山灰水泥或粉煤灰水泥规定。如在规定的测读期结束时，温度的变化没有达到均匀一致，应适当延长测读期至每隔 10min 的温度变化均匀为止。此时需要知道测读期延长后热量计的热容量，用于计算溶解热。

（8）在下列情况下，热容量需重新标定：

1）重新调整贝氏温度计时；

2）当温度计、保温瓶、搅拌器重新更换或涂覆耐酸涂料时；

3）当新配制的酸液与标定量热计热容量的酸液浓度变化超过 0.02mol/L 时；

4）对实验结果有疑问时。

2. 未水化溶解热的测定

（1）按标定热量计的热容量步骤进行准备工作和初测期实验，并记录初测温度 θ'_0。

（2）读出初测温度 θ'_0后，立即将预先称好的四份（3.000±0.001）g 未水化水泥试样中的一份在 2min 内通过加料漏斗徐徐加入酸液中，漏斗、称量瓶以及毛刷上均不得残留试样，加料完毕盖上胶塞。然后按表 30-1 规定的各种水泥测读温度的时间，准时读取并记录贝氏温度计读数 θ'_a和 θ'_b。第二份试样重复第一份的操作。

（3）余下的两份试样置于 900~950℃下灼烧 90min，灼烧后立即将盛有试样的坩埚置于干燥器中冷却至室温，并快速称量其质量 G_1。灼烧质量 G_1 以两份试样灼烧后的质量平均值确定，如两份试样的灼烧质量相差大于 0.003g 时应重新补做。

（4）按公式（30-3）计算未水化水泥的溶解热，以两次测定值的平均值作为试样测定结果，如两次测定值相差大于 10J/g 时，须重做实验。

3. 部分水化水泥溶解热的测定

（1）在测定未水化水泥试样溶解热的同时，制备部分水化水泥试样。测定两个龄期水化热时，用100g水泥加40mL蒸馏水，充分搅拌3min后，取近似相等的浆体两份或多份，分别装入符合要求的水泥水化试样瓶中，置于（20±1）℃的水中养护至规定龄期。

（2）按标定热量计的热容量进行准备工作和初测期实验，并记录初测温度 θ_0''。

（3）从养护水中取出一份达到实验龄期的试样瓶，取出水化水泥试样，迅速用金属研钵将水泥试样捣碎，并用玛瑙研钵研磨至全部通过0.60mm方孔筛，混合均匀放入磨口称量瓶中，并称出（4.200±0.050）g（精确至0.001 g）试样四份，存放于湿度大于50%的密闭容器中，称好的样品应在20min内进行实验。两份供作溶解热测定，另两份放在坩埚内置于900~950℃下灼烧90min，在干燥器中冷却至室温后称其质量，求出灼烧量 G_2。从开始捣碎至放入称量瓶中的全部时间不得超过10min。

（4）读出初测期结束时贝氏温度计读数 θ_0''后，并立即将称量好的一份试样在2min内由加料漏斗徐徐加入酸液中，漏斗、称量瓶、毛刷上均不得残留试样，然后按表30-1规定不同水泥品种的测读时间，准时读取并记录贝氏温度计读数 θ_a''、θ_b''，第二份试样重复第一份的操作。

（5）按公式（30-5）计算水化水泥的溶解热。以两次测定值的平均值作为试样测定结果。如两次测定值相差小于10.0J/g时，取其平均值作为测定结果，否则须重做实验。

（6）部分水化水泥试样溶解热测定应在规定龄期±2h进行，以试样进入酸液为准。

实验数据记录与处理

（1）实验数据记录与处理参考格式见表30-2。

表30-2　水泥水化热测定实验数据记录表

实验编号：	制样日期：
实验日期：	水泥品种：
混合材名称及掺量：	水化龄期：
试样质量：	经900~950℃灼烧后的质量：
贝氏温度计0℃等于普通温度计的温度 p/℃：	室温：
	水槽温度：
初测期贝氏温度/℃	装入酸液时间： 时间：　时间：　时间：　时间：　时间：　时间： 温度：　温度：　温度：　温度：　温度：　温度：
溶解期贝氏温度/℃	θ_0装入试样时贝氏温度计读数： θ_a装入试样后溶解期第一次的贝氏温度计读数： θ_b装入试样后溶解期第二次的贝氏温度计读数：

（2）数据处理。

1）利用公式（30-1）计算热量计热容量；

2）利用公式（30-3）和公式（30-5）计算未水化水泥和水化一定龄期后水泥的溶解热，利用公式（30-7）计算水泥在某一水化龄期前释放的水化热。

实验注意事项

（1）水化试样与空气接触时间越长，水分越易蒸发，导致称量样品时质量增加。

（2）水化热是随着水灰比的增加而增加。水泥浆体搅拌 3min 后水泥颗粒开始往下沉，在倒入不同玻璃瓶内会发生浓稀不均的现象，因此要保证水泥浆体的均匀性。

（3）避免水化样品处理过程中吸收 CO_2，致使水化水泥试样溶解热降低，导致水化热偏高。

（4）室温的变化会影响上升温度的校正值，实验要求温度在（20±1）℃，相对湿度不低于 50%的恒温室中进行。实验期间恒温水槽内的水应为纯净的饮用水，温度应保持在(20. 0±0. 1)℃。

（5）每次实验结束后，将保温瓶取出，倒出瓶内废液，用清水将保温瓶、搅拌器及贝氏温度计冲洗干净，并用干净纱布抹去水分，供下次实验用。涂蜡部分如有损伤，如松裂、脱落现象应重新处理。

思 考 题

用溶解法测定水泥水化热时，有哪些因素影响测试的准确性？

参考文献

[1] 中国建筑材料研究总院. GB/T 12959—2008 水泥水化热测定方法［S］. 北京：中国标准出版社，2008.

实验 31　用作水泥混合材的工业废渣活性测定方法

实验目的

（1）了解用作水泥混合材的工业废渣活性测定原理。

（2）掌握混合材活性的定性及定量测定方法。

实验原理

工业废渣作为排放量最大的固体废弃物，对自然环境造成巨大的污染。将工业废渣的综合利用与水泥行业清洁化生产相结合是工业废渣资源化的途径之一。用作水泥混合材的工业废渣的活性，对水泥及混凝土性能有很大影响：工业废渣的火山灰活性，可填充混凝土骨料空隙，提高混凝土的密实性，使其强度更加稳定；活性混合材部分替代水泥制备高性能混凝土，可以节约水泥熟料的用量，降低混凝土的生产成本等。因而工业废渣活性评定对水泥的生产和使用也至关重要。

工业废渣磨成细粉与石膏一起和水后，在湿空气中能够凝结硬化，并在水中继续硬化，即具有潜在水硬性；工业废渣磨成细粉与消石灰一起和水后，在湿空气中能够凝结硬化，并在水中继续硬化，即具有火山灰性。在硅酸盐水泥中掺入 30%工业废渣后的 28 天抗压强度同该硅酸盐水泥 28 天抗压强度进行比较，可确定工业废渣活性的高低，即

$$K = \frac{R_1}{R_2} \times 100\% \tag{31-1}$$

式中　K——抗压强度比，%；

R_1——掺工业废渣后的实验样品 28 天抗压强度，MPa；

R_2——对比样品 28 天抗压强度，MPa。

用作水泥混合材工业废渣的活性可用定性和定量两种方式进行评价，混合材是否具有潜在水硬性和火山灰性是对其是否具有活性的定性评价，与硅酸盐水泥 28 天抗压强度的对比则是对其活性的定量评价。

实验仪器设备与材料

（1）烘箱。

（2）养护箱。

（3）80μm 方孔筛。

（4）天平，2000g/1g。

（5）水泥净浆搅拌机（符合 JC/T 729 要求）。

（6）水泥胶砂搅拌机（符合 JC/T 681 要求）。

（7）抗压强度试验机。

（8）工业废渣。取有代表性的工业废渣约5kg，在105~110℃温度下烘干至含水量小于1%，然后磨细至80μm方孔筛筛余为1%~3%。

（9）二水石膏。符合GB/T 5483的二级以上的品质要求，且磨细至80μm方孔筛筛余1%~3%。

（10）消石灰。氢氧化钙或符合GB 1549规定的新鲜一等钙质消石灰粉，也可采用按下述步骤制备的消石灰。

1）将生石灰或符合GB 1594规定的新鲜一等钙质生石灰放在容器内加水充分消化，若有大块需预先击碎以免消化不均。

2）消化时用水量按100份（质量）生石灰和40份（质量）水的比例配制。

3）生石灰加水后，盖好容器，经1~2天后，将消石灰在105~110℃温度下烘干至水分小于1%，然后磨细至80μm方孔筛筛余不大于7%，贮藏在密闭的铁桶或玻璃容器内备用。

（11）硅酸盐水泥。沸煮安定性必须合格，28天抗压强度大于42.5MPa，比表面积(350±10)m^2/kg，水泥中石膏的掺入量（外掺）以SO_3计为（2.0±0.5)%。

（12）标准砂（符合GB 178要求）。

（13）实验用水（洁净的淡水）。

实验步骤

1. 潜在水硬性实验

（1）工业废渣与二水石膏按质量比为80：20(90：10）的比例配制成实验试样。

（2）将配好的试样按确定的标准稠度用水量制备成净浆试饼。试饼在温度20±3℃，相对湿度大于90%养护箱内养护7天后，放入（20±1)℃水中浸水3天，观察浸水试饼形状完整与否。若其边缘保持清晰完整，则认为工业废渣具有潜在水硬性，否则该工业废渣不具有潜在水硬性。

2. 火山灰性实验

（1）工业废渣与消石灰按质量比为70：30的比例配制成实验试样。

（2）将配好的试样按确定的标准稠度用水量制备成净浆试饼。

（3）将制备的试饼在温度（20±3)℃，相对湿度大于90%养护箱内养护7天后，放入17~25℃水中浸水3天，观察浸水试饼形状完整与否。若其边缘保持清晰完整，则认为工业废渣具有火山灰性，否则该工业废渣不具有火山灰性。

3. 水泥胶砂28天抗压强度比测定

（1）实验样品：将硅酸盐水泥和工业废渣细粉及适量石膏细粉混合，其中工业废渣细粉为30%。

（2）对比样品：硅酸盐水泥。

（3）水泥胶砂强度实验方法按《水泥胶砂强度检验方法（ISO法）》(GB/T 17671—1999）进行，分别测定实验样品和对比样品的28天抗压强度R_1和R_2。

实验数据处理与记录

（1）实验数据记录与处理参考格式见表31-1。

表 31-1　工业废渣活性测定实验数据记录表

<table>
<tr><td rowspan="4">潜在水硬性</td><td>样品编号</td><td>浸水前试饼形状完整与否</td><td>浸水后试饼形状完整与否</td><td>是否具有潜在水硬性</td></tr>
<tr><td>1</td><td></td><td></td><td></td></tr>
<tr><td>2</td><td></td><td></td><td></td></tr>
<tr><td>3</td><td></td><td></td><td></td></tr>
<tr><td rowspan="4">火山灰性实验</td><td>样品编号</td><td>浸水前试饼形状完整与否</td><td>浸水后试饼形状完整与否</td><td>是否具有火山灰性</td></tr>
<tr><td>1</td><td></td><td></td><td></td></tr>
<tr><td>2</td><td></td><td></td><td></td></tr>
<tr><td>3</td><td></td><td></td><td></td></tr>
<tr><td rowspan="4">水泥胶砂 28 天抗压强度比实验</td><td>样品编号</td><td>实验样品的 28 天抗压强度 R_1/MPa</td><td>对比样品 28 天抗压强度 R_2/MPa</td><td>抗压强度比 K</td></tr>
<tr><td>1</td><td></td><td></td><td></td></tr>
<tr><td>2</td><td></td><td></td><td></td></tr>
<tr><td>3</td><td></td><td></td><td></td></tr>
</table>

（2）数据处理。

1）根据实验结果定性判断工业废渣的活性。

2）利用公式（31-1）计算抗压强度比，定量判断工业废渣活性的高低，结果取整数。

实验注意事项

（1）若工业废渣难以粉磨，如粉磨时间大于 50min，物料细度 80μm，筛余达不到 1%~3%，可适量添加助磨剂，其掺加量一般小于 1%。所掺助磨剂，应符合 JC/T 667 的有关规定。

（2）水泥胶砂 28 天抗压强度比定量实验中，对于难成型的试体，加水量可按 0. 01 水灰比递增，且水泥胶砂流动度不应小于 180mm。

思 考 题

工业废渣的细度控制为何采用筛余形式？

参考文献

[1] 中国建筑材料研究总院. GB/T 12957—2005 用作水泥混合材料的工业废渣活性试验方法 [S]. 北京：中国标准出版社，2009.

[2] 中国建筑材料研究总院. GB/T 203—2008 用于水泥中的粒化高炉矿渣 [S]. 北京：中国标准出版社，2008.

[3] 中国建筑材料研究总院. GB/T 1596—2005 用于水泥和混凝土中的粉煤灰 [S]. 北京：中国标准出版社，2005.

[4] 中国建筑材料研究总院. GB/T 2847—2005 用于水泥中的火山灰质混合材料 [S]. 北京：中国标准出版社，2005.

实验32 水泥标准稠度用水量、凝结时间、安定性检测方法

实验目的

（1）熟悉水泥标准稠度用水量、凝结时间、安定性的意义和测定原理；
（2）掌握水泥标准稠度用水量、凝结时间、安定性的测定方法。

实验原理

1. 标准稠度用水量

水泥标准稠度净浆对标准试杆（或试锥）的沉入具有一定的阻力。通过测定不同含水量水泥净浆的穿透性，以确定水泥标准稠度净浆的用水量。水泥净浆的标准稠度用水量直接关系到水泥凝结时间、体积安定性的测定，进而影响混凝土配合比的设计和强度，对建筑结构的安全性能也有着不可忽视的影响。其测定方法有标准法和代用法两种，目前通用方法为标准法。

标准法是以试杆沉入净浆距底板一定距离时的净浆为标准稠度净浆。其拌合水量为该水泥的标准稠度用水量 p，以水泥质量分数计，即：

$$p = \frac{\text{拌合用水量}}{\text{水泥质量}} \times 100\% \quad (32\text{-}1)$$

2. 凝结时间

水泥和水以后，会发生一系列的物理与化学变化。随着水化反应的进行，水泥浆体逐渐失去流动性、可塑性，进而凝固。为了反映水泥浆体的硬化程度，需要测定水泥的凝结时间。凝结时间的准确测定，不但反映了水泥质量是否符合有关技术要求，也为施工单位决定现场施工进度提供了必要的信息。测定时以加水搅拌至试针沉入水泥标准稠度净浆一定深度所需的时间来表示。

3. 安定性

水泥的体积安定性是反映水泥硬化后体积变化均匀性的指标，简称水泥安定性，也是评定水泥质量的重要指标之一。安定性不良的水泥在凝结硬化过程中，特别是在水泥浆体有一定强度之后，硬化体内某些成分缓慢水化，产生膨胀，从而导致硬化浆体的开裂，强度降低，甚至破坏。国家标准明确规定，安定性不合格的水泥为废品，禁止用于工程中。因此，水泥安定性的测定是十分重要的。

水泥安定性的测试方法有雷氏夹法（标准法）和试饼法（代用法）两种方法。试饼法是通过观察水泥净浆试饼沸煮后的外形变化来检验水泥体积的安定性。雷氏夹法是测定水泥净浆在雷氏夹中沸煮后的膨胀值来检验水泥的体积安定性。有争议时以雷氏夹法为准。

实验仪器设备与材料

（1）水泥净浆搅拌机（符合 JC/T 729 要求）。
（2）维卡仪（如图 32-1 所示）。
（3）雷氏夹（如图 32-2 所示）。
（4）沸煮箱，有效容积为 410mm×240mm×310mm。
（5）养护箱。
（6）量水器，最小刻度 0.1mL，精度 1%。
（7）天平，1000g/1g。

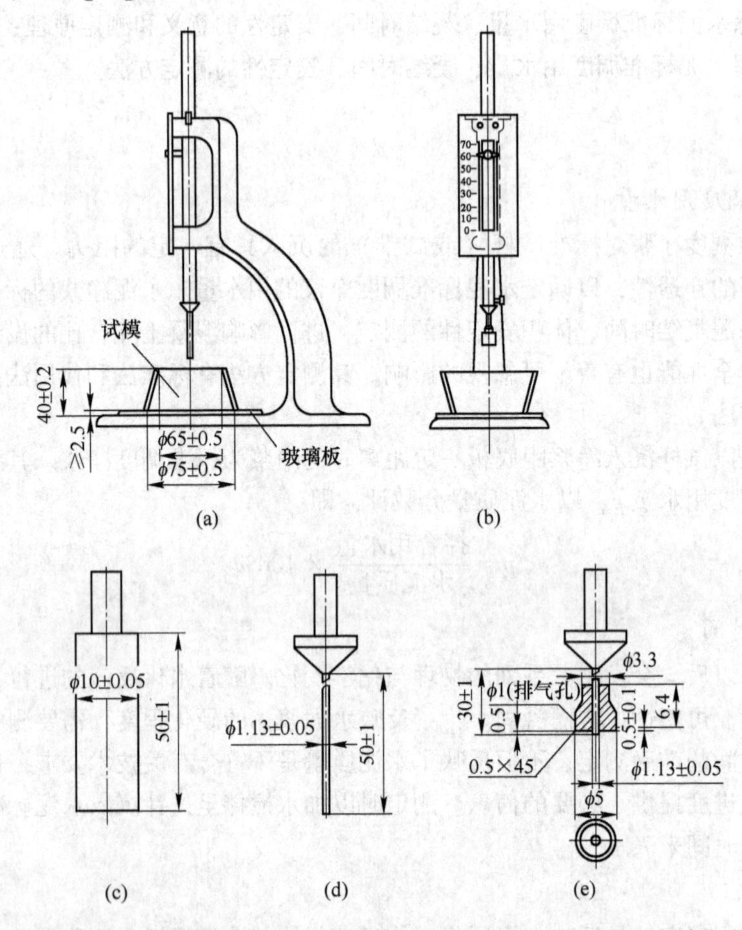

图 32-1 测定水泥标准稠度用水量及凝结时间用维卡仪及配件示意图（单位为 mm）
（a）初凝时间测定用立式试模的侧视图；（b）终凝时间测定用反转试模的前视图；（c）标准稠度试杆；（d）初凝用试针；（e）终凝用试针

实验步骤

1. 标准稠度用水量的测定

（1）检查维卡仪的金属棒能自由滑动，并调整试杆接触玻璃板时指针对准零点。

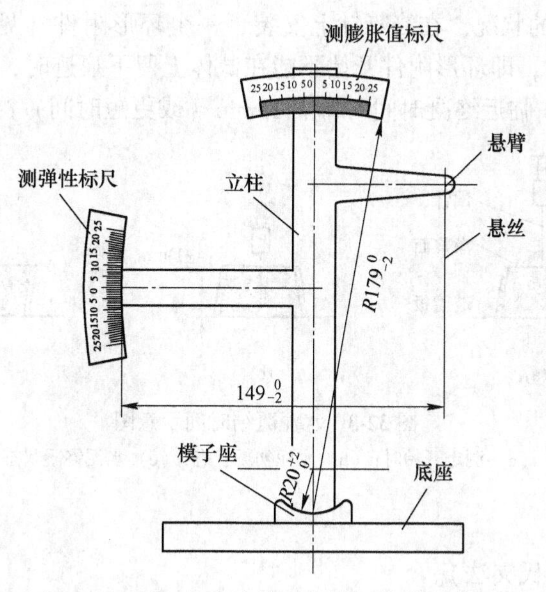

图 32-2 雷氏夹膨胀值测定仪（单位为 mm）

（2）检查净浆搅拌机运行正常，并用湿布擦拭搅拌锅和搅拌叶片。将拌合水倒入搅拌锅内，然后在5~10s 内小心将称好的500g 水泥加入水中，防止水和水泥溅出。拌和时，先将锅放在搅拌机的锅座上，升至搅拌位置，启动搅拌机，低速搅拌 120s，停拌 15s，同时将叶片和锅壁上的水泥浆刮入锅中间，接着高速搅拌 120s 后停拌。

（3）拌合结束后，立即将拌制好的水泥净浆装入已置于玻璃底板上的试模中，用小刀插捣，轻轻振动数次，刮去多余的净浆，抹平后迅速将试模和底板移到维卡仪上，并将其中心定在试杆下，降低试杆直至与水泥净浆表面接触，拧紧螺丝 1~2s 后突然放松，使试杆垂直自由地沉入水泥净浆中。在试杆停止下沉或释放试杆 30s 时记录试杆距底板之间的距离。整个操作应在搅拌后 1. 5min 内完成。

（4）标准试杆下沉距底板（6±1）mm 时的净浆为标准稠度净浆。如果下沉深度超出范围，需另称试样，调整水量，重做实验。

2. 凝结时间的测定

（1）调整凝结时间测定仪的试针接触玻璃板时，指针对准零点，将试模内测稍涂上一层油，放在玻璃板上。

（2）以标准稠度用水量制成的标准稠度净浆装满试模，振动数次刮平，立即放入湿气养护箱中。以水泥全部加入水中的时间作为凝结时间的初始时间。

（3）对通用水泥试件在湿气养护箱中养护至加水 30min 后进行第一次测定。对特种水泥，应根据经验确定第一次测定时间。

（4）测定时，从湿气养护箱中取出试模放到试针下，降低试针与水泥净浆表面接触，如图 32-3（a）所示。拧紧螺丝 1~2s 后，突然放松，试针垂直自由沉入水泥净浆。观察试针停止下沉或释放试针 30s 时指针的读数。当试针沉至距底板（4±1）mm 时，为水泥达到初凝状态，如图 32-3（b）所示。临近初凝时，每隔 5min（或更短时间）测定一次。

（5）在完成初凝时间测定后，立即将试模同浆体以平移的方式从玻璃板上取下，翻转 180°，直径大端向上，小端向下，放在玻璃板上，再放入湿气养护箱中继续养护。为了准确观测试针沉入的状况，在终凝针上安装了一个环形附件（见图32-1（e））。当试针沉入试体0.5mm时，即环形附件开始不能在试体上留下痕迹时，为水泥达到终凝状态，如图32-3（c）所示。临近终凝时间时每隔15min（或更短时间）测定一次。

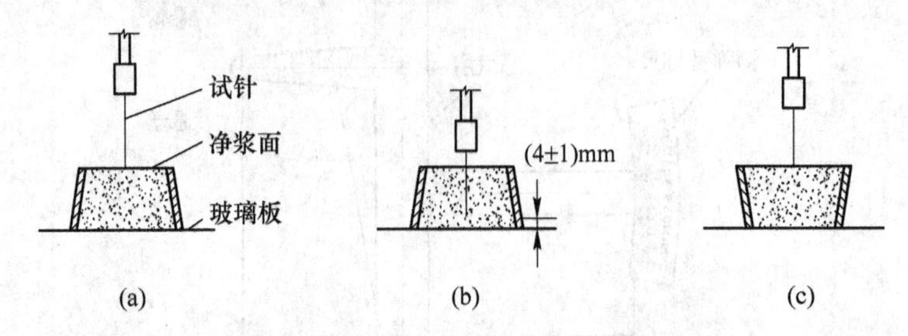

图32-3　水泥凝结时间示意图

（a）测定开始时；（b）水泥初凝状态；（c）水泥终凝状态

3. 安定性检验

（1）标准法（雷氏夹法）。

1）测定前需对雷氏夹进行检验。将其一根指针的根部先悬挂在一根金属丝或尼龙丝上，另一根指针的根部再挂上300g的砝码，两根指针针尖的距离增加应在（17.5±2.5）mm范围内，且当去掉砝码后针尖的距离能恢复至挂砝码前的状态。否则雷氏夹不合格，不可用于安定性测试。每个雷氏夹需配备质量为75~85g的玻璃两块，每个试样需成型两个试件。凡与水泥净浆接触的玻璃板和雷氏夹表面应涂刷一层机油。

2）用标准稠度用水量加水，按水泥净浆拌制规定的操作方法制成标准稠度净浆。

3）将预先准备好的雷氏夹放在玻璃板的刷油面上，并立即将已制备好的标准稠度净浆装满试模。装模时一只手轻轻扶持试模，向下压住雷氏夹的两根指针的焊接点处，另一只手用宽约10mm的小刀均匀地插捣数次，然后抹平，盖上已涂油的玻璃板，接着立即将试模移至湿气养护箱内，养护（24±2）h。

4）养护完成后脱去玻璃板，取下试件。测量试件雷氏夹的指针尖端距离（A），精确到0.5mm。

5）将试件放入沸煮箱水中的篦板上，雷氏夹的指针朝上，试件之间互不交叉，然后在（30±5）min内加热至沸并恒沸（180±5）min。

6）沸煮后立即放掉沸煮箱中的热水，打开箱盖，待箱体冷却至室温，取出试件。测量雷氏夹指针尖端间的距离（C），记录至小数点后一位。

（2）代用法（试饼法）。

1）将制好的标准稠度净浆取出一部分分成两等份，使之成球形，分别放在约100mm×100mm玻璃板上，与水泥净浆接触的玻璃板面涂刷一层机油。轻轻振动玻璃板并用小刀由边缘向中央抹，做成直径70~80mm、中心厚度约10mm、边缘渐薄、表面光滑的试饼，将其放在湿气养护箱中养护（24±2）h。

2）养护完成后脱去玻璃板取下试饼，在试饼无缺陷的情况下，将试饼放在沸煮箱的篦板上，在（30±5）min之内加热至沸，并恒沸（180±5）min。

3）沸煮完成后，关闭电源，放掉沸煮箱中的水，取出试饼观察沸煮后试饼外观，以确定安定性是否合格。

实验数据记录与处理

（1）实验数据记录与处理参考格式见表 32-1～表 32-4。

表 32-1　水泥标准稠度用水量数据记录表

实验次数	水泥质量/g	用水量/mL	试杆下沉深度/mm	标准稠度/%

表 32-2　水泥凝结时间数据记录表

实验次数	水泥质量/g	加水量/mL	开始加水时间（h；min）	初凝时间（h；min）	终凝时间（h；min）

表 32-3　水泥安定性数据记录表（代用法）

实验次数	沸煮前试件测定	沸煮后试件测定	结果判别

表 32-4　水泥安定性数据记录表（标准法）

水泥编号	雷氏夹编号	沸煮前指针距离 *A*/mm	沸煮后指针距离 *C*/mm	增加距离（*C*-*A*）/mm	平均值	结果判别

（2）数据处理。

1）根据公式（32-1）计算水泥的标准稠度用水量。

2）由水泥全部加入水中至初凝状态时所需的时间为初凝时间，用“min”表示；由水泥全部加入水中至终凝状态时所需的时间为终凝时间，用“min”表示。

3）采用代用法测定水泥安定性时，沸煮结束后，目测试饼有无裂缝，用钢尺检查有没有弯曲，若无裂纹也没有弯曲面即为合格，反之为安定性不合格。当两个试饼判别有矛盾时，判断安定性不合格。

4）用标准法测定水泥安定性时，测量雷氏夹指针尖端间的距离（C），记录至小数点后一位，然后计算膨胀值。当两个试件所增加的距离（C-A）的平均值不大于5.0时，即认为该水泥安定性合格。当同组两个试件的（C-A）值相差超过4.0时，应用同一样品立即重做一次实验。再如此，则认为该水泥不合格。

实验注意事项

（1）水泥试样应充分拌匀，通过0.9mm的方孔筛并记录筛余物情况。

（2）测定终凝时间时应注意，在最初测定操作时应轻轻扶持金属柱，使其徐徐下降，以防试针撞弯，结果以自由下落为准。

（3）到达初凝或终凝时应立即重复测一次，当两次结论相同时才能定为到达初凝或终凝状态。

（4）安定性测量时应调整好沸煮箱的水位，保证在整个煮沸过程中水位都没过试件，不需要中途添补实验用水，同时又能保证在（30±5）min内升至沸腾。沸煮前应检查记录试饼有无裂缝或弯曲现象。如果养护箱温度太高（大于25℃）或湿度不够，在沸煮前试饼可能会发生收缩裂纹，如果养护温度过低（低于15℃）沸煮后可能产生脱皮现象。

（5）实验室温度为（20±2）℃，相对湿度应不低于50%；水泥试样、拌合水、仪器和用具的温度应与实验室一致。

（6）湿气养护箱的温度为（20±1）℃，相对湿度不低于90%，实验用水必须是洁净的饮用水或蒸馏水。

思考题

水泥凝结时间的测定与哪些因素有关？

参考文献

[1] 郑伟. 水泥标准稠度用水量测定方法（标准法）的影响因素分析［J］. 质量技术监督研究，2013，(2)：9~12.

[2] 中国建筑材料科学研究总院. GB/T 1346—2011 水泥标准稠度用水量、凝结时间、安定性检验方法［S］. 北京：中国标准出版社，2011.

实验 33　水泥胶砂强度测定

实验目的

（1）了解水泥胶砂强度测定的意义。

（2）掌握水泥抗折强度和抗压强度测定的方法，确定水泥强度等级。

实验原理

水泥强度是指水泥试体在单位面积上所能承受的外力，反映了水泥硬化到一定龄期后胶结能力的大小，是确定水泥强度等级的依据和水泥质量的主要指标，也是混凝土强度的主要来源。检验水泥各龄期强度，可以确定其强度等级，根据水泥强度等级又可以设计水泥混凝土的标号。我国建材、建工、交通系统推荐采用的水泥胶砂强度快速检验方法主要有温水法、热水法、沸水法、热空气烘养法等。1999 年我国颁布了《水泥胶砂强度检验方法（ISO 法）》，并将其定为推荐性国家标准。本实验采用 ISO 法测定水泥胶砂强度。

1. 抗折强度

材料的抗折强度采用简支梁法进行测定。对于均质弹性体，将其试样放在两支点上，在两支点间施加集中载荷时，试样将变形或断裂，如图 33-1 所示。

由材料力学简支梁的受力分析可得抗折强度的计算公式：

$$R_f = \frac{M}{W} = \frac{\frac{P}{2} \times \frac{L}{2}}{\frac{bh^2}{6}} = \frac{3PL}{2bh^2} \tag{33-1}$$

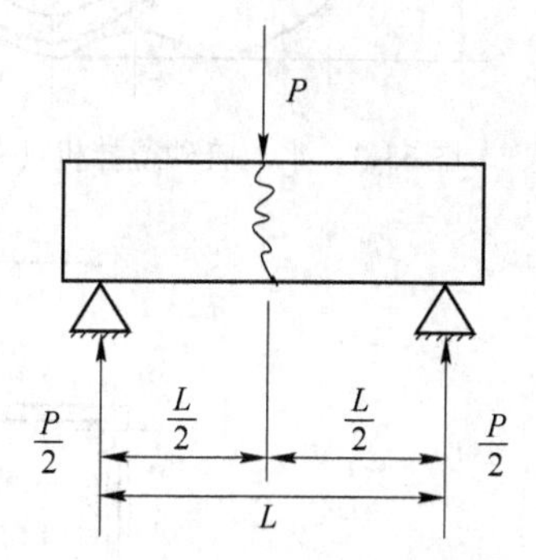

图 33-1　试体抗折受力分析

式中　R_f——抗折强度，MPa；

M——在破坏荷重 P 处产生的最大弯矩；

W——截面矩量，断面为矩形时 $W=bh^2/6$；

P——作用于试体的破坏荷重，N；

L——抗折夹具两支撑圆柱的中心距离，mm；

b——试样宽度，mm；

h——试样高度，mm。

在水泥胶砂试体抗折强度测试中，试样断面为正方形，即 b 和 h 相等，则抗折强度为

$$R_f = \frac{1.5PL}{b^3} \tag{33-2}$$

2. 抗压强度

抗压强度的测定采用轴心受压的形式，如图 33-2 所示。

根据抗压强度的定义，其计算公式为

$$R_c = \frac{F_c}{A} \tag{33-3}$$

式中 R_c——抗压强度，MPa；

F_c——破坏时的最大荷载，N；

A——受压面积，(40×40)mm^2。

图 33-2 轴心压缩受力分析图

实验仪器设备与材料

（1）行星式水泥胶砂搅拌机（符合 JC/T 681 要求），如图 33-3 所示。

（2）水泥胶砂试模，如图 33-4 所示。

（3）水泥胶砂试体成型台，如图 33-5 所示。

（4）水泥抗压夹具（40mm×40mm），如图 33-6 所示。

（5）电动抗折试验机，图 33-7 所示。

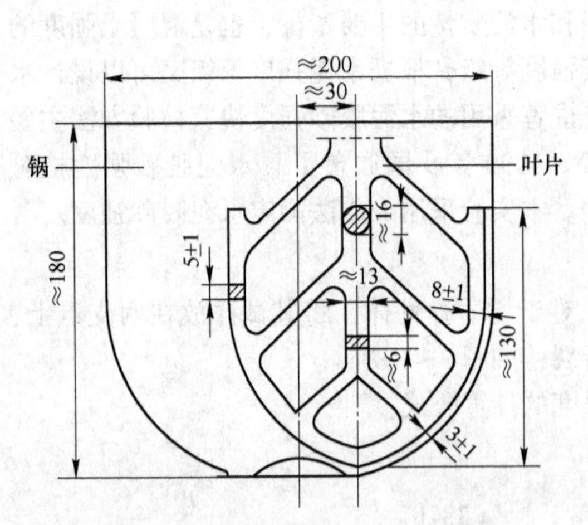

图 33-3 水泥胶砂搅拌机（单位为 mm）

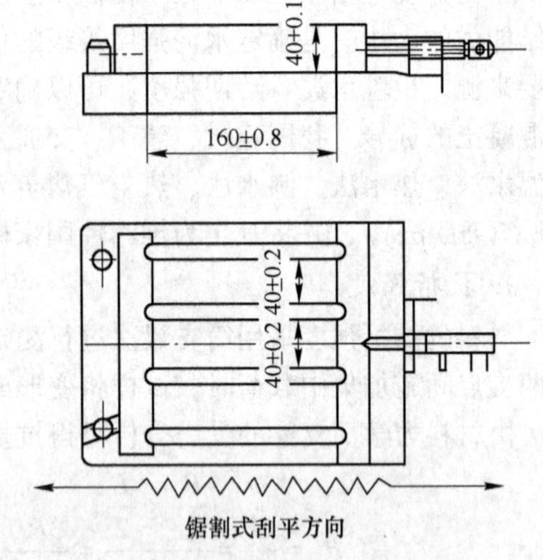

图 33-4 水泥胶砂试模（单位为 mm）

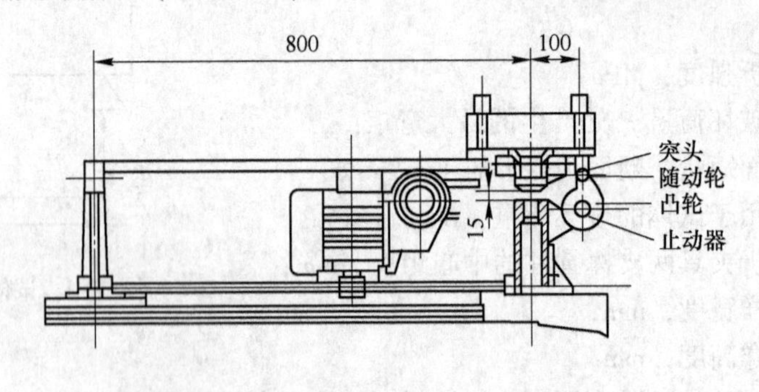

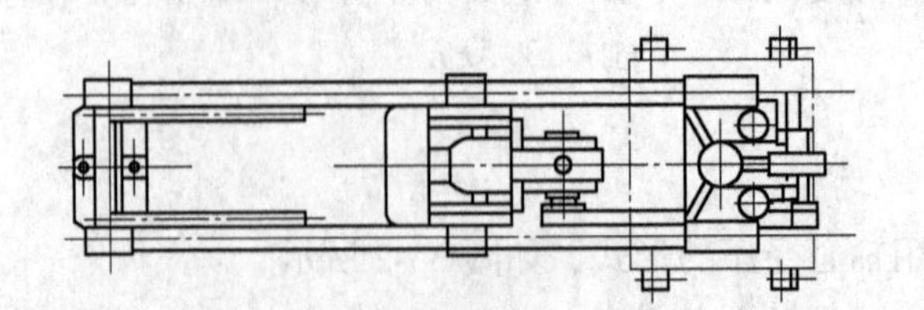

图 33-5 水泥胶砂试体成型台（单位为 mm）

（6）标准砂（符合 ISO 679 要求）。

（7）水泥。

（8）水：洁净的饮用水或蒸馏水。

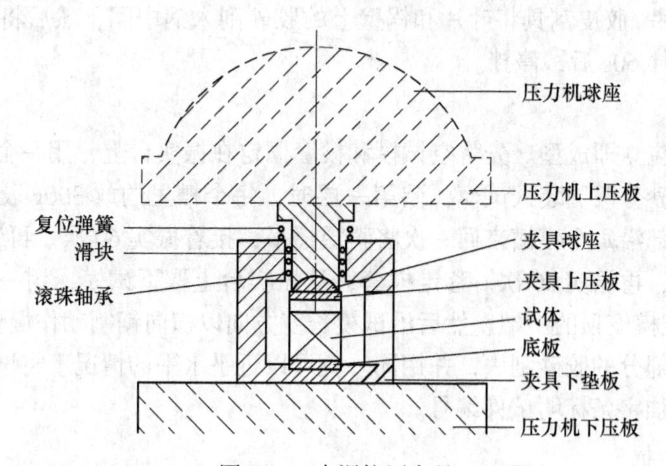

图 33-6　水泥抗压夹具

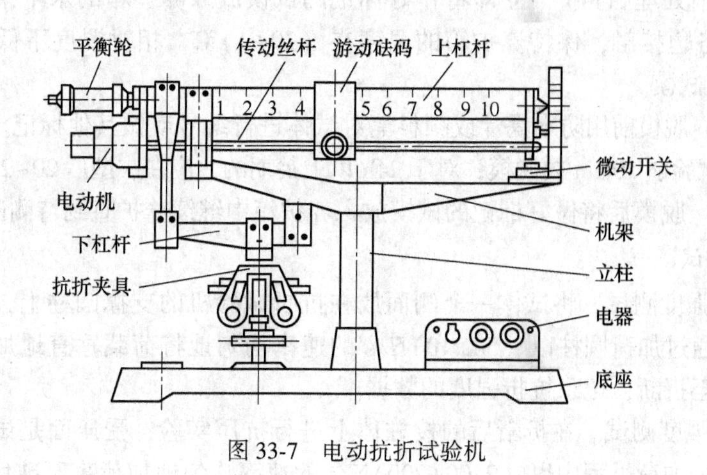

图 33-7　电动抗折试验机

实验步骤

1. 胶砂的准备

（1）胶砂配合比设计。胶砂的质量配合比为一份水泥、三份标准砂和半份水（水灰比为 0.5），一锅胶砂成三条试体，每锅材料需要量如表 33-1 所示。

表 33-1　每锅胶砂所需材料数量　（g）

水泥	标准砂	水
450	1350	225

注：水泥主要包括硅酸盐水泥、普通硅酸盐水泥、矿渣硅酸盐水泥、粉煤灰硅酸盐水泥、复合硅酸盐水泥、石灰石硅酸盐水泥。

（2）胶砂制备。胶砂制备时用搅拌机进行搅拌。先使搅拌机处于待工作状态，然后将称量好的水倒入搅拌锅内，再将水泥加入水中，把锅放在固定架上并上升至固定位置，立即开动机器，低速搅拌30s，在第二个30s内均匀地将砂子加入锅内，再高速搅拌30s。停拌90s，同时用一胶皮刮具将叶片和锅壁上的胶砂刮入锅中间，然后将锅上升至固定位置，继续高速搅拌60s后，停拌。

2. 胶砂成型

胶砂制备后应立即成型。先将空试模和模套固定在振实台上，用一个适当的勺子直接从搅拌锅里将胶砂分两层装入试模，装第一层时，每个槽里约放300g胶砂，用大播料器垂直架在模套顶部沿每个模槽来回一次将料层播平，接着振实60次。再装入第二层胶砂，用小播料器播平，再振实60次。移走模套，从振实台上取下试模，用一金属直尺以近似90°的角度架在试模模顶的一端，然后沿试模长度方向以横向锯割动作慢慢向另一端移动，一次将超过试模部分的胶砂刮去，并用同一直尺以近乎水平的情况下将试体表面抹平，在试模上做标记或加字条标明试件编号。

3. 试件的养护

（1）脱模前处理和养护。立即将作好标记的试模放入养护箱的水平架子上，保证湿空气能与试模各边接触，保持养护箱的温度在（20±1）℃，相对湿度不低于90%，养护20~24h后取出试模。

（2）脱模。脱模前用防水墨汁或颜料笔对试体进行编号或做其他标记。对于24h龄期的，应在成型试验前20min内脱模；对于24h以上龄期的，应在成型后20~24h之间脱模。

（3）养护。脱模后将做好标记的试模放入养护箱中继续养护直到待测龄期。

4. 强度测试

（1）抗折强度测试。将试体一个侧面放在抗折试验机的支撑圆柱上，试体长轴垂直于支撑圆柱，通过加荷圆柱以（50±10）N/s的速率均匀地将荷载垂直地加在棱柱体的相对侧面上，直至折断，记录抗折强度的数据。

（2）抗压强度测试。在折断后的棱柱体上进行抗压实验，受压面是试体成型时的两个侧面，在整个加荷过程中以（2400±200）N/s的速率均匀地加荷直至破坏，记录抗压强度的数据。

实验数据记录与处理

（1）实验数据记录与处理参考格式见表33-2。

（2）数据处理。

1）利用公式（33-1）计算试体的抗折强度。以一组三个棱柱体抗折结果的平均值作为实验结果。当三个强度值中有超出平均值±10%时，应剔除后再取平均值作为抗折强度实验结果。

2）利用公式（33-2）计算试体的抗压强度。以一组三个棱柱体上得到的六个抗压强度测定值的算术平均值为实验结果。如六个测定值中有一个超出六个平均值的±10%，就应剔除这个结果，而以剩下五个的平均数为结果。如果五个测定值中再有超过它们平均数±10%的，则此组结果作废。

表 33-2　水泥胶砂强度测定实验数据记录表

<table>
<tr><td colspan="2">样品编号：</td><td colspan="3">实验条件　　温　　度：　℃
相对湿度：　%</td><td colspan="2">实验日期：</td></tr>
<tr><td rowspan="3">抗折强度</td><td>龄期</td><td>试件尺/mm</td><td>试件编号</td><td colspan="2">破坏载荷/MPa</td><td>抗折强度测定结果/MPa</td></tr>
<tr><td>3</td><td></td><td></td><td colspan="2"></td><td></td></tr>
<tr><td>28</td><td></td><td></td><td colspan="2"></td><td></td></tr>
<tr><td rowspan="3">抗压强度</td><td>龄期</td><td>受压面积/mm</td><td>试件编号</td><td>破坏载荷/kN</td><td>抗压强度测试值/MPa</td><td>抗压强度测定结果/MPa</td></tr>
<tr><td>3</td><td></td><td></td><td></td><td></td><td></td></tr>
<tr><td>28</td><td></td><td></td><td></td><td></td><td></td></tr>
<tr><td>备注</td><td></td><td></td><td></td><td></td><td></td><td></td></tr>
</table>

实验注意事项

（1）实验前将搅拌机、叶片和锅用湿布润湿。

（2）搅拌锅要轻拿轻放不可随意碰摔，以防变形。制备净浆时搅拌锅应准确置于定位孔中，以免搅拌时锅从定位孔中脱落。

（3）实验完毕，关闭电源，清洗搅拌机及部分用具，水泥、砂和水沉淀分离后，分别倒入相应的垃圾桶，严禁将水泥和砂子倒入下水道。

（4）应保持工作场地清洁，每次使用后应彻底清除叶片与搅拌锅内外残余净浆，并清扫散落和飞溅在机器上的灰浆及脏污，晾干后套上护罩，防止落入灰尘。

（5）抗压实验加荷速度应控制在（2400±200）N/s 范围内。一般来说，加荷速度快，强度偏高，反之则低，尤其是当试体接受破坏时，要防止加荷过猛。

思 考 题

水泥胶砂强度检验中产生实验误差的因素有哪些？

参考文献

[1] 中国建筑材料科学研究院水泥科学与新型建筑材料研究所. GB/T 17671—1999 水泥胶砂强度检验方法（ISO 法）[S]. 北京：中国标准出版社，1999.

[2] 伍洪标，谢峻林，冯小平. 无机非金属材料实验 [M]. 北京：化学工业出版社，2011.

实验 34　水泥胶砂流动度的测定

实验目的

（1）掌握水泥胶砂流动度的测定原理。

（2）熟悉水泥胶砂流动度的测定方法，比较水泥的需水性。

实验原理

水泥胶砂流动度是通过测定一定配比的水泥胶砂在规定振动状态下的扩展范围来衡量其流动性。胶砂流动度是水泥需水性的重要指标，是水泥胶砂可塑性的反映，也是一种人为规定的水泥砂浆特定的和易性状态。用水泥胶砂流动度来控制胶砂加水量，所检测的水泥强度与混凝土强度有较好的相关性，同时能使胶砂其他的物理性能测定建立在准确可比的基础上，胶砂流动度的数据也可作为配制混凝土的参考依据。

实验仪器设备与材料

（1）水泥胶砂搅拌机（符合 JC/T 681 要求）。

（2）水泥胶砂流动度测定仪（简称跳桌），如图 34-1 所示。

图 34-1　跳桌

（3）试模。试模用金属材料制成，由截锥圆模和模套组成。截锥圆模内壁应光滑。尺寸为：高度（60±0.5）mm；上口内径（70±0.5）mm；下口内径（100±0.5）mm；下口外径 120mm；模套与截锥圆模配合使用。

（4）倒棒。倒棒用金属材料制成，直径为（20±0.5）mm，长度约 200mm。捣棒底面与侧面成直角，其下部光滑，上部手柄滚花。

（5）游标卡尺，量程为 200mm，分度值不大于 0.5mm。

（6）天平，1000g/1g。

（7）小刀，刀口平直，长度不大于 80mm。

（8）水泥试样。水泥试样应充分搅拌均匀并通过 0.9mm 方孔筛并记录筛余。

（9）标准砂（符合 ISO 679 要求）。

（10）实验用水（洁净的淡水）。

实验步骤

（1）跳桌在实验前先进行空转，以检验各部位是否正常。

（2）胶砂制备。胶砂材料用量按相应标准要求或实验设计确定。首先将称量好的水倒入砂浆搅拌锅内，再加入水泥，把锅放在固定架上，上升至固定位置，立即开动机器，低速搅拌 30s。在第二个 30s 内均匀地将砂子加入锅内，接着高速搅拌 30s。之后停拌 90s，同时用一胶皮刮具将叶片和锅壁上的胶砂刮入锅中间，然后将锅上升至固定位置，继续高速搅拌 60s 后，停拌。

（3）在制备胶砂的同时，用湿棉布擦拭跳桌台面、试模内壁、捣棒以及与胶砂接触的用具，将试模放在跳桌台面中央并用湿棉布覆盖。

（4）将拌好的胶砂分两层迅速装入流动试模，第一层装至截锥圆模高度约 2/3 处，用小刀在相互垂直两个方向各划 5 次，用捣棒由边缘至中心均匀捣压 15 次，如图 34-2（a）所示。接着装第二层胶砂，装至高出截锥圆模约 20mm，用小刀划 10 次，再用捣棒由边缘至中心均匀捣压 10 次，如图 34-2（b）所示。捣压力量应恰好足以使胶砂充满截锥圆模。捣压深度为第一层捣至胶砂高度的 1/2，第二层捣实不超过已捣实底层表面。装胶砂和捣压时，用手扶稳试模，不要使其移动。

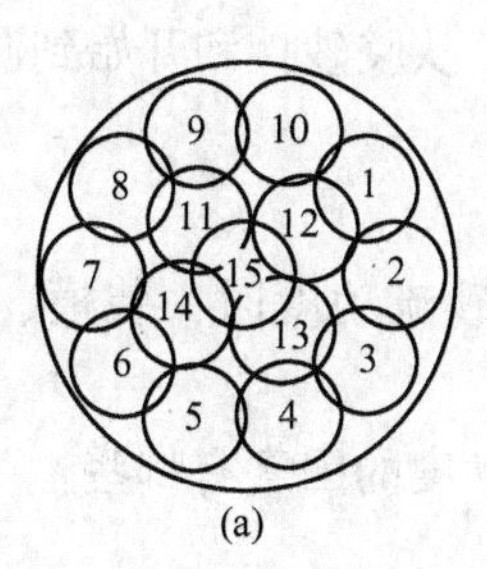

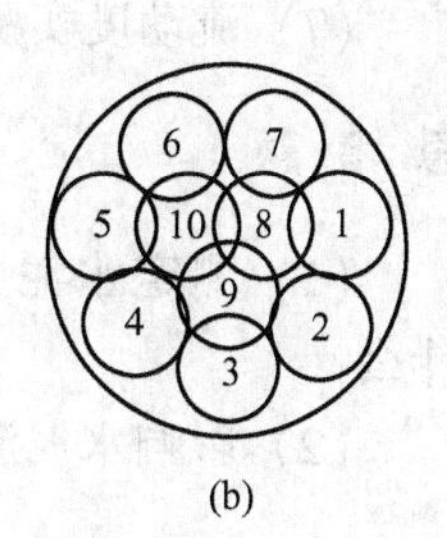

图 34-2　水泥流动度捣压顺序

（a）第一层捣压 15 次；（b）第二层捣压 10 次

（5）捣压完毕，取下模套，用小刀由中间向边缘分两次将高出截锥圆模的胶砂刮去并抹平，擦去落在桌面上的胶砂。将截锥圆模垂直向上轻轻提起，立刻开动跳桌，约每秒钟一次，在（30±1）s 内完成 30 次跳动。

（6）用卡尺测量胶砂底面最大扩散直径及与其垂直的直径。

实验数据记录与处理

（1）实验数据记录与处理参考格式见表 34-1。

表 34-1　水泥胶砂流动度测定实验数据记录表

测试次数	水泥质量/g	标准砂质量/g	水/mL	胶砂底面最大扩散直径/mm	垂直直径/mm	平均值/mm
1						
2						
3						

（2）数据处理。计算胶砂底面最大扩散直径及与其垂直直径的平均值，取整数，用“mm”表示。

实验注意事项

（1）实验用标准砂应符合《水泥强度试验用标准砂》（GB 178—77）的质量要求；实验用水应为纯净水。

（2）跳桌推杆应保持清洁，并在推杆和凸轮表面上涂上润滑油，减少操作上的磨损。

（3）胶砂装模前，须将跳桌台面及实验设备湿润。

（4）第一层捣压时捣棒需沿试模壁方向略微倾斜，二层物料捣压用力要均匀，大小要适当。如果捣压用力不均匀，实验后的胶砂试体容易形状不规则，互相垂直方向直径值相差很大。如果用力大，捣压得紧则流动度值比用力小，捣压轻导致数值偏大。

(5) 测量胶砂扩散后底部直径时，需从有胶砂粒子的边缘量起，不能从净浆边缘测量。

(6) 水量按0.5水灰比和胶砂流动度不小于180mm来确定，当流动度小于180mm时，应以0.01的整数倍递增的方法将水灰比调整至胶砂流动度不小于180mm。

(7) 流动度实验，从胶砂拌和开始到测量扩散直径结束，应在6min内完成。

思考题

(1) 测定水泥胶砂流动度时，装模、压倒等制样工作要求在多长时间内完成？为什么？

(2) 影响水泥流动度的因素有哪些？

参考文献

[1] 李凌. 关于水泥胶砂流动度检测的意义及检测中注意的问题 [J]. 水泥与混凝土，2009，25 (8)：76~77.

[2] 季韬，林挺伟，郑忠双，等. 水泥胶砂流动度预测方法的研究 [J]. 建筑材料学报，2005，1 (8)：17~22.

[3] 中国建筑材料研究总院. GB/T 2419—2005 水泥胶砂流动度测定方法 [S]. 北京：中国标准出版社，2007.

[4] 中国建筑材料研究总院. JC/T 958—2005 水泥胶砂流动度测定仪（跳桌）[S]. 北京：中国标准出版社，2005.

实验35　水泥干缩性实验

实验目的

（1）熟悉水泥干缩性的实验原理。

（2）掌握水泥胶砂干缩率的测定方法，比较不同水泥的干缩性能。

实验原理

水泥水化时失水以及在水化过程中因水分蒸发而造成的体积收缩称为干缩。干缩是引起水泥混凝土开裂最主要的原因之一，可导致混凝土耐久性下降，甚至结构破坏。因水泥的干缩性能直接影响混凝土的使用质量，因此本实验通过测定水泥胶砂收缩率来评定水泥干缩性能，测定时以一定长度、一定胶砂组成的试件在规定龄期内的长度变化率来表示，即

$$S_t = \frac{L_0 - L_t}{250} \times 100\% \tag{35-1}$$

式中　S_t——水泥胶砂试体各龄期干缩率,%；

L_0——初始测量读数，mm；

L_t——某龄期的测量读数，mm；

250——试体有效长度，mm。

实验仪器设备与材料

（1）胶砂搅拌机（符合 JC/T 681 要求）。

（2）三联模。三联模由互相垂直的隔板、端板、底座以及定位用螺丝组成，结构如图 35-1 所示。各组件可以拆卸，组装后每联内壁尺寸为 25mm×25mm×280mm。端板有 3 个安置测量钉头的小孔，其位置应保证成型后试体的测量钉头在试体的轴线上。

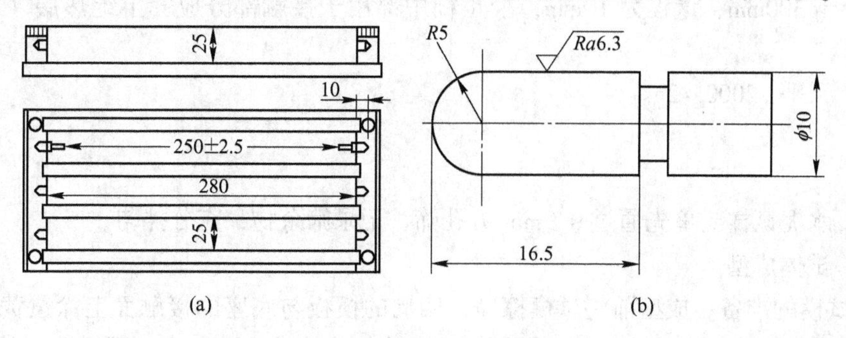

图 35-1　三联试模及钉头（单位为 mm）

（a）三联试模；（b）钉头

1）测量钉头用不短钢或铜制成，规格如图 35-1（b）所示。成型试体时测量钉头伸入试模板的深度为（10±1）mm。

2）隔板和端板用 45 号钢制成，表面粗糙度不大于 6. 3μm。

3）底座用灰口铸铁加工，底座上表面粗糙度不大于 6. 3μm，底座非加工面经涂漆无流痕。

（3）捣棒。捣棒包括方捣棒和缺口捣棒两种，规格如图 35-2 所示，均由金属材料制成。方捣棒受压面积为 23mm×23mm。缺口捣棒用于捣固测量钉头两侧的胶砂。

（4）三棱刮刀。三棱刮刀截面为边长 28mm 的正三角形，钢制，有效长度为 26mm。

（5）水泥胶砂干缩养护湿度控制箱。控制箱用不易被药品腐蚀的塑料制成，其最小单元能养护 6 条试体并自成密封系统，最小单元的结构如图 35-3 所示。有效容积 340mm×220mm×200mm，有 5 根放置试体的篦条，分为上、下两部分，篦条宽 10mm，高 15mm，相互间隔 45mm。篦条上部放置试体的空间高为 65mm，篦条下部用于放置控制单元湿度用的药品盘，药品盘由塑料制成，大小应能从单元下部自由进出，容积约 2. 5L。

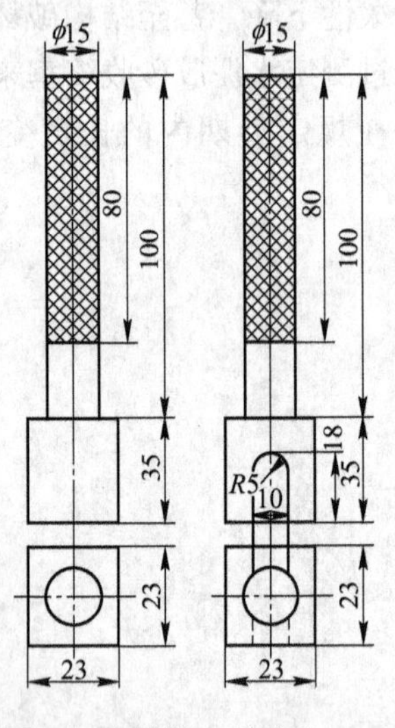

图 35-2　捣棒（单位为 mm）

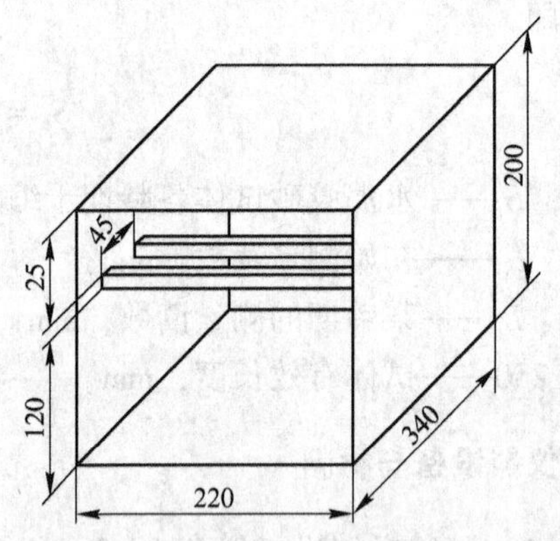

图 35-3　水泥胶砂干缩养护湿度控制箱单元格（单位为 mm）

（6）比长仪。比长仪由百分表、支架及校正杆组成，百分表分度值为 0. 01mm，最大基长不小于 300mm，量程为 10mm，校正杆中部用于接触部分应套上绝热层（如图 35-4 所示）。

（7）天平，2000g/2g。

实验步骤

（1）水泥试样应事先通过 0. 9mm 方孔筛，记录筛余物，充分拌匀。

（2）试体成型。

1）试模的准备。成型前将试模擦净，四周的模板与底座的接触面上涂覆黄干油，紧密装配，防止漏浆，内壁均匀刷一薄层机油。将钉头擦净，在钉头的圆头端沾上少许黄干油，将钉头嵌入试模孔中，并在孔内左右转动，使钉头与孔准确配合。

2）胶砂的制备。

①水泥胶砂的干缩性测定需成型 3 条试体，称取水泥试样 500g，标准砂 1000g（灰砂质量比为 1：2）。用水量按制成胶砂流动度达到 130~140mm 的需水量确定。

②胶砂搅拌时，先将称好的标准砂倒入搅拌机的加砂装置中，同砂浆流动度实验一样依据 GB/T 2419—2005 规定制备胶砂。在停拌的 90s 的第一个 15s 内将搅拌锅放下，用刮具将黏附在搅拌机叶片上的胶砂刮到锅中。搅拌结束后，再用料勺混匀砂浆，特别是锅底砂浆。

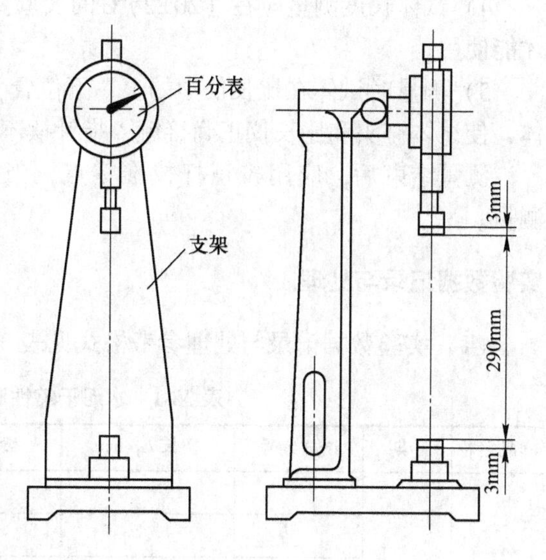

图 35-4　比长仪

③将已制备好的胶砂分两层装入两端已装有钉头的试模内。第一层胶砂装入试模后，先用小刀来回划实，尤其是钉头两侧，必要时可多划几次，然后用23mm×23mm 方捣棒从钉头内侧开始，从一端向另一端顺序地捣 10 次，返回捣 10 次，共捣压 20 次，再用缺口捣棒在钉头两侧各捣压 2 次，然后将余下的胶砂装入模内，同样用小刀划匀，刀划的深度应透过第一层胶砂表面，再用 23mm×23mm 捣棒从一端开始顺序地捣压 12 次，往返捣压 24 次（每次捣压时，先将捣棒接触胶砂表面再用力捣压。捣压应均匀稳定，不得冲压）。捣压完毕，用小刀将试模边缘的胶砂拨回试模内并用三棱刮刀将高于试模部分的胶砂断成几部分，沿试模长度方向将超出试模部分的胶砂刮去（刮平时不要松动已捣实的试体，必要时可以多刮几次）。刮平表面后编号，放入温度为（20±1)℃，相对湿度不低于 90%的养护箱内或雾室养护。

（3）试体养护、存放和测量。

1）试体自加水时算起，养护（24±2)h 后脱模，然后将试体放入温度为（20±1)℃的水中养护。如脱模有困难时，可延长脱模时间。所延长的时间应在实验报告中注明，并从水养时间中扣除。

2）试体在水中养护 2 天后，由水中取出，用湿布擦去表面水分和钉头上的污垢，用比长仪测定初始读数 L_0。比长仪使用前应用校正杆进行校准，确认其零点无误情况下才能用于试体测量（零点是一个基准数，不一定是零）。测完初始读数后应用校正杆重新检查零点，如零点变动超过±0. 01mm，则整批试体应重新测定。接着将试体移入干缩养护箱的篦条上养护，试体之间应留有间隙，同一批出水试体可以放在一个养护单元里，最多可以放置两组同时出水的试体，药品盘上按每组 0. 5kg 放置控制相对湿度的药品。药品一般可使用硫氰酸钾固体，也可使用其他能控制规定相对湿度的盐，但不能用对人体与环境有害的物质。关紧单元门，使其密闭与外部隔绝。

干缩试体也可放在能满足规定相对湿度和温度的条件下养护，但应在实验报告中作特别说明，在结果有矛盾时以干缩养护箱养护的结果为准。

3）从试体放入养护箱中时算起在放置 4 天、11 天、18 天、25 天时（即从成型时算起为 7 天、14 天、21 天、28 天 时）分别取出测量长度。

4）试体长度测量应在（20±2)℃的实验室里进行，比长仪应在实验室温度下恒温后才能使用。

5）测量时试体在比长仪中的上、下位置，所有龄期都应相同。读数时应左右旋转试体，使试体钉头和比长仪正确接触，指针摆不得大于0.02mm。读数应记录至0.001mm。

测量结束后，应用校正杆校准零点，当零点变动超过±0.01mm，整批试体应重新测量。

实验数据记录与处理

（1）实验数据记录与处理参考格式见表35-1。

表35-1　水泥干缩性测定实验数据记录表

样品名称	龄期	试样编号	初长 L_0/mm	龄期长度 L_1/mm	干缩率测试值/%	干缩率测定结果/%

（2）数据处理。

1）利用公式（35-1）计算各试体的干缩率。

2）以三条试体干缩率的平均值作为试样的干缩结果，如有一条干缩率超过中间值15%时取中间值作为试样的干缩结果；当有两条试体超过中间值15%时应重新做实验。

实验注意事项

（1）胶砂试体的干缩率与水泥石水分蒸发直接有关。干空气的相对湿度与温度直接影响水分蒸发速度与蒸发量。因此，养护箱温度（20±3)℃及相对湿度（50±4)%应予以保证，以减少实验误差。

（2）钉头装入试模应防止染上机油，以免钉头与水泥黏结不牢而松动脱落，影响长度的测量结果。

（3）每次测长前，应校正比长仪表针的零点位置。测长时，试体装入比长仪的上下位置每次均应固定，使钉头与比长仪接触状况每次都相同，以免因顶头加工精度不同带来的测量误差。每次测量时要左右旋转试体，使钉头与比长仪正确接触。由于钉头的圆度关系，旋转试体时表针可能跳动，此时应取跳动范围内的平均值。测量完毕，也必须用标准杆校对比长仪零位读数。如有变动应重新测量。

思 考 题

影响水泥干缩变形的因素有哪些？

参考文献

[1] 中国建筑材料科学研究院．JC/T 603—2004 水泥胶砂干缩试验方法［S］．北京：中国建材工业出版社，2005.

[2] 伍洪标，谢峻林，冯小平．无机非金属材料实验［M］．北京：化学工业出版社，2011.

实验 36　水泥膨胀性实验

实验目的

（1）了解水泥膨胀性的测定意义和目的。

（2）熟悉水泥膨胀性的测定原理。

（3）掌握水泥膨胀性的测定方法。

实验原理

水泥和水以后，在水化硬化过程中产生一定的膨胀，这种水泥称为膨胀水泥。根据膨胀值和用途的不同，膨胀水泥可用于收缩补偿膨胀和产生自应力。前者膨胀能较低，限制膨胀时所产生的压应力能大致抵消干缩所引起的拉应力，主要用以减小或防止混凝土的干缩裂缝；而后者所具有的膨胀性能较高，足以使干缩后的混凝土仍有较大的自应力，用于配制各种自应力钢筋混凝土。因此，了解水泥的膨胀性能，对于指导水泥的生产与使用有着重要的意义。

膨胀水泥调水后即进行水化反应。在常温水中或潮湿空气中养护时，因水泥浆体中逐渐形成钙矾石、石膏晶体，$Ca(OH)_2$、$Mg(OH)_2$、$Fe(OH)_3$晶体，以及其他可以使水泥硬化浆体膨胀的化学反应等，使水泥试件体积膨胀。测定一定长度水泥净浆试体不同龄期的长度变化，求得各龄期的线膨胀率 E_x，以此评价膨胀水泥的膨胀性能，即

$$E_x = \frac{L_2 - L_1}{L} \times 100\% \tag{36-1}$$

式中　E_x——试体各龄期的膨胀率，%；

L_1——试体初始长度读数，mm；

L_2——试体各龄期长度读数，mm；

L——试体有效长度，250mm。

实验仪器设备与材料

（1）行星式胶砂搅拌机（符合 JC/T 681 要求）。

（2）天平，2000g/1g。

（3）25mm×25mm×280mm 三联模及钉头（如图 35-1 所示）。

（4）比长仪（如图 35-3 所示）。

（5）水泥：试样通过 0.9mm 的方孔筛，并充分混合均匀。

（6）拌合用水（洁净的饮用水）。

实验步骤

1. 试体成型

（1）将试模擦净并装配好，内壁均匀地刷一层机油，将钉头插入试模端板上的小孔

中，钉头插入深度为（10±1）mm，松紧适宜。

（2）水泥膨胀试体需制作两组，每组 3 条。一组在水中养护，一组在湿空气中或采用联合养护（即水中养护 3d 后再放入湿气养护箱中）。每组加入标准稠度用水量置于搅拌锅内，再加入 1200g 水泥，开动搅拌机，按 JC/T 681 的自动程序进行搅拌，搅拌完毕用餐刀刮下粘在叶片上的水泥浆后，取下搅拌锅。

（3）将搅拌好的水泥浆全部均匀地装入试模内，先用餐刀插划试模内的水泥浆，使其填满试模的边角空间，再用餐刀以 45°角由试模的一端向另一端压实水泥浆约 10 次，然后反向压实水泥浆约 10 次，用餐刀在钉头两侧插实 3~5 次，每条试体重复两遍，再将水泥浆铺平。

（4）一只手顶住试模的一端，用提手将试模另一端向上提起 30~50mm，使其自由落下，振动 10 次，用同样操作将试模另一端振动 10 次。用餐刀将试体刮平并编号。从加水时起 10min 内完成成型工作。

2. 试体脱模、养护和测量

（1）编号后将试模放入养护箱中养护，脱模时间详见表 36-1。脱模后将钉头擦净，立即测量试体的初始长度 L_1。

表 36-1 各种膨胀水泥试体脱模时间

水泥名称	脱模时间	水泥名称	脱模时间
石膏钒土膨胀水泥	终凝后 1h	明矾石膨胀水泥	终凝后 1.5~2h
硅酸盐膨胀水泥	终凝后 2h	快凝膨胀水泥	终凝后 0.5h

对于凝结硬化较慢的水泥，可以适当延长在养护箱的养护时间，但延长时间不应过长，以脱模时试体完整无损为限。延长时间应记录。

（2）初始长度测完后，将试体分别放入水中和湿气中养护，至下次测量时取出。膨胀水泥的养护要求见表 36-2。

（3）试体养护龄期为 1 天、3 天、7 天、14 天、28 天。测量时间是从测量初始长度时算起。快凝膨胀水泥还增加 6h 龄期（测量龄期根据需要可作必要增减）。

（4）试体测量完毕后立即放入水槽（湿气养护时则放入养护箱）中养护。试体之间应留有间隙，水面至少高出试体 20mm。养护水每两周更换一次。

表 36-2 膨胀水泥试体养护要求

水泥名称	养护要求	水泥名称	养护要求
石膏钒土膨胀水泥	水中养护和联合养护	明矾石膨胀水泥	水中养护
硅酸盐膨胀水泥	水中养护和湿气养护，水中养护时，试体测量初始长度 1h 后下水	快凝膨胀水泥	水中养护

3. 测长与计算

（1）校正比长仪指针对准零点位置。

（2）将试体和钉头擦净，并放入比长仪的上下固定位置。

（3）测量读数时应旋转试体，使钉头与比长仪正确接触。如果表针跳动，可取跳动范围内的平均值，测量读数精确到0.01mm。

实验数据记录与处理

（1）实验数据记录与处理参考格式见表36-3。

表36-3　水泥膨胀性测定实验数据记录表

样品名称	龄期	试样编号	初长 L_1/mm	龄期长度 L_2/mm	膨胀率测试值/%	干缩率测定值/%

（2）数据处理。

1）利用公式（36-1）计算各试体的膨胀率。

2）从三条试体膨胀值中，取大的两个数值的平均值，作为膨胀率测定结果，计算结果精确至0.01%。

实验注意事项

（1）成型实验室温度应保持在（20±2）℃，相对湿度不低于50%；湿气养护箱温度应保持在（20±1）℃，相对湿度不低于90%。

（2）钉头装入试模时不应染上机油，以免水泥与钉头黏结不牢而影响测长。测长时，试体装入比长仪的上下位置每次均应固定，使顶头与比长仪接触状况每次都相同，以免因顶头加工精度不同带来的测量误差。每次测量时要左右旋转试体，使顶头与比长仪正确接触。由于顶头的圆度关系，旋转试体时表针可能跳动，此时应取跳动范围内的平均值。测量完毕，也必须用标准杆校对比长仪零位读数，如有变动应重新测量。

（3）本方法适用于石膏矾土膨胀水泥、硅酸盐膨胀水泥、明矾石膨胀水泥、快凝膨胀水泥以及指定采用本方法的其他品种水泥。

思考题

膨胀水泥试体脱模时间如何确定？膨胀率如何确定？

参考文献

[1] 中国建筑材料研究总院. JC/T 313—2009 膨胀水泥膨胀率试验方法［S］. 北京：中国标准出版社，2009.

[2] 伍洪标，谢峻林，冯小平. 无机非金属材料实验［M］. 2版. 化学工业出版社，2010.

实验 37　复合硅酸盐水泥制备及性能检测

实验目的

（1）熟悉用于制备复合硅酸盐水泥各原料的性能要求及检测方法。
（2）掌握复合硅酸盐水泥的制备及性能检测方法。

实验原理

水泥生产时为了改善其性能、增加产量、降低能耗和调节水泥强度等级而加入的天然和人工的矿物材料，称为水泥混合材料。根据混合材料的性质可将其分为活性混合材料和非活性混合材料两种。活性混合材料（粒化高炉矿渣、火山灰质混合材料、粉煤灰）磨成细粉后，与石灰（或石灰和石膏）、水拌和后，常温下生成具有胶凝性的水化产物，在水、空气中硬化后，可改善水泥性能，扩大水泥强度等级范围、降低水化热、增加产量和降低成本等。非活性混合材料（磨细的石英砂、石灰石、黏土、慢冷矿渣及各处理废渣）又称为惰性混合材料或填充性混合材料，是指不与水泥成分起化学作用或作用很小的混合材料，主要起惰性填充作用而不损害水泥性能的矿物质材料。非活性混合材料的掺入可提高水泥产量、降低水泥强度、减少水化热等。当采用高强度等级水泥拌制强度较低的砂浆或混凝土时，掺入非活性混合材料以代替部分水泥，可降低成本及改善砂浆或混凝土和易性。

常用的活性混合材主要包括粒化高炉矿渣（符合 GB/T 2847—2005 要求）、火山灰质混合材（符合 GB/T 2847—2005 要求）和粉煤灰（符合 GB/T 1596—2005 要求）等。

由硅酸盐水泥熟料、粒化高炉矿渣和石膏（或其他外加剂）磨细制成的水硬性胶凝材料，称为矿渣硅酸盐水泥，代号 P·S，水泥中粒化高炉矿渣掺加量按质量分数计为 20%~70%。用石灰石、窑石、粉煤灰、火山灰质混合材料中的一种材料代替矿渣，数量不得超过水泥质量的 8%，替代后水泥中粒化高炉矿渣不得少于 20%。

由硅酸盐水泥熟料和火山灰质混合材料、适量石膏磨细制成的水硬性胶凝材料称为火山灰质硅酸盐水泥（简称火山灰水泥），代号 P·P。水泥中火山灰质混合材料掺加量按质量分数计为 20%~50%。

由硅酸盐水泥熟料、粉煤灰和适量石膏磨细制成的水硬性胶凝材料称为粉煤灰硅酸盐水泥（简称粉煤灰水泥），代号 P·F。水泥中粉煤灰掺加量按质量分数计为 20%~40%。

由硅酸盐水泥熟料、两种或两种以上规定的混合材料、适量石膏磨细制成的水硬性胶凝材料称为复合硅酸盐水泥，简称复合水泥，代号：P·C，水泥中混合材料的掺加量按质量分数计为 15%~50%。水泥中允许用不超过 8%的窑灰代替部分混合材料。

本实验进行矿渣硅酸水泥的制备及性能检测。

实验仪器设备与材料

（1）水泥净浆搅拌机（符合 JC/T 729 要求）。
（2）维卡仪（符合 JC/T 729 要求）。
（3）沸煮箱，有效容积为 410mm×240mm×310mm。
（4）养护箱。
（5）行星式水泥胶砂搅拌机（符合 JC/T 681 要求）。
（6）水泥胶砂试模（符合 JC/T 726 要求）。
（7）水泥胶砂振实台（符合 JC/T 682 要求）。
（8）水泥抗压夹具（符合 JC/T 683 要求）。
（9）电动抗折试验机（符合 JC/T 724 要求）。
（10）熟料（符合 GB/T 21372—2008 要求）。
（11）石膏。天然石膏：符合 GB/T 5483 中规定的 G 类或 A 类二级（含）以上的石膏或硬石膏。工业副产石膏：工业生产中以硫酸钙为主要成分的副产品。采用工业副产品石膏时，必须经过实验证明对水泥性能无害。
（12）矿渣：符合 GB/T 203 的粒化高炉矿渣。

实验步骤

（1）按照硅酸盐水泥熟料的技术要求对硅酸盐水泥熟料的基本化学性能进行分析，并破碎、粉磨至 $350m^2/kg$ 的细度。
（2）按照用于水泥中矿渣的技术要求对矿渣进行各项性能分析（化学成分、矿物组成、活性状态等），按要求取样后粉磨至一定的细度（不小于 $300m^2/kg$）。
（3）矿渣硅酸盐水泥配合比设计。
（4）按设计的配合比将矿渣、硅酸盐水泥熟料和石膏混合均匀待用。
（5）矿渣硅酸盐水泥标准稠度用水量、凝结时间、安定性的测定（参考实验 32）。
（6）矿渣硅酸盐水泥抗折、抗压强度的测定（参考实验 33）。

实验数据记录与处理

（1）实验数据记录与处理参考格式见表 37-1～表 37-4。

表 37-1　硅酸盐水泥熟料基本参数

f-CaO/%	MgO/%	烧失量/%	SO_3/%	CaO/SiO_2（质量比）	抗压强度/MPa	
					3 天	28 天

表 37-2　矿渣基本参数（物理参数）

活性指数		流动度比 /%	密度 $/g\cdot cm^{-3}$	比表面积 $/kg\cdot cm^{-2}$	含水量 /%	三氧化硫 /%	烧失量 /%	氧化镁 /%	氯离子 /%
7 天	28 天								

表 37-3　矿渣基本参数（化学参数）

烧失量/%	SiO_2/%	Fe_2O_3/%	Al_2O_3/%	CaO/%	MgO/%	SO_3/%	MnO/%	TnO_2/%	CL/%	比表面积 $/m^2 \cdot kg^{-1}$	质量系数	碱性系数

表 37-4　复合硅酸盐水泥基本性能

试样编号	复合硅酸盐水泥配合比	标准稠度用水量/g	凝结时间/min		安定是否合格	抗折强度/MPa		抗压强度/MPa		强度等级
			初凝时间	终凝时间		3 天	28 天	3 天	28 天	

（2）数据处理。根据实验结果分析矿渣掺量对硅酸盐水泥抗折、抗压强度，凝结时间以及安定性的影响。

思 考 题

根据实验结果分析矿渣掺量对硅酸盐水泥抗折、抗压强度，凝结时间以及安定性的影响。

参考文献

[1] 中国建筑材料科学研究总院. GB/T 12958—1999 复合硅酸盐水泥 [S]. 北京：中国标准出版社，1999.
[2] 中国建筑材料科学研究总院. GB/T 21372—2008 硅酸盐水泥熟料 [S]. 北京：中国标准出版社，2008.
[3] 中国建筑材料科学研究总院. GB/T 203—2008 用于水泥中的粒化高炉矿渣 [S]. 北京：中国标准出版社，2008.
[4] 中国建筑材料科学研究院，长江科学院. GB/T 1596—2005 用于水泥和混凝土中的粉煤灰 [S]. 北京：中国标准出版社，2005.
[5] 中国建筑材料科学研究院. GB/T 2487—2005 用于水泥和混凝土中的火山灰质混合材料 [S]. 北京：中国标准出版社，2005.

实验 38　无机材料熔体物理性质测定

实验目的

（1）掌握测定无机材料熔体黏度、密度和表面张力的原理及方法。

（2）熟悉实验设备的使用方法和适用范围及其操作技术。

（3）分析造成实验误差的原因和提高实验精确度的措施。

实验原理

1. 熔体物理性质测定的基本原理

熔体的主要物理性质包括黏度、密度和表面张力等。对于冶金和无机非金属材料行业来说，高温熔炉是不可缺少的重要设备。在高温熔炉的使用过程中，熔体对耐火材料的侵蚀是其损坏的主要原因。在熔炉设计时，不但要熟悉耐火材料的性能，还必须了解熔体的性质，这样才能正确地选用耐火材料。因此，了解熔体性质对熔炉设计和生产管理都是至关重要的。

（1）熔体黏度测定。黏度又称黏度系数或动力黏度系数，是高温熔体重要的物性之一。熔体黏度的大小由其性质和温度决定。

当面积为 S 的两平行液层以一定的速度梯度 $\frac{dv}{dx}$ 移动时会产生摩擦力 F，其计算公式如式（38-1）所示。

$$F = \eta S \frac{dv}{dx} \tag{38-1}$$

式中　η——液体的黏度，Pa · s。

当 $S=1$，$\frac{dv}{dx}=1$ 时，黏度 η 值相当于两平行液层间的内摩擦力。

熔体黏度的测定方法有拉球法、落球法、旋转法和扭摆法等。一般根据熔体的黏度值来确定测量方法。前三种测量方法的测量范围是 $1\sim10^7$ Pa · s，可用于冶金熔渣、玻璃熔体等的测定。熔盐液态金属的黏度较小（一般小于 1.0×10^{-3} Pa · s），常用扭摆法测定。

本实验采用旋转法测定无机材料熔体的黏度。

柱体在盛有被测液体的静止的同心柱形容器内匀速旋转时，柱体和容器壁之间的液体产生了运动，在柱体和容器壁之间形成了速度梯度。由于黏性力的作用，在柱体上将产生一个力矩与其平衡。当液体是牛顿流体且柱体转速恒定时，速度梯度和力矩都是一个恒定值时，柱体旋转所产生的扭矩为

$$M = \frac{4\pi h \eta \omega}{\left(\frac{1}{r^2} - \frac{1}{R^2}\right)} \tag{38-2}$$

式中　M——柱体旋转扭矩，N·m；

r——柱体的半径，m；

R——盛液体的容器半径，m；

h——柱体浸入液体之深度，m；

ω——柱体转动的角速度，$rad \cdot s^{-1}$；

η——液体的黏度，Pa·s。

扭矩传感器可精确地测定旋转柱体的扭矩和角速度，则液体的黏度可按下式计算：

$$\eta = \frac{M}{4\pi h\omega}\left(\frac{1}{r^2} - \frac{1}{R^2}\right) \tag{38-3}$$

在柱体半径、容器半径和柱体浸入深度都一定时，式（38-3）可以简化为下式：

$$\eta = K_n \frac{M}{\omega} \tag{38-4}$$

式中　K_n——黏度常数，$K_n = \frac{1}{4\pi h}\left(\frac{1}{r^2} - \frac{1}{R^2}\right)$。

由于柱体端面作用，柱体及容器表面的粗糙程度的影响，实际仪器的黏度常数 K_n 虽然是常数，但表达式较上边给出的还要复杂，通常采用已知黏度的液体进行标定（一般采用蓖麻油为标准液），即在已知转速条件下测定已知黏度液体的扭矩，求出黏度常数 K_n。

本实验所使用的 RWT-10 型熔体物性测定仪黏度常数由下式求得：

$$K_n = \eta_s \frac{N}{(Pl_s - Pl_0)} \tag{38-5}$$

式中　η_s——标准液体的黏度值，Pa·s；

Pl_s——测定标准液体时的频率值（代表扭矩），Hz；

Pl_0——零点时测定的频率值（代表扭矩），Hz；

N——黏度计转速，r/min。

蓖麻油是一种很容易获得的试剂，其黏度值与温度的关系式是

$$\eta_s = a e^{-bT} \tag{38-6}$$

式中　η_s——标准液体蓖麻油的黏度值，Pa·s；

a——常数，$a = 53.20732$；

b——常数，$b = 0.0832$；

T——温度，℃。

因此用标准液蓖麻油测得仪器黏度常数 K_n 后，测定的液体黏度值计算式为

$$\eta = K_n \frac{(Pl - Pl_0)}{N} \tag{38-7}$$

式中　η——被测液体的黏度值，Pa·s；

Pl——测定被测液体时的频率值（代表扭矩），Hz；

Pl_0——零点时测定的频率值（代表扭矩），Hz；

N——黏度计转速，r/min。

（2）熔体表面张力测定。在熔体中，每个质点周围都存在一个力场。在熔体内部，

质点力场是对称的，但处于表面层的质点，只受到熔体内部质点的引力作用，结果使得表面有向内收缩的趋势。对一滴熔体来说，它总是趋向于收缩成球形以降低表面能。因此，表面张力的物理意义是扩张表面单位长度所需要的力，其方向与表面相切。表面张力的测定方法有最大拉力法、滴重法等。

本实验采用拉环法（最大拉力法）测定熔体的表面张力。此法广泛地用于测量硅酸盐熔体和含有 FeO 二元系和三元系熔体的表面张力。

将金属环（或金属筒）水平地放在液面上，然后测定将其拉离液面所需的力。当金属环被拉起时，由于表面张力的作用，它将液体连同带起，进一步拉起金属环，拉力超过表面张力的瞬间液体脱落，金属环脱离液体，记最大拉力值为 M_{max}。被环所拉起的液体形状是 R^3/V 和 R/r 的函数（V 为被拉起液体的体积，R 为环的平均半径，r 为环线的半径），在 R 和 r 一定时，可以认为是常数。表面张力计算公式为

$$\sigma = \frac{M_{max}}{4\pi R} f\left(\frac{R^3}{V}, \frac{R}{r}\right) = \frac{M_{max}}{4\pi R} C \tag{38-8}$$

式中　σ——熔体表面张力，N/m；
R——环的平均半径，m；
r——环线的半径，m；
M_{max}——将金属环拉离液面的最大拉力，N；
V——拉起液体的体积，m^3；
C——常数。

通过测定拉起已知环直径和环线直径的金属环脱离液体时的最大力，就可以求出该液体的表面张力。为了测定常数 C，可以通过测定已知表面张力的液体在金属环拉起时的最大力求得，C 的标定公式如下：

$$C = \frac{4\pi R \sigma_s}{M'_{max}} \tag{38-9}$$

式中　σ_s——已知标准液体的表面张力；
M'_{max}——将金属环拉离标准液体的最大拉力，N；
R——环的平均半径，m。

由于表面张力值与金属环直径有关，因此，测定时应该考虑到高温时金属环受热膨胀对测量结果的影响。本实验根据金属钼和铂的热膨胀系数，对高温时金属环直径进行了校正。

（3）熔体密度测定。熔体单位体积的质量称为熔体密度，熔体密度是熔体的基本物理性质之一，对于许多动力学现象以及熔体结构的研究，不同熔体间的分离等有着重要的意义。

根据阿基米德原理，物体浸没在液体里，将会受到液体对它的浮力，浮力的大小等于其所排开的同体积液体的质量。因此采用已知体积的重锤，测定其在空气和液体（或熔体）中质量的变化，就可以计算出液体（或熔体）的密度，其计算公式如下：

$$\rho = \frac{m - m_0}{V} \tag{38-10}$$

式中　ρ——高温熔体的密度，kg/m^3；

m——重锤在空气中的质量，kg；

m_0——重锤在高温熔体中的质量，kg；

V——重锤在高温熔体中的体积，m^3。

由于重锤在不同温度下体积会受热膨胀作用而发生变化，所以应对其进行校正。通常采用纯水来标定重锤的常温体积。已知纯水在 10~35℃范围内，其密度可按下式计算：

$$\rho_{水} = 0.9997 - 0.0001 \times (T - 10) - 0.000005 \times (T - 10)^2 \tag{38-11}$$

式中　$\rho_{水}$——纯水的密度，kg/m^3；

T——纯水的温度,℃。

则根据式（38-10）计算常温下重锤的体积为

$$V_0 = \frac{m - m_{水}}{\rho_{水}} \tag{38-12}$$

式中　V_0——常温下重锤的体积，m^3；

m——重锤在空气中的质量，kg；

$m_{水}$——重锤在密度为 $\rho_{水}$ 的纯水中的质量，kg。

本实验使用钼重锤测定高温熔体的密度时，根据金属钼的热膨胀系数，对高温下钼重锤的体积按下式进行校正：

$$V = V_0[1 + 3(5.05 \times 10^{-6} + 0.31 \times 10^{-9}T + 0.36 \times 10^{-12}T^2)(T - T_0)] \tag{38-13}$$

式中　V——实验温度 T 时钼重锤的体积，m^3；

V_0——常温 T_0 时钼重锤的体积，m^3；

T_0——常温温度,℃；

T——实验温度,℃。

2. 熔体物性综合测定仪的构造和工作原理

熔体物性综合测定仪的结构如图 38-1 所示。

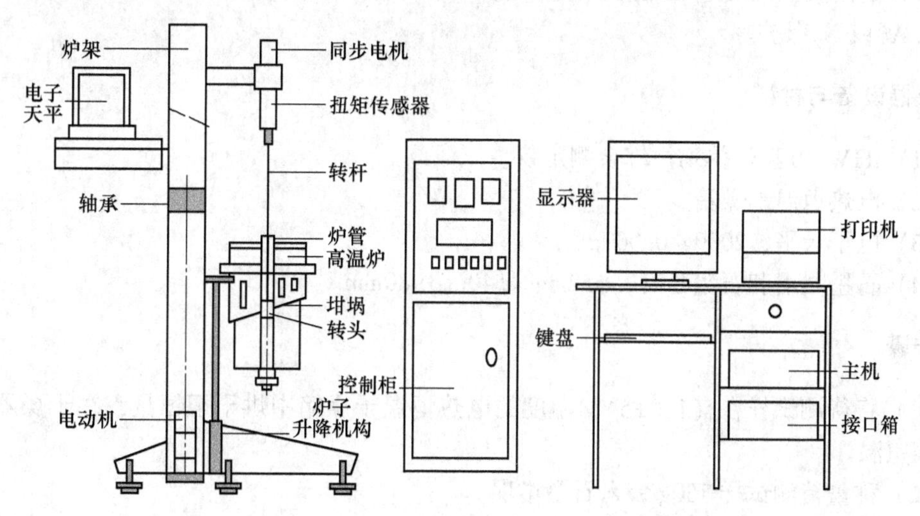

图 38-1　熔体物性综合测定仪设备简图

高温炉为内径 ϕ55mm 的二硅化钼电阻炉，高温区恒温带高 60mm。控温与测温热电偶均为 S 型热电偶，测温范围为 0~1600℃。用计算机进行程序控温，配套的软件能够完成电炉的任意程序控温、等增电压升温（开环步进升温）、等减电压降温（开环步进降温）和手动控温。

熔体物性综合测定仪可以独立完成熔体黏度测定、表面张力测定和密度测定。在测定前需先给加热炉升温使渣熔化，程序控制升温过程如下：

（1）用石墨坩埚装好渣料放入炉内。检查好测温热电偶、控温热电偶位置，打开冷却水开关，检查各电器接头是否正常。

（2）将可控硅电压调整器手动调节旋钮调节到零位，手动/自动开关置于自动位置，打开电风扇及可控硅电压调整器开关，使之通电，再打开主电路开关，接通主电路。

（3）启动计算机，自动进入 Win98 中文环境，运行实验主程序，在菜单提示下选择并设定实验参数。实验编号可自动根据当前日期和时间采集，或自行定义，因为实验编号就是记录实验数据的文件名。

（4）设定控温参数，输入每段要达到的温度和时间，按 NEXT 键，输入下一段的温度和时间或升温速度。开始电压和步进升温速度是开环控温参数，可根据要求改变。如果要将控温参数存储，请按存储键。控温参数设定后，按关闭键。

（5）点动控温菜单进入开环控制，调整步进升温速度达 20，逐渐点动计算机屏幕的增加按钮，使输出电压控制在 0.25 左右，此时供给炉子电流为 20A（注：从室温开始升温的炉子启动电流要小于 20A，升温过程中最大电流应小于 46A）。随着输出电压增高，电流也随着增高，炉温达 200℃时，点动控温菜单进入程序控制，炉温按设定好的程序自动运行。

（6）恒温控制优先，当炉温需要在某一特定温度下恒温时，点动恒温菜单上恒温按键即可，取消恒温控制后，程序控温又能自动运行。控温程序具有自动寻找当前温度，平稳切入自动调整能力。

（7）达到实验温度后恒温使试样熔化。必要时当炉温升至 400℃时，开始从炉子的下部通入 Ar 或 N_2 保护。

实验仪器设备与材料

（1）RTW-10 型熔体物性综合测定仪。

（2）电热恒温干燥箱。

（3）电子天平，2000g/0.001g。

（4）石墨坩埚和石墨套筒，ϕ52mm×ϕ40mm×80mm。

实验步骤

（1）将待测试样在（110±5）℃温度的电热恒温干燥箱中烘干至恒量，在干燥器皿中冷却至室温。

（2）称量待测试样 150g 装入石墨坩埚。

（3）打开高温炉盖，将装有试样的石墨坩埚装入炉膛，放入石墨套筒。石墨坩埚盛试样部分要保证位于炉子的恒温带内。关闭炉盖。

（4）接通炉盖冷却水，闭合电源总闸，接通仪器主电源及仪表电源，控温智能仪表指示炉温。

（5）打开熔体物性测定系统的主操作界面，设定试样编号、炉温。

（6）根据实验要求调整炉体位置，调整好后电炉位置清零（电炉位置可由计数器记录位置，点击“电炉位置清零”使计数器为零）。

（7）设定控温程序，进行加热炉升温。

（8）达到实验温度，当炉温恒定后，恒温 20min，使试样熔化。试样熔化后熔体层高度为 40mm，用石墨棒对熔体进行搅拌，并用石墨棒检查渣层高度。

（9）熔体黏度测定。

1）安装黏度测量装置；

2）打开仪表柜“位移”按钮，用鼠标点动“炉上升”按钮，使炉体缓慢上升，注意标尺读数，使转头停在距离坩埚底部 10mm 的位置上。用鼠标点动计算机屏幕上旋转电机的按钮，启动转杆与转头或停止它们的转动。

3）点动下拉式菜单黏度测定，系统可连续测定出当前的黏度和温度等参数，并能连续以图表曲线方式在屏幕内显示；或者，点动下拉式菜单定点测黏度，在弹出的图表中获得相应的参数。

4）测定完成或所测黏度达到 60Pa·s 时，系统将自动关闭旋转电机，快速升温至熔体黏度较低或满足转头取出的温度，将转杆取出。

5）计算机自动运行降温程序，或开环缓慢降温，实验结束。

6）关闭电炉电源开关。待炉温降到 300℃以下时，关闭冷却水。

（10）熔体表面张力测定。

1）点动表面张力菜单项，显示张力面板。

2）表面张力仪器常数的标定，输入拉筒编号、拉筒平均半径（m 或 cm）、标准张力（N/m）常数文件名、张力文件名。

3）安装拉筒装置。

4）打开仪表柜“位移”按钮，给编码器送电。

5）按“炉上升”按钮，使炉体上升至预定位置，停止上升按钮。

6）将天平复位，此时显示 0.000g。

7）点动表面张力计算机屏幕操作菜单，按“测定初始重量”。

8）点动“测最大重量”，炉子自动升起。当拉环接触到渣面后，计算机立即停止炉子的上升，自动延时，电子天平中质量恒定后，炉子开始缓慢下降至拉环与渣面完全脱离，停止炉子下降。

9）反复测定数次直至测定值稳定。

10）实验结束后，用鼠标点动“计算张力”，计算机算出表面张力数值，再点动“存张力”，并由打印机将温度和表面张力数值打印出来。

11）关闭电炉电源开关。待炉温降到 300℃以下时，关闭冷却水。

（11）熔体密度测定。

1）点动测密度菜单，显示密度测定面板。

2）安装好重锤测量装置，搅拌样品使其均匀。

3）输入重锤编号、标准液体密度（g/mL）常数文件名、密度文件名，点动读体积，重锤体积自动显示。

4）打开电子天平，将天平复位，此时显示0.000g。

5）单击“测定初重”按钮，旁边的栏内开始出现重锤重量，观察重锤重量稳定后，单击“测定”按钮，装置开始自动测定样品密度。开始电炉上升，重锤进入样品中，至完全浸没后，电炉停止上升。延时2min后电炉开始下降，此时在“最大减重”栏内出现最大减重值（单位：g），在“熔体密度”栏内出现样品密度值（单位：g/mL）。

6）反复测定样品密度数次，测定值稳定后，单击“存密度”按钮，软件将测定的密度值和样品温度值保存在“物性数据”文件夹中。继续测定数次，将测定的值保存在密度文件中。如果希望测定几个温度下的样品密度，可以调节温度至预定温度恒温后进行测定。

7）测定完成后，单击“测定完成”结束密度测定。

8）关闭电炉电源开关。待炉温降到300℃以下时，关闭冷却水。

实验数据记录与处理

利用Excel软件读入实验数据文件，归纳整理实验数据，对其作图、分析，最后打印出各种关系曲线图形。

实验注意事项

（1）定时校验电子天平，维护电炉升降装置。

（2）仪表的参数不要随意改动，以防电炉不能正常运行。

（3）实验过程中，若出现异常声音或其他异常现象，应仔细查看，必要时立即停机检查。首先单击“炉停止”按钮使炉停止升降，然后通过“炉上升”“炉下降”按钮，调节电炉位置。电炉位置调整好后，可以重新测定。

（4）测定一个样品前，一定要确定其实验号，防止文件名重复，导致以前的文件被覆盖，特别是一天进行多个实验测定时。最好是定期将测定数据从“物性数据”文件夹中移动到其他文件夹中。

（5）不要忘记单击“开始记录数据”，防止漏记数据，且不要忘记保存数据。

（6）黏度常数主要与测试头直径、坩埚直径、测试头浸入深度、测试头端部距底面的距离有关。通常坩埚内径、测试头浸入深度、测试头端部距底面的距离都可以控制恒定，但测试头经过使用，受到腐蚀直径会变小，造成黏度常数变化，此时应该重新标定黏度常数。测头一定要在熔体中转动，严禁在空气中转动，否则将毁坏传感器和连杆。

（7）测定密度与炉体的上升和下降速度有关，测试前，应该调整好装置的升降速度（通常用30mm/min）。

（8）熔体表面张力在自动测定过程中，电炉上升至拉筒与液面接触后，会自动延迟3min，使熔体与拉筒充分接触，充分润湿。

思 考 题

（1）影响熔体黏度、表面张力和密度的主要因素有哪些？

（2）掌握熔体各项性能指标对冶炼过程有何意义？

参考文献

[1] 陈惠钊. 黏度测量 [M]. 北京：中国计量出版社，2002.
[2] 王常珍. 冶金物理化学研究方法 [M]. 北京：冶金工业出版社，2002.
[3] 朱桥，王秀峰. 高温熔体密度测量研究进展 [J]. 硅酸盐通报，2013，32 (6)：1087~1091.
[4] 林凯. 熔体物性综合测定系统研究 [D]. 沈阳：沈阳理工大学，2015.

实验 39　耐火材料耐火度测定

实验目的

（1）掌握耐火材料耐火度测定的原理及方法。

（2）了解耐火度试验炉的构造和工作原理。

（3）了解影响耐火材料耐火度的因素。

实验原理

耐火度是耐火材料在无荷重时抵抗高温作用而不熔化的性质。

耐火度测定实验符合标准《耐火材料耐火度试验方法》（GB/T 7322—2007）的规定。即把耐火原料或耐火制品制成截头三角锥——试锥，试锥上底每边长 2mm，下底每边长 8mm，高 30mm，截面成等边三角形。将试锥和已知耐火度的标准测温三角锥一起放在锥盘上，放入炉膛内在规定的条件下加热。在高温作用下，锥体由于内部液相不断出现而逐渐软化，随着温度的继续升高，试锥内液相量不断增加和液相黏度逐渐降低，锥体由于受其本身的重力作用而弯倒。当试锥与标准锥同时弯倒至顶点与底盘平面相接触时，则标准锥所代表的温度即作为被测试样的耐火度指标。图 39-1 示出三角锥在不同熔融程度下的弯倒情况。

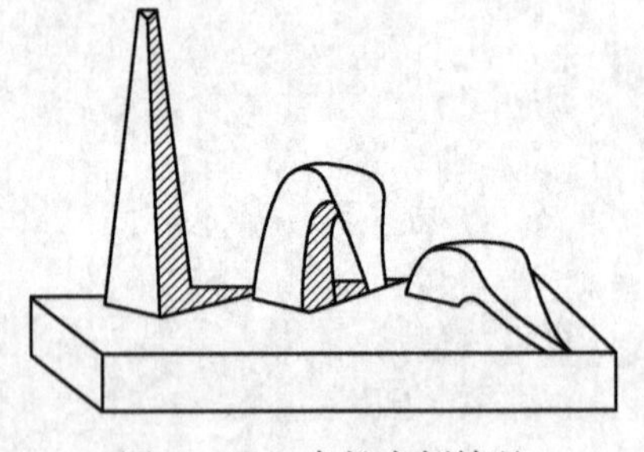

图 39-1　三角锥弯倒情况

一般耐火材料是由各种矿物组成的多相固体混合物，并非单相的纯物质，故无一定的熔点，其熔融是在一定的温度范围内进行的，即只有一个固定的开始熔融温度和一个固定的熔融终了温度，在这个温度范围内液相和固相同时存在。三角试锥在不同温度下的变形和弯倒程度主要取决于材料中固相与液相的数量比、液相黏度和材料的分散度，当然也受高温下作用时间的影响。

决定耐火度的最基本因素是材料的化学矿物组成及其分布情况，各种杂质成分特别是具有强熔剂作用的杂质成分会严重降低制品的耐火度。实验方法和实验条件对耐火度的测定数值也有影响，如试锥的制备方法，试锥的形状尺寸和安放方法，实验时的升温速度，实验时周围气体介质的性质，加热带温度分布情况等等。

实验仪器设备与材料

（1）耐火度试验炉。耐火度试验炉有立式管状炉或箱式炉。本实验采用 NHD-02 型立式管状炉，其构造如图 39-2 所示，炉管内径 80mm，安放圆锥台的耐火支柱可回转，并可上下调整，锥台绕轴转动速度为 1~3r/min。

立式管状炉工作时，在上下电极间加上电压，碳粒作为导体形成电流通路，在高温圈部位由于碳粒截面积急剧减小电阻增大形成高温加热区。加热区在低温阶段主要由电阻加热，高温阶段转变为主要由碳粒间的电弧加热。

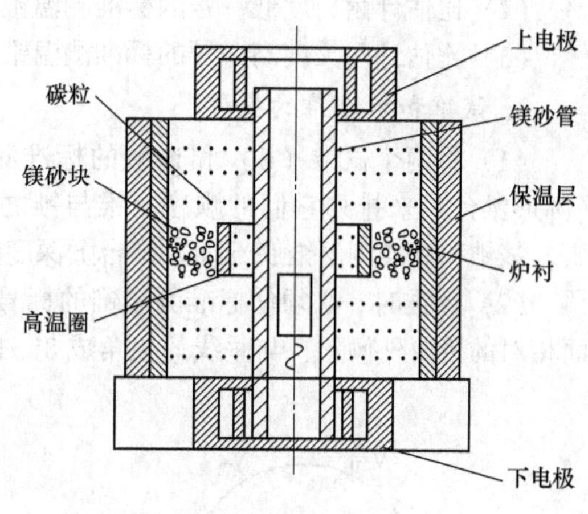

图 39-2　立式管状炉构造

（2）标准测温锥。所用标准测温锥符合 GB/T 13794—2008 的规定（CN150~CN180）。

（3）锥台与耐火泥。锥台是用耐火材料制成的长方体或圆盘，它们的上、下表面应平整并相互平行。锥台和固定试锥所用的耐火泥在实验温度下不与试锥和标准测温锥相反应。

（4）试验筛。孔径为 2mm、180μm。

（5）试锥成型模具、破粉碎设备等。

实验步骤

1. 试锥制备

（1）尺寸和形状。试锥应与所用的标准测温锥有相同的几何形状，其高度至少与标准测温锥高度相等，至多不能超过标准测温锥的 20%。

（2）切取试锥。对砖或成型制品用锯片切取试锥。在切取试锥时，首先切割一个合适尺寸的长方条（通常为 15mm×15mm×40mm），再用砂轮修磨，并去掉烧成制品表皮。倘若试样材质结构是粗糙的或松脆的，可用灰分小于 0.5%的树脂浸渍（如用环氧树脂配制成的固化剂），使长方条试样固化，然后切割，并用砂轮修磨。

（3）模具成型试锥

对耐火原料和不能按上述（2）的规定切割的定形耐火材料、不定形耐火材料的试样，用模具成型试锥，成型步骤如下：

1）按 GB/T 10325、GB/T 17617 规定抽取有代表性的样品，集成总重量约 150g，粉碎至 2mm 以下，混合均匀后，用四分法或多点取样法减缩至 15~20g，再随磨随筛至全部通过 180μm 的试验筛。粉碎和研磨试样的过程中，不应混入影响耐火材料的杂质，例如用钢研钵粉碎试样时混入的铁屑，须用磁铁吸除干净。磨好的试样小于 90μm 的细粉要小于 50%，但已含有 50%以上极细粉末的原料除外。

2）加水调和粉状试样。如果试样是瘠性的，则加入灰分含量小于 0.5%的有机结合剂（通常为糊精），用水调和；若试样会与水反应，则可选用其他合适的液体。

3）在试锥成型模具内成型试锥。

4）如果是耐火生料，应先经约 1000℃ 预烧，然后按规定成型试锥。

2. 标准测温锥选择

按照下列数量来选择标准测温锥：

（1）估计或预测的相当于试样耐火度的标准测温锥（N）2 个；

（2）比估计耐火度低一号的标准测温锥（$N-1$）1个；

（3）比估计耐火度高一号的标准测温锥（$N+1$）1个。

3. 试锥和标准锥的安置

（1）将两个试锥（C）和选取的标准测温锥安置于锥台上，并根据图39-3中所示（圆形锥台）来排列它们的顺序。锥与锥之间应留有足够的空间，以使锥弯倒时不受障碍。试锥和标准测温锥底部插入锥台上深度约为2~3mm的预留孔中，并用耐火泥固定。

（2）插锥时，必须使标准测温锥的标号面和试锥的相应面均面向中心排列，且使该面相对的棱向外倾斜，与垂线的夹角成8°±1°（见图39-4）。

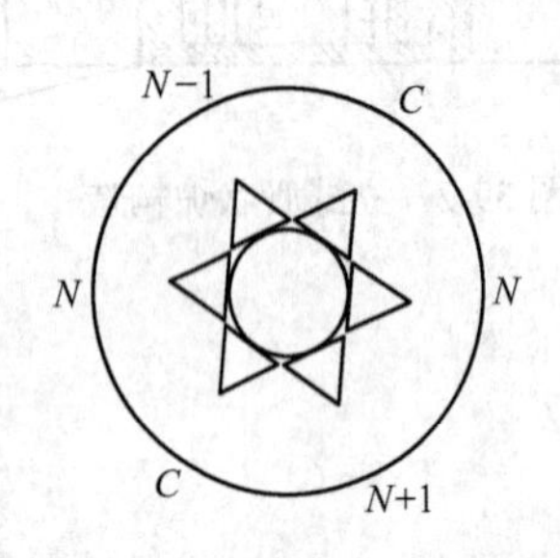

图39-3　标准测温锥和试锥排列顺序

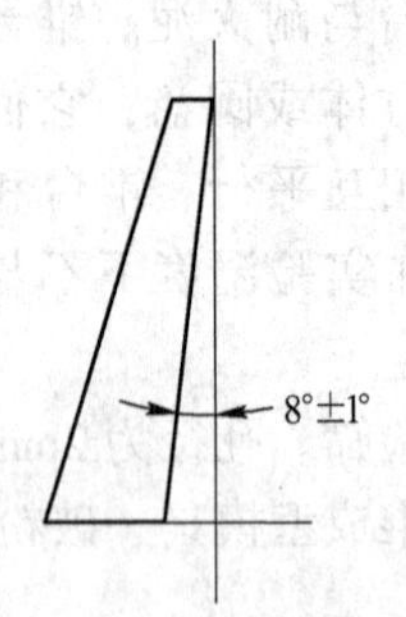

图39-4　锥棱与垂线夹角

4. 程序升温加热

（1）把装有试锥和标准测温锥的锥台置于试验炉内耐火支柱上，并调整其位置在炉膛中心。

（2）检查炉子变压器接线和冷却水是否正常，确认一切正常后打开电锁，启动电炉升温，接通冷却水。

（3）在1.5~2h内，把炉温升至比估计试样的耐火度低200℃的温度，然后开始回转圆锥台。

（4）按平均2.5℃/min速度匀速升温（相当于二个相邻的CN标准测温锥大约在8min时间间隔里先后弯倒），在任何时刻与规定的升温曲线的偏差应小于10℃，直至实验结束。

（5）当试锥弯倒至其尖端接触锥台时，应立即观察标准测温锥的弯倒程度。直至最末一个标准测温锥或试锥弯倒至其尖端接触锥台时，即停止实验。

（6）手动调节电位调节旋钮，把电流电压降到零位，关闭电炉电源，等到炉温接近室温关闭冷却水。

实验数据记录与处理

（1）从炉中取出锥台，观察并记录每个试锥与标准测温锥的弯倒情况，以与试锥的尖端同时接触锥台的标准测温锥的锥号表示试锥的耐火度。

（2）当试锥的弯倒介于两个相邻标准测温锥之间时，则用这两个标准测温锥的锥号表示试锥的耐火度，即顺次记录相邻的两个锥号，如CN168-170。

（3）凡出现下列情况，实验必须重做：

1）有任一试锥或标准测温锥弯倒不正常，如不是对准外边弯倒，又如仅顶部熔化或下部较上部熔化更为严重等。

2）两个试锥的弯倒偏差大于半个标准测温锥的号数。

3）由炉中取出已弯倒的锥被碳化或渗碳，有黑色现象出现。

实验注意事项

（1）在制锥过程中磨细原料时必须随磨随筛，以避免产生过细的颗粒，过细的颗粒会影响耐火度。

（2）实验时整个锥台所占有的空间中最大温差不得超过 10℃。

（3）试验炉内应保持氧化性气氛。

（4）实验初期 1000℃以前，有炉温偏差时一般不会影响测试结果，可以继续进行实验。

（5）炉膛加热过程中应注意控制最大电流不得超过 500A，如有异常，应立即断电检查。

思 考 题

（1）耐火度测定的实际意义是什么？

（2）影响材料耐火度的主要因素有哪些？

（3）为什么不能用光学高温计直接测定材料耐火度？

参考文献

［1］王维邦. 耐火材料工艺学［M］. 北京：冶金工业出版社，1996.
［2］陈泉水，郑举功，任广元. 无机非金属材料物性测试［M］. 北京：化学工业出版社，2013.
［3］王涛，赵淑金. 无机非金属材料实验［M］. 北京：化学工业出版社，2011.

实验 40 耐火材料热膨胀系数测定（顶杆法）

实验目的

（1）掌握顶杆法热膨胀系数测定的原理及方法。

（2）了解顶杆法热膨胀仪的构造和工作原理。

（3）分析影响耐火制品热膨胀的主要因素。

（4）了解不同耐火制品的热膨胀特性及其对制品实际生产和应用的影响。

实验原理

耐火材料的热膨胀是指其体积或长度随温度升高而增大的物理性质，其原因是原子的非谐性振动增大了物体中原子的间距从而使体积膨胀。耐火材料的热膨胀不仅是其重要的使用性能，而且也是工业窑炉和高温设备进行结构设计的重要参数，其重要性还表现在直接影响耐火材料的热震稳定性和受热后的应力分布和大小等。此外，耐火材料的热膨胀系数随温度变化的特点，也与研究耐火材料的相变和有关微裂纹等基础理论有关。

热膨胀系数测定有顶杆式间接法和望远镜直读法。顶杆式间接法应用更为广泛，其工作原理如图 40-1 所示。装样管一端（右端）固定，试样左端与装样管的封闭端（左端）顶紧，试样右端被顶杆顶紧，顶杆又被千分表的活动杆顶紧。加热过程中试样热膨胀向右移动，而试样下部与其等长的装样管部分热膨胀只能向自由端（左端）移动，这两个热膨胀量的合值则在千分表上显示出来。

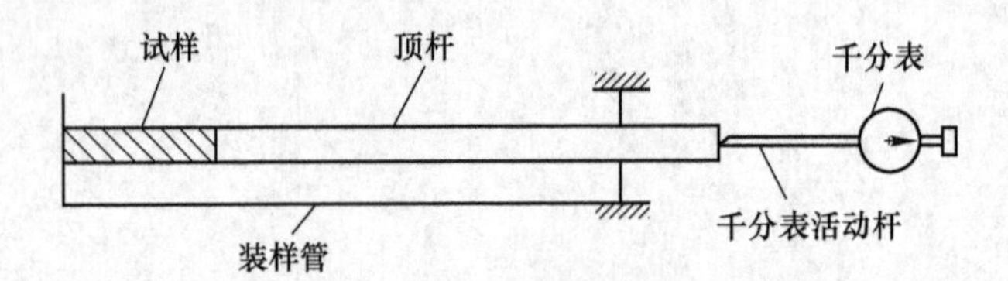

图 40-1　顶杆式间接法工作原理图

耐火材料的热膨胀可用线膨胀率和平均线膨胀系数来表示。

线膨胀率：室温至实验温度间试样长度的相对变化率，用%表示。计算公式如下：

$$\rho = \frac{\Delta L}{L_0} \times 100\% \qquad (40\text{-}1)$$

$$\Delta L = L_T - L_0 = 千分表读数 + A_k(T)$$

式中　ρ——试样的线膨胀率，%；

L_0——试样在室温下的长度，mm；

L_T——试样加热至实验温度 T 时的长度，mm；

$A_k(T)$ ——在实验温度 T 时的校正系数，mm。

$A_k(T)$ 用于补偿装样管的膨胀对试样膨胀量的抵消，见图 40-1，其物理意义表示长度为L_0的装样管在实验温度 T 时所产生的膨胀量。

平均线膨胀系数：室温至实验温度间温度每升高 1℃ 试样长度的相对变化率，单位 10^{-6}/℃。热膨胀系数不是一个恒定值，是随温度变化的，是指在温度范围 ΔT 内的平均值，其计算公式如下：

$$\alpha = \frac{\rho}{T - T_0} \times 10^6 \tag{40-2}$$

式中　α——平均线膨胀系数，10^{-6}/℃；

ρ——试样的线膨胀率，%；

T_0——室温，℃；

T——实验温度，℃。

材料的热膨胀与其晶体结构和键强密切相关。键强度高的材料如 SiC 具有低的热膨胀系数；对于组成相同的材料，由于结构不同，热膨胀系数也不同，通常结构紧密的晶体热膨胀系数都较大，如多晶石英，而类似于无定形的玻璃其热膨胀系数较小，如石英玻璃；对于氧离子紧密堆积结构的氧化物一般线膨胀系数较大，如 MgO、Al_2O_3等。

热膨胀系数测定符合标准《耐火材料　热膨胀试验方法》（GB/T 7320—2008）的规定，该标准适用于测定室温至 1500℃间耐火材料的线膨胀率和平均线膨胀系数。

本实验分别测试硅砖、镁砖、高铝砖和黏土砖的线膨胀率和平均线膨胀系数，对实验结果进行分析并描述耐火制品不同的热膨胀特性对其实际生产和应用的影响。

实验仪器设备与材料

（1）WTG-1 型热膨胀仪。WTG-1 型热膨胀仪由以下几部分组成：

1）加热炉：容纳试样及装样管，装样区炉温稳定度±1℃。

2）温度控制系统：控制和测量炉温，控制炉温的精度为±0. 5%。

3）热电偶：采用 Pt-PtRh10 热电偶，热电偶的热端位于试样的中部。

（2）千分表，精度在 0. 5%以上，量程不小于 3mm。

（3）电热恒温干燥箱。

（4）游标卡尺，精度 0. 02mm。

（5）标准试样，用于获得标准数据、校正系统膨胀。

实验步骤

（1）试样制备。

1）取样：用于实验的试样总数按 GB/T 10325 的规定或与有关方协商。

2）形状和尺寸：从样品上切取或钻取试样，其周边与样品边缘的距离至少为 15mm，制成 ϕ10mm×50mm 或 ϕ20mm×100mm 的试样。

（2）试样干燥：制备的试样于（110±5）℃烘干，然后在干燥器中冷却至室温。

（3）用游标卡尺测量试样长度。

（4）装样。

1）向左推动加热炉，露出装样机构，将试样放上装样平台，用顶杆顶住试样使试样固定；

2）向右推动加热炉，使试样进入炉内，确保热电偶热端位于试样的中部位置。

（5）确保千分表顶杆顶在试样顶杆端部，打开千分表开关，按千分表上 0.00 键使千分表读数归零。

（6）记录实验初始温度 T_0（一般情况下为室温 20℃）。

（7）打开加热炉面板上的电源开关，设定实验温度和升温程序，升温速度为 4~5℃/min。

（8）启动加热炉，开始升温。

（9）在加热过程中每 50℃记录一次温度和相应变形量（千分表读数），直到实验最终温度。

（10）程序升温结束，电流电压自动回零，关闭加热炉板面上的电源开关。

（11）待炉温冷却至室温后按上述步骤进行下一个试样的测试。

实验数据记录与处理

（1）实验数据记录与处理参考格式见表 40-1。

表 40-1 热膨胀系数测定实验数据记录表

试样名称			试样长度 L_0/mm	
测定温度/℃	千分表读数/mm	较正值 A_k/mm	线膨胀率 ρ/%	平均线膨胀系数 $\alpha/10^{-6}℃^{-1}$
室温				
50				
100				
150				
200				
250				
300				
⋮				

（2）数据处理。

1）计算每个实验温度下的校正系数 $A_k(T)$。本实验 WTG-1 型热膨胀仪装样机构为熔融石英，在实验温度 T 时的校正系数 $A_k(T)$ 按公式（40-3）计算：

$$A_k(T) = L_0 \times \alpha_{石} \times (T - T_0) \tag{40-3}$$

式中 L_0——试样在室温下的长度，mm；

$\alpha_{石}$——熔融石英的线膨胀系数，0.57×10^{-6}/℃；

T_0——室温，℃；

T——实验温度，℃。

2）按式（40-1）~式（40-3）分别计算 4 个试样在每个实验温度下的线膨胀率和平均线膨胀系数。线膨胀率精确至小数点后两位，平均线膨胀系数精确至小数点后一位。

3）绘制 4 种试样的热膨胀曲线。

4）根据计算结果和热膨胀曲线描述硅砖、镁砖、高铝砖和黏土砖的热膨胀特性，并分析其对实际生产和应用的影响。

实验注意事项

（1）制样时应避免试样出现裂纹和水化现象，试样两端面应磨平且相互平行并与其轴线垂直。

（2）做完一次实验须全部退出，待冷却至室温再重新装样才能进行第二次实验。

（3）仪器使用完毕，将各开关拨至原位，以免下次开机时造成误动而损坏仪器。

思考题

（1）热膨胀测定的实际意义是什么？

（2）影响耐火材料热膨胀的主要因素有哪些？

（3）升温速度的快慢对膨胀系数的测试结果有无影响？为什么？

参考文献

[1] 王维邦．耐火材料工艺学［M］．北京：冶金工业出版社，1996.
[2] 陈泉水，郑举功，任广元．无机非金属材料物性测试［M］．北京：化学工业出版社，2013.
[3] 王涛，赵淑金．无机非金属材料实验［M］．北京：化学工业出版社，2011.

实验 41　耐火材料荷重软化温度测定

荷重软化温度是指耐火制品在规定升温条件下，承受压负荷产生变形的温度。

荷重软化温度是评定耐火制品质量的一项重要指标，它不仅反映了耐火制品的化学矿物组成和组织结构，而且也是选用耐火材料使用的重要依据。一般情况下，耐火制品总是在高温和荷重条件下使用，如制品由于受热受压发生明显的塑性变形，势必引起整个炉体变形，甚至下沉损坏。所以测定耐火制品荷重软化温度对其实际使用具有重要意义。

影响耐火制品荷重软化温度的基本因素是材料的化学矿物组成和制品内部的结构特征，特别是液相出现的温度、液相生成量、液相黏度及制品的组织结构中结晶的特征等。

荷重软化温度的测定方法是：在恒定荷重和规定升温速率下，圆柱体试样受到荷重和高温的共同作用产生变形，测定其达到规定变形程度的相应温度。

荷重软化温度的测定有示差-升温法和非示差-升温法。在试样承受荷重和高温产生变形的过程中，支撑试样的支撑柱、下垫片和给试样加压的加压柱、上垫片也会由于高温而产生膨胀。示差-升温法具有示差结构测量系统，可消除支撑柱、加压柱及垫片的膨胀量，精确测量试样的变形量；非示差-升温法无示差测量系统，而是直接测量试样的变形，所测变形量实际包含支撑柱、加压柱及垫片的膨胀值，测定结果与示差法相比偏高，不如示差-升温法更接近真值，但测定方法可以达到更高的温度。

I　示差-升温法

实验目的

(1) 掌握示差-升温法荷重软化温度测定的原理及方法。

(2) 熟悉示差-升温法荷重软化温度测定仪的构造和操作程序。

(3) 了解实验过程中影响耐火制品荷重软化温度的主要因素。

实验原理

示差-升温法测定耐火材料荷重软化温度的加荷及变形测量装置如图 41-1 所示，其结构和工作方法是：由加压棒对试样施以恒定荷载；支撑棒用以支撑试样，支撑棒、试样及下垫片均中心带孔；差动外管位于支撑棒内，能在支撑棒内自由移动，上端顶在下垫片的下表面，下端与位移传感器外壳固定在一起，用一提升装置使传感器始终跟踪差动外管；差动内管位于差动外管内，穿过下垫片和试样的中心孔，可在差动外管、下垫片和试样内自由移动，上端顶在上垫片的下表面，下端顶住位移传感器传感头；中心热电偶穿入差动内管中，其热点位于试样高度的中心，以测量试样几何中心的温度。

示差-升温法测定耐火材料荷重软化温度的测定原理是：升温过程中，差动外管膨胀顶住位移传感器外壳一起向下移动，抵消掉在支撑棒内一段长度的差动内管的升温变形量，位移传感器的读数只为试样变形量和在试样中心孔内一段长度（与试样等高）的差动内管变形量的综合。因此，绘制试样高度变化（位移传感器读数）百分率与中心热电偶测量温度的关系曲线，扣除与试样等高的差动内管（已知一般为刚玉材质）随温度的变形曲线，即得校正后试样的真实变形曲线，在真实变形曲线上即可标出试样达到规定变形程度的相应温度。具体方法如下：

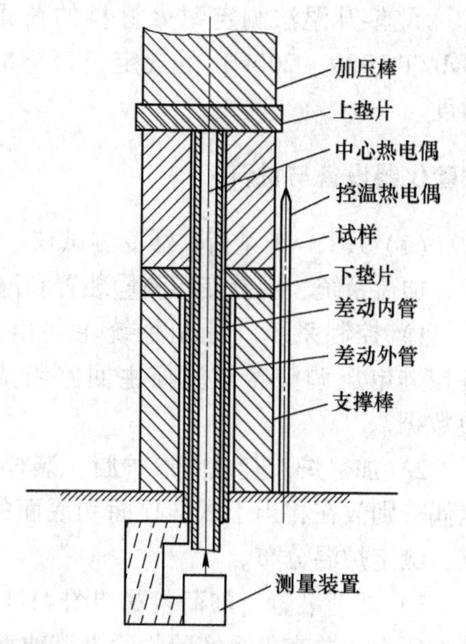

图 41-1　加荷及变形测量装置示意图

（1）绘制试样高度变化百分率与中心热电偶测量温度的关系曲线 $C1$，见图 41-2，$C1$ 代表试样高度变化百分率与温度的关系（含刚玉管长度的变化）。

（2）确定差动内管在试样中心孔内一段长度随温度变化的百分率，绘制校正曲线 $C2$。

（3）绘制校正后试样的真实变形曲线 $C3$，对于任何给定的温度有 $AB=CD$。

（4）通过曲线 $C3$ 的最高点画一条平行于温度轴的直线，见图 41-2，试样在温度 T 时的变形量 H 等于直线的纵坐标与 $C3$ 曲线在该温度点的纵坐标之差。按此方法在曲线 $C3$ 上标出试样变形量相对于试样初始高度为 $X\%$的点，以及对应的温度 T_X。

（5）温度 T_X 即为试样达到 $X\%$变形程度的相应温度。

示差-升温法荷重软化温度测定一般报告 $T_{0.5}$、T_1、T_2 和 T_5，即相对于试样初始高度为 0.5%、1%、2%、5%的变形量的相应温度。

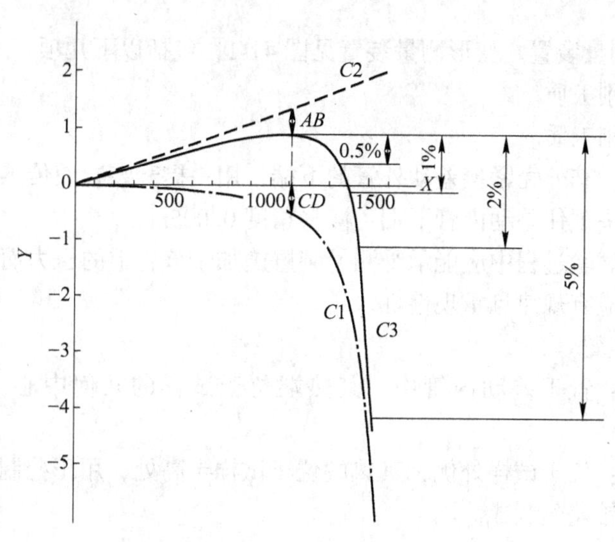

图 41-2　试样变形量与温度的关系示意图

X—温度，℃；Y—$\Delta L/L_0$，%；$C3=C2+C1$；

$T_{0.5}=1350$℃；$T_1=1410$℃；$T_2=1450$℃；$T_5=1520$℃

示差-升温法测定耐火材料的荷重软化温度符合标准《荷重软化温度试验方法》(GB/T 5989—2008) 的规定，该标准适用于测定致密和隔热定形耐火制品荷重软化温度。

实验仪器设备与材料

(1) HRY-01 型荷软蠕变测试仪。HRY-01 型高温荷软测试仪主要由控制系统、加热炉、加荷系统、示差变形测量装置和温度测量装置组成。

1) 控制系统。控制系统主要由微机、打印机、输入输出接口板、测量传感器、可控硅电压调整器和温控主回路组成，用于控制加热炉升温，记录、计算并保存实验数据。

2) 加热炉。竖式圆形炉膛，装样区 ϕ100mm×75mm，温度均匀性±10℃。由几支热电偶分别放在相当于试样顶面和底面的中心，以及试样圆柱体表面半高处等距离的 4 个点，测定炉温分布。

3) 加荷装置。加荷装置如图 41-1 所示，能对加压棒、试样和支承棒三者的公共轴线施加压力，并在整个实验阶段沿该轴垂直地加压。它由以下几部分组成：

①支承棒，直径至少 45mm，并带有轴向孔（孔径至少 20mm)，棒的端面平整并与其轴垂直。

②加压棒，直径至少 45mm，棒的端面平整并与其轴垂直。

③垫片两块，厚度 5~10mm，直径至少 50. 5mm，垫片的两个面应平整且相互平行。下垫片有中心孔，孔径 10~11mm。

在实验条件下，垫片与试样、压棒之间不应发生反应，采用适合的耐火材料制作(硅酸铝制品可用烧结氧化铝或高温烧成莫来石，碱性制品可用镁质或尖晶石质材料)，必要时在其间垫上 0. 2mm 厚的铂铑片。压棒和垫片应能承受荷载，直到最终实验温度而无明显变形。

4) 示差变形测量装置。变形测量装置见图 41-1，包括以下几项：

①差动外管，刚玉质。

②差动内管，刚玉质。

③位移传感器，其外壳紧接差动外管的下端，用一提升装置使传感器始终跟踪差动外管，传感器的传感头顶住差动内管下端，测量精度 0. 005mm。

差动管在整个试验过程中应能承受测量装置施加于该管上的压力而无明显变形，测量系统的热膨胀系数应有规律且重现性好。

5) 温度测量装置。

①中心热电偶：置于差动内管中，其热端位于试样的几何中心，用于测量试样的温度。

②控温热电偶：位于试样外侧，其热端位于试样半高处，用于控制升温速率。

③热电偶用双铂铑丝制成。

(2) 电热恒温干燥箱。

(3) 游标卡尺，精度 0. 02mm。

(4) 角尺、塞尺。

实验步骤

1. 试样制备

(1) 制样：试样由制品上任一角钻取，应保证试样的高度方向为制品成型时的加压方向。

(2) 形状和尺寸：带中心孔的圆柱体试样，直径为（50±0.5）mm，高（50±0.5）mm，中心孔为12~13mm，并与圆柱体同轴，其偏心度不大于0.5mm。

(3) 外观质量：上下两底面应平整且平行。试样的平行度通过测量试样高度检查，任何两点的高度差不得大于0.2mm；试样的垂直度用角尺和塞尺检查，试样的侧面与角尺之间的间隙不得大于0.5mm，上下底面应垂直于圆柱体的轴。

2. 试样干燥

将试样于（110±5）℃或允许的较高的温度下在电热干燥箱内干燥至恒量。

3. 试样尺寸测量

测量试样的高度及内、外径，精确至0.1mm。

4. 装样

(1) 升起炉体，依次放置下垫片、试样和上垫片于支承棒上，尽量使三者与支承棒同心，差动内管与下垫片、试样中心孔壁之间无摩擦。

(2) 降下炉体，使试样处于炉内均温区。

5. 加荷

(1) 根据试样的实际横截面积计算施加到试样上的总载荷，从加载码上移去对试样加荷的重量，给试样施加荷载。

(2) 对致密定型耐火制品施加的压应力为0.20MPa，隔热定形耐火制品0.05MPa。应力误差为±0.2%，总压力应精确至整数1N。

6. 调整位移传感器

使位移计处于适当位置，以保证准确完整地测量整个实验过程中试样的变形数据。

7. 升温加热

(1) 升温速率一般为4.5~5.5℃/min。对致密定形耐火材料，当温度超过500℃时，速率可为10℃/min。

(2) 按给定的升温速率连续加热，直到达到加热炉允许的最高温度或试样从膨胀最高点压缩至超过它原始高度的5%为止。

8. 记录

实验过程中每隔5min（不超过5min）记录试样中心温度和位移测量装置的计数各一次，当达到最大膨胀点后，每隔15s记录一次变形和温度。

9. 其他

实验结束后，如发现试样呈蘑菇状，上底面与下底面错开大于2mm或试样周围的高度差大于1mm，则实验必须重做。

实验数据记录与处理

(1) 实验数据记录与处理参考格式见表41-1。

表 41-1　示差-升温法荷重软化温度测定实验数据记录表

试样名称	试样高度/mm	试样外径/mm	试样内径/mm
记录时间	试样中心温度/℃	位移测量装置读数/mm	试样高度变化百分率/%
⋮			

（2）数据处理。

1）按表 41-1 数据绘制试样高度变化百分率与中心热电偶测量温度的关系曲线 $C1$，见图 41-2。

2）利用生产商给定的内刚玉管所用刚玉材料的线膨胀率确定内刚玉管在试样中心孔内一段长度随温度变化的百分率，绘制校正曲线 $C2$。

3）绘制校正后试样的真实变形曲线 $C3$。

4）在曲线 $C3$ 上标出试样变形量相对于试样初始高度为 0.5%、1%、2%、5%的点。

5）确定荷重软化温度 $T_{0.5}$、T_1、T_2和 T_5。

实验注意事项

（1）试样不应有因制样而造成的缺边、裂纹等缺陷和水化现象。

（2）切忌将头、手伸到炉体或加载码下部，以免发生意外。

（3）减较大加载码前，应确定炉体有稳定的支撑，谨防发生冲击。

（4）主回路工作时严禁关闭计算机电源，否则可能损坏主回路元件。

思 考 题

（1）荷重软化温度测定的实际意义是什么？

（2）影响耐火制品荷重软化温度的主要因素有哪些？

（3）无机非金属材料化学组成对软化点温度有何影响？

参考文献

[1] 王维邦．耐火材料工艺学［M］．北京：冶金工业出版社，1996.
[2] 陈泉水，郑举功，任广元．无机非金属材料物性测试［M］．北京：化学工业出版社，2013.
[3] 王涛，赵淑金．无机非金属材料实验［M］．北京：化学工业出版社，2011.
[4] 高里存，任耘．无机非金属材料实验技术［M］．北京：冶金工业出版社，2007.

Ⅱ　非示差-升温法

实验目的

（1）掌握非示差-升温法荷重软化温度测定的原理及方法。

（2）熟悉非示差-升温法荷重软化温度测定仪的构造和操作程序。

（3）了解实验过程中影响耐火制品荷重软化温度的主要因素。

实验原理

非示差-升温法测定荷重软化温度的工作原理是在制品上切取并加工成 ϕ36mm×50mm、上下底面平行的直圆柱体试样，将试样置于高温电阻炉内在恒定静止负荷（一般为 0.2MPa）作用下，按规定的升温速率连续均匀加热，测定试样自膨胀最大点压缩原试样高度 $X\%$ 变形时的温度。

非示差-升温法的加荷试验装置如图 41-3 所示，试样置于下石墨垫片上，由上加压柱施以恒定荷载，在升温过程中，试样的变形量由顶在上加压柱上表面的百分表或位移传感器直接读出。所测得的变形量实际包含加压柱、支撑柱和垫片的变形量。

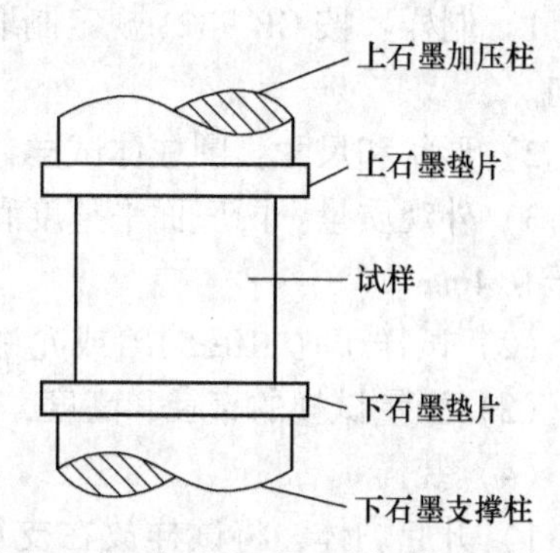

图 41-3　非示差-升温法加荷试验装置

试样自膨胀最大点压缩原试样高度 $X\%$ 变形时的温度记为 T_X，非示差-升温法荷重软化温度测定一般测量如下几种变形温度。

最大膨胀值温度（T_0）：试样膨胀到最大值时的温度；

0.6%变形温度（$T_{0.6}$）：试样从膨胀最大值压缩原始高度的 0.6%变形（压缩 0.3mm）时的相应温度，称为荷重软化开始温度，即通常的荷重软化点；

4%变形温度（T_4）：试样从膨胀最大值压缩原始高度的 4%变形（压缩 2mm）时的相应温度；

40%变形温度（T_{40}）：试样从膨胀最大值压缩原始高度的 40%变形（压缩 20mm）时的相应温度；

溃裂或破裂温度（T_b）：实验到 T_b 后，试样突然溃裂或破裂时的温度。

非示差-升温法荷重软化温度测定符合标准《耐火制品荷重软化温度试验方法》（YB/T 370—1995）的规定，该标准适用于烧成耐火制品荷重软化温度的测定。

实验仪器设备与材料

（1）HRY-02 型高温荷软测试仪。HRY-02 型高温荷软测试仪由控制系统、加热系统和加荷系统等组成。

1）控制系统。控制系统主要由微机、打印机、输入输出接口板、测量传感器、可控硅电压调整器和温控主回路组成，用于控制加热炉升温，记录、计算并保存实验数据。

2）加热系统。

①加热炉：竖式圆形炉膛，装样区 ϕ100mm×75mm，均温性在±10℃以内，可在空气气氛中按规定的升温速率加热。

②热电偶：一端封闭的 B 型热电偶。

3）加荷系统。

①可沿加压柱、试样、支承柱及垫片的公共轴线施加负荷，压应力不小于 0.20MPa。

②机械摩擦力及惯性力不超过4N。

③压棒和垫片采用石墨制品。

4）变形测量装置：百分表或位移传感器，其精度不小于0.01mm。

（2）游标卡尺，精度0.02mm。

（3）电热恒温干燥箱。

实验步骤

（1）试样制备。

1）制样：按GB 7321规定制取试样，且应保证试样的高度方向为制品成型时的加压方向。

2）形状和尺寸：圆柱体试样，直径为（36±0.5）mm，高（50±0.5）mm。

3）外观质量：两底面平整度和平行度均不应大于0.2mm，底面与主轴的垂直度不应大于0.4mm。

（2）试样于（110±5）℃或允许的较高的温度下在电热干燥箱内干燥至恒量。

（3）测量试样的直径和高度，精确至0.1mm。

（4）装样。

1）升起炉体，将试样放在支承柱上，并在试样的上下两底面与加压柱和支承柱之间，垫以厚约10mm，直径约50mm的石墨垫片。

2）降下炉体，使试样处于炉内均温区，加压柱压在上垫片上。

3）保证加压柱、垫片、试样、支承柱及加荷机械系统垂直同轴，不得偏斜。

4）调整好测温装置，热电偶测温端在试样高度的一半处，且应尽可能地接近试样表面，但不得接触试样。

（5）加荷。

1）根据试样的实际横截面积计算施加到试样上的总载荷，从加载码上移去对试样加荷的重量，给试样施加荷载。

2）对致密定型耐火制品施加的压应力为0.20MPa，对特殊制品，如隔热制品，按供需合同或制品的技术条件规定加荷。

（6）调整位移传感器：调整位移计跟踪装置微调旋钮，使位移计处于适当位置，以保证准确完整地记录试样的变形曲线。

（7）升温加热。微机控制加热炉连续均匀升温直至实验结束，升温速率为：≤1000℃，5~10℃/min；>1000℃，4~5℃/min。

（8）记录。

1）记录试样膨胀最大时的最大膨胀值及温度T_0。

2）记录实验结束时的变形量及温度。

3）对镁质及硅质制品出现溃裂或破裂时，记录溃裂或破裂时的温度T_b。

（9）出现下列情况之一，则终止实验：

1）达到了实验温度，即试样自膨胀最大值变形到要求的某一百分数，如$T_{0.6}$。

2）达到了加热炉的最高使用温度。

3）硅质及镁质制品，产生溃裂或破裂。

4）其他异常情况。

（10）出现下列情形之一，须重新进行实验：

1）实验过程中，加压系统明显向一侧偏斜；

2）实验后，试样上底面与下底面错开 4mm 以上，或者试样周围的高度相差 2mm 以上；

3）试样的一边熔化或有其他加热不均匀的现象，或因测温口进入空气后对试样产生显著影响而呈现淡色圆斑；

4）其他异常情况。

实验数据记录与处理

1. 实验结果

（1）记录规定的变形温度，一般情况报告 T_0、$T_{0.6}$，必要时报告 T_b。

（2）若加热炉已达到了使用的最高温度，而试样变形未达到规定要求，则报告变形百分数和相应的温度。

2. 实验误差

（1）同一实验室同一样品不同试样的复验误差不得超过 20℃。

（2）不同实验室同一样品不同试样的复验误差不得超过 30℃。

实验注意事项

（1）主回路工作时严禁关闭计算机电源，否则可能损坏主回路元件。

（2）切忌将头、手伸到炉体或加载码下部，以免发生意外。

（3）减较大加载码前，应确定炉体有稳定的支撑，谨防发生冲击。

（4）试样不应有因制样而造成的缺边、裂纹等缺陷或水化现象。

思考题

（1）荷重软化温度测定的实际意义是什么？

（2）影响耐火制品荷重软化温度的主要因素有哪些？

（3）非示差-升温法和示差-升温法测定荷重软化温度结果有何不同？为什么？

参考文献

[1] 王维邦．耐火材料工艺学［M］．北京：冶金工业出版社，1996.

[2] 陈泉水，郑举功，任广元．无机非金属材料物性测试［M］．北京：化学工业出版社，2013.

[3] 王涛，赵淑金．无机非金属材料实验［M］．北京：化学工业出版社，2011.

实验 42　耐火材料高温蠕变实验

实验目的

（1）掌握高温蠕变实验的原理及方法。

（2）熟悉高温蠕变仪的构造和操作程序。

（3）了解实验过程中影响耐火制品高温蠕变性的主要因素。

实验原理

耐火材料的高温蠕变是指材料在恒定的高温和一定荷重作用下，产生的变形和时间的关系。

当材料在高温下承受小于其极限强度的某一恒定荷重（对于多晶材料是在其弹性限度以内，对于单晶材料是在其临界分切应力以内）时，产生塑性变形，变形量会随时间的延长而逐渐增加，甚至会使材料破坏。因此，对于处于高温下的材料，不能孤立地考虑其强度，而应将温度和时间的因素与强度同时考虑。检验耐火制品的高温蠕变性，了解它在高温长时间负荷下的变形特性，这在窑炉设计时，预测耐火制品在实际应用中承受负荷的变化，评价制品的使用性能等有重要意义。

由于施加的荷重不同，耐火材料的高温蠕变可分为高温压缩蠕变、高温拉伸蠕变、高温抗折蠕变和高温扭转蠕变等。

本实验测定耐火材料的高温压缩蠕变，其实验原理是：一个给定尺寸的试样，在恒定的压应力下以一定的升温速率加热并达到设定的温度，记录试样在恒定温度下随着时间而产生的高度方向上的变形量以及相对于试样原始高度的变化百分率。

耐火材料高温蠕变实验的加荷及变形测量装置如图 42-1 所示，其结构和工作方法是：由加压棒对试样施以恒定荷载；支撑棒用以支撑试样，支撑棒、试样及下垫片均中心带孔；差动外管位于支撑棒内，能在支撑棒内自由移动，上端顶在下垫片的下表面，下端与位移传感器外壳固定在一起，用一提升装置使传感器始终跟踪差动外管；差动内管位于差动外管内，穿过下垫片和试样的中心孔，可在差动外管、下垫片和试样内自由移动，上端顶在上垫片的下表面，下端顶住位移传

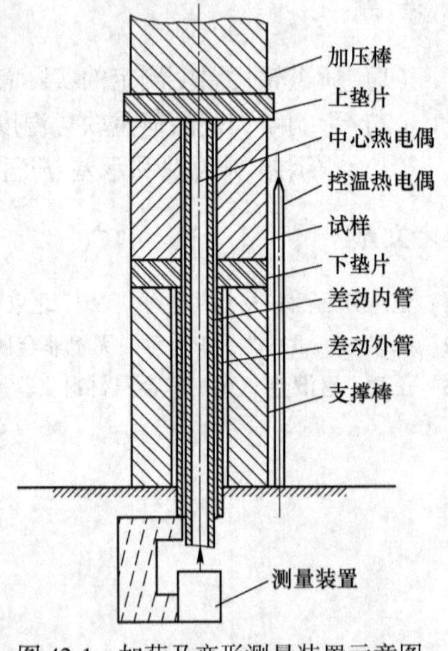

图 42-1　加荷及变形测量装置示意图

感器传感头；中心热电偶穿入差动内管中，其热点位于试样高度的中心，以测量试样几何中心的温度。在实验过程中，差动外管受热变形带动位移传感器外壳一起移动，抵消掉支撑棒和在支撑棒内一段长度的差动内管的升温变形量，位移传感器的读数只为试样变形量和在试样中心孔内一段长度（与试样等高）的差动内管变形量的综合。

耐火材料高温蠕变实验分为升温过程和恒温过程，在升温过程中，试样变形随温度而变化；在恒温过程中，试样变形随时间而变化。由于在升温阶段，差动内管受热膨胀，此时的位移传感器读数不是试样的真实变形，待恒温 4h 以后，可认为差动管基本不再膨胀，所以从恒温的第 5h 起的起始时间，至实验结束之间的时间间隔为整个蠕变变形时间。

利用绘制蠕变曲线和蠕变表格来表示耐火材料高温蠕变结果。蠕变曲线表示在恒温过程中，试样高度变化百分率（相对于原始高度）和时间变化的关系；蠕变表格列出在恒定温度开始时，以及随后每隔 5h 的试样蠕变率。

（1）实验曲线绘制方法如下：

1）绘制试样高度变化百分率与温度的关系曲线 *C*1（*C*1 包含差动内管长度的变化），见图 42-2。

2）确定差动内管在试样中心孔的一段长度变化的百分率与温度的关系，绘制校正曲线 *C*2。

3）绘制校正后曲线 *C*3，对于任何给定的温度有 *AB* = *CD*，*C*3 代表试样的真实变形曲线。

4）按图 42-2 的方法绘制试样高度变化与试样温度、恒温时间的关系曲线，见图 42-3。

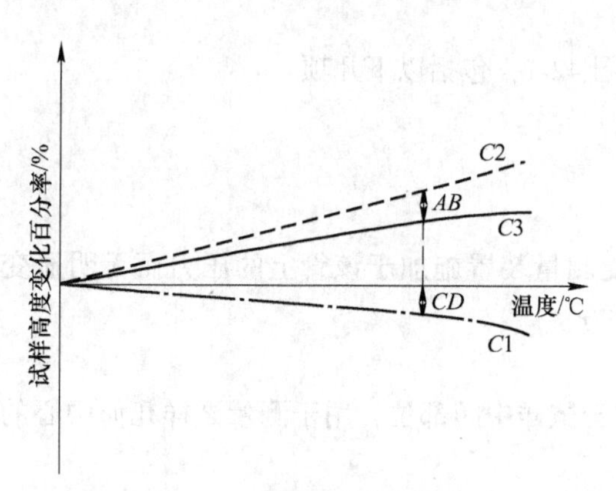

图 42-2　实验曲线绘制方法

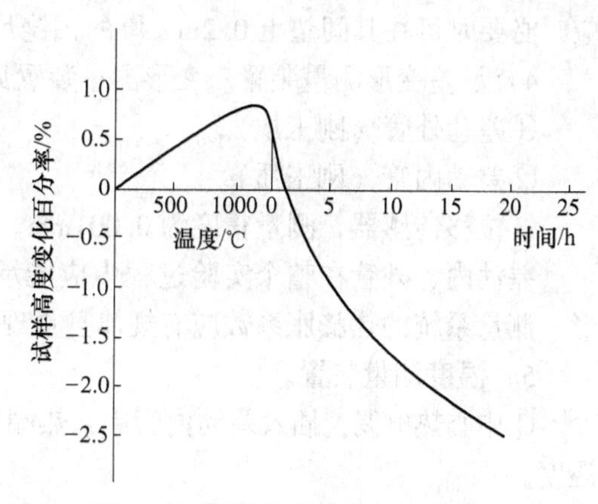

图 42-3　试样高度变化与试样温度、恒温时间的关系曲线

（2）蠕变率计算：

$$P = [(L_n - L_0) / L_i] \times 100\% \tag{42-1}$$

式中　P——蠕变率，%；

L_n——试样恒温 nh 的高度，mm；

L_0——试样恒温开始时的高度，mm；

L_i——试样原始高度，mm。

耐火材料蠕变实验符合标准《耐火材料压蠕变试验方法》（GB/T 5073—2005）的规定，该方法适用于致密和隔热耐火制品压缩蠕变的测定。

实验仪器设备与材料

（1）HRY-01 型高温荷软蠕变测试仪。HRY-01 型高温荷软蠕变测试仪由控制系统、加热炉、加荷装置、变形测量装置和温度测量装置等组成。

1）控制系统。控制系统主要由微机、打印机、输入输出接口板、测量传感器、可控硅电压调整器和温控主回路组成，用于控制加热炉升温，记录、计算并保存实验数据。

2）加热炉。

①竖式圆形炉膛，装样区 ϕ100mm×75mm。

②温度均匀性±10℃以内，在保温期间为±5℃。

3）加荷装置。加荷装置示意图见图 42-1，由以下几部分组成：

①支承棒，外径至少 45mm，带有轴向孔。

②加压棒（移动棒），外径至少 45mm。加压棒固定在加热炉内，可随炉体上下移动，炉体和加压棒组成可移动的加压装置。

③上下垫片，厚度 5~10mm，直径至少 50. 5mm，垫片的两个面平整且相互平行。垫片放置在试样和加压棒及支承棒之间，其中放置在支承棒和试样之间的下垫片有中心孔，孔径 10~11mm。

垫片采用适合的耐火材料制作（硅酸铝制品可用烧结氧化铝或高温烧成莫来石，碱性制品可用镁质或尖晶石质材料），在实验条件下，垫片与试样、压棒之间不应发生反应，必要时可在其间垫上 0. 2mm 厚的铂铑片。

4）示差变形测量装置。变形测量装置见图 42-1，包括以下几项：

①差动外管（刚玉质）。

②差动内管（刚玉质）。

③位移传感器，测量精度为 0. 001mm。

差动内、外管在整个实验过程中应能承受测量装置施加于该管上的压力而无明显变形，测量系统的热膨胀系数应有规律且重现性好。

5）温度测量装置。

①中心热电偶：插入差动内管中，热端位于试样中间部位，用于测量试样几何中心的温度。

②控温热电偶：带有保护管，其热端位于试样外侧的试样半高处，用于控制升温速率。

（2）电热恒温干燥箱。

（3）游标卡尺，精度 0. 02mm。

（4）角尺、塞尺。

实验步骤

（1）试样制备。

1）制样：从待测制品上钻取试样，保证试样的高度方向为制品成型时的加压方向。

2）形状和尺寸：带中心孔的圆柱体试样，直径为（50±0. 5）mm，高（50±0. 5）mm，中心孔为 12~13mm，并与圆柱体同轴，其偏心度不大于 0.5mm。

3）外观质量：上下两底面应平整且平行。试样的平行度通过测量试样高度检查，任何两点的高度差不得大于 0.2mm；试样的垂直度用角尺和塞尺检查，试样的侧面与角尺之间的间隙不得大于 0.5mm，上下底面应垂直于圆柱体的轴。

（2）试样于（110±5）℃或允许的较高的温度下在电热干燥箱内干燥至恒量。

（3）测量试样的高度及内、外径，精确至 0.1mm。

（4）装样。

1）升起炉体，依次放置下垫片、试样和上垫片于支承棒上，尽量使三者与支承棒同心，差动内管与下垫片、试样中心孔壁之间无摩擦。

2）降下炉体，当加压棒下端面与上垫片接触时，炉体下降停止，试样处于炉内均温区。

（5）加荷。根据试样的实际横截面积计算施加到试样上的总载荷，从加载码上移去对试样加荷的重量，给试样施加荷载。

对致密定型耐火制品施加的压应力为 0.20MPa，隔热定形耐火制品 0.05MPa，致密不定形耐火材料 0.1MPa，隔热不定形耐火材料 0.05MPa。应力误差为±0.2%，总压力应精确至整数 1N。

（6）调整位移传感器。使位移计处于适当位置，以保证准确完整地测量整个实验过程中试样的变形数据。

（7）升温加热。

1）启动程序升温，升温速率设为 4.5~5.5℃/min。当温度超过 500℃时，速率可为 10℃/min。

2）达到实验温度后，一般恒温 25h、50h 或 100h 终止实验，或当试样高度变化百分率超过 5%时停止加热，结束实验。

（8）记录。记录试样高度和温度的变化，在升温以及到达恒定温度后的第一个小时，记录间隔不超过 5min，随后每隔 30min 记录一次，直到实验结束。

（9）实验结束。停止加热，加上移走的加载码卸荷，将炉体稍加提升放置在支承座上。

实验数据记录与处理

（1）实验数据记录与处理参考格式见表 42-1。

表 42-1 高温蠕变实验数据记录表

试样名称	试样原始高度/mm	试样外径/mm	试样内径/mm
记录时间	试样中心温度/℃	试样高度变化/mm	试样高度变化百分率/%

（2）数据处理。

1）按图 42-2 和图 42-3 的方法绘制实验曲线。

①在升温过程，绘制试样高度变化百分率（相对于原始高度）和温度变化的关系曲线。

②在恒温过程，绘制试样高度变化百分率（相对于原始高度）和时间变化的关系曲线，即蠕变曲线。

2）按式（42-1）计算蠕变率，绘制蠕变表格。蠕变率结果保留至小数点后三位。

3）计算第 5 个小时和第 25（或 50）个小时总的蠕变率差值。

4）记录实验曲线达到最大膨胀点的温度。

实验注意事项

（1）试样不应有因制样而造成的缺边、裂纹等缺陷和水化现象。

（2）主回路工作时严禁关闭计算机电源，否则可能损坏主回路元件。

（3）切忌将头、手伸到炉体或加载码下部，以免发生意外。

（4）减较大加载码前，应确定炉体有稳定的支撑，谨防发生冲击。

思 考 题

（1）简述高温压蠕变的实际意义。

（2）影响耐火材料高温蠕变性的主要因素有哪些？

参考文献

[1] 王维邦．耐火材料工艺学［M］. 北京：冶金工业出版社，1996.

[2] 高里存，任耘．无机非金属材料实验技术［M］. 北京：冶金工业出版社，2007.

实验 43　耐火材料抗热震性实验（水急冷法）

实验目的

（1）掌握耐火制品抗热震性实验的原理及方法。
（2）了解抗热震性实验仪器的构造和工作原理。
（3）了解影响耐火制品抗热震性的因素及提高热稳定性的措施。

实验原理

耐火材料抵抗温度的急剧变化而不破坏的性能称为热稳定性，也称为抗热震性。

材料随温度的升降，会产生膨胀或收缩，如果此膨胀或收缩受到约束不能自由发展时，材料内部会产生热应力。热应力不仅在具有机械约束的条件下产生，当均质材料中出现温度梯度（如制品不同部位之间出现温度差），非均质中材料各相之间的热膨胀系数有差别，甚至单相多晶体中热膨胀系数各向异性，都会导致产生热应力。当热应力值超过了材料本身的结构强度时，材料便会破裂损坏。

耐火材料在使用过程中，经常会受到环境温度的急剧变化作用，使材料内部产生较大的热应力。耐火材料是非均质的脆性材料，其热膨胀率较大，热导率和弹性较小，抗张强度低，抵抗热应力而不破坏的能力差，导致其抗热震性较低。耐火制品的热震损坏不仅限制了制品和窑炉的加热和冷却速度，还是制品和窑炉损坏较快的主要原因之一。

水急冷法耐火材料抗热震性实验方法是：在规定的实验温度和水冷介质条件下，一定形状和尺寸的试样在经受急热急冷的温度突变后，通过测量其受热端面破损程度来确定耐火制品的抗热震性。水急冷法是指试样经受急热后，以 5～35℃ 流动的水作为冷却介质急剧冷却的方法。

水急冷法抗热震性实验符合标准《耐火制品抗热震性试验方法》（YB/T 376.1—1995）的规定，该标准适用于烧成耐火制品抗热震性测定。

实验仪器设备与材料

（1）KRZ-S01A 型抗热震试验机。KRZ-S01A 型抗热震试验机由以下几部分组成：

1）加热炉。

①炉膛内可容纳 3 块试样同时进行实验。

②炉膛内温度分布均匀，试样受热端面任意两点之间的温差不大于 15℃。

2）控制系统，控制加热炉自动升温和保温，并控制试样急热急冷的热震过程自动进行。

3）S 型热电偶，测量并控制炉温，一端封闭，封闭端距试样受热端面 10～20mm。

4）流动水槽，可容纳 3 块以上试样同时进行急冷，实验过程中流入流出水槽水的温升不大于 10℃。

5）试样夹持器。

（2）电热恒温干燥箱。

（3）方格网。

（4）钢板尺。

实验步骤

1. 试样制备

（1）取样：按 GB 10325 规定取样。

（2）形状和尺寸：长 200~230mm，宽 100~150mm，厚 50~100mm 的直形砖。

（3）制样：对标普型制品以整块制品进行实验；对于其他制品，则从每块样品中各切取一块试样，试样的受热端面为制品的工作面。

2. 试样干燥

试样于（110±5）℃或允许的较高的温度下在电热干燥箱内干燥至恒量。

3. 装样

将试样装在试样夹持器上，一次最多装 6 块。试样与试样之间距离不小于 10mm，且试样不得叠放。要保证试样 50mm 长一段能够经受急热急冷。在试样夹持部分，试样与试样间须用厚度大于 10mm 的隔热材料填充。用方格网测量试样受热端面的方格数。

4. 试样急热过程

（1）将加热炉预加热到（1100±10）℃（技术条件或供需合同规定的实验温度），保温 15min，然后迅速将试样移入炉膛内。受热端面距离炉门内侧（50±5）mm，距发热体表面应小于 30mm。用隔热材料及时堵塞试样及炉门的间隙。

（2）试样入炉后，炉膛温度降低应不大于 50℃，并于 5min 内恢复至 1100℃。试样在 1100℃下保温 20min。

5. 试样急冷过程

（1）试样受热后，迅速将其受热端浸入 5~35℃流动的水中（50±5）mm 深，距水槽底部小于 20mm，调节水流量，使流入和流出水槽水的温升不大于 10℃。

（2）试样急冷时，及时关闭炉门，使炉温保持在（1100±10）℃以内。

（3）试样在水槽中急剧冷却 3min 后立即取出，在空气中放置时间不小于 5min。

6. 测量试样受热端面破损程度

急冷后的试样在空气中静置时，用方格网直接测量试样受热端面的破损格数。

7. 试样反复热冷交替过程

（1）当试样在空气中保持 5min 后，炉温恢复至 1100℃时，即可将试样受热端面迅速移入炉内，反复进行 4、5、6 过程，直至实验结束。

（2）在热冷交替过程中，严禁试样与炉门或水槽发生机械损伤。反复热冷交替过程应连续进行，直至实验结束。

实验数据记录与处理

（1）实验数据记录与处理参考格式见表 43-1。

表 43-1　抗热震性实验数据记录表

试样名称		试验前试样受热端面的方格数 A_1	
热冷交替次数	破损的方格数 A_2	试样受热端面破损率/%	
1			
2			
3			
4			
⋮			

（2）数据处理。按式（43-1）计算试样受热端面破损率

$$P = \frac{A_2}{A_1} \times 100\% \tag{43-1}$$

式中　P——试样受热端面破损率，%；

A_1——实验前试样受热端面方格数，个；

A_2——实验后试样受热端面破损的方格数，个。

破损率取整数，所取位数后的数字按 GB 8170 进行处理。

（3）实验结果。

1）当 $P=(50\pm5)\%$时，称试样受热端面破损一半。

2）在急冷过程中，试样受热端面破损一半时，该次急热急冷循环作为有效次数计算。

3）以试样受热端面破损一半时的急热急冷循环次数作为试样的抗热震性指标；若受热端面未破损一半，则分别报告抗热震性次数及破损率。

4）在实验过程中，试样受热端面若受机械磨损或碰撞而破损时，则实验作废。

实验注意事项

（1）试样不得有因制样而造成的裂纹等缺陷，否则需重新制样。

（2）抗热震试验机工作时，当电流回零或电流较小时才可切断主回路电源，不允许大电流时一下切断主回路电源以免造成可控硅损坏。

（3）实验过程中，若出现异常声音，应仔细查看，必要时立即停机检查。

思 考 题

（1）耐火制品抗热震性测定的实际意义是什么？

（2）影响耐火制品抗热震性的主要因素有哪些？

参考文献

[1] 王维邦．耐火材料工艺学［M］. 北京：冶金工业出版社，1996.

[2] 高里存，任耘．无机非金属材料实验技术［M］. 北京：冶金工业出版社，2007.

实验 44　耐火浇注料高温耐压强度测定

实验目的

（1）掌握耐火浇注料高温耐压强度测定的实验原理和实验方法。

（2）了解高温强度试验仪的构造和工作原理。

（3）了解影响耐火浇注料高温耐压强度的主要因素。

实验原理

高温耐压强度是材料在高温下单位截面所能承受的极限压力。大多数耐火制品的高温耐压强度都是随着温度的升高先增大然后降低，其中黏土制品和高铝制品特别显著，在1000～1200℃时达到最大值。这是因为在高温下生成熔液的黏度比较大，使材料强度提高，但当温度继续升高，熔液生成量增大，黏度降低，使强度急剧下降。

耐火材料高温耐压强度指标可反映出制品在高温下结合状态的变化，特别是加入一定数量结合剂的浇注料，当温度升高时结合状态发生变化，高温耐压强度测定对其生产和实际使用具有指导意义。

高温耐压强度测定的实验原理是：以规定的升温速率加热试样到实验温度，保温至试样达到均匀的温度分布，然后以恒定的加荷速率对试样施加载荷，直至试样破碎。

本实验符合标准《耐火浇注料高温耐压强度试验方法》（YB/T 2208—1998）的规定。

实验仪器设备与材料

（1）HCS15-200P 型高温强度试验仪。HCS15-200P 型高温强度试验仪由加热炉、加荷装置、控制系统等部分组成。

1）加热炉。

①由炉体、二硅化钼发热元件、氮化硅结合碳化硅底板、载样滑板、装样匣钵等组成。

②能按规定的升温速率加热试样，保温时试样温度均匀，温差在±10℃以内。

③加热炉后面安装有推样机构，由微电机经减速器、丝杆螺母带动碳化硅质推杆推动炉内载样滑板，使炉内的试样移动，依次把试样置于加荷装置的上压棒下以便加荷。

2）加荷装置。

①由交流电机带动变速箱，经丝杆螺母使横梁移动，实现对试样的加荷。工作时，横梁下移，带动上压棒下移给试样加荷，由连接在横梁上的压力传感器感应并由电脑记录试样破碎时的载荷。压力传感器精度为±2%。

②压棒端面尺寸大于 70mm×70mm，有足够的机械强度和热震稳定性，并在高温下不与试样发生任何反应。

3）控制系统。控制系统由计算机和控制柜组成，由控制系统控制加热炉升温和保温，驱动主机加荷系统给试样加荷，记录最大载荷并计算实验结果。

（2）游标卡尺，精度 0.02mm。

（3）电热恒温干燥箱。

实验步骤

1. 试样制备

（1）按标准《不定形耐火材料试样制备方法》（YB 5201.1—2003）的规定制取试样，并保证试样的高度方向为耐火浇注料成型时的浇注方向。

（2）形状和尺寸：(50 ±0.5) mm ×(50 ±0.5) mm ×(50 ±0.5) mm 的正方体试样或直径为(50 ± 0.5) mm、高为(50 ± 0.5) mm 的圆柱体试样。

2. 试样干燥

试样在电热干燥箱内于（110±5）℃或允许的其他温度下干燥至恒量。

3. 尺寸测量

给试样编号，用游标卡尺测量常温下每个试样的尺寸，精确到 0.1mm。

4. 装样

（1）将试样装入装样匣钵内，装样匣钵放置在载样滑板上，放置方式见图 44-1。

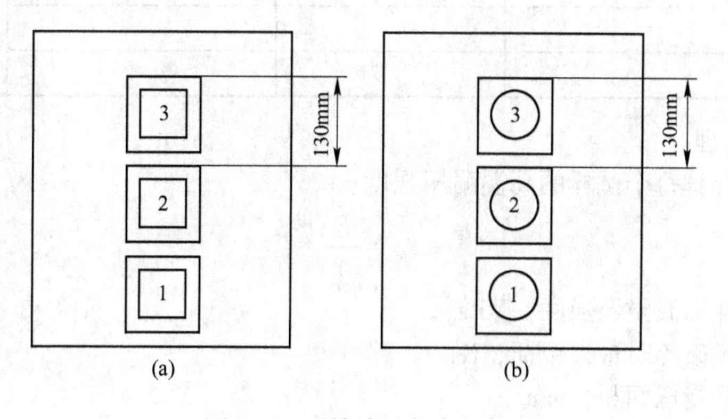

图 44-1　匣钵放置方式示意图
（a）立方体试样；（b）圆柱体试样

（2）打开计算机电源，给控制柜送电，启动计算机桌面上“高温耐压”图标，进入主画面，这时推杆后退至最后点，横梁上移至预压点。

（3）将放好试样的载样滑板放在炉底滑轨上，向前轻轻推动滑板至顶住推杆，观察第 1 块试样处于上压棒正下方。

（4）关闭炉门。

5. 加热

（1）在计算机高温耐压实验主画面设置实验参数和升温曲线，启动主回路，启动加热炉升温。

（2）实验温度按产品技术要求规定设定，升温速率为 8~10℃/min，保温时间 1h。

6. 加荷

（1）当保温时间结束后，系统自动弹出压力曲线画面，进入压样过程。

（2）正常情况下，整个压样过程无须人工干预，一个试样负荷破碎后，横梁上移至预压点，推杆推动载样滑板前进至下一个试样位于上压棒下，自动进行下一个试样的加荷。

（3）加压速率为（0.5±0.01）MPa/s。

（4）每个试样加荷过程中，系统压力曲线画面显示当前压力、试样破碎时最大载荷及试样被破碎后所计算出的耐压强度。

7. 实验结束

压完最后一块试样，设备自动关机。关闭控制柜电源，记录数据或打印实验报告，关闭计算机电源，实验结束。

实验数据记录与处理

（1）实验数据记录与处理参考格式见表44-1。

表44-1　高温耐压强度测定实验数据记录表

试样编号	试样尺寸 /mm	试样受压面积 A/mm^2	试样破碎时最大载荷 P/N	耐压强度 S/MPa
1				
2				
3				

（2）数据处理。

1）按下式计算每个试样的高温耐压强度：

$$S = \frac{P}{A} \tag{44-1}$$

式中　S——试样高温耐压强度，MPa；

P——试样破碎时最大载荷，N；

A——试样受压面积，mm^2。

2）计算三个试样高温耐压强度的平均值作为最终结果。

3）计算结果保留至整数。

实验注意事项

（1）试样不应有因制样而造成的缺边、裂纹等缺陷或水化现象。

（2）实验中严格按照设备操作规程接通电源和切断电源，每次开机应先打开计算机电源，然后再给控制柜送电。

（3）在将试样放置在载样滑板上时，要确定好放置位置和试样间距，以保证加荷时每个试样位置准确。

思考题

（1）高温耐压强度对判定制品使用性能有什么实际意义？

（2）影响耐火浇注料高温耐压强度的主要因素有哪些？

（3）加荷速度对高温耐压强度测试结果有什么影响？

参考文献

［1］王维邦．耐火材料工艺学［M］. 北京：冶金工业出版社，1996.

［2］高里存，任耘．无机非金属材料实验技术［M］. 北京：冶金工业出版社，2007.

实验 45　耐火材料高温抗折强度测定

实验目的

（1）掌握耐火材料高温抗折强度测定的实验原理和实验方法。

（2）了解高温抗折试验机的构造和工作原理。

（3）了解影响耐火制品高温抗折强度的主要因素。

实验原理

高温抗折强度是指材料在高温下单位截面所能承受的极限弯曲应力，它表征材料在高温下抵抗弯矩的能力。

耐火材料的高温强度与其实际使用密切相关。高温抗折强度大，则材料抵抗因温度梯度产生剪应力强，不易产生剥落，同时其抵抗物料撞击和磨损性强，抗渣性好。

耐火材料的高温抗折强度指标，主要取决于制品的化学矿物组成、组织结构和生产工艺。材料中的熔剂物质和其烧成温度对制品的高温抗折强度有明显影响。

高温抗折强度测定的实验原理是：以一定的升温速率加热规定尺寸的长方体试样到实验温度，保温至试样达到规定的温度分布，然后以恒定的加荷速率施加应力直至试样断裂。

本试验符合标准《耐火材料高温抗折强度试验方法》（GB/T 3002—2004）的规定，该标准适用于烧成耐火制品高温抗折强度的测定。对化学结合耐火制品或不定形耐火材料，通常需要经过预处理。

实验仪器设备与材料

（1）HMOR-02P 型高温抗折试验机。高温抗折试验机由加热炉、加荷装置、控制系统等部分组成。

1）加热炉。

①由炉体、二硅化钼发热元件、氮化硅结合碳化硅底板、载样滑板等组成。

②能同时加热加荷装置和试样，可按规定的升温速率加热试样，保温时炉温均匀性在±10℃以内。

③加热炉后面安装有推样机构，由微电机经减速器、丝杆螺母带动碳化硅质推杆推动炉内载样滑板，使炉内的试样移动，依次把试样置于加荷装置的上刀口下以便加荷。

④对于含碳等易氧化材料，用匣钵埋碳保护。匣钵可安装于载样滑板上，将碳粉或石墨粉倒入匣钵内保护试样。

2）加荷装置。

①由 2 个下刀口和 1 个上刀口组成，三个刀口互相平行，见图 45-1。两个下刀口在载

样滑板上表面上，间距（125±2）mm。上刀口（上压棒）安装于移动横梁上，位置处于 2 个下刀口的正中，精确至±2mm。

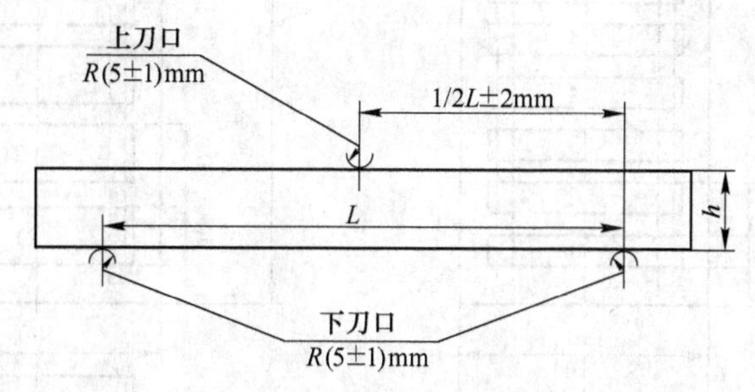

图 45-1 加荷装置示意图

②由交流电机带动变速箱，经丝杆螺母使横梁移动，实现对试样的加荷。工作时，横梁下移，带动上刀口下移给试样加荷，由连接在横梁上的压力传感器感应并由电脑记录试样断裂时的载荷。压力传感器精度为±2%。

③刀口长度比试样宽度应至少长 5mm，刀口的曲率半径为（5±1）mm。

④实验温度下试样和刀口接触时应不发生任何反应。

3）控制系统。控制系统由计算机和控制柜组成，由控制系统控制加热炉升温和保温，驱动主机加荷系统给试样加荷，记录最大载荷并计算实验结果。

（2）游标卡尺，精度 0.02mm。

（3）电热恒温干燥箱。

实验步骤

1. 试样制备

（1）取样：按 GB 10325 规定取样。

（2）形状和尺寸：采用（25 ±1）mm×（25 ±1）mm×150mm 的长方体试样，不定形耐火材料试样尺寸可为（40 ±1）mm×（40 ±1）mm×160mm。每个试样长度方向上的相对面应相互平行，允许偏差不超过±0.2mm，横截面的对边应相互平行，允许偏差不超过±0.1mm，保证试样表面平滑，棱角完整。

（3）制样：定形制品切取试样，保留垂直于制品加压方向的一个原砖面作为试样的压力面并做标记；不定形耐火材料使用模具制备试样，以成型时的侧面作为试样的压力面。

2. 试样干燥

试样在电热干燥箱内于（110±5）℃或允许的其他温度下干燥至恒量。

3. 尺寸测量

给试样编号，用游标卡尺测量常温下每个试样中部的宽和高，精确到 0.1mm。

4. 装样

（1）将试样放置在载样滑板上，放置方式见图 45-2。

（2）对于含碳材料，将匣钵放置在放好试样的载样滑板上，再将碳粉或石墨粉轻轻倒入匣钵内，上表面轻轻压实。

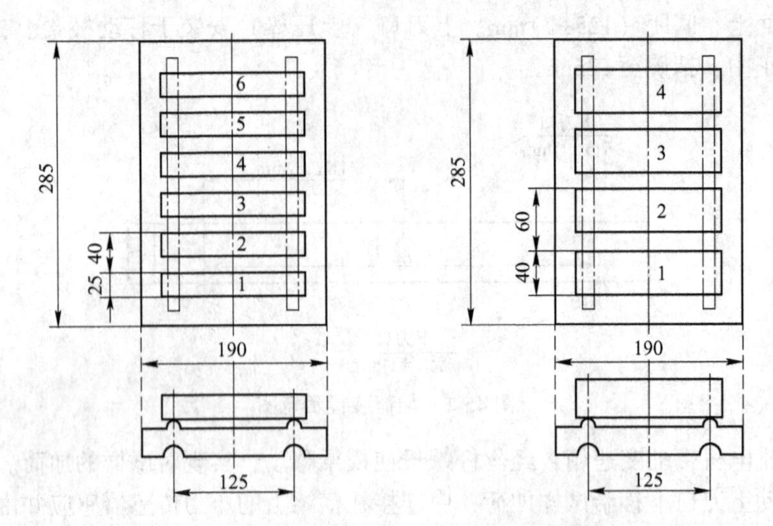

图45-2 试样装样放置方式示意图（单位为mm）

（3）打开计算机电源，给控制柜送电，启动计算机桌面上“高温抗折”图标，进入主画面，这时推杆后退至最后点，横梁上移至预压点。

（4）将放好试样的载样滑板放在炉底滑轨上，向前轻轻推动滑板至顶住推杆，观察第1块试样处于上刀口正下方。若是埋碳材料，则在推动滑板前先手动将横梁提到足够高度。

（5）关闭炉门。

5. 加热

（1）在计算机高温抗折实验主画面设置实验参数和升温曲线，启动主回路，启动加热炉升温。

（2）升温曲线如下：

0～1000℃　　10℃/min

>1000℃　　5℃/min

（3）实验温度保温：烧成耐火制品保温30min；不烧制品或不定形耐火材料，预处理与保温时间由有关方面商定。

6. 加荷

（1）当保温时间结束后，系统自动弹出压力曲线画面，进入压样过程。

（2）若是埋碳试样，在保温还有10min结束时，手动下移横梁到预压点处。

（3）正常情况下，整个压样过程无须人工干预，一个试样负荷断裂后，横梁上移至预压点，推杆推动载样滑板前进至下一个试样位于上刀口下，自动进行下一个试样的加荷。

（4）加压速率符合如下规定：

致密耐火制品　(0.15±0.015)MPa/s

隔热耐火制品　(0.05±0.005)MPa/s

（5）每个试样加荷过程中，系统压力曲线画面显示当前压力、断裂载荷及试样被压断后所计算出的抗折强度。

7. 实验结束

压完最后一块试样，设备自动关机，关闭控制柜电源，记录数据或打印实验报告，关闭计算机电源，实验结束。

实验数据记录与处理

（1）数据记录与处理参考格式见表 45-1。

表 45-1　高温抗折强度测定实验数据记录表

试样编号	下刀口间距 L_s/mm	试样中部宽度 b/mm	试样中部高度 h/mm	断裂载荷 F_{max}/N	抗折强度 R_e/MPa
1					
2					
3					
⋮					

（2）数据处理。

1）按下式计算每个试样的抗折强度：

$$R_e = \frac{3}{2} \times \frac{F_{max} L_s}{bh^2} \tag{45-1}$$

式中　R_e——抗折强度，MPa；

F_{max}——试样断裂时最大载荷，N；

L_s——两个下刀口之间的距离，mm；

b——试样中部宽度，mm；

h——试样中部高度，mm。

2）计算抗折强度的平均值。

3）计算结果按 GB/T 8170 修约到小数点后一位。

实验注意事项

（1）实验中严格按照设备操作规程接通电源和切断电源，每次开机应先打开计算机电源，然后再给控制柜送电。

（2）在将试样放置在载样滑板上时，要确定好放置位置和试样间距，以保证加荷时每个试样位置准确。

（3）实验前应检查刀口，保证其曲率半径符合规定。

思 考 题

（1）影响耐火制品高温抗折强度的主要因素有哪些？

（2）如何确定一种材料的高温抗折强度的保温温度？

参考文献

[1] 王维邦．耐火材料工艺学［M］．北京：冶金工业出版社，1996.

[2] 高里存，任耘．无机非金属材料实验技术［M］．北京：冶金工业出版社，2007.

[3] 陈泉水，郑举功，任广元．无机非金属材料物性测试［M］．北京：化学工业出版社，2013.

实验46　耐火材料常温耐压强度测定

实验目的

（1）掌握耐火材料常温耐压强度的测定原理和方法。

（2）了解影响耐火制品常温耐压强度的因素。

实验原理

常温耐压强度是指常温下材料在单位面积上所能承受的最大压力，若超过此值，材料被破坏。在规定条件下，对已知尺寸的试样以恒定的加压速度施加载荷直至破碎或者压缩到原来尺寸的90%，记录最大载荷。根据试样所承受的最大载荷和平均受压截面积计算出常温耐压强度，如式（46-1）所示：

$$\sigma = \frac{F_{\max}}{A_0} \tag{46-1}$$

式中　σ——常温耐压强度，MPa；

$F_{\max}$——记录的最大载荷，N；

A_0——试样受压面初始截面面积，mm^2。

通常，耐火制品在使用过程中很少由于常温下的静负荷而导致破损。但常温耐压强度主要是表明制品的烧结情况以及与其组织结构相关的性质，是判断制品质量的常用检验项目。常温耐压强度亦可间接地评定其他指标，如制品的耐磨性、耐冲击性以及不烧制品的结合强度等。在生产中工艺制度的变动，会反映在制品常温耐压强度指标的变化上。因此，常温耐压强度也是检验现行工艺过程和制品均一性的可靠指标。

耐火制品常温耐压强度的测定一般采用轴心受压的形式。其测定方法是由砖体的一角切取规定尺寸的圆柱体或立方体试样，试样上下两面必须平行，在液压试验机上以一定加压速度加压至破坏为止，并换算为单位面积上的极限强度。

耐火材料常温耐压强度测定符合标准《耐火材料常温耐压强度试验方法》（GB/T 5072—2008）的规定，该标准适用于致密和隔热耐火材料常温耐压强度的测定。

实验仪器设备与材料

（1）YES-600型液压压力试验机。试验机以规定的速率对试样施加压力并记录试样破坏时的最大压力值，示值误差在±2%以内。

试验机的两块压板都经过研磨，其中上压板装在球形座上，以补偿试样与压板平行度之间的微小偏差。下压板刻有标记，以利于试样放置在压板中心。

（2）游标卡尺，精度0.02mm。

（3）电热恒温干燥箱。

（4）衬垫板，厚度为 3~7mm 的无波纹纸或硬纸板。

（5）三角尺。

实验步骤

（1）试样制备。

1）根据制品厚度情况，至少从不同制品的一角切取或钻取立方体或圆柱体试样 3 块，试样制备的原则如下。

①立方体：制品厚度不大于 100mm 时，按制品厚度切取立方体；厚度大于 100mm 时，取边长为 100mm 的立方体；各棱长尺寸偏差不大于±1mm。

②圆柱体：直径 50mm，高 50mm；对不够取得上述尺寸的制品，应按最大可能的尺寸制取直径与高度相同的圆柱体，高与直径的尺寸偏差不大于±1mm。

2）试样要求。

①不应有因制样造成的缺边、掉角、裂纹等缺陷。

②试样的受压面应平整，其受压方向与原制品的成型加压方向一致，制样时应在试样上标明受压方向。

③试样的平行度：立方体试样在其 4 个侧面的中心部位测量，圆柱体试样在其互相垂直的直径两端测量，任何两次测量的高度偏差不大于 1%。

④试样的垂直度：把试样放在平板上，用角尺靠在测量试样平行度相同的 4 个位置上检查，试样与角尺的间隙不大于 1%。

（2）试样干燥。试样于电热恒温干燥箱中（110±5)℃的温度下烘干 2h，自然冷却至室温。

（3）测量并记录每块试样上、下受压面的长度、宽度或直径，精确至 0. 1mm。

（4）将试样安装在试验机上下两块压板的中心位置。在试样每个受压面与压板之间插入衬垫板，衬垫板应至少超过受压面边线 12. 7mm。

（5）选择试验机量程，使其大于试样预计破坏载荷值的 10%。

（6）以（1. 0± 0. 1)MPa/s 的加荷速率连续均匀地施加应力，直至试样破碎，记录显示的最大载荷值。

（7）重复上述操作步骤，对其他试样的常温耐压强度进行测定。

（8）实验完毕，关闭电机，活塞回位，关闭送油阀和回油阀，清理干净上下压盘和工作台面，关闭设备电源。

实验数据记录与处理

（1）实验数据记录与处理参考格式见表 46-1。

表 46-1　常温耐压强度实验数据记录表

试样名称			实验日期	
编号	试样面积 A_0/mm^2	破坏载荷 F_{max}/N	常温耐压强度 σ/MPa	耐压强度平均值 σ_1/MPa
1				
2				
3				
⋮				

（2）数据处理。

1）根据实验测量数据，按公式（46-1）计算每块试样的常温耐压强度数值。

2）计算 3 块试样的常温耐压强度数值的平均值。

3）计算结果按 GB/T 5072—2008 保留 3 位有效数字。

实验注意事项

（1）样品、接触块中心应对准抗压强度实验机压板中心，且在样品与接触块间垫一垫片。

（2）在样品周围放置防护罩以防止样品碎片飞出。

思 考 题

（1）耐火材料常温耐压强度测定的实验原理是什么？

（2）常温抗折强度和常温耐压强度的主要差异是什么？

（3）常温耐压强度受实验方法中哪些因素影响？

参考文献

[1] 王维邦．耐火材料工艺学［M］．北京：冶金工业出版社，1996.

[2] 陈泉水，郑举功，任广元．无机非金属材料物性测试［M］．北京：化学工业出版社，2013.

[3] 陈远道，陈贞干，左成钢．无机非金属材料综合实验［M］．湖南：湘潭大学出版社，2014.

[4] 中钢集团洛阳耐火材料研究院有限公司，山西西小坪耐火材料有限公司．GB/T 5072—2008 耐火材料　常温耐压强度试验方法［S］．北京：中国标准出版社，2008.

实验 47　耐火材料常温抗折强度测定

实验目的

（1）掌握耐火制品常温抗折强度测定的原理及方法。

（2）熟悉影响材料常温抗折强度的各种因素。

（3）了解测定材料常温抗折强度的实际意义。

实验原理

耐火材料常温抗折强度是指具有一定尺寸的耐火材料条形试样，在三点弯曲装置上所能承受的最大弯曲应力。它表征耐火制品在常温下抵抗弯矩的能力。

耐火制品在使用时，除受到压应力、剪应力外，还受到弯曲应力的作用，因此，有必要测定其在常温下的弯曲强度。耐火材料的化学组成、矿物组成、组织结构、生产工艺等对它的常温抗折强度有决定性的影响。同时，常温抗折强度的高低，也能间接地反映出耐火制品其他常温强度指标。通常，选用高纯原料、控制砖料合理的颗粒级配、加大成型压力、使用优质结合剂及提高制品的烧结温度，可提高耐火制品的常温抗折强度。

常温抗折强度测定的实验方法是：在常温下，以一定的加荷速率对规定尺寸的长方体试样在三点弯曲装置上施加载荷，直至试样断裂。

试样的常温抗折强度由公式（47-1）计算：

$$\sigma_{\mathrm{F}} = \frac{3}{2} \times \frac{F_{\max} L_{\mathrm{s}}}{bh^2} \tag{47-1}$$

式中　σ_{F}——常温抗折强度，MPa；

$F_{\max}$——试样断裂时的最大载荷，N；

L_{s}——下刀口间的距离，mm；

b——试样中部的宽度，mm；

h——试样中部的高度，mm。

耐火材料常温抗折强度测定符合标准《耐火材料　常温抗折强度试验方法》（GB/T 3001—2007）的规定，该标准适用于定形和不定形耐火材料常温抗折强度的测定。

实验仪器设备与材料

（1）WDW-100J 型微机控制电子万能试验机。

1）该试验机能按规定速率对试样均匀加荷，并能记录试样断裂时的荷载；

2）测力示值误差小于±2%。

（2）抗折夹具。抗折夹具有相互平行的三个刀口，两个下刀口和一个上刀口，上刀口位于两个下刀口中间。两个下刀口支撑试样，上刀口给试样施加荷载。抗折夹具结构如

图 47-1 所示。

（3）电热恒温干燥箱。

（4）游标卡尺，精度 0.02mm。

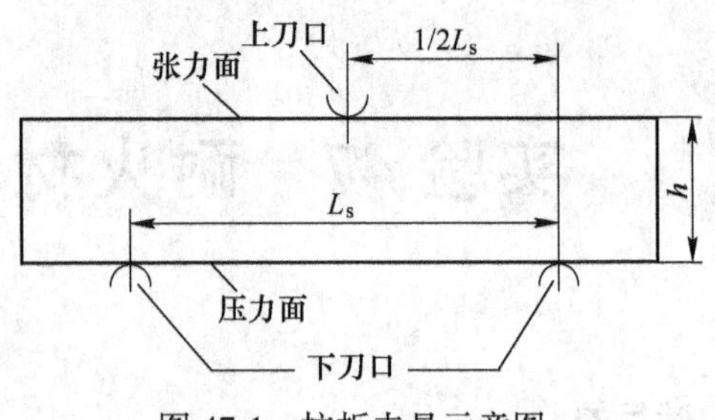

图 47-1 抗折夹具示意图

实验步骤

（1）试样制备。

1）实验用试样的数量按 GB/T 10235 的规定或由有关方协商而定。试样数量应不少于 3 个。

2）对于定形制品，如果试样从砖上切取，从每块砖上切取的试样数量应相同，以便统计分析。

3）形状尺寸：一般应用整砖检验，对于超大尺寸的砖和一些非矩形砖切割成可能最大尺寸的矩形试样，以便安装在抗折夹具上实验。

（2）用硬刷刷去试样表面松散的黏结颗粒。将试样放入（110±5）℃温度的电热恒温干燥箱中烘干至恒重（即间隔 24h 的连续两次称量的差值不大于 0.1%），然后放在干燥器中冷却至室温。

（3）测量每块试样中间部位的宽度和高度，精确至 0.1mm，测量下刀口之间的距离，精确至 0.5mm。

（4）将试样对称地放在抗折夹具的下刀口上。如果试样是整砖，压力面应是成型加压面；如果试样是从砖上切取的，压力面应是原砖的成型加压面。

（5）在常温下对试样垂直施加载荷直至断裂，加荷速率为（0.15±0.015）MPa/s。

（6）记录试样断裂时的最大载荷值。

（7）重复上述操作步骤，对其他试样的常温抗折强度进行测定。

（8）实验完毕，清理工作台面，关闭设备电源。

实验数据记录与处理

（1）实验数据记录与处理参考格式见表 47-1。

表 47-1 常温抗折强度实验数据记录表

试样名称				实验日期		
编号	试样中部宽度 b/mm	试样中部高度 h/mm	下刀口间的距离 L_s/mm	试样断裂时的最大荷载 F_{max}/N	抗折强度 σ_F/MPa	平均抗折强度 $\overline{\sigma}$/MPa
1						
2						
3						
⋮						

（2）数据处理。

1）根据实验测量数据，按公式（47-1）计算试样的常温抗折强度。

2）对于定形制品，如果是整砖，一块砖的测定值就是这块样品的结果；对于切取的试样，记录单值和所有试样的平均值，用这些值来表示试样的结果。

3）结果按 GB/T 8170 修约，保留 1 位小数。

实验注意事项

（1）初次开机前，请检查各种连线的准确性以及输入电源的正确性，电源为 220V ±50Hz交流电源，接地良好。

（2）实验前，请正确设置实验参数，以保证实验数据的准确性。

（3）在无振动、无腐蚀性介质和无较强电磁场干扰的环境中进行实验。

思 考 题

（1）测定耐火制品常温抗折强度的实际意义是什么？

（2）影响常温抗折强度的因素（从结构和工艺方面分析）是什么？

（3）实验过程中影响常温抗折强度实验结果的主要因素是什么？

参考文献

[1] 高里存，任耘．无机非金属材料实验技术［M］. 北京：冶金工业出版社，2007.

[2] 中钢集团洛阳耐火材料研究院．GB/T 3001—2007 耐火材料　常温抗折强度试验方法［S］. 北京：中国标准出版社，2008.

[3] 陈远道，陈贞干，左成钢．无机非金属材料综合实验［M］. 湖南：湘潭大学出版社，2014.

实验 48　高铝质浇注料的制备

实验目的

（1）掌握高铝质浇注料制备的生产工艺原理和生产工艺过程。

（2）学习不定形耐火材料性能测试设备的工作原理及方法。

（3）了解不同配比、不同热处理温度对高铝质浇注料性能的影响。

实验原理

耐火浇注料是指由耐火骨料和粉料、结合剂、外加剂等以一定比例组成的混合料，直接使用或加适当的液体调配后使用，具有较高的流动性，用浇注方法施工。

耐火浇注料是目前生产与使用最广泛的一种不定形耐火材料。主要用于构筑各种加热炉内衬等整体构筑物。某些优质品种也可用于冶炼炉，如铝酸盐水泥耐火浇注料可广泛用于各种加热炉和其他无渣、无酸碱侵蚀的热工设备中。在与熔渣和熔融金属直接接触的冶金炉的一些部位，使用优质磷酸盐耐火浇注料进行修补也有良好效果。

浇注料的各种原料确定以后，首先要经过合理的配合，再经搅拌制成混合料，有的混合料还需困料。根据混合料的性质采取适当方法浇注成型并养护。最后，将已硬化的构筑物经正确烘烤处理后投入使用。

浇注料的使用性质不仅受所用原料和配比的影响，也受施工工艺的影响。为使浇注料体积和某些性能达到在使用时的稳定状态，必须先烘烤排出物理水和结晶水，并使之达到某种程度的烧结。烧结温度是否适当，对浇注料使用寿命有很大的影响。

本实验以不同粒度的高铝矾土熟料为主要原料，CA-50 铝酸盐水泥为结合剂，外加减水剂三聚磷酸钠，以水混合，经振动成型、养护、干燥和焙烧，测量试样干燥后强度、烧后线变化率和焙烧后强度，分析不同配比、不同焙烧温度对高铝质浇注料性能的影响。

（1）常温抗折强度：在室温下，对具有一定尺寸的条形试样，以恒定的加荷速率在三点弯曲装置上对试样施加载荷，试样受到弯曲负荷的作用而断裂时的极限应力。常温抗折强度按式（48-1）计算：

$$\sigma_F = \frac{3}{2} \cdot \frac{F_{1\max} L}{b_1 h^2} \tag{48-1}$$

式中　σ_F——常温抗折强度，MPa；

$F_{1\max}$——试样断裂时的最大荷载，N；

L——两个下刀口之间的距离，100mm；

b_1——试样中部的宽度，mm；

h——试样中部的高度，mm。

（2）常温耐压强度：在室温下，对已知尺寸的试样以恒定的加荷速率施加载荷，试样受到压力负荷的作用而破坏时的极限应力。常温耐压强度按式（48-2）计算：

$$C_s = \frac{F_{2max}}{a \cdot b_2} \tag{48-2}$$

式中　C_s——耐压强度，MPa；

F_{2max}——试样破坏时的最大荷载，N；

a——加压板宽度，40mm；

b_2——试样承压面宽度，mm。

（3）烧后线变化率：试样在规定的升温速度下加热到一定温度并保温一定时间，长度不可逆的变化量，以试样焙烧前后长度变化的百分率表示。试样烧后线变化率按式（48-3）计算：

$$L_c = \frac{L_1 - L_0}{L_0} \times 100\% \tag{48-3}$$

式中　L_c——试样烧后线变化率,%；

L_1——试样烧后尺寸，mm；

L_0——试样烧前尺寸，mm。

实验仪器设备与材料

（1）高温箱式电阻炉，使用温度 1650℃，温度均匀性±5℃。

（2）电子天平，2000g/0.01g。

（3）成型模具，40mm×40mm×160mm 三联模。

（4）耐压强度、抗折强度实验机，示值误差±2%以内。

（5）电热恒温干燥箱。

（6）水泥胶砂搅拌机。

（7）长度测量仪，精度 0.01mm。

（8）振动台。

实验步骤

1. 试样制备

（1）确定高铝质浇注料的原料和配比。本实验原料和配比要求为：以高铝矾土熟料（3~5mm、1~3mm、0~1mm）为主要原料，高铝水泥为结合剂，外加三聚磷酸钠 0.18%，加水量约 10%。在粒度配比确定好后，改变高铝水泥加入量（分别为 12%、14%、16%），制定 3 个配方。

（2）配料计算。每组配方需成型 12 个试样，3 个用于测定烘干后强度，另 9 个试样分别用于测定 3 个温度烧结后的烧后线变化率和烧后强度。根据所需试样数量、体积和密度估算每组配方实验用料总量，再根据配比计算各种原料、铝酸盐水泥及添加剂的用量。

（3）试样成型。将称量好的颗粒原料在搅拌机内充分干混均匀，然后加水搅拌，再加入细粉、水泥及添加剂搅拌均匀。将搅拌好的原料装入 40mm×40mm×160mm 的试模，在振动台上振动成型并除去多余原料。分别成型 3 个配方的试样。

（4）把成型试样做好标记进行养护。

2. 试样干燥

养护好的试样在电热鼓风干燥箱内于（110±5）℃或允许的较高温度下干燥至恒量，在干燥器中冷却至室温。

3. 烘干试样强度测量

（1）抗折强度。

1）试样数量不少于3个；

2）测量每个试样中部的宽度 b_1 和高度 h，精确到0.1mm；

3）试样以成型侧面做承压面，将试样置于抗折夹具的支承辊上，调整加压辊置于支承辊中央并垂直于试样长轴。

4）以（0.15±0.015）MPa/s的速率对试样均匀加荷，直至试样断裂。记录试样断裂时的最大荷载 F_{1max}。

（2）耐压强度。

1）用测完抗折强度的试样测耐压强度，共六个试样；

2）测量试样上、下承压面的宽度 b_2，精确到0.1mm；

3）试样以成型时的侧面作为承压面放在加压装置的下压板上；

4）以（1±0.1）MPa/s的速率对试样均匀加荷，直至试样破坏。记录最大载荷 F_{2max}。

5）烘干试样尺寸测量。

试样干燥完毕后，自然冷却至室温，测量待焙烧试样尺寸，并做好标记，以备焙烧后测量烧结后尺寸。试样尺寸测量时，在试样两端面相互垂直的中心线上，距边棱5~10mm处的四个位置，对称地测量试样的长度（*A-A′*、*B-B′*、*C-C′*、*D-D′*），精确到0.01mm。

4. 试样烧结

（1）试样烧结在高温电阻炉中进行。将试样成型时的底面作为底面，放入电阻炉内的均温区。试样间距离应不小于20mm，试样与炉壁之间距离应不小于70mm。试样放置在垫砖上，垫砖应与试样材质相同，厚度不小于30mm，并用三棱柱支起。

（2）每组配方均设定三个烧成温度（1300℃、1350℃和1400℃），加热及保温制度为：

室温~1200℃，4~6℃/min；1200℃~低于实验温度50℃，2~5℃/min；最后50℃，1~2℃/min；保温180min。

5. 烧后试样尺寸测量

待试样冷却至室温后进行烧后试样尺寸测量。根据烧前原有标记（*A-A′*、*B-B′*、*C-C′*、*D-D′*）进行烧结后试样尺寸测量，并进行记录，根据试样烧前及烧后尺寸计算烧后线变化率。

6. 烧后试样强度测量

用测完烧后尺寸的试样测试烧后强度，方法与烘干试样强度测量相同。

实验数据记录与处理

1. 实验数据记录与处理参考格式

试样烘干和1300℃、1350℃、1400℃烧后强度实验数据记录参照表48-1，1300℃、

1350℃和 1400℃烧后线变化率测定数据记录参照表 48-2。

表 48-1　试样强度测量实验数据记录表

试样编号	1-1	1-2	1-3	2-1	2-2	2-3	3-1	3-2	3-3
试样中部宽度 b_1/mm									
试样中部高度 h/mm									
试样断裂时最大荷载 F_{1max}/N									
抗折强度 σ_F/MPa									
抗折强度均值/MPa									
加压板宽度 a/mm									
试样承压面宽度 b_2/mm									
试样破坏时最大荷载 F_{2max}/N									
耐压强度 C_s/MPa									
耐压强度均值/MPa									

表 48-2　试样烧后线变化率测定实验数据记录表

试样编号		1-4	1-5	1-6	2-4	2-5	2-6	3-4	3-5	3-6
试样烧前尺寸/mm	A-A'									
	B-B'									
	C-C'									
	D-D'									
试样烧后尺寸/mm	A-A'									
	B-B'									
	C-C'									
	D-D'									
烧后线变化率/%	A-A'									
	B-B'									
	C-C'									
	D-D'									
烧后线变化率均值/%										

2. 数据处理

（1）抗折强度。按式（48-1）计算试样烘干和烧后抗折强度，分别计算3个试样的抗折强度单值，3个单值的平均值即为该配方试样在烘干或某一温度焙烧后抗折强度值。抗折强度结果按GB/T 8170修约，保留1位小数。

（2）耐压强度。按式（48-2）计算试样烘干和烧后耐压强度，分别计算6个试样（由3个试样做完抗折强度折断后获得）的耐压强度单值，6个单值的平均值即为该配方试样在烘干或某一温度焙烧后耐压强度值。计算结果保留3位有效数字。

（3）烧后线变化率。按式（48-3）计算试样烧后线变化率，分别计算每个试样在（A-A'、B-B'、C-C'、D-D'）4个位置上的线变化率值，4个线变化率值的平均值为该试样的烧后线变化率值，同一配方同一温度焙烧后的3个试样的烧后线变化率平均值即为该配方试样在该温度焙烧后的线变化率值。烧后收缩以“-”号表示，烧后膨胀以“+”号表示。烧后线变化率结果计算至小数点后1位。

3. 结果分析

根据计算所得不同水泥加入量试样的烘干强度、不同温度焙烧后的烧后强度及烧后线变化率值，绘制图表进行比较，分析不同配比、不同焙烧温度对高铝质浇注料性能的影响。

实验注意事项

（1）试样制备过程中要称量准确，混料均匀，加水量合适，混合料要有一定的流动性，适于振动成型。

（2）高温电阻炉加热空间要温度均匀，控温准确，严格按照升温制度进行加热升温。

（3）烧制好的试样不能有表面裂纹、表面凹陷或凸出等现象，出现这些现象的试样不能进行后续的检测，需找出原因，改进方案，重新进行实验。

思考题

（1）浇注料制备过程中加水量对试样强度有何影响？

（2）焙烧温度及保温时间对试样性能有何影响？

参考文献

[1] 王维邦. 耐火材料工艺学［M］. 北京：冶金工业出版社，1996.
[2] 高里存，任耘. 无机非金属材料实验技术［M］. 北京：冶金工业出版社，2007.

实验 49　材料体积密度、显气孔率及吸水率测定

实验目的

（1）了解体积密度、显气孔率及吸水率等概念的物理意义。
（2）掌握体积密度、显气孔率及吸水率的测定原理和测定方法。
（3）熟悉体积密度、显气孔率及吸水率测定中误差产生的原因。

实验原理

体积密度是指制品的质量与总体积（包括制品的实体体积和全部气孔所占的体积）之比；显气孔率是指制品中所有开口气孔体积与制品总体积之比，以百分率表示；吸水率是指制品中所有开口气孔所吸收的水的质量与制品总质量之比，以百分率表示。

体积密度、吸水率和显气孔率等是评价材料质量的重要指标，这些指标除直接表征它们本身的意义外，还与制品的其他性质如耐压抗折强度、荷重软化温度、热震稳定性、抗渣性、透气性以及导热性等性能有密切关系。

由于这些指标的测定方法比较简便，属于非破坏性检测，所以它们被广泛地用作判断制品烧结质量，检验产品的均一程度和控制生产工艺过程的常测项目。这些指标性能与配料、成型压力和烧成温度等工艺因素有着直接的关系。

体积密度、显气孔率和吸水率等相互间都有着密切关系。材料吸水率、显气孔率的测定都是基于密度的测定，而密度的测定则基于阿基米德原理。由阿基米德原理可知，当物体浸入液体中时，受到浮力的作用，浮力的大小等于该物体排开液体的质量，则有如下等式：

$$m_3 - m_2 = V\rho_{ing} \tag{49-1}$$

式中　m_3——被浸渍液体饱和的物体在空气中的质量，g；
m_2——被浸渍液体饱和的物体悬浮在液体中的质量，g；
V——物体的体积，cm^3；
ρ_{ing}——液体的密度，g/cm^3。

由式（49-1）可计算出物体的体积为

$$V = (m_3 - m_2)/\rho_{ing} \tag{49-2}$$

因此，称量干燥试样质量 m_1、被浸渍液体饱和的试样悬浮在液体中的质量 m_2 和被浸渍液体饱和的试样在空气中的质量 m_3，在忽略空气浮力影响的情况下，试样的体积密度 ρ_b、吸水率 W_a 和显气孔率 π_a 分别由式（49-3）~式（49-5）计算：

$$\rho_b = \frac{m_1}{m_3 - m_2} \times \rho_{ing} \tag{49-3}$$

$$W_a = \frac{m_3 - m_1}{m_1} \times 100\% \tag{49-4}$$

$$\pi_a = \frac{m_3 - m_1}{m_3 - m_2} \times 100\% \tag{49-5}$$

材料体积密度、显气孔率及吸水率测定符合标准《致密定形耐火制品体积密度、显气孔率和真气孔率试验方法》（GB/T 2997—2015）的规定，该标准适用于致密定形耐火制品的体积密度、显气孔率及吸水率测定。

实验仪器设备与材料

（1）显气孔率体积密度测定仪。显气孔率体积密度测定仪主要由真空干燥箱、浸液槽、真空泵、溢流容器等组成，其结构如图 49-1 所示。

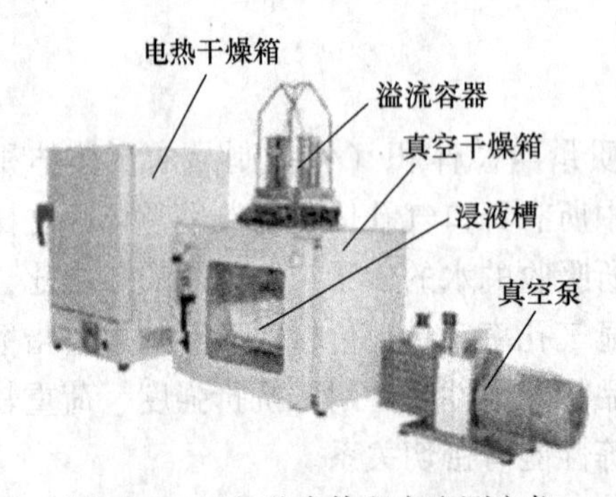

图 49-1　显气孔率体积密度测定仪

（2）电热恒温干燥箱。

（3）游标卡尺，精度 0.02mm。

（4）电子天平，2000g/0.01g。

实验步骤

1. 干燥试样质量（m_1）的测定

称量前先把试样表面附着的灰尘及细碎颗粒刷净，在电热恒温干燥箱中于（110±5）℃温度下烘干 2h，取出后置于干燥器中自然冷却至室温，称量每个试样的质量（m_1），再次烘干、冷却，称量直至恒重。

2. 试样的浸渍

（1）常规法。把试样放入浸液槽内，并置于抽真空装置中，抽真空至其剩余压力小于 2.5kPa。试样在此真空度下保持约 5min，然后在约 3min 内缓慢注入浸液，直至试样完全淹没，再继续抽真空 5min。停止抽气，将浸液槽取出，在空气中静置 30min，使试样充分饱和。

（2）仲裁法。把试样放入浸液槽内，并置于抽真空装置中，抽真空至其剩余压力小于 2.5kPa。试样在此真空度下保持 15min，然后将浸液槽与真空泵断开。若浸液槽内试样不再脱气，压力不再升高，再将浸液槽与真空泵连接，开始注入浸液，3min 内直至浸液覆盖试样约 20mm。保持此压力约 30min 后关闭真空泵，取出浸液槽，在空气中静置30min。

3. 饱和试样悬浮在液体中质量（m_2）的测定

将饱和试样迅速移至带溢流管容器的浸液中，当浸液完全淹没试样后，将试样吊在天平的挂钩上称量饱和试样悬浮在浸液中的质量（m_2）。测量浸液温度。

4. 饱和试样在空气中质量（m_3）的测定

从浸液中取出试样，用被浸液饱和的棉毛巾小心地擦去多余的液滴，但不能把气孔中液体吸出，迅速称量饱和试样在空气中的质量（m_3），精确至0.01g。

5. 浸液密度的测定

测定在实验温度下浸渍液体密度（ρ_{ing}），可以直接用比重计或液体比重天平测定，精确至0.001g/cm^3，也可以通过查阅手册资料。本实验用蒸馏水作为浸渍液体，蒸馏水在常用温度下的密度见附录。

实验数据记录与处理

（1）实验数据记录与处理参考格式见表49-1。

表49-1　材料体积密度、显气孔率和吸水率测定实验数据记录表

试样名称		浸渍液体名称		浸渍液体密度 ρ_{ing}/g·cm^{-3}		
试样浸渍方法		浸渍液体温度		实验日期		
试样编号	干燥试样质量 m_1/g	饱和试样在液体中的质量 m_2/g	饱和试样在空气中质量 m_3/g	体积密度 ρ_b/g·cm^{-3}	显气孔率 π_a/%	吸水率 W_a/%
1						
2						
3						
⋮						
平均值	—	—	—			

（2）数据处理。

1）根据实验测量数据，按式（49-3）~式（49-5）分别计算每个试样的体积密度、吸水率和显气孔率。

2）计算三个试样体积密度、吸水率和显气孔率的平均值。

3）计算结果所需位数按GB/T 8170进行处理，体积密度值保留至小数点后2位，显气孔率和吸水率精确至0.1%。

（3）实验误差。

1）同一实验室、同一实验方法、同一块试样的复验误差不允许超过：显气孔率0.5%；吸水率0.3%；体积密度0.02g/cm^3。

2）不同实验室、同一块试样的复验误差不允许超过：显气孔率1.0%；吸水率0.6%；体积密度0.04g/cm^3。

注意事项

（1）制备试样时一定要检查试样有无裂纹等缺陷。

（2）饱和试样表面上的过剩液体用被液体饱和的毛巾擦掉，但不得吸出气孔中的液体（毛巾太干，吸走气孔中的液体；太湿，表面上的过剩液体擦不完）。

（3）一个试样先后称量 3 次，每次必须准确称量。同一试样必须在同一台天平上称量，并且要经常检查天平零点以保证称重准确。

（4）试样抽气必须达到规定的真空度和抽气时间，否则试样气孔中气体不能完全排出。

（5）溢流杯内必须保证恒定水位，液体应完全淹没试样，否则会影响结果。

思考题

（1）材料显气孔率、吸水率和体积密度的意义及相互关系是什么？

（2）怎样利用本实验结果对材料的烧结性能（未烧结、烧结和过烧）进行评价？

参考文献

[1] 中钢集团洛阳耐火材料研究院有限公司，等. GB/T 2997—2015 致密定形耐火制品体积密度、显气孔率和真气孔率试验方法 [S]. 北京：中国标准出版社，2016.

[2] 陈运本，陆洪彬. 无机非金属材料综合实验 [M]. 北京：化学工业出版社，2007.

[3] 伍洪标. 无机非金属材料实验 [M]. 北京：化学工业出版社，2011.

[4] 黄新友. 无机非金属材料专业综合实验与课程实验 [M]. 北京：化学工业出版社，2001.

[5] 王维邦. 耐火材料工艺学 [M]. 北京：冶金工业出版社，1996.

实验 50 陶瓷制品白度测定

实验目的

（1）掌握陶瓷制品白度测定的原理及方法。
（2）了解实验主要仪器设备的构造和工作方法。
（3）了解实验过程中影响陶瓷制品白度测定的主要因素。

实验原理

白度是指物质表面白色的程度，以白色含有量的百分率表示。

一般当物体表面对可见光谱内所有波长的反射比都在 80%以上时，可认为该物体表面为白色。白色位于色空间中相当狭窄的范围内，它们与其他颜色一样，可以用三维量（即光反射比 Y、纯度 C、主波长 λ）来表示。但人们却习惯以理想白色（如高纯度硫酸钡，其白度值为 100%）作为参比标准，将不同物体白度按一维量白度（W）排序来定量评价其白色程度。无论是目视评定白度，还是用仪器评定白度，都必须建立在公认的“标准”基础上。所以，所谓白度是指距离理想白色的程度。

当光线投射到各种物体上时，都会发生选择性吸收和选择性反射的作用。不同物体对各种不同波长光的反射、吸收和透过程度不同，反射方向也不一样，于是就产生了各种物体不同的颜色（不同的白度）。陶瓷材料（包括陶瓷粉末）的白度是影响陶瓷产品光学性能的重要因素。光线照射在陶瓷材料试样上时，可发生镜面反射与漫反射、镜面透射与漫透射。其中，漫反射决定了陶瓷表面的白度。

白度测定仪利用积分球实现绝对光谱漫反射率的测量来测定被测物体的白度，其光学原理如图 50-1 所示。由 LED 光源发出的蓝紫光线直接进入积分球，光线在积分球内壁漫反射后，照射在测试口的试样上，由试样反射的光线经聚光镜、光栏、滤色片组后由硅光电池接收，转换成电信号；另有一路硅光电池接收球体内的基底信号。两路电信号经系统分析、处理，显示测定结果。

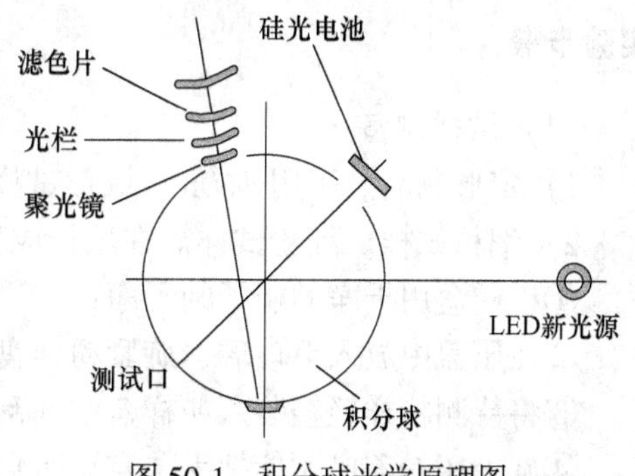

图 50-1 积分球光学原理图

陶瓷产品的釉层是具有一定色彩并混有少许晶体和气孔的玻璃相，一般厚度为 0.1mm。釉与坯的反应层一般无清晰、平整的界面，往往是釉层与坯体交混在一起的模糊层。反应层之下则为气孔、晶体和多种玻璃相互组成的坯体，它通常也有一定的色彩。利用白度测定仪测定陶瓷白度时，设想釉上表面是平整的，一束平行光投射到釉面上，接收器接收的光由以下几个部分组成：釉上表面反射的光，釉层散射的光，经釉层两次吸收在反应层漫反射的光，透入坯体引起的散射光。各部分光作用在接收器上的相对强度，一般情况下是上表面反射光约占7%，反应层漫反射约为75%，其余约18%。

陶瓷制品白度测定的实验方法是：将标准黑筒的白度定为0，标准白板的白度定为100%，然后将试样与标准白板的白度相比得到一个相对白度值，从而确定该试样的白度值。

陶瓷制品白度测定符合标准《建筑材料与非金属矿产品白度测量方法》（GB/T 5950—2008）的规定。

实验仪器设备与材料

（1）WSB-Ⅵ型智能白度测定仪。WSB-Ⅵ型智能白度测定仪采用漫射照明垂直探测方式（d/o），积分球直径120mm，测量孔直径20mm，设有光吸收器以消除试样镜面反射光的影响，如图50-2所示。

（2）电热恒温干燥箱。

（3）压粉成型器，其结构如图50-3所示。

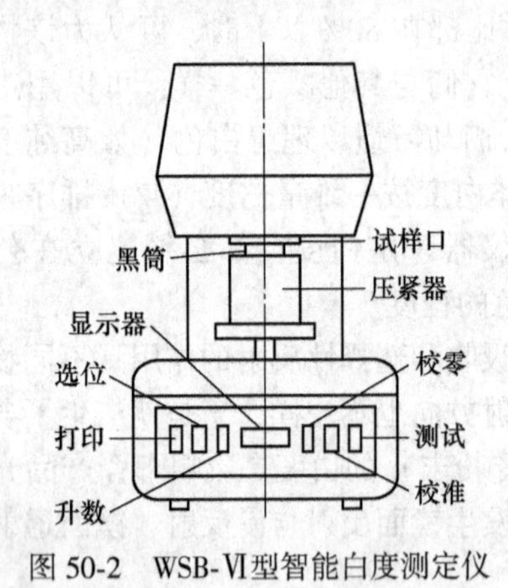

图50-2　WSB-Ⅵ型智能白度测定仪

压粉盖旋紧把手
压粉盖
塑料底盖
上压块
粉样盘
毛玻璃
压盖

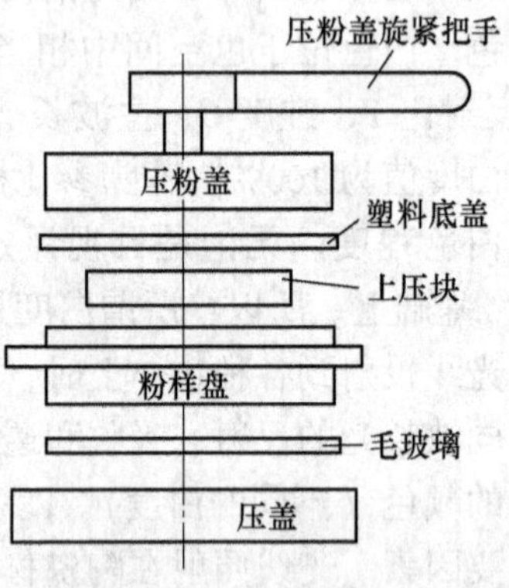

图50-3　压粉成型器结构

实验步骤

（1）试样制备。

1）定形制品。采用ϕ60mm圆形试样或60mm×60mm正方形试样，试样数量3块。

2）细粉试样。细粉试样需在压粉成型器（图50-3）中制备，其步骤如下：

①粉样盒用干净的刷子刷干净；

②在压盖中放入毛玻璃，旋紧粉样盘；

③将待测粉样轻轻装入粉样盒中并刮去多出平面的部分，放上压块；

④旋上压粉盖，顺旋把手，直至听见“嗒嗒”的响声即认为样品已压实；

⑤逆旋把手720°，旋出压粉器，取出压块；

⑥盖上塑料底盖，翻转粉样盒，旋下压盖，揭开毛玻璃，细粉试样制备完成。

（2）调整白度测定仪使其水平。

（3）接通仪器电源，显示器从120.0开始倒计时，2min后显示标准白板背面的标准值，预热15min。

（4）将黑筒放入试样口，按“校零”，3s 后显示 0.0。

（5）取下黑筒，将工作白板放入试样口，如果该白板值与仪器校准白板值不一致，请按“选位”键后按“升数”键，将数字升至工作白板背面的值，再按“校准”键，仪器显示工作白板的白度值。

（6）将待测物品放入试样口，按“测试”键，3s 后显示的数值为该物品的白度值。

（7）重复以上步骤，测定另一组数据。

实验数据记录与处理

（1）实验数据记录与处理参考格式见表 50-1。

表 50-1　陶瓷制品/细粉白度实验数据记录表

试样名称		实验日期	
试样编号	试样尺寸/mm	白度值	平均值
1			
2			
3			
⋮			

（2）数据处理。根据实验测量数据，三块试样板的白度平均值为该试样的白度值。

（3）实验误差。

1）当三块试样板的白度值中有一个超过平均值±0.5 时，应予剔除，取其余两个测量值的平均值作为白度结果。

2）若有两个白度数值超过平均值的±0.5 时，应重新测量。

实验注意事项

（1）仪器使用环境应干燥洁净，工作台平整、平稳。

（2）仪器有良好的接地，确保安全。

（3）工作白板表面保持清洁，防止划伤，如表面有污迹，可用干净脱脂棉蘸无水乙醇擦洗，干燥后使用。

（4）黑筒用完后应倒立放置，防止异物进入。

思 考 题

（1）试述测定白度的意义。

（2）影响陶瓷制品白度的主要因素有哪些？

（3）分析影响白度测量结果的主要因素。

参考文献

[1] 周永强，吴泽，孙国忠．无机非金属材料专业实验［M］. 哈尔滨：哈尔滨工业大学出版社，2002.

[2] 陈运本，陆洪彬．无机非金属材料综合实验［M］. 北京：化学工业出版社，2007.

[3] 建筑材料工业技术监督研究中心，等. GB/T 5950—2008 建筑材料与非金属矿产品白度测量方法［S］. 北京：中国标准出版社，2008.

实验 51　陶瓷材料釉面耐磨性能测定

实验目的

（1）掌握陶瓷材料釉面耐磨性能测定的原理及方法。

（2）熟悉实验主要仪器设备的构造和工作原理。

（3）了解实验过程中影响陶瓷材料釉面耐磨性能的主要因素。

实验原理

陶瓷材料釉面是指覆盖在陶瓷坯体表面上的一层玻璃态薄层，它与玻璃相似，一般较透明，具有光泽、无固定熔点。釉面的作用在于：

（1）改善陶瓷制品的表面性能。陶瓷坯体烧结后，通常有微孔、表面粗糙，施釉后陶瓷制品表面光滑、不透湿、不透气。这是因为釉是一种玻璃体，在高温下呈液相特性，在表面张力的作用下，具有非常平整的表面，其光洁度可达到 0.01μm 或更高。

（2）提高陶瓷制品的机械强度，以及电、光、热稳定性等性能。其原因在于玻璃状釉层附着在陶瓷制品的表面，可以弥补表面的空隙和微裂纹，提高材料的抗弯及抗热冲击性，施釉后一般可使陶瓷制品强度提高 20%～40%。

（3）改善陶瓷制品的化学性能，因为平整光滑的釉面不易黏附脏污、尘埃，施釉可以阻碍液体对制品的透过，提高其抗侵蚀能力。

（4）釉面使陶瓷制品具有一定的黏合能力，在高温的作用下，通过釉层的作用使陶瓷制品与制品之间牢固结合。

（5）釉面可以使陶瓷制品更加美观，而且釉面还可遮盖陶瓷坯体的不良颜色和粗糙的表面。

耐磨性是材料抵抗磨损的一个性能指标，可用磨损级别来表示，磨损级别愈高，耐磨性愈好。相当多的陶瓷材料釉面在使用时由于受到运动着的固体物料摩擦而蚀损，其耐磨性高低与构成陶瓷材料釉面组分的颗粒硬度有直接关系，颗粒间黏结强度、陶瓷砖釉面气孔率高低也影响其耐磨性。

陶瓷砖釉面耐磨性的测定，是将一定量的磨料置于陶瓷砖釉面上，使磨料在釉面上旋转研磨，对已磨损的试样和未磨损试样进行观察对比，评价陶瓷砖耐磨性。

试样根据磨损可见痕迹进行分级，共分 5 级，见表 51-1。

表 51-1　釉面陶瓷砖耐磨性分级表

磨损可见痕迹的级（转数）	分类级别
100	0
150	1

续表 51-1

磨损可见痕迹的级（转数）	分类级别
600	2
750，1500	3
2100，6000，12000	4
>12000 和通过 GB/T 3810.14 做耐污染性试验	5

陶瓷材料釉面耐磨性能测定实验符合标准《陶瓷砖试验方法　第 7 部分：有釉砖表面耐磨性的测定》（GB/T 3810.7—2006）的规定。本标准适用于所有施釉陶瓷砖表面耐磨性测定。

实验仪器设备与材料

（1）LM-8 型陶瓷砖釉面耐磨试验仪。陶瓷砖釉面耐磨试验仪结构如图 51-1 所示，它由机体、传动机构、支承转盘、八个带橡胶密封的金属夹具盒（见图 51-2）和电控装置等组成。

1）试样由金属夹具固定在夹具盒内，夹具内径 ϕ83mm，内空间高度 25.5mm。

2）实验时，电机通过传动机构使支承盘以每分钟 300 转运转，随之产生 22.5mm 的偏心距（e），使每块试样做直径为 45mm 的圆周运动，从而使磨料在试样釉面上研磨。

3）通过电控装置可预先设定转数，当达到预定转数时，试验仪自动停机。

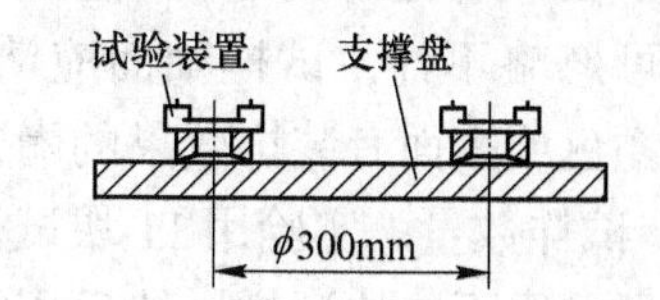

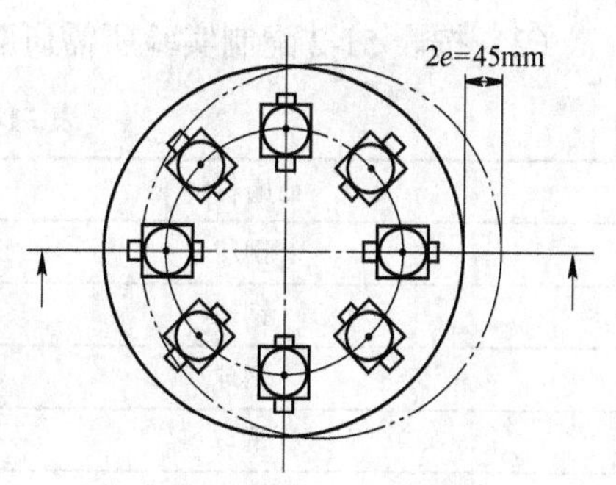

图 51-1　陶瓷砖釉面耐磨试验仪

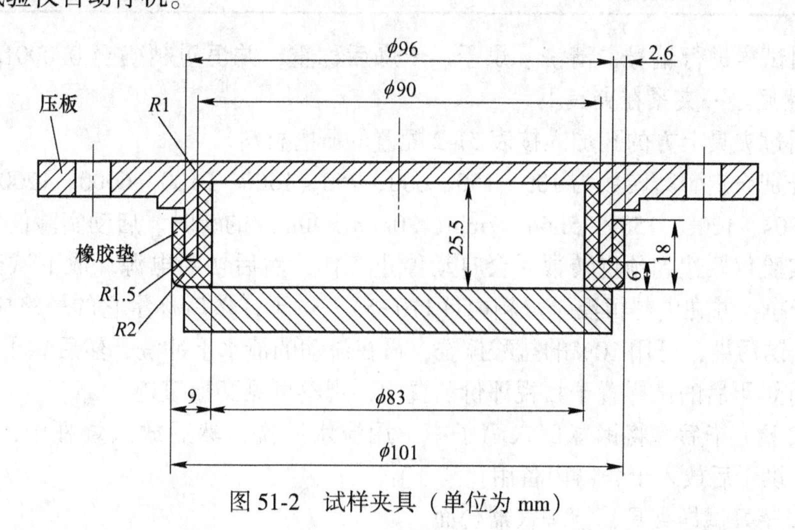

图 51-2　试样夹具（单位为 mm）

（2）目视评价装置。目视评价装置如图 51-3 所示，其箱体尺寸为 61mm×61mm，箱内刷有自然灰色。箱内用色温为 6000~6500K 的荧光灯垂直置于观察砖的表面上，照度约为 300lx。

(3) 电热恒温干燥箱。

(4) 电子天平，220g / 0.1mg。

(5) 实验原料：釉面陶瓷砖，甲醇，酒精，10%浓度的盐酸溶液。

实验步骤

(1) 试样制备。

1) 尺寸和形状。试样的尺寸为 100mm × 100mm，若使用较小尺寸的试样时，要先将它们粘紧固定在一适宜的支承材料上，窄小接缝的边界影响可忽略不计，试样釉面应清洗并干燥。对于不同颜色或表面有装饰效果的陶瓷砖，应选取能包含所有特色的部分。

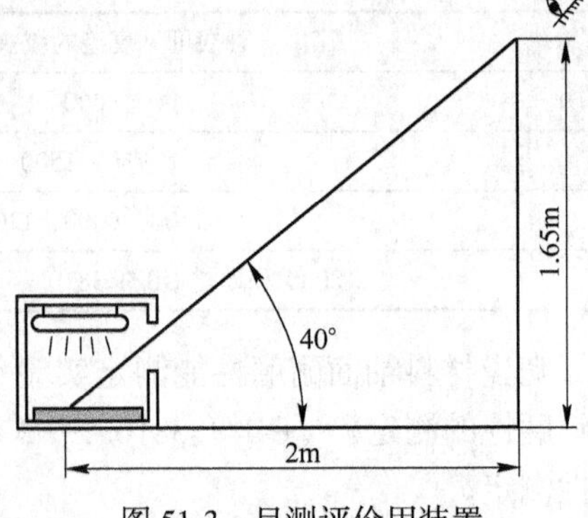

图 51-3　目测评价用装置

2) 试样数量。实验用 11 块试样，其中 8 块试样经耐磨实验后供目视评价用。每个研磨阶段要求取下一块试样，然后用 3 块试样与已磨损的样品对比，观察可见磨损痕迹。

(2) 按表 51-2 配制实验所需研磨材料。

表 51-2　实验所需的研磨材料

研磨材料	规格/mm	质量/g
钢球	$\phi5$	70.00±0.50
钢球	$\phi3$	52.50±0.50
钢球	$\phi2$	43.75±0.10
钢球	$\phi1$	8.75±0.10
符合 ISO 8684—1 中规定的粒度为 F80 的刚玉磨料	80 目（0.20mm）	3.00
蒸馏水或去离子水	20mL	

(3) 对试样进行编号，清洗、烘干、干燥后称重，并恒重精确至 0.0001g 作为初始质量 m_0。然后逐一夹紧在夹具下。

(4) 通过夹具上方的孔加入按表 51-2 配置的研磨材料。

(5) 分别设定研磨转数为 100、150、600、750、1500、2100、6000、12000 转，分别对应 20s、30s、120s、150s、5min、7min、20min、40min 的转时。启动实验仪器。

(6) 实验仪器达到预定转数后会自动停止工作，然后切断电源。取下试样用流动的清水冲洗干净，并在电热恒温干燥箱内（110±5）℃烘干，然后称量它的最终质量 m_1。如果试样被铁锈污染，可用 10%的盐酸擦洗，再在流动的清水下冲洗，然后烘干并称量。

(7) 将烘干后的试样置于目视评价装置中，观察可见磨损痕迹。

(8) 实验完毕后，将钢球倒入筛子中，用流水冲洗，然后放入烧杯中，再用甲醇、酒精清洗，烘干后放入干燥器内备用。

(9) 安装好试样夹具，清理仪器台面。

实验数据记录与处理

(1) 实验数据记录与处理参考格式见表 51-3。

表 51-3 陶瓷制品釉面耐磨性实验数据记录表

试样名称		实验员		实验日期	
试样编号	初始质量 m_0/g	最终质量 m_1/g	磨耗量 m_2/g	磨损可见痕迹转数	分类级别
1					
2					
3					
⋮					

（2）数据处理。

1）根据试样的初始质量和最终质量，计算其磨耗量。

2）根据试样的磨损可见痕迹的转数，确定其分类级别。

3）当可见磨损在较高一级转数和低一级转数比较靠近时，重复实验检查结果。如结果不同，取两个级中较低的级作为结果分类。

4）当12000转数下未见磨损痕迹，无污染或按 GB/T 3810.14 中列出的任何一种方法（A、B、C 或 D），污染能擦掉，耐磨性定为5级。

5）当12000转数下未见磨损痕迹，按 GB/T 3810.14 中列出的任何一种方法（A、B、C 或 D），污染都不能擦掉，耐磨性定为4级。

6）对于不小于12000转数下未见磨损痕迹，需按 GB/T 3810.14 进行实验，再确定分级。

实验注意事项

（1）支撑试样的夹具在工作时用盖子盖上。

（2）钢球表面上的油污需用清洗剂清洗干净，用蒸馏水冲洗后在干燥箱内烘干，然后放入干燥器内备用。

（3）使用过一次的钢球大小和质量可能因磨损而有所改变，钢球之间的空隙和摩擦面可能有所不同，故尽量不要重复使用。

（4）所用的刚玉磨料要符合 ISO 8684—1 中规定的粒度，并严格控制其颗粒度和纯度。

（5）试样制作过程中要严格按照工艺制作，选取外观质量好的试样。

（6）试样烘干的干燥温度和时间要确定，操作过程中要防止污渍、杂质等污染试样，整个过程要轻拿轻放，避免碰掉瓷层。

思 考 题

（1）陶瓷制品釉面耐磨性能测定的实际意义是什么？

（2）影响陶瓷制品釉面耐磨性能的主要因素有哪些？

参考文献

[1] 咸阳陶瓷研究设计院，等. GB/T 3810.7—2016 陶瓷砖试验方法 第7部分：有釉砖表面耐磨性的

测定［S］. 北京：中国标准出版社，2016.
［2］王艳丽，李用涵，蒋伟忠．搪瓷釉面耐磨性测定方法的探讨［J］. 玻璃与陶瓷，2015，43（4）：12~14.
［3］王磊．材料的力学性能［M］. 沈阳：东北大学出版社，2014.
［4］姜建华．无机非金属材料工艺原理［M］. 北京：化学工业出版社，2005.

实验 52　X 射线衍射技术与物相定性分析

实验目的

（1）掌握 X 射线衍射物相定性分析的基本原理和方法。

（2）了解 X 射线衍射仪的结构及其基本原理。

（3）测试一个粉末样品的 X 射线衍射图谱，鉴定其物相组成并测定其点阵常数。

实验原理

1. X 射线衍射分析的基本原理

1895 年，德国物理学家伦琴研究阴极射线管时，发现一种有穿透力的肉眼看不见的射线，称为 X 射线（也叫伦琴射线）。

1912 年德国物理学家劳厄以晶体为衍射光栅，发现了 X 射线的衍射现象，证实了 X 射线的本质是一种电磁波。它的波长很短，大约与晶体内呈周期排列的原子间距为同一数量级，在 10^{-8}cm 左右。X 射线的波长范围为 0.001～10nm，波长较短的为硬 X 射线，能量较高，穿透性较强；波长较长的为软 X 射线，能量较低，穿透性弱。晶体分析中所用 X 射线只在 0.05～0.25nm 这个范围，与晶体点阵面间距大致相当，在此范围内原子的三维周期排列正好作为光栅。

在劳厄实验的基础上，英国物理学家布拉格父子在 1912 年首次利用 X 射线衍射方法测定了 NaCl 的晶体结构，并推导出著名的布拉格方程，推导过程如下：

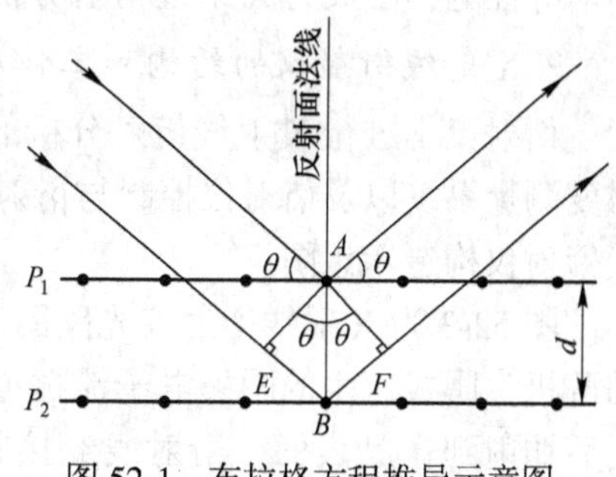

图 52-1　布拉格方程推导示意图

如图 52-1 所示，一束波长为 λ 的 X 射线以 θ 角投射到面间距为 d 的一组平行原子面上。从中任选 P_1 和 P_2 两个相邻原子面，作原子面的法线与两个原子面相交于 A、B。过 A、B 绘出代表 P_1 和 P_2 原子面的入射线和反射线。由图 52-1 可以看出，经 P_1 和 P_2 两个原子面反射的反射波光程差为 $\delta=EB+BF=2d\sin\theta$，干涉加强的条件为

$$2d\sin\theta = n\lambda \tag{52-1}$$

式中　n——整数，称为反射级数（也称为衍射级数）；

θ——入射线或反射线与反射面的夹角，称为掠射角，又称半衍射角或布拉格角，2θ 称为衍射角，(°)。

式（52-1）是 X 射线在晶体中产生衍射必须满足的基本条件，它反映了衍射线方向与晶体结构之间的关系。

由布拉格方程可知：X射线在晶体中的衍射，实质上是晶体中各原子相干散射波之间互相干涉的结果，但因衍射线方向恰好相当于原子面对入射线的反射，所以才借用镜面反射规律来描述X射线的衍射几何规律。应强调的是：X射线从原子面反射和可见光的镜面反射不同，前者是有选择地反射，其发生的条件为布拉格方程，因此，将X射线的晶面反射称为选择反射。

在式（52-1）中的 n 称为衍射级数，$n=1$ 时产生一级衍射。由 $2d\sin\theta = n\lambda$ 可得，$\sin\theta = \frac{n\lambda}{2d} \leqslant 1$，所以 $n \leqslant \frac{2d}{\lambda}$，它给出了一组晶面可能产生衍射的级数。又因为 n 必须为正整数，即 $n \geqslant 1$，所以只有 $d \geqslant \frac{\lambda}{2}$ 的晶面才有可能产生衍射。同时，当 n 不同时，$\sin\theta$ 值不同，将使得同一组晶面可能存在不同的 θ 值，造成分析的不便。为了应用方便，将布拉格方程改写为 $2\left(\frac{d}{n}\right)\sin\theta = \lambda$，令 $d^* = \frac{d}{n}$，则 $2d^*\sin\theta = \lambda$，即面间距为 d 的 n 级衍射，相当于面间距为 d/n 面网的一级衍射。因而，此时的布拉格方程便略去了 n，具有较为简单的形式。在使用布拉格方程时，通常不写 d^*，而以 d_{HKL} 表示，其通用形式为

$$2d_{HKL}\sin\theta = \lambda \tag{52-2}$$

利用X射线在晶体中衍射显示的图像特征分析晶体结构及与结构有关的问题称为X射线衍射分析。X射线衍射分析为布拉格方程最重要的应用之一，即用已知波长的X射线去照射晶体，通过衍射角的测量求得晶体中各晶面的面间距 d_{HKL}。

获取物质衍射图样的方法按使用的设备可分为两大类：照相法和衍射仪法。20世纪50年代之前的X射线衍射分析绝大部分用底片来记录衍射信息（即照相法）。衍射仪法是用计数管来接收衍射线的，由于与计算机相结合，具有高稳定、高分辨率、多功能和全自动等性能，已成为X射线衍射分析的主要检测手段。

2. X射线衍射仪的结构和工作原理

衍射仪是进行X射线衍射分析的重要设备，主要由X射线发生器、测角仪、X射线强度测量系统以及衍射仪控制与衍射仪数据采集处理系统四大部分组成。图52-2为X射线衍射仪构造示意图。

图52-3为X射线衍射仪光路图。它是由高压发生器提供一个给定的高压到X射线管的两极，阴极产生的阴极电子流碰撞到阳极时产生X射线。X射线经管靶焦斑、入射光栏后照射到样品表面，衍射线经接收（狭缝）光栏到达石墨单色器，然后进入检测器，经放大并转换为电信号，经计算机处理为数字信息。测量过程中，样品台载着样品按一定的步径和速度转过一定的角度 θ，检测器伴随着转过衍射角 2θ，这种驱动方式为 θ-2θ 联动方式。

计算机记录下样品转动过程中每一步的衍射强度数据（I）和检测器位置（2θ），并以 2θ 为横坐标、强度 I 为纵坐标绘制出衍射图谱，如图52-4所示。

3. X射线衍射物相分析的基本原理

根据晶体对X射线的衍射特征——衍射线的方向及强度来鉴定结晶物质之物相的方法，就是X射线物相分析法。

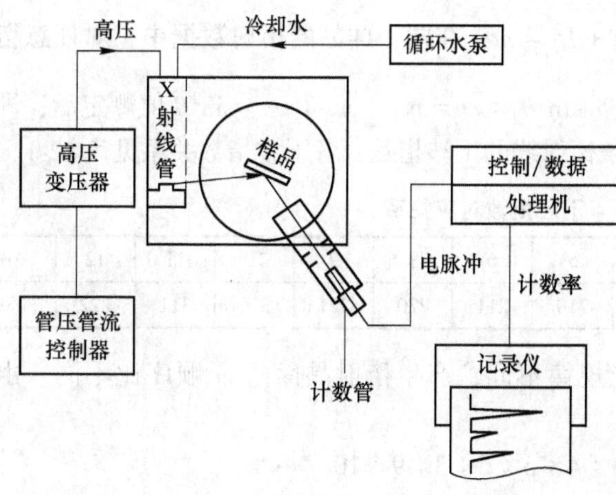

图 52-2　X 射线衍射仪构造示意图

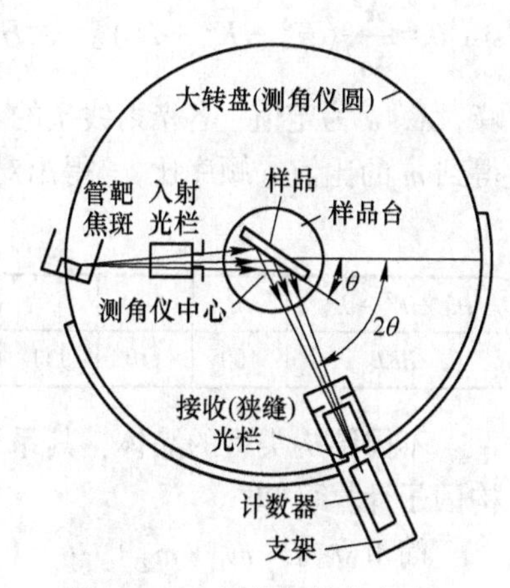

图 52-3　X 射线衍射仪光路图

每种物相均有自己特定的结构参数，因而表现出不同的衍射特征，即衍射线的数目、峰位和强度。即使该物相存在于混合物中，也不会改变其衍射图谱。尽管物相种类繁多，却没有两种衍射图谱完全相同的物相。因此，将被测物质的 X 射线衍射谱线对应的 d 值及计数器测出的 X 射线相对强度 $I_{相对}$ 与已知物相特有的 X 射线衍射 d 值及 $I_{相对}$ 进行对比即可确定被测物质的物相组成。

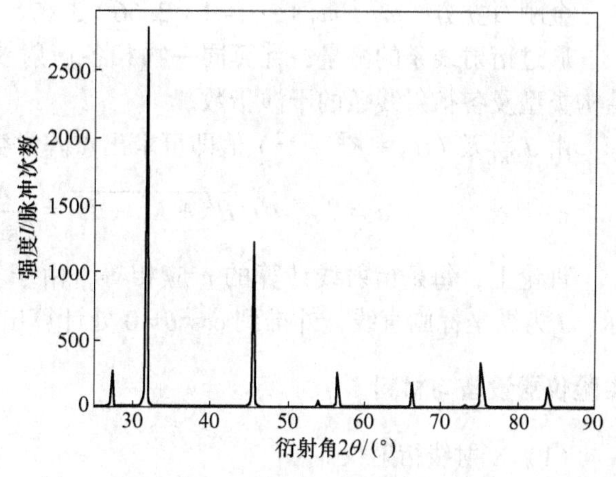

图 52-4　NaCl 衍射图谱

物相定性分析所使用的已知物相的衍射数据，均已编辑成卡片出版，即 PDF 卡片。1938 年 J. D. Hanawalt 等人首先发起以 d-I 数据代替衍射花样，制备衍射数据卡片的工作。1941 年美国材料试验协会（ASTM）出版约 1300 张衍射数据卡片（ASTM 卡片）。1969 年成立了粉末衍射标准联合委员会（JCPDS），由其负责编辑和出版的粉末衍射卡片，称为 PDF 卡片。目前由国际衍射资料中心（ICDD）和粉末衍射标准联合委员会（JCPDS）联合出版的卡片，也称为 JCPDS 卡片。

4. 点阵常数的测定

任何晶体物质在一定状态下都有确定的点阵常数。当外界条件（如温度、成分和应力）改变时，点阵常数也会相应地变化。因此，测定点阵常数对于研究相变过程、晶体缺陷和应力状态具有十分重要的意义。

X 射线测定结晶物质的点阵常数是一种间接方法，它直接测量的是某一衍射线条对应的 θ 角，然后通过晶面间距公式、布拉格公式计算出点阵常数。无机材料研究中，主要利用粉晶衍射数据来测量点阵常数。

对于立方晶系物质，将其晶面间距公式 $d_{HKL} = a/\sqrt{H^2 + K^2 + L^2}$ 代入布拉格方程得

$\sin^2\theta = \frac{\lambda^2}{4a^2}(H^2 + K^2 + L^2)$。令 $H^2 + K^2 + L^2 = m$，在同一样品的衍射数据中，对任意衍射峰，λ、a 为定值，各衍射线条的 $\sin^2\theta_1 : \sin^2\theta_2 : \cdots = m_1 : m_2 : \cdots$。$\sin^2\theta$ 值测定后，即可得到 m 的比值（顺序比），得出对应各条衍射线的干涉指数，各干涉指数关系见表 52-1。

表 52-1　干涉指数对应关系

$H^2+K^2+L^2$	1	2	3	4	5	6	8	9	10	11	12	…
HKL	100	110	111	200	210	211	220	221	310	311	222	…

不同结构类型的晶体，其系统消光规律不同，产生衍射晶面的 m 顺序比不同。由结构因子计算可知：

简单立方　$m_1 : m_2 : \cdots = 1:2:3:4:5:6:8:9:10:\cdots$

体心立方　$m_1 : m_2 : \cdots = 1:2:3:4:5:6:7:8:9:10:\cdots$

面心立方　$m_1 : m_2 : \cdots = 1:1.33:2.66:3.67:4:5.33:6.33:6.67:8:9:\cdots$

金刚石立方　$m_1 : m_2 : \cdots = 1:2.66:3.67:5.33:6.33:8:9:10.67:11.67:\cdots$

通过衍射线条的测量，计算同一物相各衍射线条的 m 顺序比，即可确定该物相晶体结构类型及各衍射线条的干涉指数。

由 d_{HKL} 及（$H^2 + K^2 + L^2$）值即可求出点阵常数 a：

$$a = d_{HKL} \cdot \sqrt{H^2 + K^2 + L^2} = \frac{\lambda}{2\sin\theta} \cdot \sqrt{H^2 + K^2 + L^2} \tag{52-3}$$

理论上，每条衍射线计算的 a 应相等，由于实验误差而不等，通常以 $\cos^2\theta$ 为横坐标、a 为纵坐标画直线，外推到 $\cos^2\theta = 0$ 处计算出点阵常数 a。

实验仪器设备与材料

（1）X 射线衍射仪。

（2）玛瑙研钵。

（3）粉末样品。

实验步骤

1. 样品制备

在粉晶衍射仪法中，样品制备上的差异对衍射结果所产生的影响要比粉晶照相法中大很多，因此，制备符合要求的样品是粉晶衍射仪技术中重要的一环。衍射仪采用平板状样品，样品板为一表面平整光滑的矩形铝板或玻璃板，其上开有一矩形窗孔或不穿透的凹槽。粉末样品就是放入样品板的凹槽内进行测定的，制样步骤如下：

（1）将被测试样在玛瑙研钵中研成 10μm 左右的细粉。

（2）将适量研磨好的细粉填入凹槽，并用平整光滑的玻璃板将其压平压实。

（3）将样品板凹槽外的多余粉末用棉签擦去。

2. 实验参数选择

（1）狭缝。狭缝的大小对衍射强度和分辨率都有影响。大狭缝可得到较大的衍射强度，但降低了分辨率；小狭缝提高分辨率但损失强度。一般如需要提高强度适宜选大些的狭缝，需要高分辨率时宜选小些的狭缝，尤其是接收狭缝对分辨率影响更大。每台衍射仪都配有各种狭缝以供选用。

（2）扫描角度范围。不同样品其衍射峰的角度范围不同，已知样品根据样品的衍射峰选择合适的角度范围，未知样品一般选择 5°~70°。

（3）扫描速度。连续扫描中采用扫描速度，它是指计数器转动的角速度。慢速扫描可使计数器在某衍射角度范围内停留的时间更长，接收的脉冲数目更多，使衍射数据更加可靠，但需要花费较长的时间。对于精细的测量应当采用慢扫描，物相的预检或常规定性分析可采用快速扫描。在实际应用中可根据测量需要选用不同的扫描速度。

3. 样品测量

（1）接通总电源，开启循环水冷机，开启衍射仪总电源。

（2）打开计算机。

（3）在衍射仪主机面板上点击“POWER ON”及“XRAY ON”，再缓慢升高电压、电流至 30kV、4mA。

（4）按主机上“DOOR”，将制备好的样品板插入衍射仪样品台，缓而轻地关闭好防护门。

（5）打开样品测量软件“Standard Measurement”，输入样品信息，设置合适的衍射条件，点击“Execute measurement”图标，仪器开始自检，等出现提示框“Please change to 10mm!!”时点击“ok”，仪器开始自动扫描并保存数据。

（6）测试结束后，在衍射仪主机面板上缓慢降低管电流、管电压至 2mA、20kV，点击“XRAY OFF”及“POWER OFF”，再关闭主机电源，30min 后关闭循环水冷机及总电源。

实验数据记录与处理

（1）实验数据记录与处理参考格式见表 52-2。

表 52-2　X 射线衍射技术与物相定性分析实验数据记录表

阳极靶材质	电压/kV	电流/mA	波长 $\lambda/10^{-10}$m	扫描范围 $2\theta/(°)$	实验日期	实验者	
衍射峰序号	$2\theta_i$	$\sin^2\theta_i$	$\frac{\sin^2\theta_i}{\sin^2\theta_1}$	m_i	HKL	a_i	$\cos^2\theta_i$
1							
2							
3							
⋮							

（2）数据处理。

1）打印所测样品的 X 射线衍射图谱及其原始数据。

2）利用 jade 软件对所测样品进行物相定性分析，并打印物相鉴定结果。

3）在算术坐标纸上以 $\cos^2\theta$ 为横坐标、a 为纵坐标画直线，外推到 $\cos^2\theta=0$ 处计算出

各物相的点阵常数 a。

实验注意事项

（1）在打开X射线衍射仪主机开关前，一定要检查循环水是否正常工作。

（2）打开X射线衍射仪防护门时，必须先按“DOOR”开门，禁止强制拉开防护门。

（3）关闭防护门时，一定要缓而轻，并听到“咯噔”的声音确保门已关好，仪器才能正常测试。

（4）关闭X射线衍射仪主机电源后至少20min才能关闭循环水冷机及总电源。

思考题

简述X射线衍射法物相定性分析过程及注意的问题。

参考文献

[1] 李树棠．金属X射线衍射与电子显微分析技术［M］．北京：冶金工业出版社，1980.
[2] 周永强，吴泽，孙国忠．无机非金属材料专业实验［M］．哈尔滨：哈尔滨工业大学出版社，2002.
[3] 黄新友．无机非金属材料专业综合实验与课程实验［M］．北京：化学工业出版社，2008.
[4] 祁景玉．现代分析测试技术［M］．上海：同济大学出版社，2006.

实验 53　热　分　析

实验目的

（1）了解热分析的基本原理和用途。

（2）了解热分析仪器的结构及使用方法。

（3）掌握热分析曲线的分析方法。

实验原理

热分析是指在程序控制温度和一定气氛下，测量物质的物理性质与温度或时间关系的一类技术。这里的“程序控制温度”一般指线性升温或线性降温，也包括恒温、循环、非线性升温或降温；“物质”指试样本身和（或）试样的反应产物，包括中间产物；“物理性质”主要包括质量、温度、能量、尺寸、力学、声、光、磁、电等，不同的物理性质，对应不同的热分析技术。

热重法（TG）、差热分析法（DTA）、差示扫描量热分析法（DSC）、热机械分析法（TMA）是热分析的四大支柱，用于研究物质的升华、吸附、晶型转变、融化等物理现象以及脱水、分解、氧化、还原等化学现象。它们能快速提供被研究物质的热稳定性、热变化过程的焓变、相变点、玻璃化温度、软化点、比热容、纯度、爆破温度、黏弹性等数据，也是进行相平衡研究和化学动力学过程研究的常用手段。

随着材料学的迅猛发展和热分析技术的不断进步，热分析已经成为了分析和表征各类物质物理转变、化学反应等基本特性的极其有效的研究手段，在矿物、金属、陶瓷、食品、药品、聚合物材料、含能材料等众多领域有十分广泛的应用。

1. 常见的热分析方法

（1）热重法。热重法（thermogravimetry，TG），也常被称为热重分析法（thermogravimetric analysis，TGA），是在程序控制温度和一定气氛下，测量试样质量与温度或时间关系的一种技术。物质在加热过程发生物理化学变化，进而引起质量随之改变，测定物质质量的变化就可研究其变化过程。

热重法实验得到的曲线称为热重曲线（即 TG 曲线）。TG 曲线以质量（或质量分数）为纵坐标，从上向下表示质量减少；以温度（或时间）为横坐标，自左至右表示温度（或时间）增加。当被测物质在加热过程中有升华、汽化、分解出气体或失去结晶水时，被测物质的质量就会减少，热重曲线就下降；当被测物质在加热过程中被氧化时，被测物质的质量就会增加，热重曲线就上升。通过分析热重曲线，就可以知道被测物质在多少温度时产生变化，并且根据失重量，可以计算失去了多少物质。热重法的主要特点是定量性强，能准确地测量物质的变化及变化的速率。

图 53-1 中的曲线 1 为典型的热重曲线。由于试样质量变化的实际过程不是在某一温

度下同时发生并瞬间完成的，因此热重曲线的形状不呈直角台阶状，而是形成带有过渡和倾斜区段的曲线。曲线的水平部分称为平台，表示质量是恒定的，两平台之间的部分称为台阶，曲线倾斜区段表示质量的变化。热重曲线表示过程的失重积累量，属积分型，从热重曲线可得到试样组成、稳定性、热分解温度、热分解产物和热分解动力学等有关数据。

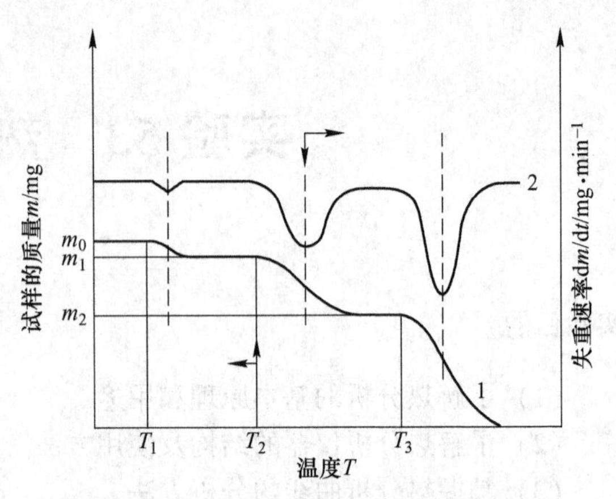

图 53-1　典型的热重曲线和微商热重曲线

从热重法派生出微商热重法（derivative thermogravimetry，DTG），DTG 曲线是 TG 曲线对温度（或时间）的一阶导数，它表示质量随时间的变化率与温度（或时间）的关系。图 53-1 中的曲线 2 是相对于图中 TG 曲线 1 的 DTG 曲线。DTG 曲线能精确地反映出起始反应温度、达到最大反应速率的温度和反应终止的温度。

在 TG 曲线上，对应于整个变化过程中各阶段的变化有时互相衔接而不易区分开，同样的变化过程在 DTG 曲线上能呈现出明显的最大值。故 DTG 能很好地显示出重叠反应，区分各个反应阶段，这是 DTG 的最可取之处。DTG 曲线与 TG 曲线的对应关系是：DTG 曲线上的峰顶点（$d^2m/dt^2=0$，失重速率最大值点）与 TG 曲线的拐点相对应，DTG 曲线上的峰数与 TG 曲线的台阶数相等，DTG 曲线的峰面积则与失重成正比，可更精确地进行定量分析，而 TG 曲线表达失重过程更加形象、直观。

用于进行热重分析的仪器称为热重分析仪，基本构造是由精密热天平、加热炉和控温系统组成。热天平主要有三种不同的形式，其示意图如图 53-2 所示。在上置式设计中，天平置于测试炉体下面，试样支架垂直托起试样坩埚；在悬挂式设计中，天平位于炉体上方，坩埚放在下垂的支架上；在水平式设计中，天平与炉体处于同一水平位置，坩埚支架水平插入炉体中。目前的 TGA 仪器大部分已采用补偿天平，消除了坩埚（试样）位置变化对质量的影响。在天平和炉体之间必须采取结构性措施来保护天平室内的天平免受热辐射的影响，同时要采用保护性惰性气体吹扫天平室以防止腐蚀性分解产物进入天平室内污染天平。

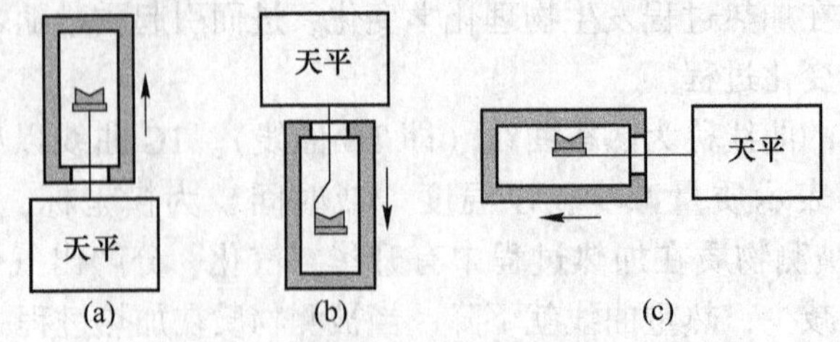

图 53-2　热天平的三种不同形式（箭头表示装样时炉体运动的方向）
（a）上置式；（b）悬挂式；（c）水平式

（2）差热分析法。差热分析法（differential thermal analysis，DTA）是指在程序控制温度和一定气氛下，测量试样和参比物温度差与温度或时间关系的技术。

许多物质在被加热或冷却的过程中，会发生物理或化学变化，如相变、脱水、分解或化合等过程，与此同时必然伴随有吸热或放热现象。当我们把这种能够发生物理或化学变化并伴随有热效应的物质，与一个相对热稳定的、在整个变温过程中无热效应产生的基准物（或叫参比物）在相同的条件下加热（或冷却）时，在样品和基准物之间就会产生温度差，通过测定这种温度差可了解物质变化规律，从而确定物质的一些重要物理化学性质。

差热分析原理如图53-3所示。试样物质S与参比物R分别装在两个坩埚内，在坩埚下面各有一个片状热电偶，这两个热电偶相互反接。对S和R同时进行程序升温，当加热到某一温度试样发生放热或吸热时，试样的温度T_S会高于或低于参比物温度T_R产生温度差ΔT，该温度差就由上述两个反接的热电偶以差热电势形式输给差热放大器，经放大后输入记录仪，得到差热曲线，即DTA曲线。另外，从差热电偶参比物一侧取出与参比物温度T_R对应的信号，经热电偶冷端补偿后送记录仪，得到温度曲线，即T曲线。

差热分析曲线如图53-4所示，纵坐标为ΔT，吸热向下（左峰），放热向上（右峰），横坐标为温度T（或时间）。DTA曲线上相关的概念及参数有以下几种。

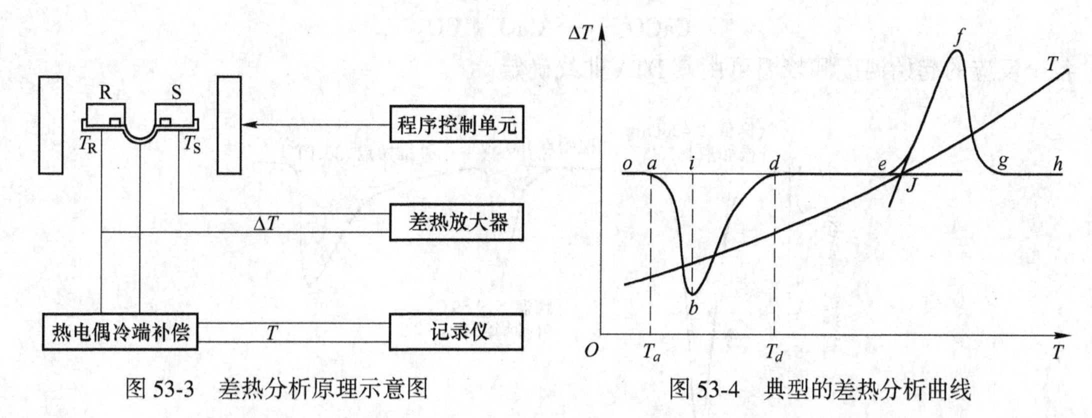

图53-3 差热分析原理示意图

图53-4 典型的差热分析曲线

1）基线：如果参比物和被测物质的热容大致相同，而被测物质又无热效应，两者的温差近似为0，此时测到的是一条平滑的水平直线，该直线称为基线，如图53-4中*oa*段、*de*段及*gh*段。如果试样经过吸热或放热反应后和此前的比热容相差较大，则基线会发生倾斜。

2）峰：指DTA曲线离开基线又回到基线的部分，包括吸热峰和放热峰。峰顶向下的峰为吸热峰，如*abd*段，表示试样的温度低于参比物；相反，峰顶向上的峰为放热峰，如*efg*段，则表示样品温度高于参比物。一旦被测物质发生变化，产生了热效应，在差热分析曲线上就会有峰出现，热效应越大，峰的面积也就越大。

3）峰高：表示试样与参比物之间的最大温度差，即峰顶至内插基线间的垂直距离，如*bi*。

4）峰宽：指DTA曲线离开基线又回到基线两点间的时间或温度间距，如T_d-T_a。

5）峰温：指DTA曲线最大温差点对应的温度。该点既不表示反应的最大速率，亦不表示热反应过程的结束。通常峰值温度较易确定，但数值易受加热速率及其他因素的影响，较起始温度变化大。

6）峰面积：指峰和内插基线之间所包围的面积。

7）始点温度：在DTA曲线中，峰的出现是连续渐变的。由于测试过程中试样表面的温度高于中心温度，所以放热的过程由小变大，形成一条曲线。DTA曲线上最初偏离基线的点对应的温度称为起始温度，如图中 a 点对应的温度 T_a。

8）外推起始点温度：指峰的起始边陡峭部分的切线与外延基线的交点对应的温度，如 J 点。根据国际热分析协会（ICTA）对大量试样测定的结果，外推起始点温度最接近于用其他实验测得的反应起始温度，因此用外推起始点温度表示反应的起始温度。外推法既可确定反应起始点，亦可确定反应终点。

正确判读差热分析曲线，首先应明确试样加热（或冷却）过程中产生的热效应与差热曲线形态的对应关系；其次是差热曲线形态与试样本征热特性的对应关系；第三要排除外界因素对差热曲线形态的影响。图53-5为一水草酸钙在氮气中的热分解DTA曲线，升温速率为15K/min，在120℃以上，$CaC_2O_4 \cdot H_2O$ 失去结晶水，继续升温，无水草酸钙分两步进行分解：

$$CaC_2O_4 \longrightarrow CaCO_3 + CO$$
$$CaCO_3 \longrightarrow CaO + CO_2$$

各个反应的起始温度和峰温可由其DTA曲线确定。

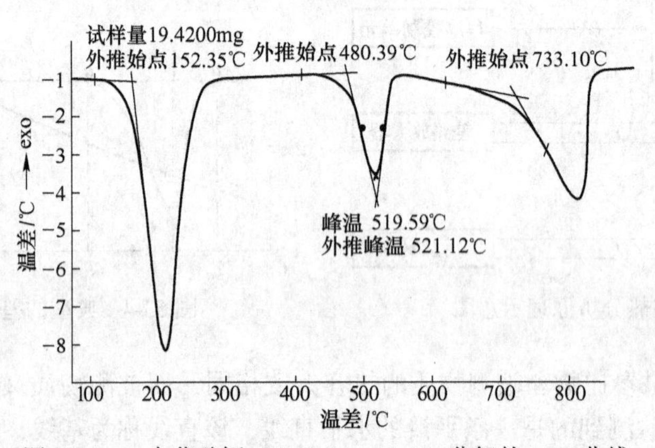

图53-5　一水草酸钙（$CaC_2O_4 \cdot H_2O$）分解的DTA曲线

差热曲线可用于进行矿物鉴定。如果被测物质是单相矿物，可将测得的差热曲线与标准物质的曲线或标准图谱集上的曲线对照，若两者的峰谷温度、数目及形状大小彼此对应吻合，则基本可以判定。若被测物质是混合物，混合物中每种物质的物理化学变化或物质间的相互作用都可能在曲线上反映出来，峰谷可能重叠，峰温可能变化，这时若只将所测曲线与标准图谱对比，一般不能做出确切的判定，通常应结合其他鉴定方法，如X射线衍射物相分析等进一步确定。

进行差热分析的仪器称为差热分析仪，示意图如图53-6所示，一般由加热炉、样品支持器、热电偶、温度控制系统及放大、显示记录系统等部分组成。

（3）差示扫描量热法。差示扫描量热法（differential scanning calorimetry，简称DSC），是在程序控制温度和一定气氛下，测量输给试样和参比物的热流速率或加热功率差随温度或时间变化的一种技术。

差示扫描量热法是在差热分析的基础上发展而成，二者的区别是：DTA 只能检测试样与参比物之间的温差，无法建立热量差与温度之间的联系，而 DSC 恰好能弥补这一缺点。另外，DSC 的灵敏度和精确度高于 DTA，因此 DSC 除可像 DTA 一样进行定性分析外，还可进行定量分析。但 DTA 的使用温度高（1500～1700℃），而 DSC 的使用温度低（最高为 800℃）。

差示扫描量热曲线如图 53-7 所示，纵坐标为热流速率（heat flow rate）或热流量（heat flow），单位为 W(J/s)，横坐标为温度或时间。DSC 曲线的分析方法与 DTA 曲线相似，在整个表观上，除纵坐标轴的单位之外，DSC 曲线和 DTA 曲线基本相同，所不同的是 DSC 曲线峰的积分面积有了意义，即表示吸热或放热量的多少，因此可用来定量计算参与反应的物质的量或测定热化学参数。

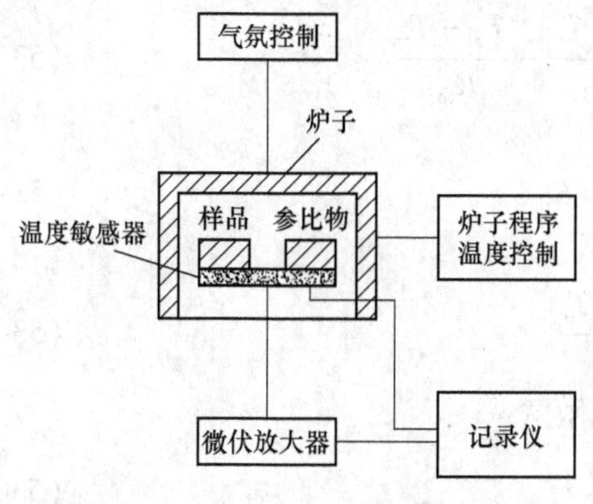

图 53-6　典型的 DTA 装置示意图

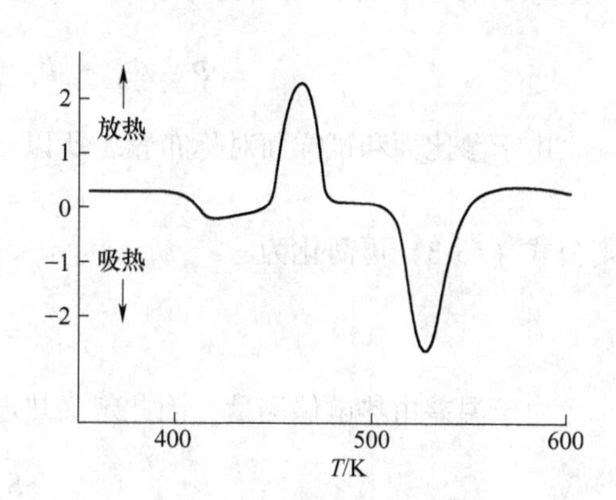

图 53-7　典型的 DSC 曲线

进行差示扫描量热分析的仪器分为热流型和功率补偿型。

热流型 DSC（heat-flux DSC）是在给予样品和参比物相同的加热功率下，测定试样和参比物两端的温差，然后根据热流方程，将温差换算成热量差作为信号的输出。

图 53-8 为某 DSC 测量单元示意图，该 DSC 系统采用金/金-钯热电偶堆传感器，传感器下凹的试样面和参比面分布完全对称，分别放置试样坩埚和参比坩埚。几十至上百对金/金-钯热电偶以星形方式排列，串联连接，在坩埚位置下测量试样与参比的温差，具有更高的测量灵敏度。传感器的下凹面提供必要的热阻，而坩埚下的热容量低，可获得较小的信号时间常数。

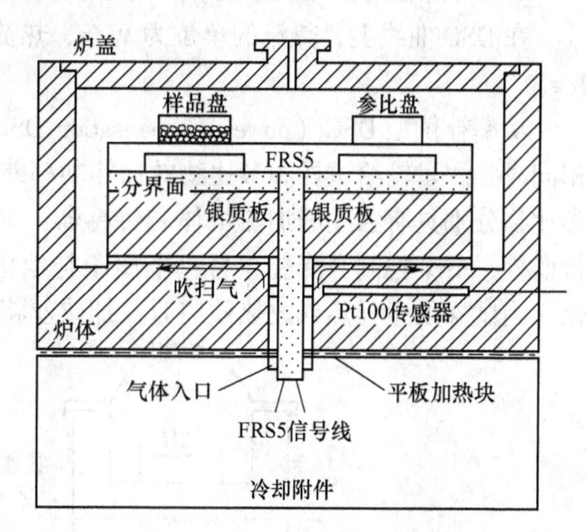

图 53-8　热流型 DSC 示意图

根据欧姆定律，可得到试样面的热流 Φ_1（由流到试样坩埚的热流和流到试样的热流组成）为

$$\Phi_1 = \frac{T_s - T_c}{R_{th1}} \qquad (53\text{-}1)$$

式中　R_{th1}——试样面热阻，$(m^2 \cdot K)/W$；

T_s——参比温度,℃；

T_c——炉体温度,℃。

同样可得到参比面的热流 Φ_r（流到参比空坩埚的热流）为

$$\Phi_r = \frac{T_r - T_c}{R_{thr}} \tag{53-2}$$

式中　R_{thr}——参比面热阻，$(m^2 \cdot K)/W$；

T_r——参比温度，K；

T_c——炉体温度，K。

DSC 信号 Φ 即样品热流等于两个热流之差：

$$\Phi = \Phi_1 - \Phi_r = \frac{T_s - T_c}{R_{th1}} - \frac{T_r - T_c}{R_{thr}} \tag{53-3}$$

由于参比面和试样面对称布置，所以

$$R_{th1} = R_{thr} = R_{th} \tag{53-4}$$

则公式（53-3）可简化为

$$\Phi = \frac{T_s - T_r}{R_{th}} \tag{53-5}$$

由于温差由热电偶测量，因此定义热电偶灵敏度：

$$S = \frac{V}{\Delta T} \tag{53-6}$$

于是可得到

$$\Phi = \frac{V}{R_{th}S} = \frac{V}{E} \tag{53-7}$$

E 为传感器的量热灵敏度，其与温度的关系可用数学模型描述。

在 DSC 曲线上，热流的单位为 W/g，热流对时间的积分等于试样的焓变 ΔH，单位为 J/g。

功率补偿型 DSC（power-compensation DSC）是在程序控温并保持试样和参比样温度相同时，测量输给试样和参比物的加热功率差与温度或时间的关系，其结构特点是试样和参比物分别具有独立的加热炉体和传感器，如图 53-9 所示。整个仪器有两个控制系统进行监控，一个控制升降温，另一个用于补偿由于试样效应引起的试样与参比物的温差变化。当试样发生吸热或放热效应时，加热丝将针对其中一个炉体施加功率以补偿试样中发

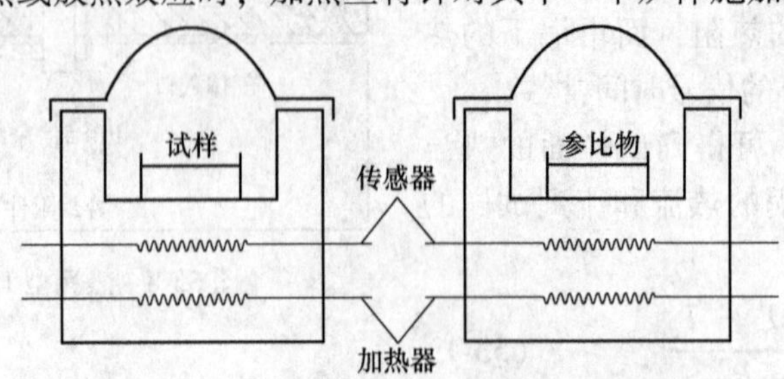

图 53-9　功率补偿型 DSC 测量单元示意图

生的能量变化，保持试样和参比物温度同步。DSC 直接测定补偿功率，即流入或流出试样的热流，无须通过热流方程式换算，即

$$\Delta W = \frac{dQ_S}{dt} - \frac{dQ_R}{dt} = \frac{dH}{dt} \tag{53-8}$$

式中 Q_S——输给试样的热量，J；

Q_R——输给参比物的热量，J；

dH/dt——单位时间的焓变，即热流，J/s。

由于试样加热器的电阻 R_S 与参比物加热器的电阻 R_R 相等，所以当试样不发生热效应时，

$$I_S^2 R_S = I_R^2 R_R \tag{53-9}$$

其中 I_S 和 I_R 分别为试样加热器和参比加热器的电流。如果试样发生热效应，则输给试样的补偿功率为

$$\Delta W = I_S^2 R_S - I_R^2 R_R \tag{53-10}$$

设 $R_S = R_R = R$，则

$$\Delta W = R(I_S + I_R)(I_S - I_R) = RI_T(I_S - I_R) = I_T(V_S - V_R) = I_T \Delta V \tag{53-11}$$

式中 I_T——总电流，A；

ΔV——两个炉体加热器的电压差，mV。

所以，如果总电流 I_T 不变，则补偿功率即热流 ΔW 与 ΔV 成正比。

功率补偿型 DSC 炉体一般为铂铱合金，温度传感器为铂热电偶。由于采用两个小炉体，与热流式相比，功率补偿型 DSC 可达到更高的升降温速率。但是，对两个炉体的对称性要求很高。在使用过程中，两个炉体的内部环境会随时间改变，因此容易发生 DSC 基线漂移。

功率补偿型 DSC 的主要特点是：无论试样产生任何热效应，试样和参比物都处于动态零位平衡状态，即二者之间的温度差 ΔT 等于 0。

（4）热机械分析法。热机械分析法（thermomechanical analysis，TMA）是在程序控温非振动负载下（形变模式有膨胀、压缩、针入、拉伸或弯曲等不同形式），测量试样形变与温度关系的技术，得到的是形变-温度曲线。

用于热机械分析的仪器称为热机械分析仪，其结构如图 53-10 所示。试样探头上下垂直移动，探头上的负载由力发生器产生，位移传感器测量探头的位置。探头直接放置于试样上，或者放置于试样上的石英圆片上；测量试样温度的热电偶置于试样下（图中放大部分）。TMA 试样支架和探头用石英玻璃制造，石英在温度高至 1100℃ 范围内线膨胀系数极小。不可将石英玻璃加热至 1100℃，因为高于该温度会结晶。更高温度的 TMA 支架和探头用陶瓷材料制成。位移传感器一般为 LVDT（线性差动变压器），线圈系统内的铁磁芯与测量探头连接，产生与位移成正比的信号。电磁线性马达可消除运动部件的重力，保证探头传输希望的力至试样，使用的力通常为 0~1N。

图 53-11 为某铁镍合金的 TMA 曲线。试样厚度为 2.5mm，升温速率为 10℃/min，室温时尺寸稳定。在 200℃ 以上，热膨胀系数增大到铁族金属的典型值。由 TMA 曲线计算得到的 100℃ 和 400℃ 时的瞬时膨胀系数分别为 $0.31\times10^{-6}K^{-1}$ 和 $15.03\times10^{-6}K^{-1}$，400~600℃ 的平均膨胀系数为 $17.05\times10^{-6}K^{-1}$。

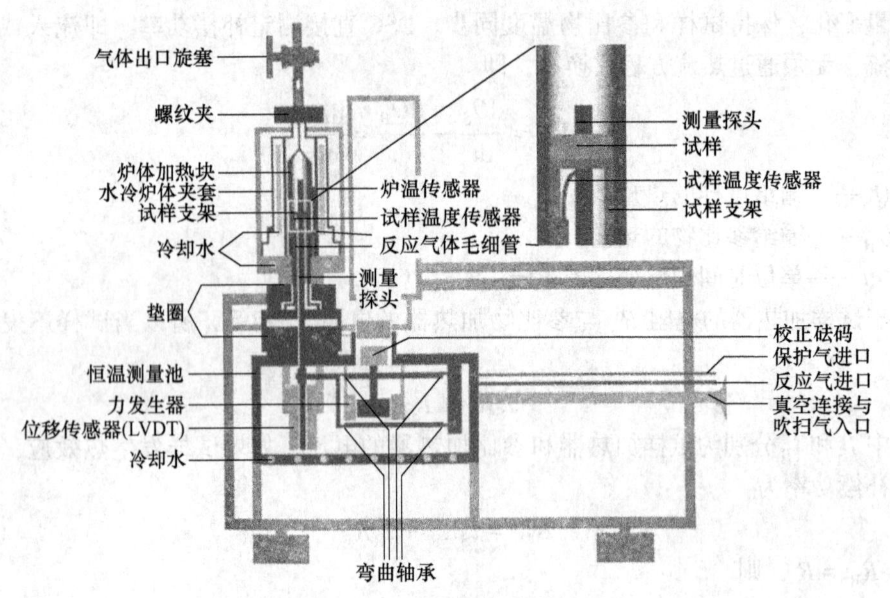

图 53-10　热机械分析仪结构示意图

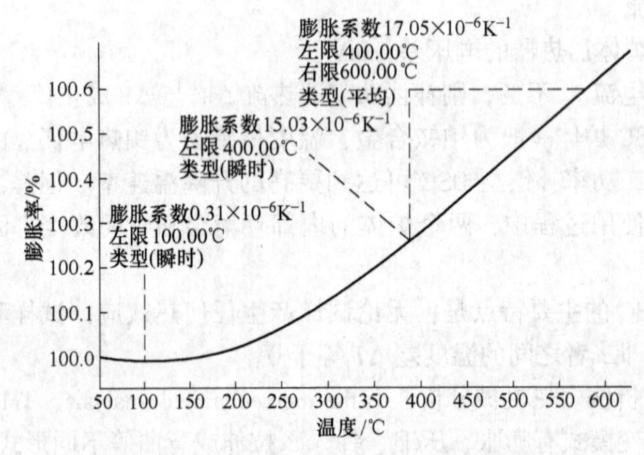

图 53-11　某铁镍合金的 TMA 膨胀曲线

2. 影响热分析测量结果的因素

影响热分析测量结果的因素有很多，如不注意这些因素很难获得理想的实验结果，甚至会出现错误的结论。主要影响因素有以下几个方面。

（1）温度程序：包括温度程序的类型（单一测试段、多段测试）、起止温度、升温速率等。如果程序选择不对，可能会丢掉一些重要的热效应信息。对于 DSC 和 TGA 实验，通常的升温速率为 10~20K/min；对于 TMA 测试，通常升温速率为 2~10K/min；强放热的特殊热效应，如爆炸等，升温速率要非常小，如 1K/min；对于多阶反应，慢速升温有利于阶段反应的分离；可通过提高升温速率检测比较弱的热效应。

（2）试样量：少量试样有利于气体产物的扩散和试样内部温度的均匀，从这个意义上讲热分析实验用样量越少越好，但是太少的量可能导致仪器对微弱效应检测的灵敏度变差，所以要结合试样特性、坩埚材质、反应热效应等综合考虑。通常的样品量为：有机样品为 5~10mg；无机样品 10~50mg；强放热样品，例如炸药 0.5~1mg；比较弱的热效应要加大用量，矿物类样品量一般要大一点。对于TMA测试，样品的尺寸和形状应该根据希望得到的信息进行优化。测定膨胀系数需要厚的样品，测定薄膜的软化行为可采用非常薄的样品。

（3）粒度：试样的粒度不同会使气体产物的扩散过程有较大变化，会导致反应速率和曲线形状的改变。粒度越小，反应速率加快，曲线上反应区间变窄。颗粒度越大，热峰产生的温度越高，范围越宽，峰形趋于扁而宽。一般样品粒度控制在0.048～0.15mm（100～300目）。

（4）气氛：气氛对TG、DSC和DTA的测量有很大影响。试样周围的气氛对试样热反应本身有较大影响，试样的分解产物可能与气流反应，也可能被气流带走，使热反应过程发生变化。气氛的性质、纯度、流速对反应起始温度、峰温、热焓等测试结果都有较大影响。例如，有文献报道$CaCO_3$在真空、空气和CO_2三种不同气氛中分解，测量TG曲线发现其分解温度相差近600℃。在氦气中所测定的起始温度、峰温、热焓值都偏低，这是由于氦气的导热性强所导致的结果。

（5）坩埚材质：应选用对试样、中间产物、最终产物和气氛没有反应活性和催化活性的材质坩埚。对于碳酸钠一类碱性试样，不要选用铝、石英玻璃、陶瓷坩埚。在使用铂坩埚时，要注意不能用于含磷、硫和卤素的高聚物试样，这是由于铂对许多有机物具有加氢或脱氢活性，同时含磷和硫的聚合物对铂坩埚有腐蚀作用。

（6）样品装填方式：热分析测试要求样品与坩埚底部要接触良好，否则可能会丢掉某些热效应；要尽量装填紧密并在坩埚底部铺填均匀；要防止样品及样品分解物污染坩埚的外表面。对于TMA测试，要求试样支架和探头接触的两个表面要尽量平，对于粉末样品可将其压成小片或夹在两片石英片中间，然后探头压在石英片上进行测试。

热分析技术发展迄今已有百余年历史，除了仪器体积更加小巧，灵敏度和精度不断提升外，更重要的一个发展方向就是将不同仪器的特长和功能相结合实现联用分析，形成综合热分析仪，也称同步热分析仪，如TG-DTA、TG-DSC等的综合分析。另外，热分析也可与气相色谱（GC）、质谱（MS）和红外光谱（IR）等仪器联用，同时进行逸出气体分析。这种综合联用技术的优点是在完全相同的实验条件下即在同一次实验中可以获得多种信息，根据在相同实验条件下得到的样品热变化的多种信息，扩大了分析范围，可更为准确地做出符合实际的判断，因此在科研和生产中获得了广泛的应用。图53-12为石膏的综合热分析图谱。

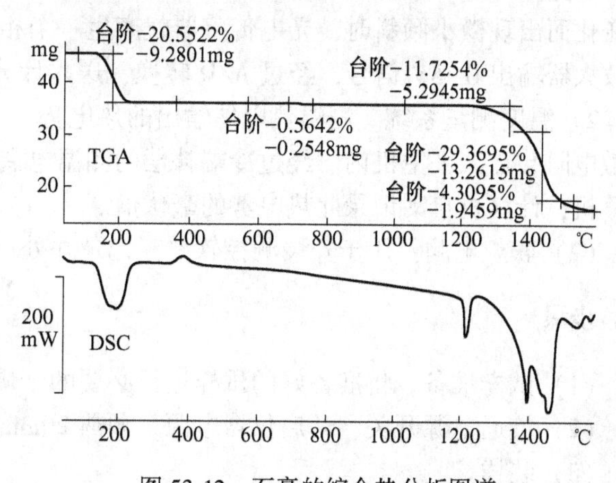

图53-12 石膏的综合热分析图谱

从TGA曲线可以看出，石膏$CaSO_4 \cdot 2H_2O$在300℃以下失去结晶水，杂质组分碳酸钙在700℃左右分解，硫酸钙在1200℃以后分几个台阶分解。同步DSC曲线显示另外两个由固-固转变所产生的热效应，一个在390℃附近，由γ-$CaSO_4$向β-$CaSO_4$转变；另外在1236℃左右，β-$CaSO_4$向

α-$CaSO_4$转变，后面稍低于1400℃的是熔融峰，显示为比较尖锐的吸热峰。所以通过TG和DSC联用，可以分析曲线上每个变化的含义。

I　热重分析

实验仪器设备与材料

（1）HTG-1型热天平。热重分析仪有热天平式和弹簧式两种，热天平结构示意图如图53-13所示。本实验采用HTG-1型热天平，它属于上置式热天平，如图53-14所示，主要由热重测量系统和温度测量系统组成。

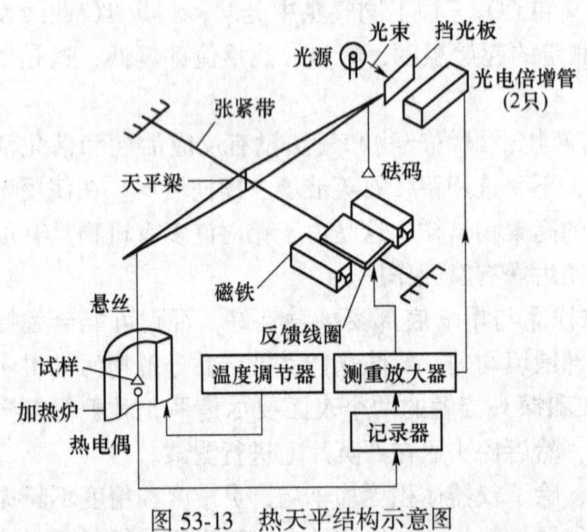

图53-13　热天平结构示意图

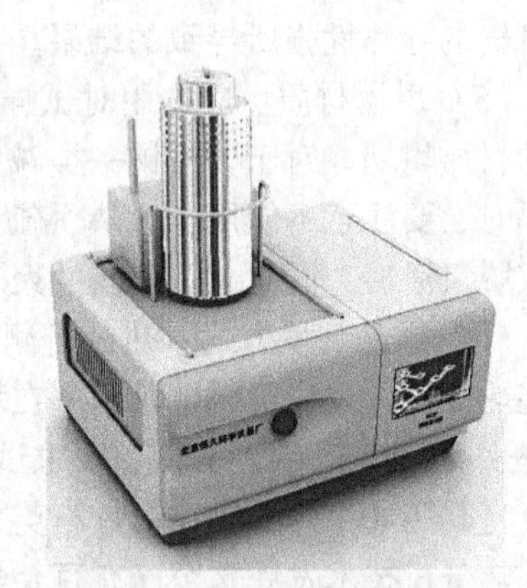

图53-14　HTG-1型热天平

1）热重测量系统。热重测量系统由上皿、不等臂、吊带式天平、光电传感器、带有微分、积分校正的测量放大器、电磁式平衡线圈以及电调零线圈等组成。当天平因试样质量变化而出现微小倾斜时，光电传感器就产生一个相应极性的信号，送到测重放大器，测重放大器输出0~5V信号，经过A/D转换，送入计算机进行绘图处理。

2）温度测量系统。测温热电偶输出的热电势，先经过热电偶冷端补偿器，补偿器的热敏电阻装在天平主机内。经过冷端补偿的测温电偶热电势由温度放大器进行放大，送入计算机，计算机自动记录此热电势的毫伏值。

（2）联想电脑：用于安装测控软件，记录并处理数据。

实验步骤

（1）试样准备。将准备好的试样进行必要的干燥，装入干燥器内待用。

（2）接通电源开关，开启仪器电源，预热20min。

（3）装样。

1）用坩埚称好样品，并记录样品质量。

2）升起加热炉，露出支撑杆（热电偶组件），将装样坩埚平稳放置在热电偶板上，双手降下加热炉体。

（4）开启冷却水，检查橡皮管并使水流畅通。

（5）检查仪器主机与计算机数据传输线连接正常，如需通气氛还要检查气氛控制单元与外接气源连接正常，正式实验前应让所用气体预先流通约25min。

（6）打开电脑，运行热分析软件，进入新采集设置界面并按需要与实验要求填写相关参数，设置升温程序。

（7）点击“检查”，检查参数设置，参数设置正确后点击“确认”，加热炉按升温程序开始自动加热，系统开始自动执行实验数据采集命令。

（8）当数据采集程序到达设定时间后，采集程序自动停止，弹出“正常完成采样任务”，点击“确认”（或点击工具栏“停止”按钮能手动结束采样），弹出保存对话框，浏览文件夹，保存数据到指定的目录。

（9）数据分析并导出数据。

（10）实验结束。退出热分析系统软件，关闭计算机，仪器炉温低于300℃后关闭冷却水，关闭仪器，关气瓶，关总电源。

实验数据记录与处理

（1）运行热分析软件，打开保存的热重采样数据曲线，选择要分析的台阶进行峰区分析，或进行常见失重点温度分析（失重1%、5%、10%、50%的温度），打印输出图文实验数据。

（2）根据分析结果解释曲线变化的原因，说明样品在加热过程中所发生的物理化学变化。

实验注意事项

（1）试样的用量与粒度对热重曲线有较大影响，实验时应选择适当，一般粉末试样应过200~300目（0.08~0.15mm）筛，用量在10mg左右。

（2）仪器在加热前，确保冷却水工作正常，流量不要太大，以人眼能看出水在流动为宜。如果冷却水工作不正常，可能造成仪器永久性损坏。

（3）炉体升降动作应注意动作缓和，使用双手进行升降动作，炉体应下降到位，避免产生间隙影响热重曲线。

（4）仪器非常灵敏，实验过程中应避免磁性物质接近仪器，同时避免在仪器附近走动，电磁场干扰和震动会使测试信号产生假象。

（5）炉体在任何时候均禁止用手触摸，以防烫伤。

思 考 题

（1）影响热重曲线的因素有哪些？

（2）热重法与微商热重法有何关系？

参考文献

[1] 张颖，任耘，刘民生．无机非金属材料研究方法［M］．北京：冶金工业出版社，2011.
[2] 陈远道，陈贞干，左成钢．无机非金属材料综合实验［M］．湖南：湘潭大学出版社，2014.
[3] 周永强，吴泽，孙国忠．无机非金属材料专业实验［M］．哈尔滨：哈尔滨工业大学出版社，2002.

Ⅱ 差热分析

实验仪器设备与材料

（1）CRY-2P型差热分析仪，主要由加热炉、温度控制系统和差热信号测量系统组成，辅之以气氛和冷却水通道，测量结果由计算机数据处理系统处理。

1）加热炉，其结构见图53-15。

2）温度控制系统。温控系统由温控板、可控硅、控温热电偶及加热炉组成。计算机根据设定的程序温度给出毫伏信号，当控温热电偶之热电势与该毫伏值有偏差时，说明炉温偏离给定值，偏差信号经可控硅处理、调整加热炉功率，使炉温很好地跟踪设定值，产生理想的温度曲线。

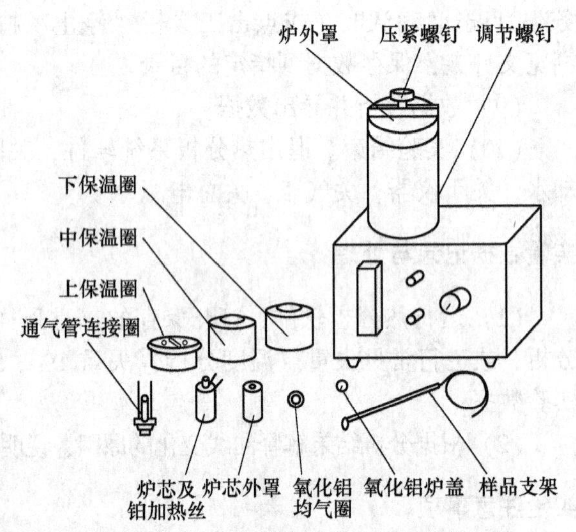

图53-15 CRY-2P高温差热分析加热炉组件

3）差热信号测量系统。差热传感器即样品支架，由一对差接的点状热电偶和四孔氧化铝杆等装配而成。测试时试样与参比物（α-氧化铝）分别放在两只坩埚内，加热炉以一定速率升温，若试样没有热反应，则它与参比物的温差$\Delta T=0$，差热曲线为一直线，即为基线；若试样在某一温度范围有吸热（或放热）反应，则试样温度将停止（或加快）上升，试样与参比物间产生温差ΔT，把该温度信号放大，由计算机数据处理系统画出DTA峰形曲线，根据出峰的温度和峰面积的大小、形状进行各种分析。

4）数据处理系统。数据处理系统由计算机、打印机以及数据处理系统软件组成。它具有实时采集DTA和T曲线、曲线显示、数据处理、绘图、列表、数据存储读入等功能。

（2）电子天平，精度0.001g。

（3）实验试剂及耗材：硫酸铜试剂（分析纯）、氧化铝坩埚、料勺等。

实验步骤

1. 试样准备

将待测试样及参比样（α-氧化铝粉），进行必要的干燥装入干燥器内待用。

2. 数据采集

（1）接通电源开关。

（2）计算机开机，然后打开热分析仪主机，主机各单元电源接通顺序为：

温控单元电源→温控单元电炉启动→差热放大单元电源→数据接口单元电源。

（3）主机电源接通后，预热20min左右。

（4）开启冷却水，检查橡皮管并使水流畅通。

（5）用坩埚称好样品和参比物，记录样品重量，参比物与样品重量应大致相等。

（6）转动加热炉手柄使炉体盖压杆松开，然后将炉体盖打开，使样品支架露出，用镊子将装样坩埚放在样品支架上。操作时，支架左侧放置装有被测样品的坩埚，右侧放置装有参比物 α-Al_2O_3的坩埚。放好坩埚后将炉子复原。

（7）保证热分析主机 USB 线与计算机 USB 口正常连接。运行 CRY-2P 系统采样软件，输入实验控温程序，设置参数并保存，点选热分析控制屏上的“升温”键和“采样”键，系统开始按温控程序升温和采集差热数据。

（8）差热基线调整：理论上讲，基线应始终是一条水平直线，但是由于随着工作时间的增加整个仪器各部件工作状况也会出现改变，所以导致升温基线发生漂移。在这种情况下，可以根据漂移的不同程度对升温基线进行调整。

（9）当温度升至实验温度或数据采集完毕，按菜单栏“结束采样”并保存图谱，按“停止”键停止升温。退出数据采集系统。

3. 实验结束

退出热分析系统软件，关闭除“温控单元”外的所有电源，等到温控仪显示的温度低于 80℃，关闭“温控单元”电源，关冷却水。

实验数据记录与处理

（1）运行 CRY-2P 系统“数据处理”软件，打开保存的采样数据曲线，对数据进行计算，并打印输出图文实验数据。

（2）根据实验结果分析样品在加热过程中所发生的物理化学变化。

实验注意事项

（1）被测样品应在实验前研磨成细粉，一般粒度在 0.048～0.08mm。装样时，应在实验台上轻轻振动几下，以保证样品之间有良好的接触。

（2）放坩埚用镊子搁放（左侧的为待测样，右侧的为参比样），动作要轻巧、稳、准确，切勿将样品洒落到炉膛里面。

（3）实验时，手不要接触炉体，以防被烫伤。

思考题

（1）影响差热分析结果的主要因素有哪些？

（2）升温过程与降温过程所做的差热分析结果相同吗？

（3）测温点应在样品内还是在其参比物内？为什么？

参考文献

[1] 张颖，任耘，刘民生．无机非金属材料研究方法［M］. 北京：冶金工业出版社，2011.

[2] 王涛，赵淑金．无机非金属材料实验［M］. 北京：化学工业出版社，2011.

[3] 陈远道，陈贞干，左成钢．无机非金属材料综合实验［M］. 湘潭：湘潭大学出版社，2014.

[4] 周永强，吴泽，孙国忠．无机非金属材料专业实验［M］. 哈尔滨：哈尔滨工业大学出版社，2002.

Ⅲ 综合热分析

实验仪器设备与材料

（1）TGA/DSC1/1600 型综合热分析仪，如图 53-16 所示，其内部结构图见图 53-17，属于热流型综合热分析系统。仪器温度范围：室温～1600℃；升温速率：0.1～100℃/min；样品重量范围：0～1g；天平灵敏度：0.1μg。另外配套有低温恒温水槽、气源（氮气、氧气等）、计算机及不间断电源等。

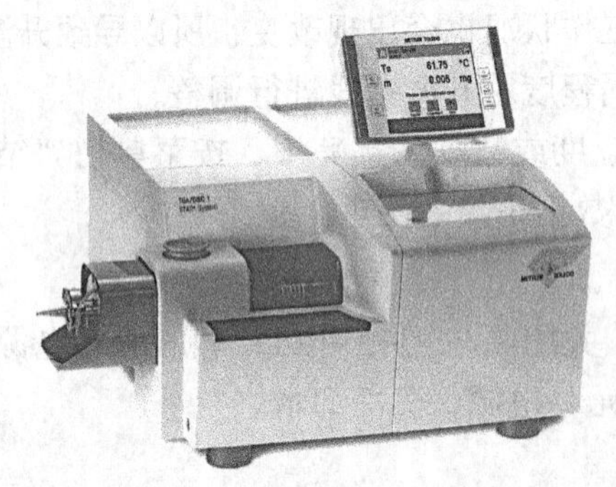

图 53-16 TGA/DSC1/1600 型综合热分析仪的外观图

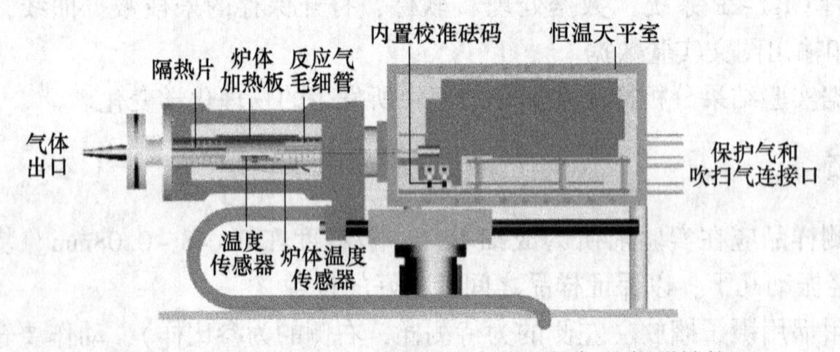

图 53-17 TGA/DSC1/1600 型综合热分析仪的仪器结构

（2）实验试剂及耗材：碳酸钙试剂（分析纯）、氧化铝坩埚（70μL）、料勺等。

实验步骤

1. 测试前准备

将待测试样粉磨至粒度小于 60μm，装在密封袋中备用，坩埚需预先在 1000℃ 以上烧至恒重并冷却至室温，保存在干燥器中备用。

2. 开机

（1）打开天平保护气（通常为高纯氮气），流量调为 20mL/min。

（2）打开恒温水浴槽电源。

（3）半小时后打开 TGA/DSC1 主机电源，仪器会有一个自检的过程，通常在 1min 左右。

（4）打开计算机，双击桌面上的“STARe”图标，输入METTLER用户名，在session菜单下选择“install window”，进入TGA/DSC实验界面。如果测试中需要反应气，则打开反应气的阀门并调节需要的气体流量。

3. 测试

（1）选择实验方法，输入样品信息：点击实验界面左侧的“Routine editor”编辑实验方法，其中“new”为编辑一个新的方法，“open”为打开已经保存在软件中的实验方法。编辑完一个新方法或打开一个已经保存的方法后，在“Sample Name”一栏中输入样品名称，然后点击“Sent Experiment”。

（2）放样并开始实验：当电脑屏幕左下角的状态栏中出现“waiting for sample insertion”时，打开TGA/DSC1的炉体，将恒重坩埚置于传感器托盘上，通常左侧放置的为参比坩埚，右侧为样品坩埚。待传感器支架不再晃动时，关闭炉体，点击屏幕上“Tare”去皮，然后，再次打开炉体，将制备好的样品装入样品坩埚，放到传感器支架上，关闭炉体，点击软件中的“Ok”键，实验即自动开始。

（3）测试结束后，当电脑屏幕左下角的状态栏中显示“waiting for sample removal”时，打开炉体，将样品取出。

4. 数据处理

点击“Session/Evaluation Window”打开数据处理窗口。单击“File/Open Curve”，在弹出的对话框中选中要处理的曲线，点击“Open”打开该曲线。根据需要对曲线进行各种处理。

5. 关机

关闭仪器前，要把炉体中的样品取出。待炉体温度低于200℃时关闭TGA/DSC1电源，然后关闭计算机。关闭反应气和保护气的阀门，最后关闭恒温水浴的电源。

实验数据记录与处理

1. 实验数据记录

提交清晰的热分析图谱一份，并注明实验条件。

2. 数据处理与分析

（1）分别对TG、DTG和DSC曲线数据处理。选定每个台阶或峰的起止位置，可求算出各个反应阶段的TG失重百分比、失重始温、终温、失重速率最大点温度和DSC的峰面积热焓、起始点温度、外推起始点温度、峰顶温度、终点温度等。

（2）分析样品在加热时发生的变化。

实验注意事项

（1）遵守精密仪器室管理制度，仪器需要由经过培训的人员进行操作，以免造成仪器的损坏。

（2）如果坩埚掉入炉体内，一定要报告给仪器管理员，不要擅自处理。

（3）对于发泡材料或爆炸性的含能材料，测试时一定要特别小心，样品量一定要非常少，以防样品发泡溢出污染传感器和炉体或发生爆炸。

(4) 如果温度高于950℃，要在坩埚与传感器之间垫上蓝宝石垫片。

思 考 题

(1) 在进行综合热分析测试的过程中，影响实验结果的因素有哪些？
(2) 综合热分析实验对样品的要求是什么？

参考文献

[1] 刘振海，陆立明，唐远旺．热分析简明教程［M］. 北京：科学出版社，2012.
[2] 李余增．热分析［M］. 北京：清华大学出版社，1987.
[3] 王培铭，许乾慰．材料研究方法［M］. 北京：科学出版社，2005.
[4] 杨海波，朱建锋．陶瓷工艺综合实验［M］. 北京：中国轻工业出版社，2013.

实验 54　扫描电子显微分析

实验目的

（1）了解扫描电子显微镜的基本分析原理和结构。

（2）通过对实际样品的观察与分析，了解扫描电子显微镜的用途。

（3）学习扫描电子显微镜的操作方法，了解扫描电子显微镜图像衬度原理及其应用。

实验原理

自从1965年第一台商品化的扫描电子显微镜（scanning electron microscope，SEM）在英国诞生以来，人类观察微小物质的能力发生了质的飞跃。凭借分辨率高、景深长、图像立体感强、放大倍数连续可调、样品受辐照和污染程度小以及样品制备简单等优势，扫描电子显微镜迅速成为科学研究和生产实践中不可或缺的分析工具。扫描电子显微镜的主要功能是用于对材料断口和显微组织做微观形貌分析。

1. 扫描电子显微镜工作原理

从电子枪阴极发射的电子经高压电场加速后，再经过2~3组电磁透镜汇聚成直径很小（一般为几个纳米）的电子束，在末级透镜（又称为物镜）上方扫描线圈的作用下，电子束在试样表面做光栅扫描。高能入射电子束与固体试样相互作用会产生各种物理信号，这些信号的强度分布随试样表面的形貌、成分、晶体取向、电磁特性等特征而改变，用相应探测器将各自收集到的信息按顺序、成比率地转换成视频信号，再传送到同步扫描的显像管并调制其亮度，就可以得到一个反映试样表面信息特征的图像。

2. 扫描电子显微镜的电子信号

高能入射电子束照射到固体样品表面上与样品表面相互作用，产生的物理信号有二次电子、背散射电子、吸收电子、透射电子、俄歇电子及特征X射线等，如图54-1所示。扫描电子显微镜中用来成像的信号主要是二次电子，其次是背散射电子和透射电子；用来分析成分的信号主要是特征X射线和吸收电子。

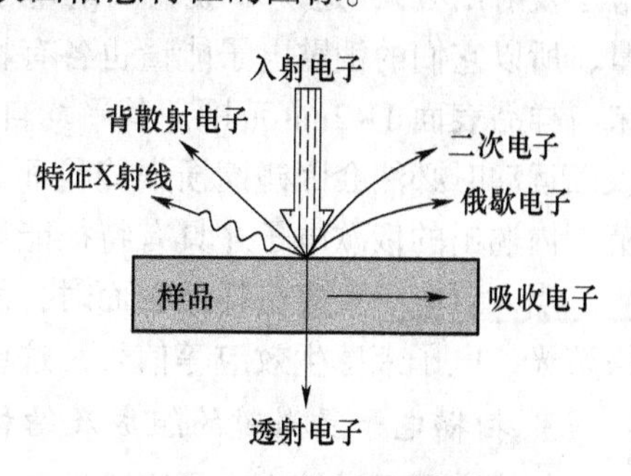

图54-1　电子束与固体样品作用时产生的信号

（1）二次电子是指在入射电子作用下被轰击出来并离开样品表面的样品原子的核外电子。由于原子核和外层价电子间的结合能很小，因此，外层的电子较容易与原子脱离，使原子电离。当能量很高的入射电子射入样品时，可以产生许多自由电子，其中90%来自于外层价电子。二次电子来自表层5~10nm深度范围，能量较低，大部分只有几电子伏，一般不超过50eV。二次电子对样品表面状态十分敏感，因此能有效地反映样品表面的形貌，其产额与原子序数间没有明显的依赖关系，因此不能进行成分分析。

（2）背散射电子是指被固体样品中的原子核或核外电子反弹回来的一部分入射电子，分为弹性背散射电子（指被样品表面原子核反弹回来的电子，能量可达数千至数万电子伏）和非弹性背散射电子（指在样品中经过一系列散射后最终由原子核反弹的或由核外电子反弹的电子，能量分布范围很宽，数十至数千电子伏）。背散射电子来自样品表面几百纳米深度范围，能量高，其产额随原子序数增大而增多，可用作形貌分析、成分分析以及结构分析。

（3）吸收电子是入射电子进入样品后，经多次非弹性散射，能量损失殆尽，最后被样品吸收的那一部分电子。吸收电子信号调制成图像，其衬度恰好和背散射电子信号调制图像衬度互补，也就是说吸收电子能产生原子序数衬度，因而可用来进行定性的微区成分分析。

（4）透射电子：如果样品足够薄，则会有一部分入射电子穿过样品而成为透射电子。透射电子信号由微区的厚度、成分、晶体结构及位向等决定。

（5）特征 X 射线指原子的内层电子受到激发后，在能级跃迁过程中直接释放的具有特征能量和特征波长的一种电磁波辐射。

特征 X 射线的波长和原子序数间的关系服从莫塞莱定律：

$$\lambda = \frac{K}{(Z - \sigma)^2} \tag{54-1}$$

式中 Z——原子序数；

K，σ——常数。

如果用 X 射线探测器测到了样品微区中存在某一特征波长，就可以判定该微区中存在的相应元素，据此可进行成分分析。

（6）俄歇电子：如果原子内层电子在能级跃迁过程中释放出来的能量并不以 X 射线的形式发射出去，而是用这部分能量把空位层的另一个电子发射出去（或空位层的外层电子发射出去），这一个被电离的电子称为俄歇电子。每种原子都有自己的特定壳层能量，所以它们的俄歇电子能量也各有特征值。俄歇电子能量值很低，大约在 50~1500eV，来自样品表面 1~2nm 范围。其平均自由程很小（小于 1nm），较深区域产生的俄歇电子向表面运动时必然会因碰撞损失能量而失去特征值的特点。因此，只有在距表面 1nm 左右范围内逸出的俄歇电子才具有特征能量，因此它适合做表面分析。

当入射电子束轰击样品表面时，固体样品中除产生上述六种信号外，还会产生例如阴极荧光、电子束感生效应等信号，这些信号经过调制后也可以用于专门的分析。

3. 扫描电子显微镜的组成及结构

扫描电子显微镜由电子光学系统、扫描系统、信号检测放大系统、图像显示与记录系统、真空系统、电源及控制系统组成，其结构图如图 54-2 所示。

（1）电子光学系统包括电子枪、电磁聚光镜、物镜、样品室等部件，其作用是将电子枪发射的电子束聚焦成亮度高、直径小的入射束来轰击样品表面以产生各种物理信号。样品室的作用是放置样品和安置信号探测器。

电磁聚光镜的功能是把电子枪的束斑逐级聚焦缩小，照射到样品上的电子束光斑越小，其分辨率就越高。扫描电子显微镜通常有三组聚光镜，前两组是强透镜，主要作用是缩小束斑，第三组是弱透镜，焦距长，便于在样品室和聚光镜之间装入各种信号探测器。为了降低电子束的发散程度，每级聚光镜都装有光阑；为了消除像散，装有消像散器。

样品台能进行三维空间的移动、倾斜和转动，方便对样品特定位置进行分析。

(2) 扫描系统是扫描电子显微镜的特殊部件，由扫描发生器和扫描线圈组成，其作用一是使入射电子束在样品表面扫描，并使显像管电子束在荧光屏上作同步扫描；二是改变入射束在样品表面的扫描振幅，从而改变放大倍数。

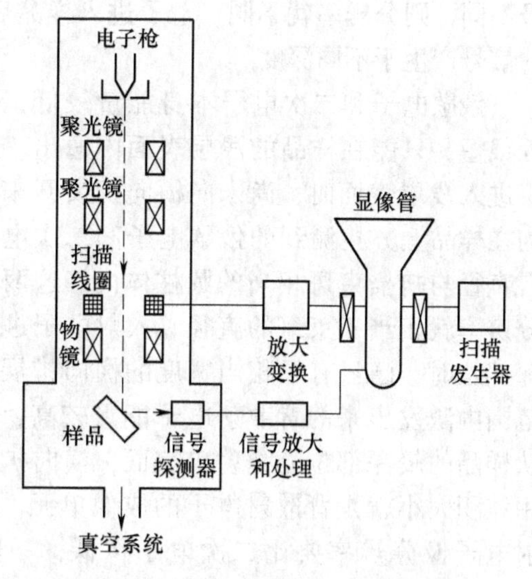

图54-2　扫描电子显微镜结构原理图

(3) 信号检测放大系统的作用是检测样品在入射电子作用下产生的物理信号，然后经视频放大，作为显像系统视频调制信号。扫描电子显微镜应用的信号可分为电子信号（二次电子、背散射电子、透射电子、吸收电子)、特征X射线信号、可见光信号（阴极荧光）等。特征X射线用X射线谱仪检测，可见光信号用可见光收集器收集，其他电子信号用电子收集器收集。

(4) 图像显示和记录系统的作用是将信号收集器输出的信号成比例地转换为阴极射线显像管电子束强度的变化，这样就在荧光屏上得到一幅与样品扫描点产生的某一种物理讯号成比例的亮度变化的扫描像，供观察和照相记录。

(5) 真空系统和电源系统。从电子枪到样品表面之间的整个电子路径都必须保持真空状态，这样电子才不会与空气分子碰撞，并被吸收。使用分子涡轮泵，可以获得样品室所需的真空。

电源系统的作用是为扫描电子显微镜各子系统提供满足要求的高、低压电源，是由一系列变压器、稳压器及相应的安全控制线路组成。

4. *扫描电子显微镜的主要性能*

(1) 放大倍数。当入射电子束作光栅扫描时，若电子束在样品表面扫描的幅度为A_S，在荧光屏上阴极射线同步扫描的幅度为A_C，则扫描电子显微镜的放大倍数为M：

$$M=\frac{A_C}{A_S} \tag{54-2}$$

由于扫描电子显微镜的荧光屏尺寸是固定不变的，因此，放大倍率的变化是通过改变电子束在试样表面的扫描幅度A_S来实现的。

(2) 分辨率。分辨率是扫描电子显微镜主要性能指标，对成像而言，它是指能分辨的两点之间的最小距离，主要取决于入射电子束直径，电子束直径愈小，分辨率愈高。入射电子束束斑直径是扫描电子显微镜分辨本领的极限，热阴极电子枪的最小束斑直径3nm，场发射电子枪可使束斑直径小于1nm。但分辨率并不直接等于电子束直径，因为入射电子束与试样相互作用会使入射电子束在试样内的有效激发范围大大超过入射束的直径。在高能入射电子作用下，试样表面激发产生各种物理信号，用来调制荧光屏亮度的信号不同，则分辨率就不同。电子进入样品后，作用区是一梨形区，如图 54-3 所示，激发的信号产生于不同深度。

俄歇电子和二次电子本身能量较低，平均自由程很短，只能在样品的浅层表面内逸出。入射电子束进入浅层表面时，尚未向横向扩展开来，可以认为在样品上方检测到的俄歇电子和二次电子主要来自直径与扫描束斑相当的圆柱体内。这两种电子的分辨率就相当于束斑的直径。入射电子进入样品较深部位时，已经有了相当宽度的横向扩展，从这个范围内激发出来的背散射电子能量较高，它们可以从样品的较深部位处弹射出表面，横向扩展后的作用体积大小就是背散射电子的成像单元，所以背散射电子像分辨率要比二次电子像低，一般为 50~200nm。扫描电子显微镜的分辨率用二次电子像的分辨率表示。

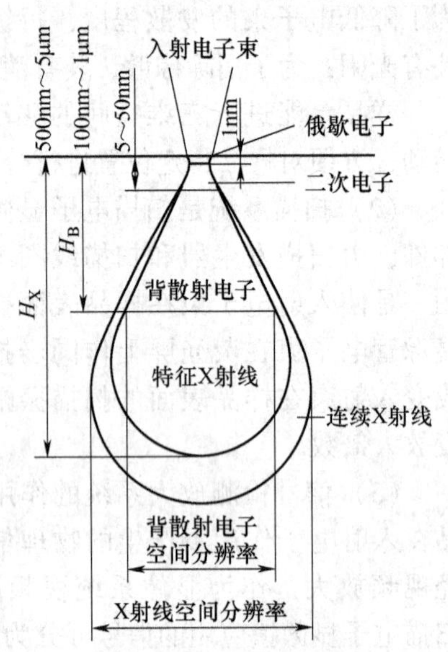

图 54-3　入射电子在样品中的扩展（滴状作用体积）

样品原子序数愈大，电子束进入样品表面的横向扩展愈大，分辨率愈低。电子束射入重元素样品中时，作用体积不呈梨状，而是半球状。电子束进入表面后立即向横向扩展，即使电子束束斑很细小，也不能达到较高的分辨率，此时二次电子的分辨率和背散射电子的分辨率之间的差距明显变小。电子束的束斑大小、调制信号的类型以及检测部位的原子序数是扫描电子显微镜分辨率的三大因素。此外，影响分辨率的因素还有信噪比、杂散电磁场、机械振动等。噪音干扰造成图像模糊；磁场的存在改变了二次电子运动轨迹，降低图像质量；机械振动引起电子束斑漂移，这些因素的影响都降低了图像分辨率。

（3）景深。景深是指透镜对高低不平的试样各部位能同时聚焦成像的一个能力范围。扫描电子显微镜的景深取决于分辨率 d_0 和电子束入射半角 α_c。入射半角是控制景深的主要因素，它取决于末级透镜的光阑直径和工作距离，如图 54-4 所示。

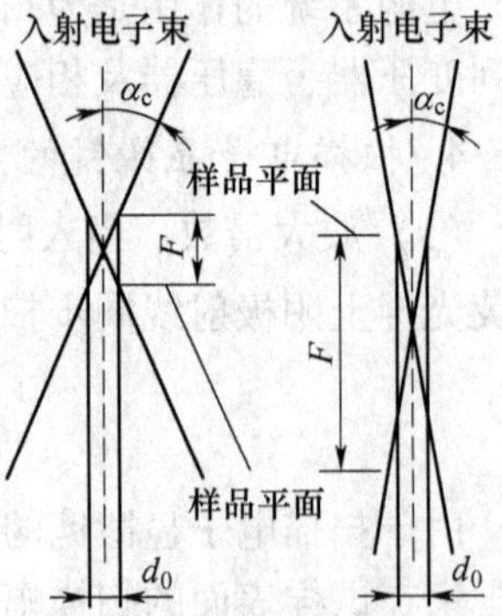

扫描电子显微镜的景深 F 为

$$F = \frac{d_0}{\tan\alpha_c} \tag{54-3}$$

因为 α_c 角很小（约 10^{-3} rad），所以公式（54-3）可写作

$$F = \frac{d_0}{\alpha_c} \tag{54-4}$$

图 54-4　景深与电子束入射半角 α_c 的依赖关系

扫描电子显微镜以景深大而著名，表 54-1 给出了不同放大倍数下，扫描电子显微镜的分辨本领和相应的景深值。

表 54-1　扫描电子显微镜和光学显微镜的分辨本领和景深值（$\alpha_c = 10^{-3}$ rad）

放大倍数 M	分辨率 d_0/μm	景深 F/μm	
		扫描电子显微镜	光学显微镜
20	5	5000	5
100	1	1000	2
1000	0.1	100	0.7
5000	0.02	20	—
10000	0.01	10	—

5. 扫描电子显微镜的图像衬度

扫描电子显微镜的图像衬度的形成主要是基于样品微区表面形貌、原子序数、晶体结构、表面电场和磁场等方面存在差异，入射电子与之相互作用后产生的特征信号的强度就存在差异，进而图像就有一定衬度。常见的图像衬度主要是表面形貌衬度和原子序数衬度。

表面形貌衬度：利用样品表面形貌比较敏感的物理信号作为显像管的调制信号，所得到的图像衬度称为表面形貌衬度，二次电子信号对样品表面变化比较敏感，与原子序数没有明确的关系，其像分辨本领也比较高，所以通常用它来获得表面形貌图像。背散射电子信号也可以来显示样品表面形貌，但它对形貌变化不那么敏感，尤其是背向收集器的那些区域产生的背散射电子不能到达收集器，在图像上形成阴影，遮盖了那里的细节。

原子序数衬度：又称为化学成分衬度，它是利用对样品微区原子序数或化学成分变化敏感的物理信号作为调制信号得到一种显示微区化学成分差别的像衬度，比如背散射电子衬度，背散射电子信号随原子序数的增大而增大，样品表面上平均原子序数较大的区域，在图像上显示较亮的衬度。因此，可以根据背散射电子像衬度来判断相应区域原子序数的相对高低。吸收电子像衬度与背散射电子像和二次电子像互补。

扫描电子显微镜的发展一方面主要是在二次电子像分辨率上取得了较大的进展，比如目前采用钨灯丝电子枪的扫描电子显微镜分辨率最高可达 3.5nm，场发射电子枪的扫描电子显微镜分辨率最高可达 1nm；另一方面有代表性的进展主要是对样品测试环境方面做出的拓展，增加了扫描电子显微镜低真空、低电压及环境扫描模式，而且样品室里可以加装高温样品台和动态拉伸装置，可以在环境模式下实时观察样品在加热或发生形变直至破坏过程中全过程的显微结构变化。另外，现代扫描电子显微镜常配备能谱仪（EDS）、波谱仪（WDS）、电子背散射衍射仪（EBSD）等附件形成分析型扫描电子显微镜，可以实现形貌、成分及晶体的物相、取向、织构等一体化分析。总之，目前的扫描电子显微镜正朝着体积精巧化、功能综合化、操作简便化的分析研究型方向发展，将会在材料研究领域发挥更大的作用。

实验仪器设备与材料

（1）Quanta200 型扫描电子显微镜系统，如图 54-5 所示，最大放大倍数为 100000 倍，分辨率不小于 3.5nm，用于对材料表面微观形貌的观察，其系统包括扫描电子显微镜主机、扫描电子显微镜工作计算机、辅助计算机、真空泵、配电柜、不间断电源等。

（2）能谱仪，用于对样品进行微区成分分析，能够探测的元素范围为B5～U92，能谱分辨率不小于130eV，能谱仪主要通过能谱工作计算机进行操控。

（3）SBC-12型小型离子溅射仪，用于对样品表面进行导电处理。

（4）待测实验样品、剪刀、镊子、碳导电胶带、双面胶带、洗耳球、小载物台、样品架等。

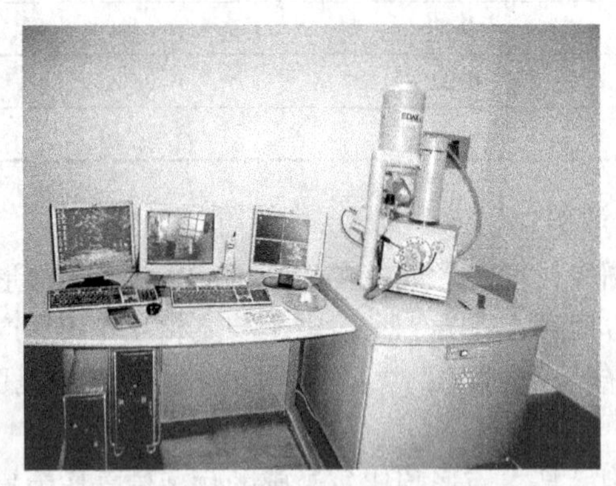

图54-5 扫描电子显微镜外观图

实验步骤

（1）扫描电子显微镜基本情况认识：对照实物，熟悉扫描电子显微镜的基本构造和基本参数，加深对其工作原理的理解。

（2）样品制备：粉末状制样方法是先在小载物台上铺一层导电胶带，然后用牙签挑取一定量的样品均匀地洒在导电胶带上，用洗耳球吹去多余未粘住颗粒，将制备好的样品放在样品架上待用；丝状样品需先用剪刀剪成小段，然后将其粘在导电胶带上，用镊子轻轻按压两端，确保固定牢靠；块状样品（用于原子序数衬度观察的样品需将表面预先抛光）需先用双面胶带将样品固定在小载物台上，然后将导电胶带剪成细条，从样品表面边缘引至底座。需要注意的是实验中所有的样品必须预先进行干燥处理，如果有些样品吸湿性比较强，可在样品制备完毕后放在红外灯下进行简单烘干处理，完毕后待冷却再进行下一步实验。

（3）喷金：对于导电性不良的样品需要对其表面做到先处理。将样品置于小型离子溅射仪中，拧紧阀门，设定好时间后，开启电源，启动真空泵，待空腔内真空度达到要求后，启动按钮开始喷金，喷金结束后取出样品，将溅射仪恢复至负压状态，关闭电源。

（4）开机：依次打开配电柜、电镜主机、扫描电子显微镜工作机、辅助计算机、能谱工作机，并进入仪器操作系统。

（5）放样：打开样品室门，将将制备好的样品依次放在样品室内样品台的相应位置上，关闭样品室门，启动真空系统，待真空度达到要求后，将样品台推至合适的工作距离处（10mm线的位置），设定加速电压和束斑，打开高压开关。

（6）样品分析。

1）表面形貌衬度观察：一般仪器的缺省探测器为二次电子探测器，可用于观察材料表面形貌。以粉末状样品为例，首先从最小倍数逐步放大，选择颗粒分散比较均匀、导电良好的区域逐步放大，改变束斑大小和扫描速率，同时调节对比度和亮度，在感兴趣区“高倍聚焦，低倍成像”，输入样品名称，保存图像，这样就完成了一个区域的形貌衬度观察和相应的图片的采集。其他区域或样品的形貌衬度观察方法与此方法相同。

2）原子序数衬度观察：在探测器菜单下选择背散射电子探测器，将待测样品移动至镜筒正下方，图像采集方法与形貌衬度观察相同，得到的是一张明暗对比明显的背散射电子照片。

3）微区成分分析：在原子序数衬度观察过程中，打开能谱仪软件，分别选择样品上比较明亮和比较灰暗的区域进行能谱分析，调节束斑至合适大小，采集该区域能谱谱线并进行计算和保存，就可以得到关于该区域的元素分析谱图和元素相对含量。

（7）退样：完成样品分析后，关闭高压开关，将样品退回到初始高度，等待 5min 后，关闭真空系统，待泄压完毕后，取出样品，关闭样品室门。

（8）关机：退出扫描电子显微镜和能谱仪软件操作系统，依次关闭扫描电子显微镜主机、扫描电子显微镜工作机、辅助计算机、能谱工作机，配电柜等。整理现场，结束实验。

实验数据记录与处理

（1）提交清晰的扫描电子显微镜图像及能谱分析结果并注明实验条件。

（2）对实验结果进行分析讨论。

实验注意事项

（1）遵守精密仪器实验室管理制度，确保仪器安全运行。

（2）实验前请确保能谱仪中液氮是充满的。

思 考 题

（1）扫描电子显微镜对样品的要求是什么？

（2）根据上课内容并结合各自特点，说明二次电子像和背散射电子像对制样有何要求？试对比这些图像的衬度特点。

（3）扫描电子显微镜的分辨率与哪些因素有关？

参考文献

[1] 王培铭，许乾慰．材料研究方法［M］．北京：科学出版社，2005.
[2] 韩立，段迎超．仪器分析［M］．吉林大学出版社，2014.
[3] 吴立新，陈方玉．现代扫描电镜的发展及其在材料科学中的应用［J］，综述与评论，2005，43（6）：36~40.
[4] 屠一锋，严吉林，龙玉梅，等．现代仪器分析［M］．北京：科学出版社，2011.
[5] 谈育煦，胡志忠．材料研究方法［M］．北京：机械工业出版社，2004.

实验 55 偏光显微镜的构造、调节和使用

实验目的

（1）熟悉偏光显微镜的构造及各部件的用途。

（2）掌握偏光显微镜的调节和使用方法。

实验原理

偏光显微镜是进行晶体光学性质研究的重要仪器之一。对于光性均质体，如一切非晶体和对称性极高的立方（等轴）晶系的晶体，当光波在其中传播时，其传播速度不因传播方向的变化而变化，也不改变其固有的振动性质，偏振光入射后仍为偏振光，且振动方向不改变，光波在均质体中传播严格遵守折射定律；对于光性非均质体，如中级晶族和低级晶族的晶体，当光线由均质体介质射入非均质体介质时将发生双折射（光轴方向除外），一条光线分解成两条传播速度不同且振动方向互相垂直的平面偏光。凡具有双折射性的物质，在偏光显微镜下就能分辨清楚。双折射性是晶体的基本特性。因此，偏光显微镜被广泛地应用在矿物、化学等领域，在生物学和植物学也有应用。

偏光显微镜的光学原理与普通显微镜相同，但偏光显微镜具有使自然光转化为偏振光的装置以及为配合偏光观察而附设的其他光学器件，因此在构造上要比普通显微镜复杂。学习偏光显微镜的构造和调节、使用方法是进行偏光显微观察的前提。

实验仪器设备与材料

LW300LPT 偏光显微镜。

实验步骤

1. 学习偏光显微镜的构造

偏光显微镜的型号繁多，但其主要构成部件大同小异，下面以我国某公司生产的 LW300LPT 偏光显微镜（图 55-1）为例介绍其构成。

（1）镜座：位于镜体下部支持显微镜全部重力的基座，保证显微镜放置的稳定性。

（2）镜臂：连接镜筒与镜座的弓形臂。

（3）中间镜筒：联结在镜臂上，上接目镜，下接物镜，内置上偏光镜、勃氏镜，并带有可插入补偿器的试板孔。

（4）载物台：一个可以转动的圆形平台，可绕显微镜中心轴水平旋转 360°，边缘有 0°~360°的刻度，附有游标尺，可读出旋转的角度。可用载物台调中螺钉调节载物台中心与显微镜中心一致，也可用固定螺钉固定载物台。载物台用以承载试样薄片或安装其他附属光学设备或机械设备。物台上有弹簧夹，用来夹持薄片，中心开有圆孔以使来自下部的

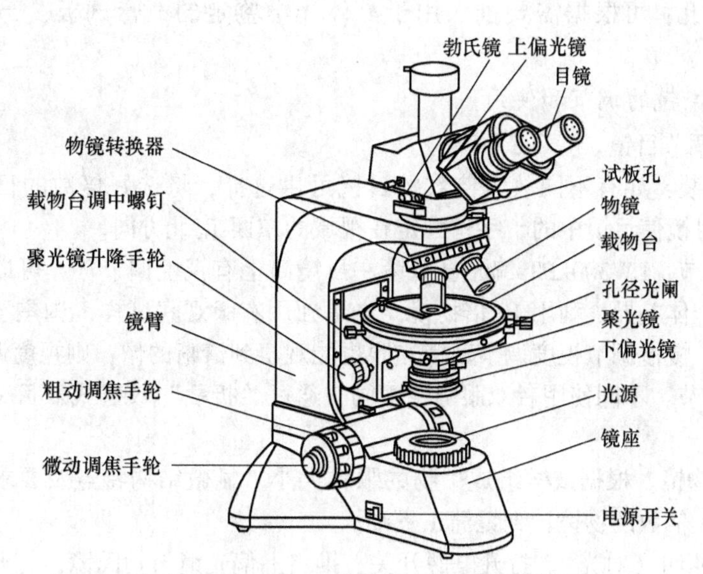

图 55-1　LW300LPT 偏光显微镜结构示意图

光线穿过物台和薄片，进入物镜进行观察。

（5）调焦手轮：调焦手轮分为粗动调焦手轮和微动调焦手轮，转动调焦手轮可使载物台作不同幅度的上升或下降，完成调焦工作。

（6）目镜：LW300LPT 偏光显微镜为三目显微镜，上端可连接摄像装置或数码相机，铰链式双目镜筒内插两个 10 倍目镜，倾斜角度为 30°。两个目镜一个为 10 倍广角目镜，一个为平场分划目镜，带有十字丝和分度尺（0.1mm/格），用于度量、标定或瞄准。

（7）物镜：决定显微镜成像性能的重要构件，它由一组装在筒形镜框内的透镜组成，透镜的曲率组合决定了其放大倍数。物镜上刻有放大倍数、数值孔径（N·A）等。一般显微镜通常配有低倍（4 倍）、中倍（10 倍、25 倍）和高倍（40 倍、60 倍）等物镜。LW300LPT 偏光显微镜物镜安装在物镜转换器上。

（8）物镜转换器：四孔滚珠内定位转换器，转动转换器即可转换不同倍数的物镜。

（9）光源：为偏光显微观察提供光源，可由亮度调节旋钮调节光亮度。

（10）下偏光镜：也称起偏镜，光源发出的光通过它后成为振动方向一定的偏振光。下偏光镜可以转动，用以调节产生的偏振光的振动方向。

（11）聚光镜：聚光镜位于下偏光镜之上，可以把下偏光镜透出的偏光聚敛成锥形偏光，用以观察晶体的干涉图。聚光镜可自由推进或拉出光路系统，也可用其调中螺钉和升降手轮进行位置调节。

（12）孔径光阑：在聚光镜之上，可自由开合，用以控制进入视域的光量，保证图像的清晰度。

（13）上偏光镜：也称检偏镜或分析镜，位于中间镜筒内。其构造和作用与下偏光镜相同，使用时要求上偏光的振动方向与下偏光的振动方向垂直。上偏光镜可自由推进或拉出光路系统。

（14）勃氏镜：位于上偏光镜与目镜之间，用于观察干涉图。根据需要可推入或拉出。

（15）试板孔：可根据需要推入用于晶体光学鉴定的石膏试板、云母试板和石英楔等。

2. 偏光显微镜的调节和使用

（1）安装调节目镜。

1）目镜安装：如有不同放大倍数的目镜可供选择，将选好倍数的目镜插入镜筒上端，转动分划目镜使目镜中的十字丝固定在视域的东西-南北方向。

2）视度调节：LW300LPT偏光显微镜左目镜筒上有视度调节环，可以修正不同使用者双眼视度的个体差异。利用10倍物镜，先单独用右眼观察试样，调焦至成像清晰，然后用左眼观察，慢慢调节视度调节环使左眼也能观察到清晰的像，则视度调节完成。

3）瞳距调节：不同使用者双眼瞳距不同，通过"折叠"铰链式双目镜筒调节两个目镜在合适位置。

（2）选择物镜。根据试样组成矿物的颗粒大小、显微结构特点及要求，转动物镜转换器将合适放大倍数的物镜转到镜筒正下端。

（3）调节照明（对光）。打开电源开关，推出上偏光镜与勃氏镜，打开孔径光阑，调节光源亮度调节旋钮，获得足够的照明亮度。调节孔径光阑，控制光线强弱，调节视域中心亮度和影像反差。

（4）聚光镜调中。

1）用10倍物镜观察，关小孔径光阑，调节聚光镜使观察到光阑像。

2）如果聚光镜未调节，则光阑像不清晰并且不在视域中心，如图55-2（a）所示。

3）调节聚光镜升降手轮使光阑像边缘清晰，然后通过两个聚光镜调中螺钉把聚光镜调中，如图55-2（b）所示。

4）通过上述调节后，打开孔径光阑到比视域稍大即可，如图55-2（c）所示。升高聚光镜至正常观察状态。

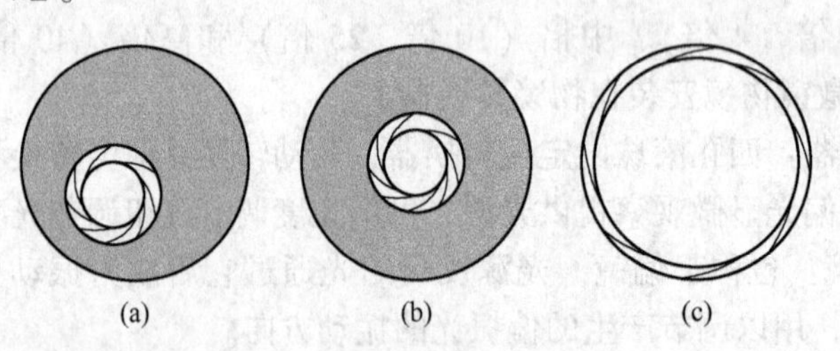

图55-2　聚光镜调中示意图

（5）调节焦距（准焦）。调节焦距主要是为了使物像清晰可见，具体步骤如下：

1）将欲观察的薄片置于载物台上，使盖玻片朝上，薄片中的矿物正对物镜，并将薄片用弹簧夹夹紧在载物台上。

2）从侧面看着镜头，旋转粗动调焦手轮，将载物台上升到薄片几乎与物镜接触为止。

3）从目镜中观察，同时转动粗动调焦手轮使载物台缓缓下降，直至视域中看到物像，然后转动微动调焦手轮使物像清晰。

（6）物镜（物台）中心校正。在偏光显微镜使用时要求显微镜物镜的中心光轴与载物台的机械旋转轴相一致，这样，视域中的被观察对象才不至于在旋转物台时偏离原来位置，甚至跑出视域之外，给鉴定工作带来不便。因此，偏光显微镜在使用前应进行中心校正，使物镜的中心光轴与载物台旋转轴相重合。LW300LPT 偏光显微镜物镜（物台）中心校正时，先以 10 倍物镜中心光轴为基准校正载物台旋转轴，然后再以校正好的载物台旋转轴为基准校正其他物镜的中心光轴，这样在整个鉴定工作过程中不同倍数物镜转换时都能正常观察。中心校正的具体步骤如下：

1）准焦后，在视域中任选一目标点（参考点）置于分划目镜十字丝中心，如图 55-3（a）所示。旋转物台 360°，若在旋转物台过程中目标点在十字丝中心始终不动，则表明物镜光轴与载物台旋转轴重合，满足使用要求；若在物台旋转过程中目标点离开十字丝中心或跑出视域之外，则表明中心不正，这时目标点会围绕偏心圆圆心 *o* 作圆周运动，如图 55-3（b）所示。

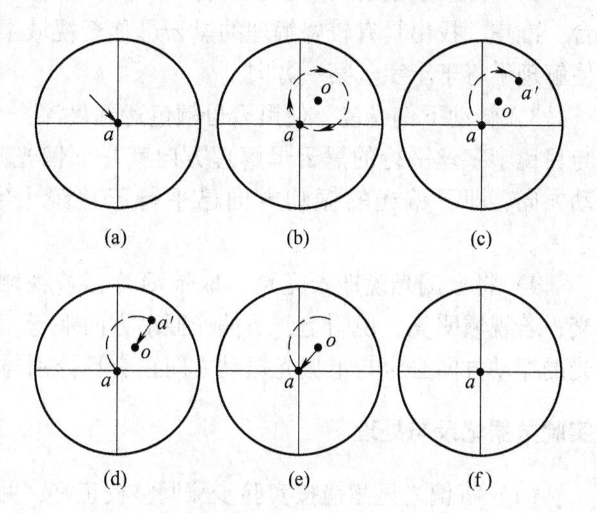

图 55-3 物镜中心校正示意图

（a），（e）移动试样；（b），（f）转物台 360°；（c）转物台 180°；（d）调节调中螺钉

2）若偏心不大，转动物台目标点始终在视域内，这时应将目标点由十字丝中心旋转 180°至图 55-3（c）中所示的 *a′*点处。

3）调节载物台调中螺钉，同时双眼注视视域内的目标点，将目标点由 *a′*沿着图 55-3（d）中 *a′a* 连线方向位移至偏心 *o* 处。

4）移动试样，将目标点由 *o* 移至十字丝中心（或重新找一个目标点放在十字丝中心），如图 55-3（e）所示。旋转物台并观察目标点是否已在十字丝中心不偏心转动，如图 55-3（f）所示。若旋转物台时目标点在十字丝交点不动，表明中心已校正好；若旋转物台时，目标点仍离开十字丝中心旋转，则仍需按步骤 2）、3）继续调整，直至旋转物台时，目标点在十字丝中心不动，中心才算校正完好。

5）若偏心很大，旋转物台时，目标点由十字丝中心旋出视域之外，这时需根据目标点的移动情况估计偏心圆中心点的方位。若偏心圆中心点方位在图 55-4 中 *o* 点时，可将目标点转回至十字丝中心。双手捏住中心校正螺丝手柄，双眼注视视域内的目标点，转动校正螺丝，使目标点自十字丝中心向偏心圆中心点 *o* 反方向（图 55-4 中箭头所示方向）移动，调整偏心圆至视域内。然后再按上述 2）、3）、4）步骤校正即可。

6）载物台中心校正好后，转动物镜转换器切换其他倍数的物镜，按照上述 1）~5）的步骤，利用位于物镜转换器侧面每个物镜两侧的物镜中心校正螺钉，调节其他倍数物镜的中心光轴与载物台旋转轴相重合。

（7）偏光系统校正。在偏光显微镜处于偏光观察工作状态时，要求上、下偏光镜振动方向正交并且分别与目镜十字丝平行。LW300LPT 型偏光显微镜的上、下偏光镜均可 360°旋转，振动方向有 0°、90°、180°和 270°四个档位，仪器出厂已设置好当上、下偏光镜都转动至 0°位置即达到正交状态，且分别处于东西、南北方向。当两者不处于正交位置时，通常按下述步骤校正：

1）调整分划目镜十字丝位于东西-南北方向上，转动上偏光镜位于0°位置，此时上偏光振动方向平行于目镜十字丝横丝或竖丝。

2）将上偏光镜推出光路，将黑云母薄片置于载物台，准焦，找出具有较好解理的黑云母移至视域中心，使解理平行于十字丝某一方向。

3）转动下偏光镜，使黑云母颜色达到最深，此时与目镜十字丝平行的黑云母解理方向就是下偏光的振动方向，即下偏光的振动方向已平行于目镜十字丝之一。

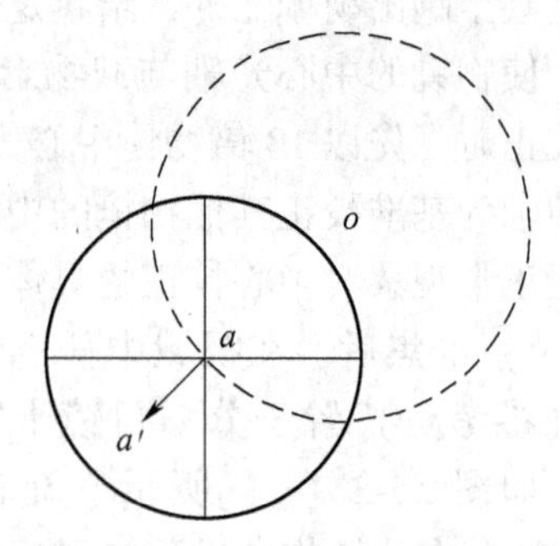

图 55-4 偏心较大时校正中心示意图

4）将上偏光镜推入光路，取下薄片，若视域最暗，说明上、下偏光振动方向已正交；若视域明亮，说明上、下偏光振动方向平行，这时转动上偏光镜至90°位置，则下偏光的振动方向必定与上偏光振动方向正交且分别与目镜十字丝平行。

实验数据记录与处理

（1）将偏光显微镜按实验步骤调整校正好，并检查是否符合使用要求。

（2）对显微镜调节过程中出现的问题、解决方法和步骤进行完整描述。

实验注意事项

（1）在操作前，务必把仪器左侧调焦手轮内侧的限位圈松开。

（2）更换光源灯泡时，必须先关闭电源，拔掉电源线，确认灯泡冷却后再更换。

（3）清洁镜片用棉签或抹镜纸蘸少许镜片清洁剂或无水酒精擦拭。

（4）切勿自行拆卸光学部件，以免损坏仪器。

（5）物镜与薄片之间的工作距离因放大倍数的不同而不同，低倍物镜工作距离长，高倍物镜工作距离短，所以高倍物镜准焦时切忌只看目镜中的视域，这样容易压碎薄片而使镜头损坏。

思 考 题

（1）偏光显微镜在使用前为什么必须校正中心？在校正中心时，转动校正螺钉，为什么只能使目标点移至偏心圆中心，而不能移至十字丝中心？

（2）当上下偏光镜振动方向平行时，偏光显微镜光路中有什么现象？当上下偏光镜振动方向正交时，偏光显微镜光路中有什么现象？

参考文献

[1] 张颖，任耘，刘民生．无机非金属材料研究方法［M］．北京：冶金工业出版社，2011.

[2] 高里存，任耘．无机非金属材料实验技术［M］．北京：冶金工业出版社，2007.

[3] 王涛，赵淑金．无机非金属材料实验［M］．北京：化学工业出版社，2011.

实验 56　单偏光系统下晶体的观察

实验目的

（1）掌握单偏光系统的调节。

（2）观察晶体在单偏光下的光学性质。

实验原理

1. 晶体形态及显微结构

晶体的形态、大小及结晶完整程度不仅与晶体的组成、结构有关，而且与其形成条件、析晶顺序有密切关系。所以，研究晶体的形态既可帮助鉴定矿物，又可推测它们的形成条件。

在偏光显微镜下观察到的晶体，其形态是晶体上某一方向的切面。根据晶体的结晶习性，切片中的晶体常以某些固定的形状出现，如水泥熟料中的 C_3S 晶体常以不等边的六角形或长方形出现，β-C_2S 晶体常以圆形出现，γ-C_2S 晶体常以长条形出现等。这些由于结晶习性所形成的固定形态常常是鉴定矿物的重要依据。

根据晶体边棱的规则程度，晶体形态可分为边棱规则完整的自形晶、部分边棱完整的半自形晶、无规则形状的它形晶及一些特殊形态的晶体，通常呈针状、条状、柱状、板状、粒状、纤维状、放射状、叶片状、树枝状、包裹状、花环状、气孔状等。这些不同形态的晶体聚合在一起，就组成了各种各样的显微结构，如等粒状结构、斑状结构、玻璃状结构及气孔状结构等。根据晶体的形态及所表现的各种显微结构，就可推知晶体的形成工艺和判断产品的质量，使显微结构分析服务于生产。

2. 颜色、多色性和吸收性

透明矿物的薄片对透射平面偏光具有不同的吸收作用，使光线强度和颜色发生变化，就产生了矿物的颜色、多色性和吸收性等鉴定矿物的重要光性特征。

薄片中矿物的颜色，是矿物对白光中七色光波选择吸收的结果。如果矿物对白光中七色光同等程度的吸收，矿物呈无色透明。若矿物对七色光中某些色光吸收多，对另一些色光吸收少或不吸收，则光通过薄片后，未吸收掉的光相互混合形成矿物的颜色。

矿物的颜色及浓度随光波振动方向的不同而变化的现象称为矿物的多色性和吸收性。矿物多色性的强弱取决于矿物的本性。均质体矿物光学性质各向同性，在等厚切片中矿物的颜色及浓度不随光波振动方向的不同而发生变化。非均质体矿物光学性质各向异性，在单偏光条件下，矿物的颜色及其深浅随载物台的转动而变化。

薄片中矿物的颜色和多色性用光率体轴名表示。一轴晶矿物光率体有两个主轴，对应有两种主要颜色，用 N_e、N_o 表示，这两种主要颜色可在平行于光轴的切面上观察。二轴晶矿物光率体有三个主轴，对应有三种主要颜色，用 N_g、N_m、N_p 表示。观察这三种主要颜色至少要找两个切面，一个平行于光轴面的切面观察 N_g、N_p 代表的主色，另一个垂直于光轴的切面观察 N_m 代表的主色。多色性和吸收性用多色性公式和吸收性公式表示，如二轴晶矿物普通角闪石的多色性公式为 N_g = 深绿色、N_m = 绿色、N_p = 浅黄绿色，吸收性公式为 $N_g > N_m > N_p$。

3. 轮廓、贝克线、糙面与突起

轮廓是矿物的边界。具有不同折射率的介质相接触，当光波在其中传播时，在它们的接触部位产生折射，致使亮度发生变化，这时在矿物颗粒周围会出现一条暗线，这条暗线称为矿物的轮廓线。轮廓线的明显程度取决于相邻两矿物折射率差值的大小，差值越大，折射光偏斜越厉害，边缘越粗、轮廓越清楚。因此，可以根据矿物边缘的粗细或轮廓的明显程度估计矿物折射率的相对大小。

贝克线是矿物轮廓边缘附近出现的一条细亮线。薄片中，当两折射率不同的介质接触时，在减弱入射光亮度的条件下，可在两介质接触部位见到一条走向与矿物边缘一致的亮线，即为贝克线。贝克线产生的原因如图 56-1 所示，当相邻两矿物接触面倾斜，平行光射到接触面上时，均向折射率高的矿物一边折射，使折射率高的矿物一边光线增多而亮度增加，从而出现一条走向与矿物边缘一致的亮线，而折射率低的矿物一边光线减弱。升降镜筒（升降载物台）时，贝克线会移动，其移动规律是：提升镜筒（下降载物台）时，贝克线移向折射率大的矿物；下降镜筒时（上升载物台），贝克线移向折射率小的矿物。

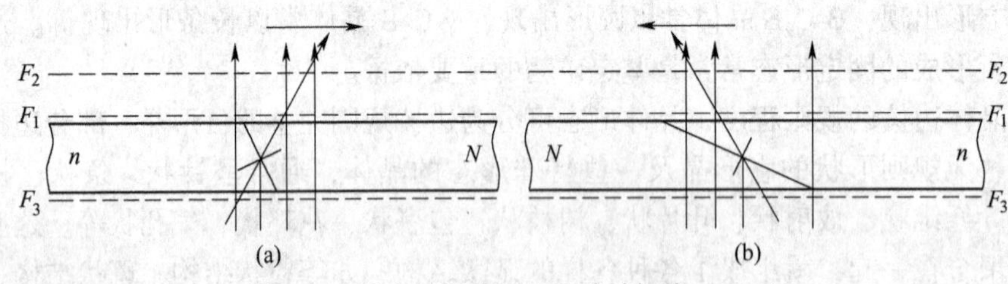

图 56-1　贝克线形成原因和移动规律（$N>n$）

贝克线与矿物的轮廓线相伴平行而生，无论矿物边缘与树胶的接触关系如何，轮廓线均出现在两者交界处，而贝克线总是出现在折射率较高的介质一边，而且升降镜筒（升降载物台）时，轮廓线不动而贝克线则做平行于轮廓线的左右移动。

糙面是由于薄片矿物表面具有一些显微的凹凸不平，而盖于其上的树胶折射率又与矿物的折射率不等，当光线通过两者接触面时发生折射使透过矿物薄片各处的光线集散不一，明亮度不均匀，从而使矿物表面呈现粗糙感。

突起是由于薄片中不同矿物与树胶的折射率不同，而呈现出的矿物高低不同的视觉现象。矿物突起产生的原因如图 56-2 所示，矿物的顶、底面均为树胶，光由底部射到矿物顶部与树胶接触时，由于两者折射率不同而产生折射偏移，使矿物的影像上升或下降。由于不同矿物与树胶的折射率差值不同，因而成像位置也就高低不等，产生了有的矿物比另一些矿物高一些或低一些的感觉。

以树胶的折射率 1.54 为标准，突起分为六个等级，各个等级所表现的折射率变化范围是：负突起<1.48，负低突起 1.48~1.54，正低突起 1.54~1.60，正中突起 1.60~1.66，正高突起 1.66~1.78，正极高突起>1.78。

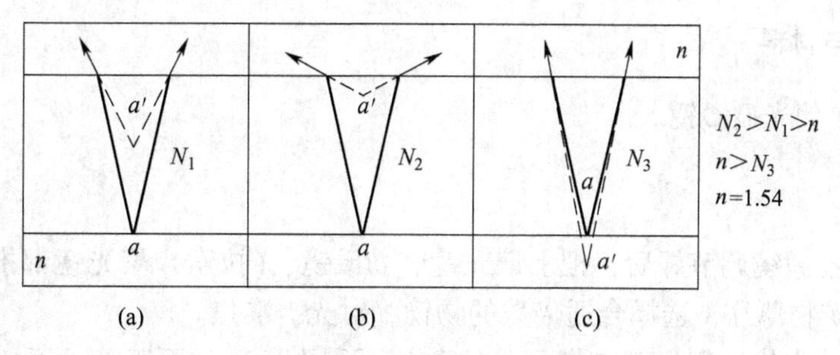

图 56-2　突起产生的原因

(a), (b) 正突起; (c) 负突起

利用贝克线的移动规律可以判断矿物突起的正负：提升镜筒（下降载物台）贝克线向矿物移动时，为正突起矿物；提升镜筒（下降载物台）贝克线向树胶移动时，为负突起矿物。

晶体的突起高低、轮廓、糙面、贝克线的明显程度，都反映了晶体折射率与树胶折射率的差值，差值越大，突起越高，轮廓、糙面越明显，贝克线也越清晰。

突起的高低随晶体方位不同而变化很大称为闪突起。双折射率大的矿物平行于光轴或平行于光轴面的切面上具有明显的闪突起，可作为矿物鉴定特征。

4. 解理及解理角

晶体沿着一定方向裂开成光滑平面的性质称为解理，在薄片矿物中表现为一些平行的（一组解理）或交叉的（二组解理）细缝纹。具有两组或两组以上解理的矿物，解理面的夹角称为解理角。

根据解理发育的完善程度，解理分为：

(1) 极完全解理，解理缝呈细密而连续的直线。

(2) 完全解理，解理缝粗疏，一条缝未完全贯穿整个晶体。

(3) 不完全解理，解理缝稀少且断断续续，有时只见痕迹。

解理缝的粗细及清晰程度，除与矿物性质有关外，还与切片方位有关。当切面与解理面垂直时，表现的是矿物的真实解理状况。因此，垂直于解理面的切面的解理特征或同时垂直于两组解理面的切面的解理角是鉴定矿物的依据。

测量解理角时，必须在同时垂直于两组解理面的切面上进行。这种切片的特点是两组解理缝细而清晰，当升降镜筒时，解理缝均不向两边移动。

综上所述，单偏光下可以观察到晶体的形状、大小、颜色及多色性、糙面程度、突起高低、解理状况等。例如，在花岗岩薄片中，石英为粒状它形晶体，无色透明，低正突起，表面光滑，无解理。长石为板片状、条柱或柱状晶体，无色透明；钠长石、钾长石为负低突起；钙长石为正低突起，一般表面光滑，但由于风化可使表面出现点点皱皱；{001}、{010} 二组解理完全，还有其他方向的不完全解理。黑云母多为片状晶体，颜色可以从深褐色变化到浅黄色或浅灰色，正低突起至正中突起，{001} 极完全解理。角闪石多为深绿色变化到浅绿色或浅黄绿色的晶体，沿 C 轴呈长柱或短柱状、针状或纤维状，正中突起，{110} 呈完全解理，解理纹较粗，在垂直于 C 轴的切面上可见两组解理夹角 56°。

实验仪器设备与材料

LW300LPT 偏光显微镜。

实验步骤

（1）偏光显微镜调节好后，把上偏光镜、勃氏镜、（拉索）聚光镜都推出光路，在载物台上安放好矿物薄片，选择合适倍数的物镜，对光，准焦。

（2）在薄片中找出有色矿物黑云母、角闪石和无色矿物石英、长石，仔细观察和记录它们的晶体形态、轮廓和表面状况。

（3）旋转载物台，仔细寻找黑云母、角闪石多色性变化最显著的切面和无多色性变化的切面。多色性变化最显著的切面为平行于光轴面的切面，观察并记录该切面颜色最深和颜色最浅时的颜色，这两种颜色即代表 N_g 和 N_p 主色；无多色性变化的切面为垂直于光轴的切面，它的颜色即代表 N_m 主色。

（4）在矿物的边缘仔细寻找贝克线，并利用贝克线的移动规律确定上述四种矿物的突起正负。寻找贝克线时，适当关小孔径光阑使视域稍暗，在轮廓十分清楚的矿物的边缘上寻找一条亮细线。观察贝克线移动时，应注意采用微动调焦手轮升降载物台，快速旋转微动调焦手轮并使旋动的幅度不超过微动调焦手轮的 1/4 圈，这样就可以清楚判别贝克线的移动方向。

（5）在视域内仔细寻找上述四种矿物解理最清楚的切面，确定它们的解理类型。找出角闪石具有二组解理的切面，测定其解理角，并判断其是否为真解理角。解理角的测定步骤如下：

1）把具有二组解理的切面移至视域中心，稍微提升或下降载物台，解理的位置不发生位移，表明解理面基本与矿物切片平面垂直。

2）使解理角的顶点与十字丝中心重合，解理角的一边与十字丝的横丝或竖丝平行，记下载物台读数。

3）旋转载物台，使角的另一边与同一根十字丝平行，再记下载物台读数，两次读数之差即为解理角的大小（一般应进行多次观测取其算数平均值）。

实验数据记录与处理

（1）实验数据记录与处理参考格式见表 56-1。

表 56-1 单偏光下晶体的光性特征实验记录表

矿物名称	晶体形态	颜色	多色性	表面状况	下降载物台贝克线移向	突起	解理状况	解理角

（2）数据处理。仔细观察不同矿物晶体在单偏光下的光性特征，将结果记录在表 56-1 中。

实验注意事项

（1）实验前应参照实验 55 的方法将偏光显微镜调节好。

（2）寻找贝克线时，应适当关小孔径光阑使视域稍暗；观察贝克线移动时，应注意采用微动调焦手轮升降载物台。

思 考 题

（1）研究晶体形态具有哪些实际意义？为什么不能根据一个切面中的形态来判断晶体的实际形态？

（2）矿物的多色性在什么方向的切面上最明显？要确定一轴晶、二轴晶矿物的多色性公式，需要选择什么样的切面？

（3）什么是吸收性？与多色性有什么不同？

（4）黑云母的三个折射率为 $N_g = 1.677$，$N_m = 1.676$，$N_p = 1.623$，N_g为深褐色，N_m为深褐色，N_p为黄色，问：1）黑云母的哪一个切面上吸收性最大？哪一个切面上多色性最强？2）黑云母的哪一个切面上颜色无变化？为什么？这个切面有何特征？3）为什么能用黑云母来确定下偏光镜的振动方向？

（5）薄片中各矿物颗粒厚度基本一致，为什么在显微镜下突起高低不一？

（6）同种矿物颗粒之间能否出现贝克线？

（7）薄片中矿物的解理缝是怎样产生的？为什么有解理的矿物有时在薄片中见不到解理？

（8）已知角闪石两组解理的夹角为 56°和 124°，为什么在薄片中测出的解理夹角不一定是上述角度？

参考文献

[1] 张颖，任耘，刘民生．无机非金属材料研究方法［M］. 北京：冶金工业出版社，2011.
[2] 高里存，任耘．无机非金属材料实验技术［M］. 北京：冶金工业出版社，2007.
[3] 王涛，赵淑金．无机非金属材料实验［M］. 北京：化学工业出版社，2011.

实验 57　正交偏光系统下晶体的观察

实验目的

（1）掌握正交偏光系统的调节。

（2）观察矿物在正交偏光下的光学性质。

（3）熟悉正交偏光下研究晶体的方法。

（4）学习补色原理及其应用。

实验原理

1. 消光现象

矿物切片在正交偏光下呈现视域黑暗的现象，称为消光现象。消光现象有两种情况。

（1）全消光。当光波通过的是矿物光率体圆切面，由于光波可沿圆切面的任意方向振动，因此，来自下偏光镜的光波通过矿物圆切面后与上偏光振动方向垂直而不能透出上偏光镜，使得目镜视域呈现黑暗。旋转物台 360°，这种视域黑暗的现象始终存在，称之为全消光。均质体矿物如非晶体、等轴晶系的晶体和非均质体矿物垂直于光轴的切面均有全消光现象。

（2）四次消光。当光波通过的是矿物光率体椭圆切面，且当椭圆切面的长、短半径方向与上、下偏光镜的振动方向一致时，来自下偏光的光波沿长或短半径方向透过矿物而与上偏光垂直，不能透出上偏光镜，使目镜视域呈现黑暗。旋转物台 360°，这种视域黑暗现象只在椭圆切面的长短半径方向与上下偏光方向一致的四个位置存在，故称四次消光。此时矿物所处的位置称为矿物的消光位，而在其他位置总有部分光线能透过上偏光镜。非均质体矿物如中级晶族晶体、低级晶族晶体的非圆切面都存在着四次消光的特征。

因此，在正交偏光系统下呈现全消光的矿物可能是均质体，也可能是非均质体垂直于光轴的切片，而呈现四次消光现象的矿物一定是非均质体。四次消光是非均质体矿物的特征。当非均质体矿物的椭圆切面在正交偏光镜下处于消光位时，说明矿物光率体椭圆切面的长、短半径与上、下偏光镜的振动方向平行。

（3）消光类型和消光角。根据晶体处于消光位时，矿物的结晶要素（结晶轴、解理缝、双晶缝或边棱等）与目镜十字丝（代表上、下偏光振动方向）的关系，可将非均质体矿物的消光分为下述三种。

1）平行消光：晶体处于消光位时，解理缝、双晶缝或边棱与目镜十字丝之一平行。

2）对称消光：在具有两组解理的切面上，当晶体处于消光位时，目镜十字丝平分两组解理的夹角。

3）斜消光：晶体处于消光位时，解理缝、双晶缝或边棱与目镜十字丝斜交。

三方、四方、六方晶系晶体的切面以平行消光和对称消光为特征。斜方晶系晶体切面以平行消光和对称消光为主要特征，同时也可见斜消光切面。单斜晶系切面以斜消光为主，特殊方位的切面可见平行和对称消光。三斜晶系的切面均为斜消光。

斜消光矿物消光时目镜十字丝与矿物结晶要素之间的夹角，称为矿物的消光角。同种矿物不同方向切片的消光角是不等的，具有鉴定意义的消光角是同种矿物颗粒中最大的消光角和特殊定向切片上测得的消光角。消光角的测量对单斜晶系及三斜晶系的矿物非常重要。

2. 干涉现象

（1）干涉色的形成。非均质体椭圆切面的长、短半径方向与上、下偏光镜的振动方向斜交时，来自下偏光镜的偏光通过矿物时发生双折射，分解成振动方向分别平行于椭圆切面长、短半径方向的两束偏光。这两束偏光振动方向不同，折射率也不同，在晶体中的传播速度也不等，当它们透过矿物时必然产生光程差，进入上偏光镜后，由于两偏光的振动方向又与上偏光镜的振动方向斜交，在透过上偏光镜时再度分解。透过上偏光镜的两束偏光振动频率相等，在同一个平面内（上偏光的振动方向）振动，存在着一定的光程差，因此具有相干波的光学特性而发生干涉作用。

当使用白色光源时，白光透过非均质矿物薄片时也会产生一光程差，除零外的任意一光程差值都不可能同时为所有单色光半波长的偶数倍或奇数倍，即不可能使各单色同时减弱消失或加强明亮，只能使一部分单色光减弱甚至消失，而另一部分单色光干涉加强。所有未消失的强度不同的单色光混合起来，构成了与该光程差相应的由白光经干涉而成的特殊混合色，称为干涉色。干涉色只与透过矿物的两束偏光的光程差有关。当晶体切片内光率体椭圆半径与上下偏光振动方向的夹角为45°时，干涉色最明显。

（2）干涉色级序及特征。每一光程差值都有一与之对应的干涉色。当光程差为零时，干涉色为黑色。随着光程差的连续增加，干涉色有规律地顺着下列次序变化：钢灰、蓝灰、灰白、白、黄白、亮黄、橙黄、红、紫、紫蓝、蓝、蓝绿、绿、黄绿、橙黄、鲜红、淡紫、灰蓝、翠绿、淡黄、淡红、淡蓝、淡绿……高级白。在实际应用中把这些色序按光程差数值，每隔560nm划分为一级干涉色，每级内干涉色均按一定次序出现，总称为干涉色级序。光程差越大，级序越高。干涉色级序通常划分为以下几级。

第一级：光程差为0~560nm，基本干涉色由低到高为黑、灰、白、黄、橙、红。一级干涉色的特征是有黑、灰、白，无蓝和绿，一级黄为亮黄，一级红为红带紫。

第二级：光程差为560~1120nm，基本干涉色变化为紫、蓝、绿、黄、橙、红。二级干涉色的特征是二级蓝深，二级黄带橙，二级红为鲜红。

第三级：光程差为1120~1680nm，基本干涉色变化为紫、蓝、绿、黄、橙、红。三级干涉色的特征是除绿色很鲜艳为翠绿色外，其余色调均较二级干涉色淡。

第四级：光程差大于1680nm，干涉色序变化同二、三级，但色调很淡，且色带之间亦无明显界限。

五级以上干涉色由于色调更淡、色序更窄而不可分辨以致混合成白色，称为高级白。高级白是高双折射率晶体的特征。

（3）补色法则和补色器。当两非均质矿物薄片重叠，且两者光率体椭圆半径均与目镜十字丝呈45°位置时，光波透过两矿片后，必产生一个总光程差，总光程差与光波在两个单体薄片中产生的光程差之间的关系取决于两矿片的重叠方式。

补色法则：当两矿片光率体切面椭圆的同名半径平行时，总光程差为两矿片光程差之和，光程差增加，干涉色级序升高；当两矿片光率体切面椭圆的异名半径平行时，总光程差为两矿片光程差之差，光程差减少，干涉色级序降低，此时，如果两矿片光程差相等，总光程差为零，使干涉色消失而呈现黑暗，称为消色。

补色器：在两矿片中，若有一个矿片的光率体椭圆半径名称及光程差已知，就可以根据补色法则通过观察总光程差的增减和干涉色的升降变化情况，求出另一矿片的光率体椭圆半径名称及光程差。补色器就是光率体椭圆半径名称及光程差已知的矿片。在正交偏光系统下常用的补色器有石膏试板、云母试板和石英楔。

3. *矿物的延性*

许多矿物晶体在形态上具有沿某一方向延长的特性，如针状、纤维状、柱状等，通常此方向与晶体的某一结晶轴平行或近似平行。我们称延长型矿物晶体的延长方向与光率体主轴之间的对应关系为矿物的延性符号。矿物的延性符号一般有两种：当晶体的延长方向与N_g方向平行或夹角小于45°时，称为正延性；当晶体的延长方向与N_p方向平行或夹角小于45°时，称为负延性。延性符号是延长型矿物的鉴定特征。

4. *双晶现象*

在晶体的形成过程中，两个或两个以上的同种晶体按一定规律连生在一起，形成双晶。双晶是正交偏光镜下所观察到的特有现象，它表现为相邻两单体不同时消光。例如，仅有两个单体组成的简单双晶，在正交镜下旋转载物台时可见消光黑暗与不消光明亮交替出现。又如双晶缝相互平等的聚片双晶，旋转载物台时，奇数与偶数两组双晶单体轮换消光，明暗频频交替出现。正交偏光镜下还可见到交叉、格状、轮式等特殊双晶。双晶对某些矿物具有特殊的鉴定意义，如鳞石英的矛头状双晶，斜长石的聚片双晶及堇青石的六连晶等。

实验仪器设备与材料

LW300LPT偏光显微镜。

实验步骤

偏光显微镜调节好后，将孔径光阑开到最大，把勃氏镜和（拉索）聚光镜都推出光路。在载物台上安放好矿物薄片，选择合适倍数的物镜，对光，准焦。把上偏光镜推入光路，即可进行正交偏光下的观察和测试。

（1）观察消光现象。观察花岗岩、闪长岩、云英岩薄片中黑云母、角闪石和长石不同切面的消光现象。旋转载物台360°，观察视域黑暗（全消光）及4次明亮、4次黑暗（四次消光）的现象。四次消光每次黑暗并非骤然变暗，而是逐渐由明到暗，直到消光。从消光位转到45°位时视域最亮。

（2）观察干涉现象。

1）观察石英楔的干涉色级序。从试板孔缓慢插入石英楔，从目镜观察一到二级各干涉色连续出现，有的可以看见四级干涉色。观察时注意各级干涉色的特点：一级有灰白，无蓝绿；二级蓝深，二级黄带橙；三级绿色鲜艳；四级干涉色淡；高级白。

2）观察石膏、云母试板的干涉色。将石膏试板、云母试板分别插入试板孔内，仔细观察它们的干涉色特点。

（3）干涉色级序的测定。利用补色原理和消色现象来测定干涉色级序。在石英楔与矿物晶体切面异名轴平行的情况下，当通过矿物切面的光程差与通过石英楔子的光程差相等时，二者总光程差为零，出现消色而呈现一条暗带，这时把矿物薄片从载物台上拿掉后，呈现暗带位置石英楔的干涉色就是矿物的干涉色。退出石英楔，若退出时红带出现的次数为 n，则矿物干涉色级序为 $n+1$。测定干涉色级序具体步骤如下：

1）将矿物薄片置于正交偏光系统下的载物台上，将要观测的矿物切面置于视域中心，并由消光位转至 45°位，观察并记录矿物切面的干涉色。

2）插入石膏试板或云母试板，观察色序升降，判断补色器与矿物切面是否异名轴平行。若色序升高说明同名轴平行，则旋转载物台 90°，使异名轴平行。退出补色器。

3）缓慢插入石英楔，观察色序下降顺序，找出暗带消色位置。

4）取走矿物薄片，观察石英楔上暗带消色位置的干涉色，并与 1）中看到的矿物切面的干涉色比较。若二者完全一样，证明所找暗带消色位置是正确的；若二者干涉色不相同，说明暗带消色位置判断错误。这时应放上矿物薄片重新找出暗带消色位置，直至拆去矿物薄片后石英楔上暗带消色位置的干涉色与矿物切面的干涉色相同为止，这时石英楔上暗带消色位置的干涉色级序与矿物切面的干涉色级序相同。

5）缓慢退出石英楔子，观察退出石英楔时视域中红色带出现的次数 n，便可定出矿物切面的干涉色级序为 $n+1$。

（4）根据干涉色级序从色谱表（给定）上查出石英、长石、黑云母和角闪石的标准干涉色和最大双折射率。

（5）仔细寻找并观察黑云母、角闪石的简单双晶以及斜长石的聚片双晶。

（6）晶体延性符号的测定。

1）把矿物薄片置于载物台上，找出长形晶体切片移至视域中心。

2）将长形晶体切片由消光位转至 45°，尽量使矿物的长边方向与试板孔方位一致，观察并记住矿物的干涉色。

3）插入适当的补色器，观察色序升降，确定矿物光率体椭圆切片的轴名。若干涉色升高，说明补色器与切面上光率体椭圆同名半径平行；若干涉色降低，则二者异名半径平行。由已知的补色器光率体半径确定矿物光率体椭圆半径和轴名。

4）判断矿物切片的延长方向是平行于 N_g 还是平行于 N_p 或与其夹角小于 45°，确定矿物的延性符号。

实验数据记录与处理

（1）实验数据记录与处理参考格式见表 57-1。

表 57-1 正交偏光下晶体的光性特征实验记录表

矿物名称	消光类型	干涉色	最大双折射率	延性符号	双晶类型
石英					
白云母					
黑云母					

续表 57-1

矿物名称	消光类型	干涉色	最大双折射率	延性符号	双晶类型
角闪石					
长石					

（2）数据处理。仔细观察不同矿物晶体在正交偏光下的光性特征，将结果记录在表57-1中。

实验注意事项

（1）补色器的插入特别是石英楔的插入需要缓慢平稳，以免损坏。

（2）利用补色器判断色序升降时，应注意选用补色器。一级黄以下的干涉色选用石膏试板，一级黄以上的干涉色选用云母试板，若有干涉环应选用石英楔。

（3）不同的补色器，判断色序升降的标准不同。使用石膏试板时，以一级红作为判断标准：补色器与矿物重叠后干涉色序高于一级红色时，色序升高；低于一级红色时，色序下降。使用云母试板时，以矿物本身的干涉色作为判断标准：补色器与矿物重叠后的干涉色高于矿物的干涉色时，色序升高；低于矿物的干涉色时，色序下降。如果利用石英楔观察干涉色环的移动来判断色序升降，则应缓慢插入石英楔，若干涉色环由外向中心移动，表明色序升高；若干涉色环由中心向外移动，表明色序下降。

思考题

（1）四次消光现象是如何产生的？

（2）为什么在薄片中见到同一种矿物的干涉色有多种？什么样的干涉色可以作为鉴定矿物的依据？

（3）什么是矿物最大双折射率？准确测定需要哪些条件？

（4）某晶体三个主折射率值为 $N_g = 1.670$，$N_m = 1.651$，$N_p = 1.635$，当薄片厚度为0.03mm时，该晶体的最高干涉色为几级？

（5）消光和消色都是矿物在正交偏光下呈现黑暗的现象，它们有何本质区别？

（6）在测定矿物干涉色级序时，当消色暗带位置确定后退出石英楔数红带出现次数时，为什么必须将矿物薄片从载物台上拿掉？

（7）某学生测定矿物的干涉色级序，在插入石英楔找消色暗带位置时，消色暗带位置不出现，试分析原因。

（8）当测定光率体椭圆半径轴名、干涉色级序、晶体延性符号时，为什么矿片要由消光位转45°？

参考文献

[1] 张颖，任耘，刘民生．无机非金属材料研究方法［M］．北京：冶金工业出版社，2011.
[2] 高里存，任耘．无机非金属材料实验技术［M］．北京：冶金工业出版社，2007.
[3] 王涛，赵淑金．无机非金属材料实验［M］．北京：化学工业出版社，2011.

实验 58　锥光下晶体的光学性质

实验目的

（1）掌握锥光系统的调节。

（2）学会识别各种干涉图。

（3）掌握矿物光性正负的测定方法。

实验原理

锥光系统是指在正交偏光系统的基础上推入（拉索）聚光镜形成强烈聚敛的锥形偏光，然后换上高倍物镜，再推入勃氏镜（或去掉目镜），用以观察矿物的一些重要光学性质。高倍物镜工作距离短，光孔角大，能接纳到较大范围的倾斜入射光，换上高倍物镜可以看到完整图像，但由于所形成的图像位于物镜的焦平面，用目镜观察不到，所以采用以下两种措施进行观察：（1）推入勃氏镜，图像经过勃氏镜放大和提升，从目镜中观察放大的图像，此时图像虽大但比较模糊；（2）取下目镜直接用肉眼观察，此时图像虽小，但比较完整清晰。

加入聚光镜形成的锥形偏光照射到矿物薄片时，除中央一条光线垂直射入薄片外，其余光线均倾斜入射，越往外其倾角越大，但不管光线如何倾斜，其光波的振动方向始终与下偏光镜的振动面平行。由于非均质体光学性质的各向异性，不同方向入射光相应的光率体椭圆切面均不一样，其所呈现的光学效应各不相同，在锥光系统下所观察到的是锥光在各个方向透过矿物薄片后所产生的消光和干涉效应总和，它们构成了各种特殊的干涉图形，称为干涉图。

1. 一轴晶干涉图

（1）垂直于光轴切面的干涉图。一轴晶垂直于光轴的切面在单偏光镜下无多色性，在正交镜下全消光。在锥光镜下形成干涉图有如下特点：1）干涉图由一个黑十字与干涉色色圈组成（见图 58-1），黑十字的两条黑臂分别平行于目镜十字丝（即上、下偏光振动方向），黑十字的交点位于视域中心，是光轴出露点；2）双折射率越大或薄片越厚，黑十字越细，干涉色色圈越多越密；3）当双折射率较小薄片较薄时，黑十字较粗，无色圈，在黑十字所划分的四个象限内，仅见一级灰白干涉色；4）旋转载物台一周，干涉图不发生变化，黑十字不分裂。

（2）斜交光轴切面的干涉图。一轴晶斜交光轴切面干涉图与垂直光轴切面的干涉图相似，只是由于光轴在矿物晶体切面中的位置是倾斜的，因此黑十字的交点（光轴出露点）不在视域中心。一轴晶斜交光轴切面干涉图分如下两种情况：1）当斜切面法线与光轴之间夹角较小时，视域内有一个偏心的黑十字，即黑十字不与十字丝重合，但视域内可见黑十字的中心，四个象限的干涉色视矿物双折射率的高低可有或无色圈，转动载物台黑

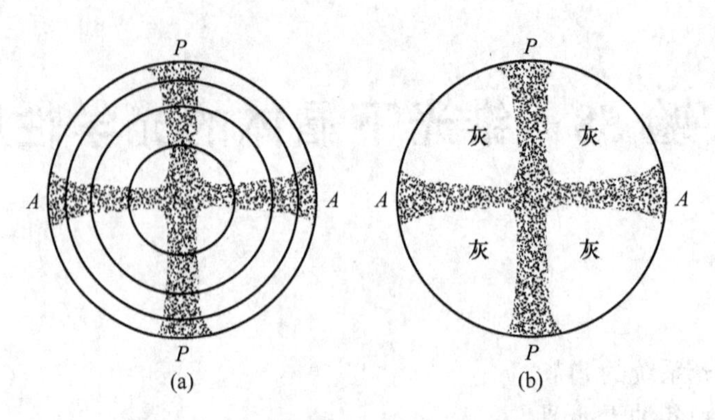

图 58-1　一轴晶垂直于光轴切面的干涉图
（a）矿物双折射率高；（b）矿物双折射率低

十字交点绕视域中心作圆周运动，黑臂作上下左右平行移动，见图 58-2；2）当斜切面法线与光轴之间夹角较大时，视域内只可见一条黑臂，有或无色圈，转动载物台，黑臂作平行移动，见图 58-3。

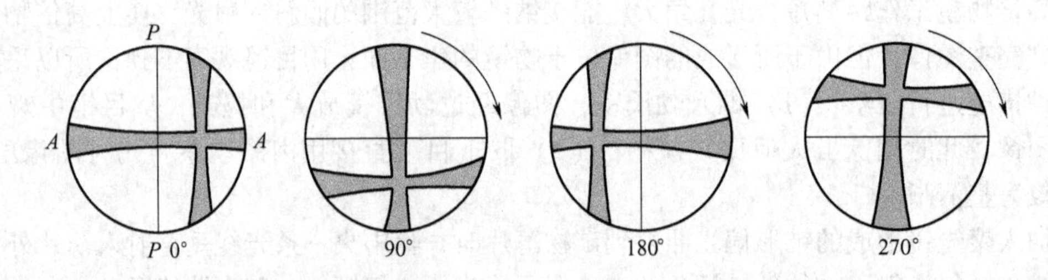

图 58-2　一轴晶斜交光轴切面干涉图（斜交角度较小）

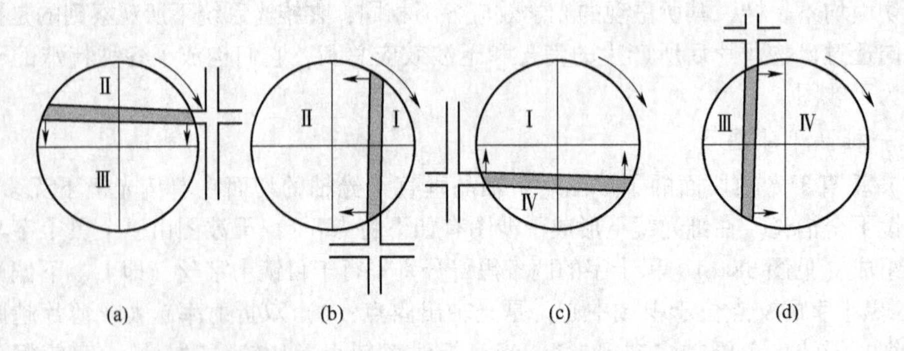

图 58-3　一轴晶斜交光轴切面干涉图（斜交角度较大）

（3）平行光轴切面的干涉图。一轴晶平行光轴的切面在单偏光镜下多色性最显著，在正交镜下干涉色最高。在锥光下的干涉图如图 58-4 所示：1）当光轴与上、下偏光振动方向之一平行时，视域中出现一个宽大而模糊的黑十字，几乎占满整个视域；2）稍微转动载物台 10°~15°，黑十字立即分裂成一对双曲线，并沿光轴方向迅速向视域外移动；3）当转至 45°位置时，视域最亮；4）当载物台转至 90°位置时，视域内又出现宽大而模糊的黑十字。这种随着载物台旋转而变化迅速的干涉图称为迅变干涉图或闪图。

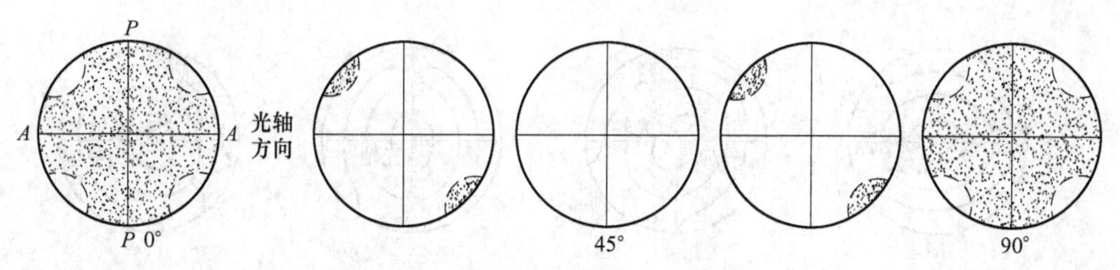

图 58-4 一轴晶平行光轴切面干涉图

2. 二轴晶干涉图

（1）垂直于锐角平分线（⊥Bxa）切面的干涉图。二轴晶垂直于锐角平分线（⊥Bxa）切面的干涉图如图 58-5 所示。当光轴面与下偏光镜振动方向平行时（即处于 0°位置时），干涉图为一黑十字或加“∞”字形干涉圈组成。黑十字的交点为 Bxa 出露点，位于视域中心。两个黑臂粗细不一，平行光轴面方向的较细，垂直光轴面方向的较粗，光轴出露点在细臂上细颈 *OA* 处。“∞”字形干涉色圈以两光轴出露点为中心，越向外干涉色级序越高、色圈超级密。干涉色色圈的多少和有无同样取决于矿物的双折射率大小和薄片的厚度。转动载物台 45°，黑臂分裂成一对双曲线，双曲线的顶点为光轴出露点 *OA*，双曲线凸向 Bxa 区，“∞”字形干涉色圈从 0°位置形状不变地转了 45°，干涉圈的交点为 Bxa 出露点；继续转动载物台，两弯曲黑臂又逐渐向视域中心靠近，至 90°位置时，重新又合成黑十字，但粗细臂位置更换。在转动载物台的过程中，干涉色圈始终形状不变地随之转动。

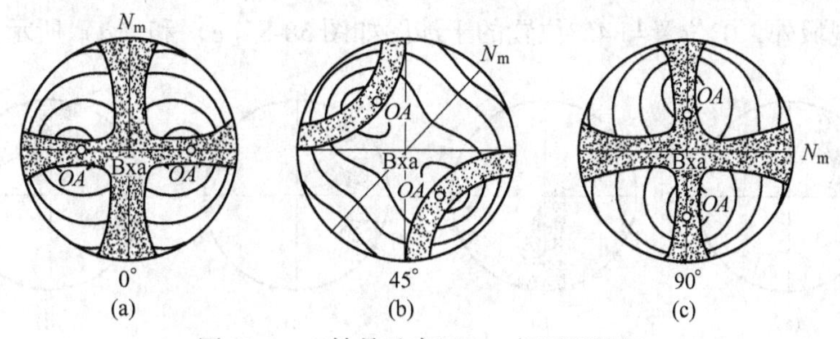

图 58-5 二轴晶垂直于 Bxa 切面干涉图

（2）垂直于一个光轴（⊥*OA*）切面的干涉图。二轴晶垂直于一个光轴的切面的干涉图相当于垂直 Bxa 切面的干涉图的一半，见图 58-6。当光轴面与上下偏光振动方向之一平行时，视域内会出现一条通过中心的黑臂，目镜十字丝交点为光轴出露点；转动载物台，黑臂变弯曲，至 45°位置时，黑臂弯曲度最大，顶点为光轴出露点，弯臂凸向锐角平分线 Bxa 方向；继续转动载物台，弯曲黑臂逐渐变直，至 90°位置时又重新成为一条黑直臂，只是方向发生了改变。

（3）斜交光轴切面的干涉图。二轴晶斜交光轴切面的干涉图分为两种，一种为垂直于光轴面、斜交光轴的切面，其干涉图类似于二轴晶垂直于一个光轴的切面的干涉图，但光轴出露点不在视域中心。当光轴面与下偏光的振动方向平行时，干涉图如图 58-7（a）所示；当光轴面与下偏光振动方向成 45°位置时，若斜交光轴的角度较小，干涉图如图 58-7（b）所示；若斜交角度较大，干涉图如图 58-7（c）所示。

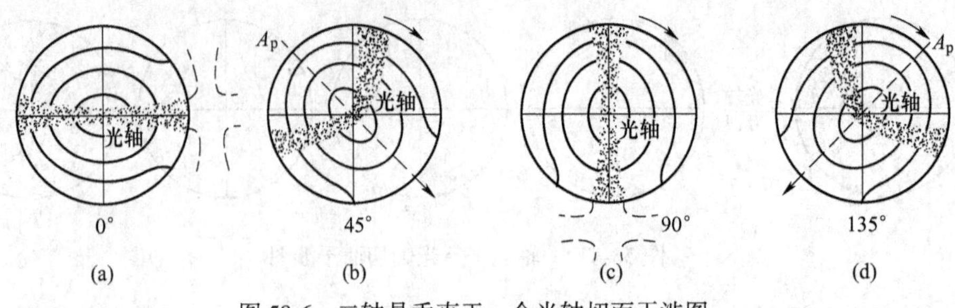

图 58-6　二轴晶垂直于一个光轴切面干涉图

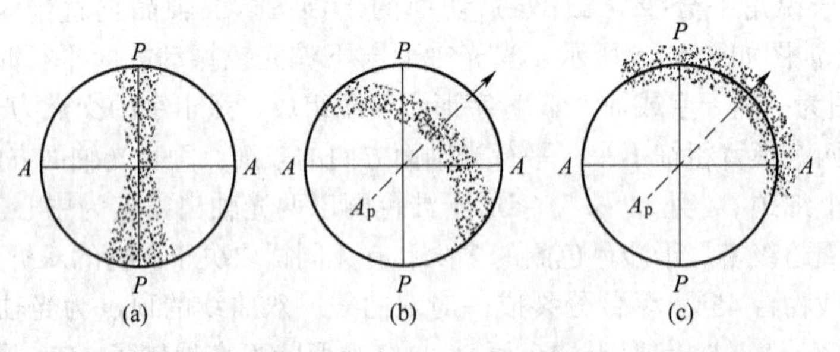

图 58-7　二轴晶垂直于光轴面、斜交光轴的切面干涉图

（a）0°位置，斜交光轴角度小；（b）45°位置，斜交光轴角度小；（c）45°位置，斜交光轴角度大

另一种为斜交光轴面、斜交光轴的切面的干涉图。当斜交角度较小时，光轴出露点在视域内，0°位置与45°位置的干涉图如图 58-8（a）和（b）所示；当斜交角度较大时，光轴出露点在视域外，0°位置与45°位置的干涉图如图 58-8（c）和（d）所示。

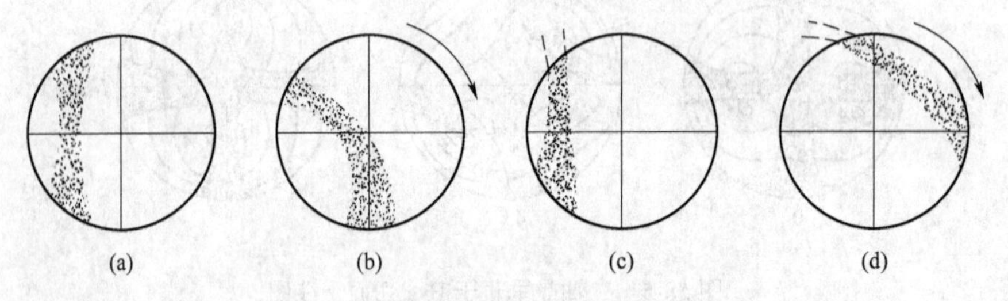

图 58-8　斜交光轴面及光轴的切面的干涉图

（a）0°位置，斜交角度小；（b）45°位置，斜交角度小；

（c）0°位置，斜交角度大；（d）45°位置，斜交角度大

（4）平行光轴面（∥*OAP*）切面的干涉图。二轴晶平行光轴面切面的干涉图形态和变化与一轴晶平行光轴切面的干涉图相同，为迅变干涉图。当切面内的 Bxa 和 Bxo 分别与上、下偏光振动方向平行时，视域内出现一个粗大面模糊的黑十字，几乎占满整个视域。稍微旋转载物台（约 7°～12°），黑十字立即分裂成一对双曲线，沿 Bxa 方向很快逸出视域。转至 45°位置时，视域最亮。

（5）垂直于钝角平分线（⊥Bxo）切面的干涉图。二轴晶垂直于钝角平分线切面的干涉图与平行光轴面切面的干涉图类似，也为迅变干涉图。当光轴面与上下偏光振动方向之一平行时，视域中为一粗大而模糊的黑十字，如果双折射率很高，也有干涉色圈出现。转

动载物台 10°~35°时，黑十字分裂成两条弯曲的黑臂，沿光轴面和 Bxa 方向逸出视域。转至 45°位置时，视域最亮，继续转动载物台，黑臂又进入视域，至 90°位置时又形成一粗大的黑十字。

实验仪器设备与材料

LW300LPT 偏光显微镜。

实验步骤

1. 一轴晶矿物光性正负的测定

（1）偏光显微镜调节好后在载物台上安放好矿物薄片。

（2）转动物镜转换器将高倍（常用 40×）物镜转到镜筒正下端，准焦。

（3）在单偏光和正交偏光下寻找要测光性的矿物的垂直于光轴的切面或斜交光轴的切面，将其置于视域中心。

（4）加入聚光镜和勃氏镜，观察上述切面的干涉图，并判断它是属于何种切面。

（5）确定上述切面干涉图的光轴出露点，确定视域内被划分的象限名。

垂直于光轴的切面和斜交光轴角度较小的切面的干涉图的光轴出露点就是干涉图黑十字的中心，视域被黑十字分割成 4 个象限，分别为Ⅰ（右上）、Ⅱ（左上）、Ⅲ（左下）、Ⅳ（右下）象限，见图 58-1 和 58-2。

斜交光轴角度较大的切面光轴出露点在视域之外，先确定光轴出露点，再以光轴出露点方位确定视域内被黑臂分割的象限名。确定方法有三种：

1）一条黑臂若有粗有细，则细端指向光轴出露点。

2）干涉图上若有色环，则色环凹向光轴出露点。

3）顺时针旋转载物台，视域内横臂下移，光轴出露点在视域外右方，视域内两个象限为Ⅱ（上）、Ⅲ（下）象限；顺时针旋转载物台，视域内横臂上移，光轴出露点在视域外左方，视域内两个象限为Ⅰ（上）、Ⅳ（下）象限；顺时针旋转载物台，视域内竖臂左移，光轴出露点在视域外下方，视域内两个象限为Ⅰ（右）、Ⅱ（左）象限；顺时针旋转载物台，视域内竖臂右移，光轴出露点在视域外上方，视域内两个象限为Ⅲ（左）、Ⅳ（右）象限，见图 58-3。

（6）插入适当的补色器，确定各象限的色序升降并判断矿物的光性正负。补色器的选择：无色圈或色圈较少时，选用石膏试板；色圈较多时，选用云母或石英楔。

1）插入补色器后，Ⅰ、Ⅲ象限色序升高，Ⅱ、Ⅳ象限色序下降，则 $N_e = N_g$，正光性，反之则为负光性。

2）当干涉图有色圈插入石英楔时，随着石英楔缓慢推进，Ⅰ、Ⅲ象限色圈由外向中心移动，Ⅱ、Ⅳ象限色圈由中心向外移动，则 $N_e = N_g$，正光性，反之则为负光性。

2. 二轴晶矿物光性正负的测定

（1）在锥光下找到并观察垂直于 Bxa 切面的干涉图或垂直于一个光轴切面的干涉图或垂直于光轴面切面的干涉图，旋转载物台使其光轴面处于 45°位置，这时锐角区光轴面方向代表 Bxo 方向，钝角区光轴面方向代表 Bxa 方向，如图 58-5（b）、图 58-6（b）、图 58-7（b）所示。

（2）插入适当的补色器，观察锐角区、钝角区色序的升降变化，确定光性正负。

1）若锐角区色序升高、钝角区色序下降，则 Bxa = N_g，Bxo = N_p，属正光性，反之则为负光性。

2）若干涉图有“∞”字形干涉色圈，缓慢插入石英楔，若锐角区色圈由外向中心移动，钝角区色圈由中心向外移动，则 Bxa = N_g，Bxo = N_p，正光性，反之则为负光性。

实验数据记录与处理

（1）实验数据记录与处理参考格式见表 58-1 和表 58-2。

表 58-1　一轴晶干涉图观察及光性正负测定实验记录表

矿物名称及切片方向	石英垂直光轴切片	方解石垂直光轴切片	石英斜交光轴切片
干涉图特征			
插入补色器后干涉色变化			
光性正负			

表 58-2　二轴晶干涉图观察及光性正负测定实验记录表

矿物名称及切片方向	薄白云母垂直 Bxa 切片	厚白云母垂直 Bxa 切片	白云母垂直光轴切片
黑十字平行目镜十字丝时的干涉图特征			
旋转载物台 45°后干涉图变化特征			
插入补色器后干涉色变化			
光性正负			

（2）数据处理。

1）仔细观察石英和方解石的干涉图，测定它们的光性正负，结果记录于表 58-1 中。

2）仔细观察两种不同薄片中白云母的干涉图有何不同，测定白云母的光性正负，结果记录于表 58-2 中。

实验注意事项

（1）补色器的插入特别是石英楔的插入需要缓慢平稳，以免损坏。

（2）利用补色器判断色序升降时，应注意选用补色器。一级黄以下的干涉色选用石膏试板，一级黄以上的干涉色选用云母试板，若有干涉环应选用石英楔。

（3）不同的补色器，判断色序升降的标准不同。使用石膏试板时，以一级红作为判断标准：补色器与矿物重叠后干涉色序高于一级红色时，色序升高；低于一级红色时，色序下降。使用云母试板时，以矿物本身的干涉色作为判断标准：补色器与矿物重叠后的干涉色高于矿物的干涉色时，色序升高；低于矿物的干涉色时，色序下降。如果利用石英楔子观察干涉色环的移动来判断色序升降，则应缓慢插入石英楔，若干涉色环由外向中心移动，表明色序升高；若干涉色环由中心向外移动，表明色序下降。

思 考 题

（1）一轴晶垂直光轴干涉图，为什么插入石膏试板后黑十字变成红十字？

（2）一轴晶、二轴晶垂直光轴切面干涉图有何区别？

（3）如何确定一轴晶斜交光轴切面干涉图的象限？

（4）普通角闪石的主折射率为 $N_g = 1.701$，$N_m = 1.691$，$N_p = 1.665$，确定普通角闪石的光性符号。

（5）如何区分二轴晶任意切面干涉图和一轴晶斜交光轴切面干涉图？

（6）确定轴性、光性符号应选择什么样的切面？它们在单偏光、正交偏光下有什么特点？

参考文献

[1] 张颖，任耘，刘民生．无机非金属材料研究方法 [M]. 北京：冶金工业出版社，2011.
[2] 高里存，任耘．无机非金属材料实验技术 [M]. 北京：冶金工业出版社，2007.
[3] 王涛，赵淑金．无机非金属材料实验 [M]. 北京：化学工业出版社，2011.

实验 59　无机非金属材料显微结构评价

实验目的

（1）熟悉光学显微镜的基本构造与操作，掌握显微结构的观察与分析方法。

（2）了解光学显微分析中对光片的基本要求，掌握光片制备的基本技能。

（3）了解无机非金属材料显微结构的基本特征，掌握材料显微结构的描述与评价方法。

实验原理

无机非金属材料制品都是在一定时间内人为控制条件制成的，制品中相的种类及各相的数量、形状、大小、分布取向等受生产工艺过程及其条件的影响，将形成不同的形貌特点，而不同的显微结构特征会直接影响制品的质量和使用效果。

利用光学显微镜可对材料的显微结构进行观察和分析。光学显微分析技术主要包括研究透明矿物的偏光显微镜薄片研究法和研究不透明矿物的反光显微镜光片研究法。反光显微镜是利用光线垂直照射到矿物磨光面（经研磨和抛光的试样表面）上，经反射产生的光线的光学性质及其特征，来鉴定矿物和研究显微结构，它是金属材料和无机非金属材料等领域的重要研究手段。

反光显微镜研究的对象是合格的磨光片（或称抛光片），简称光片。试样的光片是用金刚砂将小块试样一面磨平并抛光，合格的磨光面应是准物理镜面，不存在擦痕和麻点等缺陷。粗糙的光片表面将使试样内细小的物相颗粒、颗粒间结合层及界面结构等特征都不能很好地被暴露出来进行研究和分析，因此磨光面要求越接近物理镜面越好。擦痕和麻点会影响显微结构的研究和结晶矿物的鉴定，对有擦痕和麻点等缺陷的光片必须重新进行精磨和抛光。

本实验给出试验样块，制备光片，并利用光学显微镜对试样的显微结构进行观察、描述、比较和评价。

实验仪器设备与材料

（1）岩石切割机。

（2）岩石磨片机。

（3）岩石抛光机。

（4）电热恒温干燥箱。

（5）LWT150PB 型透反射偏光显微镜。

实验步骤

1. 光片的制备

（1）选样：根据观察目的和分析要求选取具有代表性的样品部位，切割成约 10mm×

10mm×10mm 的样块，并清洗干净。

（2）镶嵌或渗胶：对一些尺寸较小的样品，需进行镶嵌；对疏松或气孔较多的样品应先渗胶。

（3）粗磨：选择样品较平整的一面，放在研磨机上用较粗磨料将表面磨平，整理外观，磨去棱角。

（4）细磨：用细磨料研磨，直至将粗磨留下的痕迹全部清除为止。

（5）精磨：用更细的细磨料研磨，直至表面十分平坦，放在亮处观察隐约可见反光。

（6）抛光：将试样置于抛光机上，加研磨膏（抛光粉）进行抛光，直至试样表面光亮如镜，反光显微镜下观察无明显划痕为止。

（7）标记：磨好的试样应进行编号，贴上标签，明确其来源和名称。

（8）侵蚀：根据观察目的和分析要求选择适合的侵蚀方法及侵蚀条件，对试样进行侵蚀。

需要同时在透射光和反射光下进行显微结构分析时，将试样制成光薄片，甚至超光薄片（<0. 02mm）。制备光薄片时，先将试样磨制成厚度为 0. 03mm 的薄片，不加盖玻片，在抛光机上对精磨后的薄片表面进行抛光即可。

2. 反光显微镜的认识与操作

（1）反光显微镜的构造。反光显微镜的种类及型号很多，但其基本构造和原理大致相同，都是由目镜、物镜、载物台、反射器、转换器、调焦手轮、光源、视域光阑、孔径光阑等主要部件组成。反光显微镜与偏光显微镜不同之处在于拥有一个特殊的光学装置，即垂直照明器。掌握反光显微镜使用方法的关键在于弄清垂直照明器的构造特点和性能。

垂直照明器主要由反射器、偏光镜、孔径光阑和视域光阑构成，其作用是把从光源来的入射光通过物镜垂直投射到样品表面，再把样品表面反射回来的光投射到目镜焦平面。

1）反射器：完成将入射光向上或向下反射的装置，常用的有玻璃片反射器和棱镜反射器。

玻璃片反射器为一片 45°倾斜的具有镜状表面的平板状玻璃片。入射光在玻璃片上通过一次反射经物镜射到光片表面，其反射光经物镜再通过在玻璃片上的一次透射到达目镜。玻璃片反射器光强损失大，视域亮度较弱，有害干扰光较多，但视域亮度均匀，分辨率高（为了减少光强损失，增加视域亮度，通常采用加膜玻璃片反射器，即在普通玻璃片上镀上一层透明的高折射率物质，如硫化锌、氧化铋，以提高玻璃片的反射能力）。

棱镜反射器由直角三角棱镜组成，通过在棱镜上的一次反射使入射光照射到光片表面，其一半反射光呈发散状态射向目镜，另一半光线则被棱镜挡住。棱镜反射器光线损失少，视域明亮，有害干扰光较少，但视域亮度不均匀，降低了物镜的分辨率。

2）偏光镜（前偏光镜）：使入射自然光线转变成平面偏光。前偏光镜因装在垂直照明器的前部而得名，上偏光镜装在镜筒之中。

3）孔径光阑：可任意开缩，用以控制入射光束直径大小，调节图像清晰度及物镜的孔径。光阑缩小时，视域亮度减弱，物像反差增高，物镜孔径变小；光阑开到最大时，入射光束直径远远超过物镜透镜直径而不能全部射入物镜，多余光线发生漫反射，使影像反差降低。

4）视域光阑：可任意开缩，用以控制视域大小及遮挡有害反射光射入视域。观察局部细节时，适当缩小光阑，可消除周围有害光线。一般情况下，光阑不宜开得过大，与视域边缘保持一致即可。

（2）反光显微镜的调节和使用。反光显微镜的调节主要包括物镜的中心校正、偏光系统的校正和垂直照明系统的校正。

1）物镜的中心校正。反光显微镜镜筒的光学轴应与载物台的机械旋转轴相一致，这样，视域中的被观察对象才不至于在旋转物台时偏离原来位置，甚至跑出视域之外，给鉴定工作带来不便。因此，反光显微镜在使用前应进行中心校正，使镜筒轴与载物台旋转轴相重合。中心校正的具体步骤如下：

①将试样放到载物台上，利用分划目镜和10倍物镜观察试样。

②准焦后，定位视场内某一目标点，移动试样使目标点和视场中心重合，见图59-1（a）。旋转物台360°，若在旋转物台过程中目标点在视场中心始终不动，则表明镜筒轴与物台转轴重合，中心已校正好；若在物台旋转过程中目标点离开视场中心或跑出视域之外，则表明中心不正，这时目标点会围绕偏心 o 作圆周运动，如图59-1（b）所示；若偏心不大，转动物台目标点在视域内旋转出现时，这时应将目标点由视场中心旋转180°至图59-1（c）中的 a' 处。

③调节载物台调中螺钉，同时双眼注视视域内的目标点，将目标点由 a' 沿着图59-1（d）中 $a'a$ 连线方向位移至偏心 o 处。

④移动试样，将目标点由 o 移至视场中心（或重新找一个目标点放在视场中心），如图59-1（e）所示。旋转物台并观察目标点是否已在视场中心不偏心转动，如图59-1（f）所示。若旋转物台时目标点不动，表明中心已校正好；若旋转物台时，目标点仍离开视场中心旋转，则仍需按步骤②、③继续调整，直至旋转物台时，目标点在视场中心不动，中心才算校正完好。

⑤若偏心很大，旋转物台时，目标点由视场中心旋出视域之外，这时需根据目标点的移动情况估计偏心圆中心点的方位。若偏心圆中心点方位在图59-2中 o 点时，可将目标

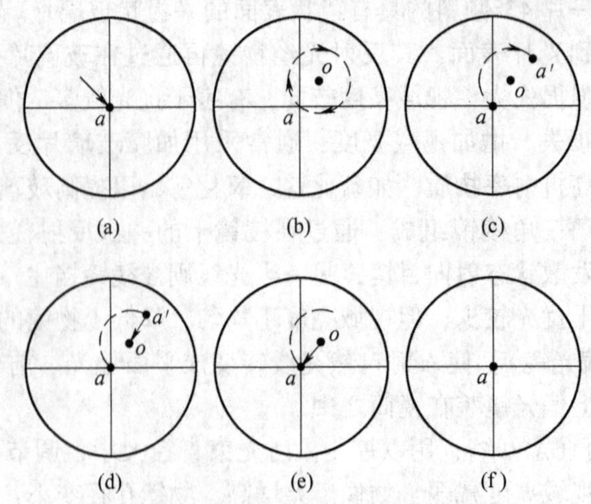

图59-1 物镜中心校正

（a），（e）移动试样；（b），（f）转物台360°；（c）转物台180°；（d）调节调中螺钉

点转回至视场中心。双手捏住中心校正螺丝手柄，双眼注视视域内的目标点，转动校正螺丝，使目标点自视场中心向偏心圆中心点 o 反方向（图 59-2 中箭头所示方向）移动约偏心圆半径的距离至 a'。移动薄片，使目标点回到视场中心（或重新找一个目标点放在视场中心），旋转物台，检查中心是否已经校正好，如此反复多次调整，至旋转物台时，目标点在视场中心不动为止，中心校正完毕。

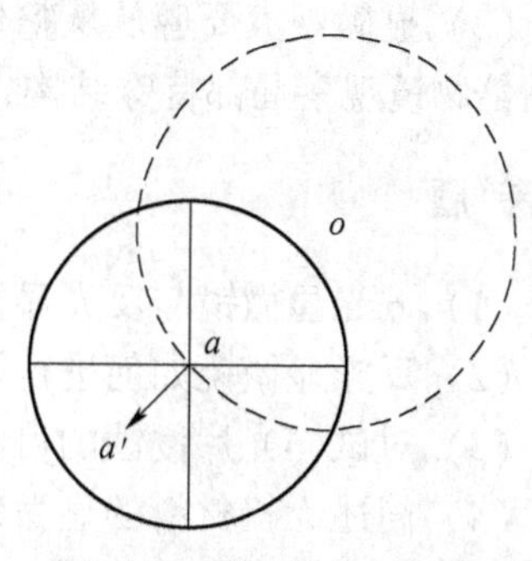

图 59-2　偏心较大时校正中心示意图

2）偏光系统校正。利用天然的石墨或辉钼矿进行校正。矿物的延长方向（解理纹）平行于入射偏光的振动方向时，矿物的反射力（亮度）较垂直方向强。

3）垂直照明系统校正。

①光源校正：使视域明亮、均匀。

②调节视域光阑：使光阑中心与目镜中心重合，避免边缘杂乱光线干扰。

③调节孔径光阑：挡去漫反射光线，调节视域中心亮度，控制影像反差。

3. 显微观察

取一载玻片，上面放置一块橡皮泥，将磨制好的光片光面向上置于橡皮泥上，用压平器将光片压平，再将载玻片固定于载物台上即可观察。

实验数据记录与处理

（1）在显微镜下观察制得的硅砖光片，将结果拍照。从以下几个方面对其显微结构进行描述：

1）晶相。

①确定材料的晶相组成。

②描述不同晶相的颗粒形态、颗粒大小、颗粒分布和自形程度。晶体形态有粒状、柱状、板状、针状、片状等；颗粒大小有粗、中、细，颗粒分布特征有定向排列、环带结构、包裹结构等；自形程度有自形晶、半自形晶、他形晶。

③表面与界面。

④杂质。描述杂质的种类、数量、形状、大小、分布和与主晶相的结合情况。

2）玻璃相。描述玻璃相的数量和分布。

3）气相。描述气相的数量、形状、大小、分布。

4）基质。描述基质的组成以及晶相与基质的结合状态。

（2）根据观察的硅砖显微结构特征评价其性能优劣。

实验注意事项

（1）要全面地、准确地鉴定某一制品的显微结构特征，取样要有代表性，对不均匀结构或有段带结构的制品，需要分部位分别取样制样。

（2）合格的光片是光学显微观察的基础，制得的光片磨光面要达到表面光亮如镜，在反光显微镜下观察无明显划痕。

（3）显微观察要遵从从整体到局部的鉴定程序，用低倍物镜观察材料整体结构，再用高倍物镜观察局部特殊结构，材料显微结构特征要从整体结构和微区结构分别描述。

思考题

（1）偏光显微镜与反光显微镜的构造有何不同？其研究对象和内容有何不同？

（2）反光显微镜如何进行调节和使用？

（3）对试样光片侵蚀的目的是什么？侵蚀应注意的问题是什么？

（4）简述无机材料的显微结构特征。描述与评价时应注意什么？

参考文献

[1] 张颖，任耘，刘民生．无机非金属材料研究方法［M］．北京：冶金工业出版社，2011.
[2] 王维邦．耐火材料工艺学［M］．北京：冶金工业出版社，1996.

第3部分

附　录

附录1　复合硅酸盐水泥技术要求

（1）氧化镁：熟料中氧化镁的含量不得超过5.0%。如水泥经压蒸安定性试验合格，则熟料中氧化镁的含量允许放宽到6.0%。

（2）三氧化硫：水泥中三氧化硫的含量不得超过3.5%。

（3）细度：80μm方孔筛筛余不得超过10%。

（4）凝结时间：初凝不得早于45min，终凝不得迟于10h。

（5）安定性：用沸煮法检验必须合格。

（6）强度：水泥强度等级按规定龄期的抗压和抗折强度来划分，各强度等级水泥的各龄期强度不得低于附表1-1数值。

附表1-1　各强度等级水泥的各龄期强度

强度等级	抗压强度/MPa		抗折强度/MPa	
	3天	28天	3天	28天
32.5	11.0	32.5	2.5	5.5
32.5R	16.0	32.5	3.5	5.5
42.5	16.0	42.5	3.5	6.5
42.5R	21.0	42.5	4.0	6.5
52.5	22.0	52.5	4.0	7.0
52.5R	26.0	52.5	5.0	7.0

（7）碱：水泥中碱含量按Na_2O+0.658K_2O计算值来表示。若使用活性料要限制水泥中的碱含量时，由供需方商定。

附录2 附 表

附表2-1 水的部分物理性质

温度 T/℃	压力 $P/\times10^{-5}$Pa	密度 ρ/kg·m^{-3}	动力黏性系数 $\mu/\times10^3$ Pa·s	运动黏性系数 $\nu/\times10^6$ m^2·s^{-1}	温度 T/℃	压力 $P/\times10^{-5}$Pa	密度 ρ/kg·m^{-3}	动力黏性系数 $\mu/\times10^3$ Pa·s	运动黏性系数 $\nu/\times10^6$ m^2·s^{-1}
0	1.013	999.9	1.789	1.789	200	15.55	863.0	0.136	0.158
10	1.013	999.7	1.305	1.306	210	19.08	852.8	0.130	0.153
20	1.013	998.2	1.005	1.006	220	23.20	840.3	0.125	0.148
30	1.013	995.7	0.801	0.805	230	27.98	827.3	0.120	0.145
40	1.013	992.2	0.653	0.659	240	33.48	813.6	0.115	0.141
50	1.013	988.1	0.549	0.556	250	39.78	799.0	0.110	0.137
60	1.013	983.2	0.470	0.478	260	46.95	784.0	0.106	0.135
70	1.013	977.8	0.406	0.415	270	55.06	767.9	0.102	0.133
80	1.013	971.8	0.335	0.365	280	64.20	750.7	0.0981	0.131
90	1.013	965.3	0.315	0.326	290	74.46	732.3	0.0942	0.129
100	1.013	958.4	0.283	0.295	300	85.92	712.5	0.0912	0.128
110	1.433	951.0	0.259	0.272	310	98.70	691.1	0.0883	0.128
120	1.986	943.1	0.237	0.252	320	112.90	667.1	0.0853	0.128
130	2.702	934.8	0.218	0.233	330	128.65	640.2	0.0814	0.127
140	3.624	926.1	0.201	0.217	340	146.09	610.1	0.0775	0.127
150	4.761	917.0	0.186	0.203	350	165.38	574.4	0.0726	0.126
160	6.181	907.4	0.173	0.191	360	186.75	528.0	0.0667	0.126
170	7.924	897.3	0.163	0.181	370	210.54	450.5	0.0569	0.126
180	10.03	886.9	0.153	0.173					
190	12.55	876.0	0.144	0.165					

附表 2-2 饱和水蒸气的部分物理性质

温度 /℃	绝对压力 /kPa	蒸汽密度 /kg·m^{-3}	汽化潜热 /kJ·kg^{-1}	温度 /℃	绝对压力 /kPa	蒸汽密度 /kg·m^{-3}	汽化潜热 /kJ·kg^{-1}
0	0.6082	0.00484	2491.1	150	476.24	2.543	2118.5
5	0.8730	0.00680	2479.80	160	618.28	3.252	2087.1
10	1.2262	0.00940	2468.53	170	792.09	4.113	2054.0
15	1.7068	0.01283	2457.7	180	1003.5	5.145	2019.3
20	2.3346	0.01719	2446.3	190	1255.6	6.378	1982.4
25	3.1684	0.02304	2435.0	200	1554.77	7.840	1943.5
30	4.2474	0.03036	2423.7	210	1917.72	9.567	1902.5
35	5.6207	0.03960	2412.4	220	2320.88	11.60	1858.5
40	7.3766	0.05114	2401.1	230	2798.59	13.98	1811.6
45	9.5837	0.06543	2389.4	240	3347.91	16.76	1761.8
50	12.340	0.0830	2378.1	250	3977.67	20.01	1708.6
55	15.743	0.1043	2366.4	260	4693.75	23.82	1651.7
60	19.923	0.1301	2355.1	270	5503.99	28.27	1591.4
65	25.014	0.1611	2343.4	280	6417.24	33.47	1526.5
70	31.164	0.1979	2331.2	290	7443.29	39.60	1457.4
75	38.551	0.2416	2319.5	300	8592.94	46.93	1382.5
80	47.379	0.2929	2307.8	310	9877.96	55.59	1301.3
85	57.875	0.3531	2295.2	320	11300.3	65.95	1212.1
90	70.136	0.4229	2283.1	330	12879.6	78.53	1116.2
95	84.556	0.5039	2270.9	340	14615.8	93.98	1005.7
100	101.33	0.5970	2558.4	350	16538.5	113.2	880.5
105	120.85	0.7036	2245.4	360	18667.1	139.6	713.0
110	143.31	0.8254	2232.0	370	21040.9	171.0	411.1
115	169.11	0.9635	2219.0	374	22070.9	322.6	0
120	198.64	1.1199	2205.2				
125	232.19	1.296	2192.8				
130	270.25	1.494	2177.6				
135	313.11	1.715	2163.3				
140	361.47	1.962	2148.7				
145	415.72	2.238	2134.0				

附表 2-3　干空气的部分物理性质（p=101.325kPa）

温度 T/℃	密度 ρ/kg·m^{-3}	动力黏性系数 $\mu/\times10^6$Pa·s	运动黏性系数 $\nu/\times10^6$m^2·s^{-1}	温度 T/℃	密度 ρ/kg·m^{-3}	动力黏性系数 $\mu/\times10^6$Pa·s	运动黏性系数 $\nu/\times10^6$m^2·s^{-1}
-50	1.584	14.6	9.23	200	0.746	26.0	34.85
-40	1.515	15.2	10.04	250	0.674	27.4	40.61
-30	1.453	15.7	10.80	300	0.615	29.7	48.33
-20	1.395	16.2	11.60	350	0.566	31.4	55.46
-10	1.342	16.7	12.43	400	0.524	33.1	63.09
0	1.293	17.2	13.28	500	0.456	36.2	79.38
10	1.247	17.7	14.16	600	0.404	39.1	96.89
20	1.205	18.1	15.06	700	0.362	41.8	115.4
30	1.165	18.6	16.00	800	0.329	44.3	134.8
40	1.128	19.1	16.96	900	0.301	46.7	155.1
50	1.093	19.6	17.95	1000	0.277	49.0	177.1
60	1.060	20.1	18.97	1100	0.257	51.2	199.3
70	1.029	20.6	20.02	1200	0.239	53.5	233.7
80	1.000	21.1	21.09				
90	0.972	21.5	22.10				
100	0.946	21.9	23.13				
120	0.898	22.9	25.45				
140	0.854	23.7	27.80				
160	0.815	24.5	30.09				
180	0.779	25.3	32.49				

附表 2-4　不同温度下水银密度和空气黏度对照表

室温/℃	水银密度/g·cm^{-3}	空气黏度 $\eta/\times10^5$Pa·s	$\sqrt{1/\eta}$
8	13.58	17.49	75.61
10	13.57	17.59	75.40
12	13.57	17.68	75.21
14	13.56	177.8	75.00
16	13.56	178.8	74.79
18	13.55	179.8	74.58
20	13.55	180.8	74.37
22	13.54	181.8	74.16
24	13.54	182.8	73.96
26	13.53	183.7	73.78
28	13.53	184.7	73.58
30	13.52	185.7	73.38
32	13.52	186.7	73.10
34	13.51	187.6	73.01

附表 2-5　湿空气的相对湿度表 （%）

干球温度/℃	干湿球温度差/℃																						
	0.6	1.1	1.7	2.2	2.8	3.3	3.9	4.4	5.0	5.6	6.1	6.7	7.2	7.8	8.3	8.9	9.4	10.0	10.6	11.1	11.7	12.2	12.8
23.9	96	91	87	82	78	74	70	66	63	59	55	51	48	44	41	38	34	31	28	25	22		
24.4	96	91	87	83	78	74	70	67	63	59	55	52	48	45	42	38	35	32	29	26	23		
25.0	96	91	87	83	79	75	71	67	63	60	56	52	49	46	42	39	36	33	30	27	24		
25.6	96	91	87	83	79	75	71	67	64	60	57	53	50	46	43	40	37	34	31	28	25		
26.1	96	91	87	83	79	75	71	68	64	60	57	54	50	47	44	41	37	34	31	29	26		
26.7	96	91	87	83	79	76	72	68	64	61	57	54	51	47	44	41	38	35	32	29	27	24	21
27.8	96	92	88	84	80	76	72	69	65	62	58	55	52	49	46	43	40	37	34	31	28	25	23
28.9	96	92	88	84	80	77	73	70	66	63	59	56	53	50	47	44	41	38	35	32	30	27	25
30.0	96	92	88	85	81	77	74	70	67	63	60	57	54	51	48	45	42	39	37	34	31	29	26
31.1	96	92	88	85	81	78	74	71	67	64	61	58	55	52	49	46	43	41	38	35	33	30	28
32.2	96	92	89	85	81	78	75	71	68	65	62	59	55	53	50	47	44	42	39	37	34	32	29
33.3	96	92	89	85	82	78	75	72	69	65	62	59	56	54	51	48	45	43	40	38	35	33	30
34.4	96	93	89	86	82	79	75	72	69	66	63	60	57	54	52	49	46	44	41	39	36	34	32
35.6	96	93	89	86	82	79	76	73	70	67	64	61	58	55	53	50	47	45	42	40	37	35	33
36.7	96	93	89	86	83	79	76	73	70	67	64	61	59	56	53	51	48	46	43	41	39	36	34
37.8	96	93	90	86	83	80	77	74	71	68	65	62	59	57	54	52	49	47	44	42	40	37	35
38.9	96	93	90	86	83	80	77	74	71	68	66	63	60	57	55	52	50	47	45	43	41	38	36
40.0	97	93	90	87	84	80	77	74	72	69	66	63	61	58	56	53	51	48	46	44	41	39	37
41.1	97	93	90	87	84	81	78	75	72	69	66	64	61	59	56	54	51	49	47	45	42	40	38
42.2	97	93	90	87	84	81	78	75	72	70	67	64	62	59	57	54	52	50	47	45	43	41	39
43.3	97	94	90	87	84	81	78	76	73	70	67	65	62	60	57	55	53	50	48	46	44	42	40
44.4	97	94	90	87	84	82	79	76	73	70	68	65	63	60	58	56	53	51	49	47	45	43	41
45.6	97	94	91	88	85	82	79	76	74	71	68	66	63	61	59	56	54	52	50	48	45	43	41
46.7	97	94	91	88	85	82	79	77	74	71	69	66	64	61	59	57	55	52	50	48	46	44	42
47.8	97	94	91	88	85	82	79	77	74	72	69	67	64	61	60	57	55	53	51	49	47	45	43
48.9	97	94	91	88	85	82	80	77	74	72	69	67	65	62	60	58	56	54	51	49	47	46	44
50.0	97	94	91	88	85	83	80	77	75	72	70	68	65	63	61	58	56	54	52	50	48	46	44
51.1	97	94	91	88	86	83	80	78	75	73	70	68	65	63	61	59	57	55	53	51	49	47	45
52.2	97	94	91	89	86	83	81	78	75	73	71	68	66	64	62	59	57	55	53	51	49	47	46
53.3	97	94	91	89	86	83	81	78	76	73	71	69	67	65	62	60	58	56	54	52	50	48	46
54.4	97	94	92	89	86	84	81	78	76	74	71	69	67	65	62	60	58	56	54	52	50	49	47
55.6	97	94	92	89	86	84	81	79	76	74	72	69	67	65	63	61	59	57	55	53	51	49	47
56.7	97	94	92	89	86	84	81	79	76	74	72	70	67	65	63	61	59	57	55	53	51	50	48
57.8	97	94	92	89	87	84	82	79	77	74	73	70	68	66	64	61	59	58	56	54	52	50	49
58.9	97	94	92	89	87	84	82	79	77	75	73	70	68	66	64	61	60	58	56	54	52	51	49
60.0	97	94	92	89	87	84	82	79	77	75	73	70	68	66	64	62	60	58	56	54	52	51	49

附表2-6　材料的密度、导热系数和比热容

名　称		密度 /kg·m^{-3}	导热系数		比热容	
			W·(m·K)$^{-1}$	kcal·(m·h·℃)$^{-1}$	kJ·(kg·K)$^{-1}$	kcal·(m·h·℃)$^{-1}$
金属	钢	7850	45.3	39.0	0.46	0.11
	不锈钢	7900	17	15	0.50	0.12
	铸铁	7220	62.8	54.0	0.50	0.12
	铜	8800	383.8	330.0	0.41	0.097
	青铜	8000	64.0	55.0	0.38	0.091
	黄铜	8600	85.5	73.5	0.38	0.09
	铝	2670	203.5	175.0	0.92	0.22
	镍	9000	58.2	50.0	0.46	0.11
	铅	11400	34.9	30.0	0.13	0.031
塑料	酚醛	1250~1300	0.13~0.26	0.11~0.22	1.3~1.7	0.3~0.4
	脲醛	1400~1500	0.30	0.26	1.3~1.7	0.3~0.4
	聚氯乙烯	1380~1400	0.16	0.14	1.8	0.44
	聚苯乙烯	1050~1070	0.08	0.07	1.3	0.32
	低压聚乙烯	940	0.29	0.25	2.6	0.61
	高压聚乙烯	920	0.26	0.22	2.2	0.53
	有机玻璃	1180~1190	0.14~0.20	0.12~0.17		
建筑材料、绝缘材料、耐酸材料及其他	干砂	1500~1700	0.45~0.48	0.39~0.50	0.8	0.19
	黏土	1600~1800	0.47~0.53	0.4~0.46	0.75(-20~20℃)	0.18(-20~20℃)
	锅炉炉渣	700~1100	0.19~0.30	0.16~0.26		
	黏土砖	1600~1900	0.47~0.67	0.4~0.58	0.92	0.22
	耐火砖	1840	1.05(800~1100℃)	0.9(800~1100℃)	0.88~1.0	0.21~0.24
	绝缘砖(多孔)	600~1400	0.16~0.37	0.14~0.32		
	混凝土	2000~2400	1.3~1.55	1.1~1.33	0.84	0.20
	松木	500~600	0.07~0.10	0.06~0.09	2.7(0~100℃)	0.65(0~100℃)
	软木	100~300	0.041~0.064	0.035~0.055	0.96	0.23
	石棉板	770	0.11	0.10	0.816	0.195
	石棉水泥板	1600~1900	0.35	0.3		
	玻璃	2500	0.74	0.64	0.67	0.16
	耐酸陶瓷制品	2200~2300	0.93~1.0	0.8~0.9	0.75~0.80	0.18~0.19
	耐酸砖和板	2100~2400				
	耐酸搪瓷	2300~2700	0.99~1.04	0.89~0.9	0.84~1.26	0.2~0.3
	橡胶	1200	0.16	0.14	1.38	0.33
	冰	900	2.3	2.0	2.11	0.505

附表 2-7 各种材料的表面辐射率

材料名称及表面状况	温度/℃	ε	材料名称及表面状况	温度/℃	ε
铝：抛光的，纯度98%	200~600	0.04~0.06	不锈钢，抛光的	40	0.07~0.17
工业用铝板	100	0.09	锡：光亮的或蒸镀的	40~540	0.01~0.03
严重氧化的	100~500	0.2~0.33	锌：镀锌，灰色	40	0.28
黄铜：高度抛光的	260	0.03	木材：各种木材	40	0.80~0.90
无光泽的	40~260	0.22	石棉：板	40	0.96
氧化的	40~260	0.46~0.56	石棉水泥	40	0.96
铬：抛光板	40~550	0.08~0.27	石锦瓦	40	0.97
铜：高度抛光的电解铜	100	0.02	砖：粗糙红砖	40	0.93
轻微抛光的	40	0.12	耐火黏土砖	980	0.75
氧化变黑的	40	0.76	碳：灯黑	40	0.95
金：高度抛光的纯金	100~600	0.02~0.035	石灰砂浆：白色、粗糙	40~260	0.87~0.92
钢板：抛光的	40~260	0.07~0.1	黏土：耐火黏土	100	0.91
轧制的	40	0.65	土壤（干）	20	0.92
粗糙，氧化严重的	40	0.80	土壤（湿）	20	0.95
铸铁：抛光的	200	0.21	混凝土：粗糙表面	40	0.94
新车削的	40	0.44	纸：白纸	40	0.95
氧化的	40~260	0.57~0.66	粗糙屋面焦油纸毡	40	0.90
玻璃：平板玻璃	40	0.94	橡胶：硬质的	40	0.94
瓷：上釉的	40	0.93	雪	-12~-7	0.82
石膏	40	0.80~0.90	水：厚度0.1mm以上	40	0.96
大理石：浅灰，磨光的	40	0.93	人体皮肤	32	0.98
油漆：各种油漆	40	0.92~0.96			
白色油漆	40	0.80~0.95			
光亮油漆	40	0.90			

附表 2-8 常用换热器传热系数的大致范围

热交换器形式	热交换流体		传热系数	备 注
	内侧	外侧	$/W\cdot(m^2\cdot K)^{-1}$	
管壳式（光管）	气	气	10~35	常压
	气	高压气	160~170	$(200\sim300)\times10^5Pa$
	高压气	气	170~450	$(200\sim300)\times10^5Pa$
	气	清水	20~70	常压
	高压气	清水	200~700	$(200\sim300)\times10^5Pa$
	清水	清水	1000~2000	液体层流
	清水	水蒸气凝结	2000~4000	液体层流
	高黏度液体	清水	100~300	
	高温液体	气体	30	
	低黏度液体	清水	200~450	

续附表 2-8

热交换器形式	热交换流体		传热系数 /W·(m^2·K)$^{-1}$	备　注
	内侧	外侧		
盘香管（外侧沉浸在液体中）	水蒸气凝结	搅动液	700~2000	铜管
	水蒸气凝结	沸腾液	1000~3500	铜管
	冷水	搅动液	900~1400	铜管
	水蒸气凝结	液	280~1400	铜管
	清水	清水	600~900	铜管
	高压气	搅动水	100~350	铜管 (200~300)×10^5Pa
套管式	气	气	10~35	(200~300)×10^5Pa
	高压气	气	20~60	(200~300)×10^5Pa
	高压气	高压气	170~450	(200~300)×10^5Pa
	高压气	清水	200~600	
	水	水	1700~3000	
螺旋式	清水	清水	1700~2200	
	变压器油	清水	350~450	
	油	油	90~140	
	气	气	30~45	
	气	水	35~60	
板式　人字形板片	清水	清水	3000~3500	水速为 0.5m/s 左右
	清水	清水	1700~3000	水速为 0.5m/s 左右
板式　平直波形板片	油	清水	600~900	水速和油速均 0.5m/s 左右
蜂螺形伴伞板换热器	清水	清水	2000~3500	材料为 1Cr18Ni9Ti
	油	清水	300~370	
板翅式	清水	清水	3000~4500	以油侧面积为准
	冷水	油	400~600	
	油	油	170~350	
	气	气	70~200	
	空气	清水	80~200	空气侧质流密度为 12~40 kg/(m^2·s) 以气侧面积为准

附表 2-9　各种筛子的规格

日本工业标准筛		美国标准筛		泰勒筛		德国筛		英国筛		中国筛	
标称 /μm	筛孔尺寸 /mm	标称 /号	筛孔尺寸 /mm	标称 /筛孔	筛孔尺寸 /mm	标称 /μm	筛孔尺寸 /mm	标称 /筛孔	筛孔尺寸 /mm	筛号 /目	孔径 /mm
—	—	—	—	—	—	0.04	0.04	—	—	4	5.10
44	0.044	No. 325	0.044	325	0.043	0.045	0.045	—	—	5	4.0
—	—	—	—	—	—	0.05	0.05	—	—	8	3.5
53	0.053	No. 270	0.053	270	0.053	0.056	0.056	300	0.053	10	2.00
62	0.062	No. 230	0.062	250	0.061	0.063	0.063	240	0.066	12	1.60

续附表2-9

日本工业标准筛		美国标准筛		泰勒筛		德国筛		英国筛		中国筛	
标称/μm	筛孔尺寸/mm	标称/号	筛孔尺寸/mm	标称/筛孔	筛孔尺寸/mm	标称/μm	筛孔尺寸/mm	标称/筛孔	筛孔尺寸/mm	筛号/目	孔径/mm
74	0.074	No. 200	0.074	200	0.074	0.071	0.071	200	0.076	16	1.25
—	—	—	—	—	—	0.08	0.08	—	—	18	1.00
88	0.088	No. 170	0.088	170	0.088	0.09	0.09	170	0.089	20	0.90
105	0.105	No. 140	0.105	150	0.104	0.1	0.1	150	0.104	24	0.80
125	0.125	No. 120	0.125	115	0.124	0.125	0.125	120	0.124	26	0.70
149	0.149	No. 100	0.149	100	0.147	—	—	100	0.152	28	0.63
—	—	—	—	—	—	0.16	0.16	—	—	32	0.58
177	0.177	No. 80	0.177	80	0.175	—	—	85	0.178	35	0.50
210	0.210	No. 70	0.210	65	0.208	0.2	0.2	72	0.211	40	0.45
250	0.25	No. 60	0.25	60	0.246	0.25	0.25	60	0.251	45	0.40
297	0.297	No. 50	0.297	48	0.295	—	—	52	0.295	50	0.355
—	—	—	—	—	—	0.315	0.315	—	—	55	0.315
350	0.35	No. 45	0.35	42	0.351	—	—	44	0.353	80	0.175
420	0.42	No. 40	0.42	35	0.417	0.4	0.4	36	0.422	100	0.147
500	0.50	No. 35	0.50	32	0.495	0.5	0.5	30	0.500	115	0.127
590	0.59	No. 30	0.590	28	0.589	—	—	25	0.599	150	0.104
—	—	—	—	—	—	0.63	0.63	—	—	170	0.080
710	0.71	No. 25	0.71	24	0.701	—	—	22	0.699	200	0.074
840	0.84	No. 20	0.84	20	0.833	0.8	0.8	18	0.853	230	0.062
1000	1.00	No. 18	1.00	16	0.991	1.0	1.0	16	1.000	250	0.061
1190	1.19	No. 16	1.19	14	1.168	—	—	14	1.20	270	0.053
—	—	—	—	—	—	1.25	1.25	—	—	325	0.043
1410	1.14	No. 14	1.14	12	1.397	—	—	12	1.40	400	0.038
1680	1.68	No. 12	1.68	10	1.651	1.6	1.6	10	1.68		
2000	2.00	No. 10	2.00	9	1.981	2.0	2.0	8	2.06		
2380	2.38	No. 8	2.38	8	2.362	—	—	7	2.41		
—	—	—	—	—	—	2.5	2.5	—	—		
2830	2.83	No. 7	2.83	7	2.794	—	—	6	2.81		
—	—	—	—	—	—	3.15	3.15	—	—		
3360	3.36	No. 6	3.36	6	3.327	—	—	5	3.35		
4000	4.00	No. 5	4.00	5	3.962	4.0	4.0	—	—		
4760	4.76	No. 4	4.76	4	4.699	—	—	—	—		
—	—	—	—	—	—	5.0	5.0	—	—		
5660	5.66	No. $3\frac{1}{2}$	5.66	$3\frac{1}{2}$	5.613	—	—	—	—	—	

附表 2-10 部分粉体的物性值表

名 称	真密度 /g·cm^{-3}	粉体密度/g·cm^{-3}		压缩度 /%	休止角 /(°)	平板角 /(°)	Carr 流动性指数	喷流性指数
		松装密度	振实密度					
氧化锌	5.6	0.567	1.263	55	49	57	28	28
味精	1.635	0.73	0.88	18	17	39	65	
苜宿	1.5	0.25		22.1	42	65	67	53
铝粉	2.71	0.95	1.26	25	39	58	72	83
环氧树脂	1.23	0.63	0.82	23	43	68	63	82
聚氯乙烯	1.4	0.3	0.6	18.4	39		81	67
炭黑	1.53	0.155	0.275	44	43	71	37	95
河沙	2.55	1.45	1.65	13	36	51	87	
黏土	2.6	0.36	0.66	45	49	86	26	
硅微粉	2.5	0.882	1.467	40	48	62	38	64
硅藻土	2.3	0.115	0.29	60	60	83	14	
玉米粉	1.4	0.43	0.69	38	51	79	36	54
钛白粉	4.4	0.49	0.755	35	45	65	41	
氧化镁	3.65	0.15	0.33	55	37	75	35	67
碳化硅	3.2	1.53	1.79	15	40	40	83	
水泥	3.1	0.63	1.16	46	45	71	34	70
纯碱	1.79	1.195	1.284	7.0	30	42	66	78
滑石	2.7	0.26	0.48	46	47	68	39	
重钙	2.72	0.545	1.28	57	47	67	27	70
大豆粉		0.522	0.865	40	51	68	38	85
铁粉	7.9	2.96	3.6	57	54	70	31	
铜粉	8.9	1.77	2.74	36	52	71	33	53
粉煤灰	2.1	0.51	0.95	46	46	82	46	
灭火干粉		0.955	1.555	39	36	59	53	90
膨润土	2.0	0.95	1.22	14	38	69	66	75
萤石	3.1	0.69	2.10	67	48	74	36	68
绿茶粉	1.4	0.26	0.62	58.1	52	81	19	45
石蜡	2.7	1.33	1.55	14	42	37	82	67
白炭黑		0.105	0.185	43	47	69	33	73
三聚氰胺		0.42	0.79	47	54	76	27	38
尿素	1.3	0.48	0.76	36.1	61	76	47	

附表 2-11 粉体流动性指数表

评价	流动性指数	起拱防止措施	休止角/(°)		压缩度/%		平板角/(°)		均齐度		凝集度	
			测量值	指数	测量值	指数	测量值	指数	测量值	指数	测量值	指数
优	90~100	不要	<26 26~29 30	25 24 22.5	<6 6~9 10	25 23 22.5	<26 26~30 31	25 24 22.5	1 2~4 5	25 23 22.5		
良	80~89	不要	31 32~34 35	22 21 20	11 12~14 15	22 21 20	32 33~37 38	22 21 20	6 7 8	22 21 20		

续附表 2-11

评价	流动性指数	起拱防止措施	休止角/(°)		压缩度/%		平板角/(°)		均齐度		凝集度	
			测量值	指数	测量值	指数	测量值	指数	测量值	指数	测量值	指数
中上	70~79	需要振动器	36 37~39 40	19.5 18 17.5	16 17~19 20	19.5 18 17.5	39 40~44 45	19.5 18 17.5	9 10~11 12	19 18 17.5		
中	60~69	起拱的临界点	41 42~44 45	17 16 15	21 22~24 25	17 16 15	46 47~56 60	17 16 15	13 14~16 17	17 16 15	<6	15
中下	40~59	必要	46 47~54 55	14.5 12 10	26 27~30 31	14.5 12 10	61 62~74 75	14.5 12 10	18 19~21 22	14.5 12 10	6~9 10~29 30	14.5 12 10
差	20~39	需要有力措施	56 57~64 65	9 7 5	32 33~36 37	9.5 7 5	76 77~89 90	9.5 7 5	23 24~26 27	9.5 7 5	30 32~54 55	9.5 7 5
非常差	0~19	需要特别装置和技术	66 67~89 90	4.5 2 0	38 39~45 >45	4.5 2 0	91 92~99 >99	4.5 2 0	28 29~35 >35	4.5 2 0	56 57~79 >79	4.5 2 0

附表 2-12　粉体喷流性指数表

喷流性程度	喷流性指数	防止措施	流动性		崩溃角/(°)		差角/(°)		分散度/%	
			测量值	指数	测量值	指数	测量值	指数	测量值	指数
非常强	80~100	需要交叉密封(RS)	>59 56~59 55 54 50~53 49	25 24 22.5 22 21 20	<11 11~19 20 21 22~24 25	25 24 22.5 22 21 20	>29 28~29 27 26 25 24	25 24 22.5 22 21 20	>49 44~49 43 42 36~41 35	25 24 22.5 22 21 20
相当强	60~79	需要交叉密封(RS)	48 45~47 44 43 40~42 39	19.5 18 17.5 17 16 15	26 27~29 30 31 32~39 40	19.5 18 17.5 17 16 15	23 20~22 19 18 16~17 15	19.5 18 17.5 17 16 15	34 29~33 28 27 21~26 20	19.5 18 17.5 17 16 15
有倾向	40~59	有时要求交叉密封	38 34~37 33	14.5 12 10	41 42~49 50	14.5 12 10	14 11~13 10	14.5 12 10	19 11~18 10	14.5 12 10
也许有	25~39	根据流速或投入状态有时需要交叉密封	32 29~31 28	9.5 8 6.25	51 52~56 57	9.5 8 6.25	9 8 7	9.5 8 6.25	9 8 7	9.5 8 6.25

续附表 2-12

喷流性程度	喷流性指数	防止措施	流动性		崩溃角/(°)		差角/(°)		分散度/%	
			测量值	指数	测量值	指数	测量值	指数	测量值	指数
无	0~24	不需要	27	6	8	6	6	6	6	6
			23~26	3	59~64	3	1~5	3	1~5	3
			<23	0	>64	0	0	0	0	0

附表 2-13　部分材料的粉磨功指数 W_i

材料类别	材料名称	W_i分布范围 /kW·h·t^{-1}	W_i特征值 /kW·h·t^{-1}
黏土质	黏土	2.94~5.08	3
	高岭土	8.85~11.20	10
	页岩	11.74~14.20	12
	油页岩灰	10.20~13.30	10
石灰岩	石灰石	8~13	11
铁质	铁矿石	19.26~22.10	19
	矾土矿	20.68~22.41	21
高铝质	煅烧矾土	24.86	—
工业废渣或副产品	钢渣	17.86~21.49	19
	矿渣	18.37~24.49	21
	铬渣	10.28~16.73	12
	钛渣	25.93	—
	炉渣	10.71~13.10	11
硅质	砂岩	14.40~18.20	15
	河砂	18.20~20.41	20
	煤矸石	19.71~24.09	20
	煤系高岭土	24.04~26.77	24
火山灰质	火山灰岩	18.02~18.77	—
燃料	煤	16.28~30.59	20
	焦炭	92.23~120.07	93
	石膏	10.07~11.20	10
	重晶石	14.08	—
其他	磷尾矿	19.09	—
	铬矿石	15.56~28.28	19
	叶蜡石	20.94	—

附表 2-14 水泥强度标准 (MPa)

水泥品种	强度等级	抗压强度		抗折强度	
		3天	28天	3天	28天
硅酸盐水泥	42.5	17.0	42.5	3.5	6.5
	42.5R	22.0		4.0	
	52.5	23.0	52.5	4.0	7.0
	52.5R	27.0		5.0	
	62.5	28.0	62.5	5.0	8.0
	62.5R	32.0		5.5	
普通硅酸盐水泥	42.5	17.0	42.5	3.5	6.5
	42.5R	22.0		4.0	
	52.5	23.0	52.5	4.0	7.0
	52.5R	27.0		5.0	
矿渣硅酸盐水泥 火山灰硅酸盐水泥 粉煤灰硅酸盐水泥	32.5	10.0	32.5	2.5	5.5
	32.5R	15.0		3.5	
	42.5	15.0	42.5	3.5	6.5
	42.5R	19.0		4.0	
复合硅酸盐水泥	52.5	22.0	52.5	4.0	7.0
	52.5R	26.0		5.0	